精品课程新形态教材
21世纪应用型人才培养系列教材
新时代创新型人才培养精品教材

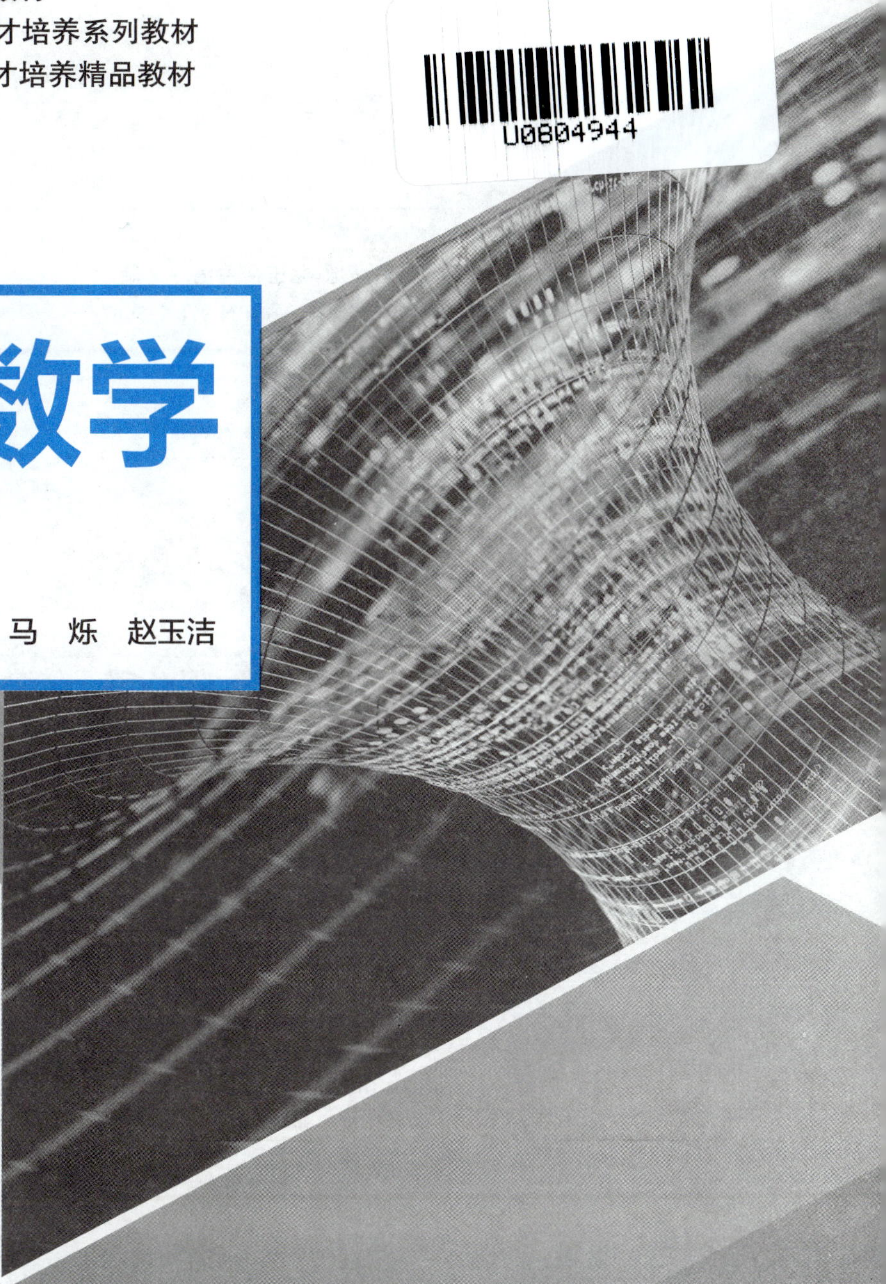

高职数学

（第2版）

主编　周志颖　马　烁　赵玉洁

湖南大学出版社·长沙

图书在版编目(CIP)数据

高职数学 / 周志颖，马烁，赵玉洁主编. --2 版. 长沙：湖南大学出版社，2025.8. --ISBN 978-7-5667-4355-8

Ⅰ. O13

中国国家版本馆 CIP 数据核字第 2025KW5862 号

高职数学(第 2 版)

GAOZHI SHUXUE(DI 2 BAN)

主　　编：周志颖　马　烁　赵玉洁
责任编辑：金红艳
印　　装：北京俊林印刷有限公司
开　　本：787 mm×1092 mm　1/16　　印　　张：17.5　　字　　数：393 千字
版　　次：2025 年 8 月第 2 版　　印　　次：2025 年 8 月第 1 次印刷
书　　号：ISBN 978-7-5667-4355-8
定　　价：49.00 元

出 版 人：李文邦
出版发行：湖南大学出版社
社　　址：湖南·长沙·岳麓山　　邮　　编：410082
电　　话：0731-88822559(营销部)，88820006(编辑室)，88821006(出版部)
传　　真：0731-88822264(总编室)
网　　址：http://press.hnu.edu.cn
电子邮箱：1176142336@qq.com

《高职数学》（第 2 版）
编委会

主　编：周志颖　马　烁　赵玉洁

副主编：王安平　李　创　陈海英

前言

PREFACE

党的二十大报告提出，高质量发展是全面建设社会主义现代化国家的首要任务，并强调："教育是国之大计、党之大计．培养什么人、怎样培养人、为谁培养人是教育的根本问题．"高等职业教育是我国高等教育的重要组成部分，肩负着为高质量发展培养高素质技术人才的重任，随着新型专业的出现及不同专业的要求差异，高等数学课程作为一门重要的公共基础课也需做出相应的调整．本书结合新时代教育的特点，坚持为党育人、为国育才的目标，认真落实立德树人的根本任务．

数学是高技术和现代产业体系的重要支撑，在推进新型工业化，加快建设制造强国、质量强国、航天强国、交通强国、网络强国、数字中国中发挥着重要作用，优秀数学教材对培养数字经济时代高素质技术技能人才意义重大．因此，本次教材修订我们做了大量的前期调研工作，认真学习了我国高职教育的相关政策文件，深入研究了高职数学课程未来发展方向，总结了近年来高职数学课程改革成果，吸收了多种较为成熟的数学教学改革成功经验，牢牢把握《职业院校教材管理办法》等有关政策文件精神，持续优化内容供给，为教材修订做了充分的准备工作．

本书遵循高等教育的教学规律，坚持"以应用为目的，以必须够用为度，以可读性为基点，以创新为导向"的编写原则，另外本次修订还突出了以下特色：

1．深度融于数学文化与思想方法，凝练数学核心素养，注重立德树人

数学不仅是运算和推理的工具，也是表达和交流的语言，更承载了独特的思想和文化，是人类文明的重要组成部分，具有对学生进行思维训练和能力培养等素质教育功能．本书在每章内容结束后融入了数学思想与文化，介绍了微积分发展简史、数学应用、数学美、数学家的科学精神等内容，一方面旨在将价值塑造、知识传授与能力培养有机地融为一体，提升学生的思维品质和科学精神，激发学生的学习动力与民族自豪感，落实立德树人根本任务；另一方面增加了内容的可读性与趣味性，从而调动学生学习高等数学的积极

性，激发学习兴趣.

2. 坚持反映时代要求，遵循学生的认知规律

为满足不同学校及不同基础学生的需求，教材内容的取舍都是建立在精心调查和研究基础上的. 并以课程标准为依据，准确把握课程内容要求和学业质量标准，教材内容始终与课程任务和课程目标保持一致，遵循学生认知规律，科学系统地设计编排，着力突出数学技术素养在教材中的有效落实，帮助学生在继续学习和未来工作中形成发现问题、提出问题、分析问题、解决问题的关键能力.

3. 坚持职业教育类型特征，凸显职教属性

本书注重落实职业教育人才培养目标，遵循职业教育技术技能人才成长规律，注重数学课程与专业课程衔接，突出课程内容与社会生活、职业生活的联系，注重在实践教学中帮助学生掌握数学知识、技能、思想和方法，提升学生数学素养和实践应用能力，为学生未来继续学习、职业发展和服务社会奠定良好的数学基础.

本书由周志颖、马烁、赵玉洁担任主编，王安平、李创、陈海英担任副主编. 全书由周志颖进行统稿工作. 本书在修订过程中，得到了各级领导和专家的热情关怀和指导，在此一并表示衷心的感谢！

由于编写水平和编写时间有限，书中错误和不足之处在所难免，敬请专家、同行和广大读者批评指正，以便今后继续完善.

编　者

2025 年 4 月

目录
CONTENTS

第一章 函数与极限

函数是高等数学中最基础的内容，是微积分学的主要研究对象，它通过反映变量之间的对应关系来描述现实世界.极限是研究函数关系最基本的工具，是微积分学的理论基础，极限思想贯穿高等数学始终.

第一节 函 数

一、集合、区间与邻域

1.集合

集合是现代数学中最基本的概念之一.研究任何对象都不可避免地要用到集合.如：所有自然数的集合，一个学校的所有学生的集合，一个方程的根的集合.

定义 1.1 一般地，具有某种特定性质的对象的总体称为集合，其中的对象称为集合的元素.

集合通常以大写字母表示，例如：A，B，C 等，集合的元素通常用小写字母表示，例如：a，b，c，x 等.

若 a 是集合A 的元素，则记作 $a \in A$，读作"a 属于A"；若 a 不是集合 A 的元素，则记作：$a \notin A$，读作"a 不属于 A".

由有限个元素组成的集合，称为有限集，有限集可以用列举它的全体元素的方法来表示. 例如：由元素 1，2，3 组成的集合 A，可记作：

$$A = \{1,2,3\}$$

由无穷多个元素组成的集合，称为无限集，例如：自然数集 $\mathbf{N}$，可记作：

$$\mathbf{N} = \{0,1,2,3,\cdots\}$$

不含任何元素的集合，称为空集，记作：$\varnothing$.

以后要用到的主要是数集，即元素都是数的集合，常见的数集有：

全体自然数的集合，记作：**N**；

全体整数的集合，记作：**Z**；

全体有理数的集合，记作：**Q**；

全体实数的集合，记作 **R**；

全体复数的集合，记作：**C**；

2.区间

区间是用得较多的一类数集.设 a 和 b 都是实数，且 $a<b$，则

开区间：$(a,b)=\{x|a<x<b\}$.

闭区间：$[a,b]=\{x|a\leqslant x\leqslant b\}$.

左开右闭区间：$(a,b]=\{x|a<x\leqslant b\}$.

左闭右开区间：$[a,b)=\{x|a\leqslant x<b\}$.

无穷区间：$(-\infty,+\infty)=\mathbf{R}$，$(-\infty,b)=\{x|x<b\}$，$(-\infty,b]=\{x|x\leqslant b\}$，$(a,+\infty)=\{x|x>a\}$，$[a,+\infty)=\{x|x\geqslant a\}$.

3.邻域

在高等数学中，经常用区间来表示函数的定义域和值域；现有一种特殊的区间是以后常用的，即邻域.

定义 1.2 设 x_0 与 δ 是两个实数，且 $\delta>0$，实数轴上与点 x_0 的距离小于 δ 的点的全体，称为点 x_0 的 δ 邻域，记作：$N(x_0,\delta)$，即

$$N(x_0,\delta)=(x_0-\delta,x_0+\delta)$$

点 x_0 是邻域的中心，δ 是邻域的半径，如图 1-1.

若在 x_0 的 δ 邻域内去掉点 x_0，得到区间 $(x_0-\delta,x_0)\cup(x_0,x_0+\delta)$，称为点 x_0 的空心邻域，记作 $N(\hat{x}_0,\delta)$，如图 1-2.

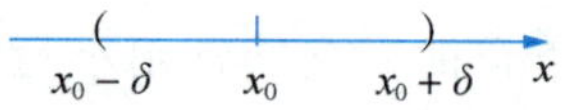

图 1-1

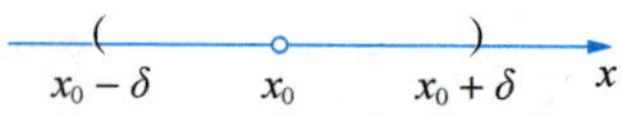

图 1-2

一般地，以 x_0 为中心的任何开区间均为点 x_0 的邻域，当不需要特别说明邻域的半径时，可用 $N(x_0)$ 表示点 x_0 的某一邻域.

二、函数的概念

1.函数的定义

引例 1 将直径为 d 的圆木料.锯成矩形的木材（图 1-3），设矩形截面两条边长分别为 x 及 y，由勾股定理，得

$$x^2+y^2=d^2,$$

解出 y,得

$$y=\pm\sqrt{d^2-x^2}\ (0<x<d),$$

由于 y 只能取正值,所以

$$y=\sqrt{d^2-x^2}\ (0<x<d).$$

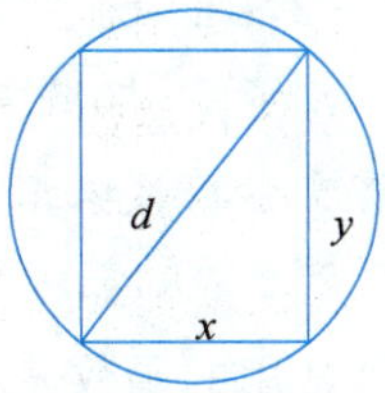

图 1-3

引例 2　某企业每年最多生产某种产品 C 吨,每吨售价 P 元,则销售该种产品的年总收入 R 与年产量 Q 之间的关系为:

$$R(Q)=PQ(0\leqslant Q\leqslant C).$$

上述例子都给出了两个变量在变化过程中的对应关系,其相同之处为:当一个变量在某一实数范围内任意取定一个数值时,按照一定的规律,另一变量有唯一确定的值与之对应,两个变量间的这种对应关系,在数学上称为函数关系.由值的唯一性,该函数关系称为单值函数,我们主要研究单值函数.

定义 1.3　设非空实数集合 D,若对 D 中的每一个 x,可以通过某种对应法则 f 确定唯一的 y,则称 y 是 x 的函数.记作

$$y=f(x),x\in D.$$

其中变量 x 称为自变量,变量 y 称为因变量.自变量 x 的取值范围 D 称为函数的定义域,也可以表示为 $D(f)$;因变量 y 的取值范围称为函数的值域,记为 $Z(f)$.

对于 $x_0\in D$,通过对应法则 f 所确定的值 y_0 称为 $y=f(x)$ 在 x_0 处的函数值,记作

$$y_0=y\big|_{x=x_0}=f(x_0).$$

函数的定义域和对应法则是确定函数的两个要素.两个函数只有当定义域和对应法则都相同时,才是同一个函数.而我们常说的函数关系指的就是对应法则 f,这点必须确定.

例 1　函数 $y=x$ 与 $y=\dfrac{x^2}{x}$ 是不是同一个函数?

解　函数 $y=x$ 的定义域为 $(-\infty,+\infty)$,而函数 $y=\dfrac{x^2}{x}$ 虽然可以整理为 $y=x$,但是在 $x=0$ 时无意义,故定义域为 $(-\infty,0)\cup(0,+\infty)$,因此它们不是相同的函数.

例 2　求下列函数的定义域:

(1) $y=\dfrac{\ln(x+2)}{x-1}$;　　　(2) $y=\sqrt{6-x^2+x}-\arcsin\dfrac{x+1}{2}$.

解　(1) 要使函数有意义,须使 $\begin{cases}x+2>0,\\x-1\neq 0,\end{cases}$ 即 $\begin{cases}x>-2,\\x\neq 1.\end{cases}$ 所以函数的定义域是 $(-2,1)\cup(1,+\infty)$.

(2) 要使函数有意义,须使 $\begin{cases}6-x^2+x\geqslant 0,\\-1\leqslant\dfrac{x+1}{2}\leqslant 1,\end{cases}$ 解得 $\begin{cases}-2\leqslant x\leqslant 3,\\-3\leqslant x\leqslant 1.\end{cases}$ 所以函数的定义域

是[-2,1].

注意　根据实际问题建立的函数关系，其定义域 $D(f)$ 应由实际条件决定.一般来说，经济变量往往取正值，即变量都是大于零的.

2.函数的表示方法

常用的函数表示方法有三种：公式法、表格法和图像法.

例 3　某运输公司规定货物的吨公里运价为：在 a 公里以内，每公里 k 元；超过 a 公里后，超过的部分每公里为 $\frac{4}{5}k$ 元，求运价 m 和里程 s 之间的函数模型.

解　由题意知，里程不同，运价不同，因此它们之间的关系要分段表示.

当 $0 < s \leqslant a$ 时，$m = ks$；

当 $s > a$ 时，$m = ka + \frac{4}{5}k(s-a)$.

综上讨论，得函数关系式为

$$m = \begin{cases} ks, & 0 < s \leqslant a, \\ ka + \frac{4}{5}k(s-a), & s > a, \end{cases} \quad \text{定义域为}(0, +\infty).$$

形如 $m = \begin{cases} ks, & 0 < s \leqslant a, \\ ka + \frac{4}{5}k(s-a), & s > a, \end{cases}$ 这种表述函数的方法就是公式法，而该形式的函数称为分段函数.分段函数与一般函数不同：它是自变量 x 在定义域的不同区间内用不同的数学表达式来表示的一个函数.这种函数在经济中经常见到，如我国现行的个人所得税计算公式就是一个分段函数.

例 4　设银行活期存款月利率为 r_0，一年期定期存款年利率为 r_1.某人存入本金 P 元，定期一年，第二年自动转存.若提前支取，则利息只能按活期利息 r_0 计算；若存满一年取出，则得利息为 r_1P；若超过一年又不到两年时取出，则超过一年的那段时间的利息按活期利息计算.以 S 表示存款的本利和（单位：元），以 t 表示存款时间（单位：月，以 30 天计算），于是 S 关于 t 的函数关系为：

$$S(t) = \begin{cases} P(1+r_0t), & 0 < t < 12, \\ P(1+r_1), & t = 12, \\ P(1+r_1)[1+r_0(t-12)], & 12 < t < 24. \end{cases}$$

例 5　设函数 $f(x) = \begin{cases} x+2, & 0 \leqslant x \leqslant 2, \\ x^2, & 2 < x \leqslant 4, \end{cases}$ 求 $f(1), f(4), f(x-1)$ 的值.

解　当 $0 \leqslant x \leqslant 2$ 时，$f(x) = x+2$，所以 $f(1) = 3$；

当 $2 < x \leqslant 4$ 时，$f(x) = x^2$，所以 $f(4) = 16$；

$$f(x-1) = \begin{cases} (x-1)+2, & 0 \leqslant x-1 \leqslant 2, \\ (x-1)^2, & 2 < x-1 \leqslant 4, \end{cases}$$

即 $f(x-1)=\begin{cases}x+1, & 1\leqslant x\leqslant 3,\\(x-1)^2, & 3<x\leqslant 5.\end{cases}$

例 6　2020 年，某银行的人民币定期储蓄存期与年利率如表 1-1 所示：

表 1-1　年利率

存期	三个月	六个月	一年	二年	三年
年利率 /%	1.1	1.3	1.5	2.1	2.75

表 1-1 给出了年利率与存期的对应关系，确定了年利率是存期的函数.这种表示函数的方法就是表格法.

例 7　图 1-4 是诺安股票在 2009 年 8 月 14 日的成交价变动曲线，时间 t 是自变量，股票成交价格 P 是因变量.其对应规律很难用一个数学公式来表示，这种表示函数的方法就是图像法.

图 1-4

在实际操作中，函数的三种表示法经常结合使用.

三、函数的性质

1.奇偶性

设函数 $y=f(x)$ 的定义域 $D(f)$ 关于原点对称，对任意 $x\in D(f)$，若都有 $f(-x)=f(x)$，则称 $f(x)$ 为偶函数；若都有 $f(-x)=-f(x)$，则称 $f(x)$ 为奇函数.

奇函数的图像关于原点对称，偶函数的图像关于 y 轴对称.当然，有许多函数既不是奇函数也不是偶函数，称为非奇非偶函数.

2.单调性

设函数 $y=f(x)$ 在区间 (a,b) 内有定义，对区间 (a,b) 内的任意两点 x_1，x_2，当 $x_1<x_2$

时，有 $f(x_1)<f(x_2)$ [或 $f(x_1)>f(x_2)$]，则称 $f(x)$ 在 (a,b) 内单调增加（或单调减少），区间 (a,b) 称为单调增区间（或单调减区间）.单调增函数和单调减函数统称为单调函数；单调增区间和单调减区间统称为单调区间.

单调增函数的图形是沿 x 轴正向逐渐上升的，如图 1-5；单调减函数的图形是沿 x 轴正向逐渐下降的，如图 1-6.

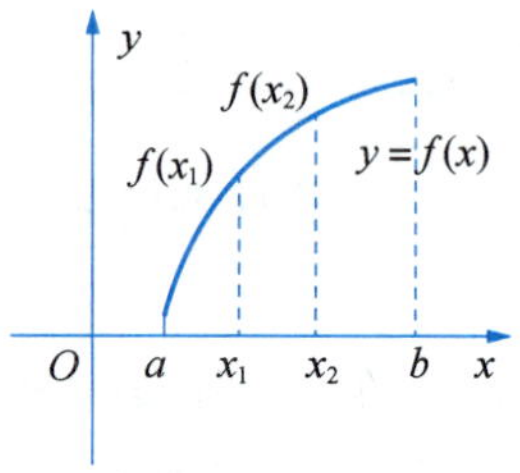

图 1-5

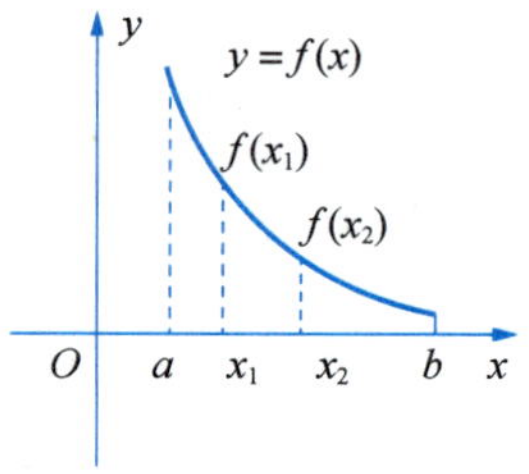

图 1-6

上述定义也适用于其他有限区间和无限区间的情形.

3.周期性

设函数 $y=f(x)$ 的定义域为 $D(f)$.若存在不为零的数 T，使得对于任意 $x\in D(f)$，都有 $f(x+T)=f(x)$，则称 $f(x)$ 是以 T 为周期的周期函数.通常所说周期函数的周期是指它的最小正周期.

如 $y=\sin x$ 和 $y=\tan x$ 都是周期函数，其最小正周期分别为 2π 和 π.

4.有界性

设函数 $y=f(x)$ 在区间 (a,b) 有定义，若存在正数 M，使得对于任意 $x\in(a,b)$ 都有 $|f(x)|\leqslant M$ 成立，则称 $f(x)$ 在 (a,b) 上有界，否则称 $f(x)$ 在 (a,b) 上无界.此外，有界函数的几何特征是：其图像被控制在两条水平直线之间.

例 8 函数 $y=\sin x$ 在 $(-\infty,+\infty)$ 内是有界的，如图 1-7.而 $y=\dfrac{1}{x}$ 在 $(0,1)$ 上是无界的，在 $[1,+\infty)$ 上是有界的，如图 1-8.

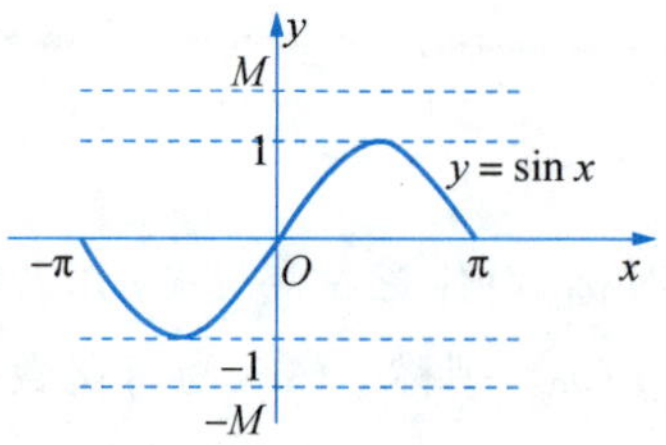

图 1-7

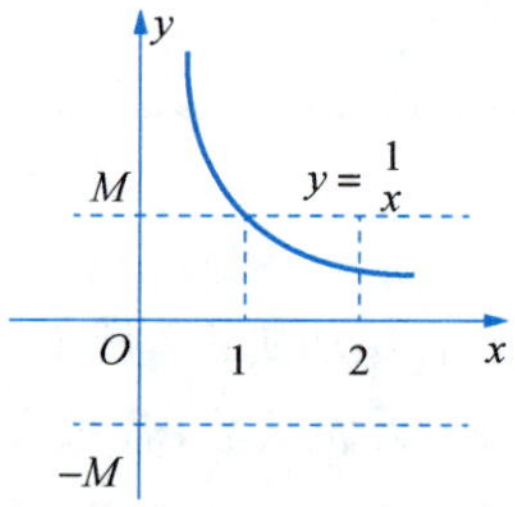

图 1-8

显然，函数有界时，正数 M 的取法是不唯一的，如对于 $y=\sin x$ 而言，只要 $M\geqslant 1$，$|\sin x|\leqslant M$ 即成立.

四、初等函数

1.基本初等函数

以下六类函数统称为基本初等函数：

常数函数：$y=C$（C 为常数）；

幂函数：$y=x^{\alpha}$（α 为实数）；

指数函数：$y=a^{x}$（$a>0$，且 $a\neq 1$，a 为常数），$y=\mathrm{e}^{x}$（$\mathrm{e}=2.718\ 28\cdots$）；

对数函数：$y=\log_{a}x$（$a>0$，且 $a\neq 1$，a 为常数），$y=\ln x$；

三角函数：$y=\sin x$，$y=\cos x$，$y=\tan x$，$y=\cot x$，$y=\sec x$，$y=\csc x$；

反三角函数：$y=\arcsin x$，$y=\arccos x$，$y=\arctan x$，$y=\mathrm{arccot}\,x$.

这六种基本初等函数的基本性质、图形如表 1-2 所示：

表 1-2

函　数	定义域与值域	图　像	特　性
$y=C$	$x\in(-\infty,+\infty)$ $y=C$	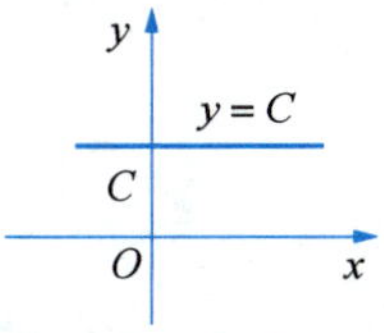	偶函数
$y=x^{\alpha}$（α 为任意常数）	随 α 不同而不同	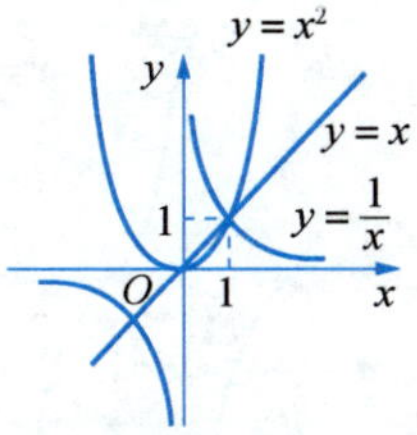	当 $\alpha>0$，函数在第一象限单调递增；当 $\alpha<0$，函数在第一象限单调递减
$y=a^{x}$（$a>0$，且 $a\neq 1$）	$x\in(-\infty,+\infty)$ $y\in(0,+\infty)$	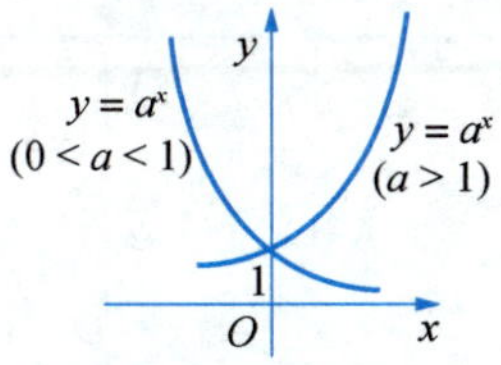	过点(0,1)，当 $a>1$ 时，函数单调递增；当 $0<a<1$ 时，函数单调递减
$y=\log_{a}x$（$a>0$，且 $a\neq 1$）	$x\in(0,+\infty)$ $y\in(-\infty,+\infty)$	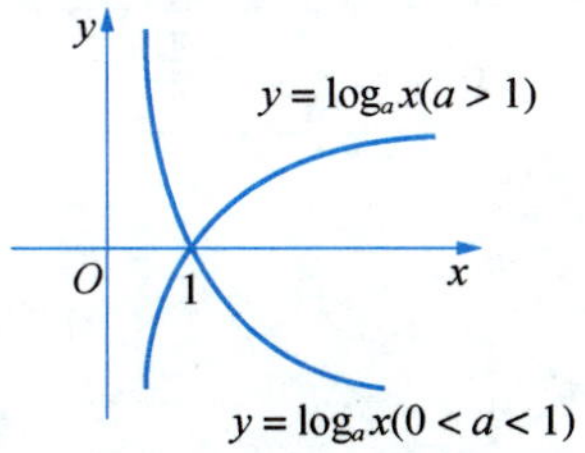	过点(1,0)，当 $a>1$ 时函数单调递增；当 $0<a<1$ 时函数单调递减

续表

函　数	定义域与值域	图　像	特　性
$y=\sin x$	$x\in(-\infty,+\infty)$ $y\in[-1,1]$	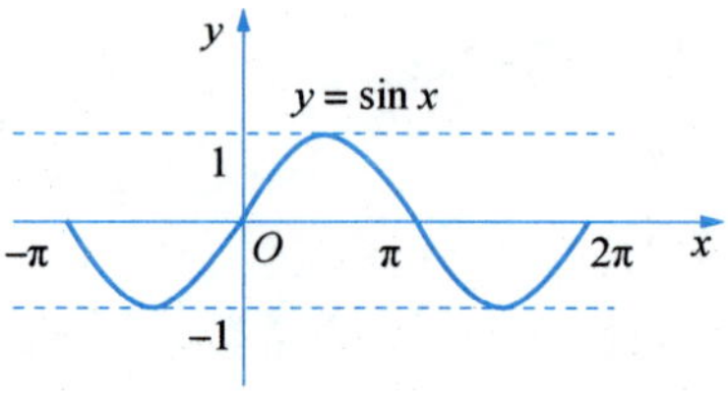	奇函数，周期为 2π，有界；在 $\left(2k\pi-\frac{\pi}{2},2k\pi+\frac{\pi}{2}\right)$ 内函数单调增加，在 $\left(2k\pi+\frac{\pi}{2},2k\pi+\frac{3\pi}{2}\right)$ 内函数单调减少
$y=\cos x$	$x\in(-\infty,+\infty)$ $y\in[-1,1]$	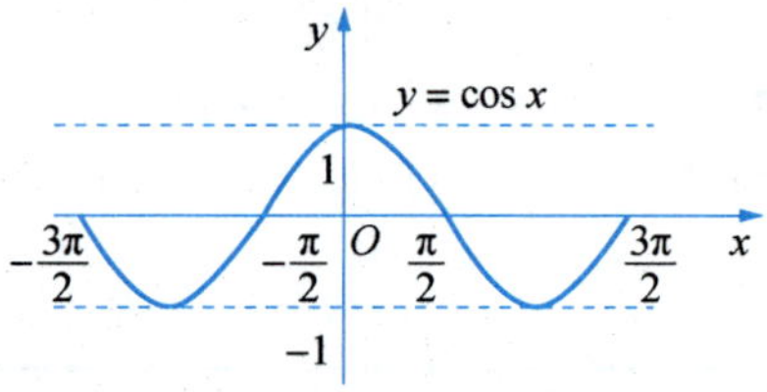	偶函数，周期为 2π，有界；在 $(2k\pi,2k\pi+\pi)$ 内函数单调减少，在 $(2k\pi+\pi,2k\pi+2\pi)$ 内函数单调增加
$y=\tan x$	$x\neq k\pi+\frac{\pi}{2}(k\in\mathbf{Z})$ $y\in(-\infty,+\infty)$	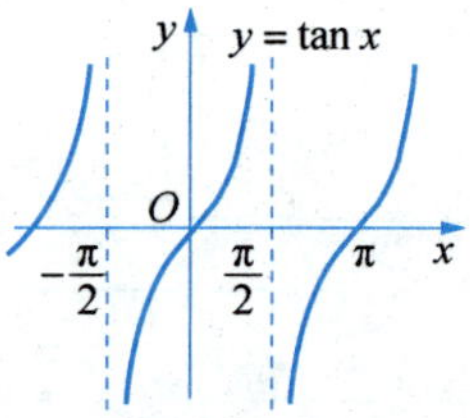	奇函数，周期为 π；在 $\left(k\pi-\frac{\pi}{2},k\pi+\frac{\pi}{2}\right)$ 内，函数单调增加
$y=\cot x$	$x\neq k\pi(k\in\mathbf{Z})$ $y\in(-\infty,+\infty)$	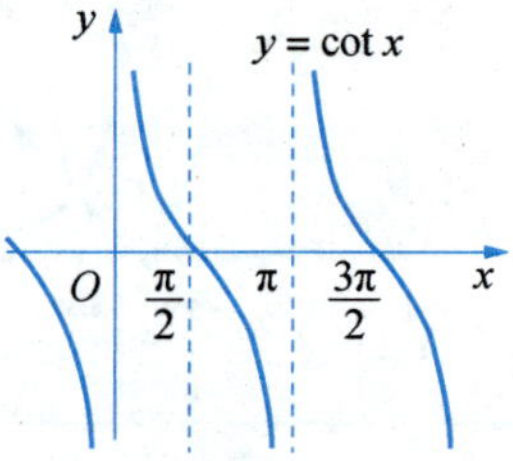	奇函数，周期为 π；在 $(k\pi,k\pi+\pi)$ 内，函数单调减少
$y=\arcsin x$	$x\in[-1,1]$ $y\in\left[-\frac{\pi}{2},\frac{\pi}{2}\right]$	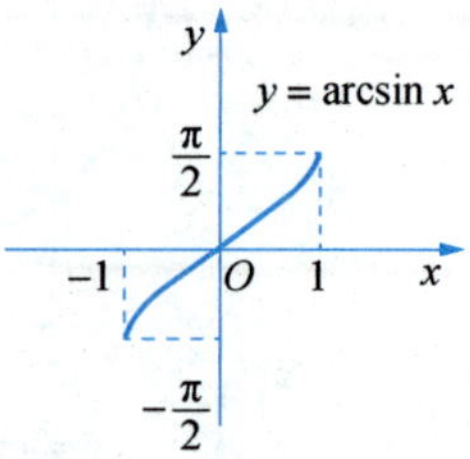	奇函数，函数单调增加，有界

续表

函　数	定义域与值域	图　像	特　性
$y=\arccos x$	$x\in[-1,1]$ $y\in[0,\pi]$	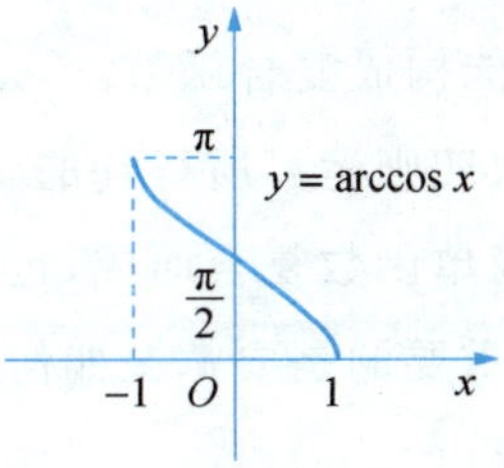	单调减少，有界
$y=\arctan x$	$x\in(-\infty,+\infty)$ $y\in\left(-\frac{\pi}{2},\frac{\pi}{2}\right)$	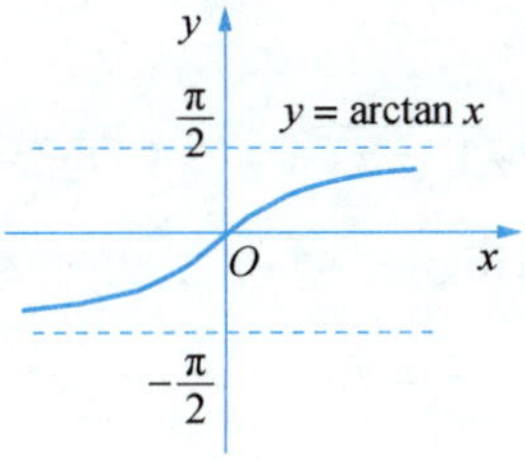	奇函数，单调增加，有界
$y=\operatorname{arccot} x$	$x\in(-\infty,+\infty)$ $y\in(0,\pi)$	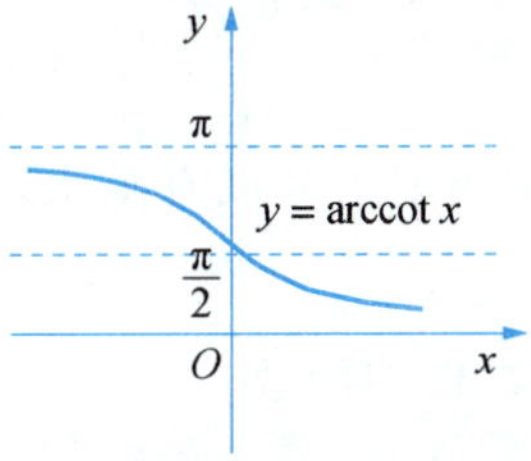	单调减少，有界

2.复合函数

若有函数 $y=\sqrt{u}$ 及 $u=e^x$，可得函数 $y=\sqrt{e^x}\,[x\in(-\infty,+\infty)]$.显然，这不是基本初等函数.这类函数我们称为复合函数.

定义 1.4　设函数 $y=f(u)$，$u=\varphi(x)$，若 $D(f)\cap Z(\varphi)\neq\varnothing$，则称函数 $y=f[\varphi(x)]$ 是 $y=f(u)$ 和 $u=\varphi(x)$ 的复合函数，其中 x 是自变量，u 为中间变量，y 为函数值.

例如，$y=\sqrt{e^x}$ 是由 $y=\sqrt{u}$ 和 $u=e^x$ 复合而成的复合函数，且 $D(y)=(-\infty,+\infty)$.经济活动中，经常会遇到诸如下面这样的问题：公司的销售利润 L 是销售量 Q 的函数，而销售量 Q 又是销售价格 P 的函数，价格 P 通过销售量 Q 间接影响销售利润 L，那么销售利润 L 可以看作价格 P 的函数，这也是复合函数.

说明　不是所有的函数都可以构成复合函数.如 $y=\sqrt{u}$ 和 $u=\sin x-2$，有 $D(y)=[0,+\infty)$，$Z(u)=[-3,-1]$，此时 $D(y)\cap Z(u)=\varnothing$，故 $y=\sqrt{u}$ 和 $u=\sin x-2$ 构成的关系式 $y=\sqrt{\sin x-2}$ 不是函数关系.

例 9　下列函数能否构成复合函数？能构成的话，写出复合函数.

(1) $y=\ln u$，$u=1-x^2$；　　(2) $y=\ln(u-1)$，$u=1-x^2$.

解　(1) 因为 $D(y)=(0,+\infty)$，$Z(u)=(-\infty,1]$，即 $D(y)\cap Z(u)=(0,1]$，所以

$y=\ln u$ 和 $u=1-x^2$ 可构成复合函数 $y=\ln(1-x^2)$.

(2) 因为 $D(y)=(1,+\infty)$,$Z(u)=(-\infty,1]$，即 $D(y)\cap Z(u)=\varnothing$，所以 $y=\ln(u-1)$ 和 $u=1-x^2$ 不能构成复合函数.

由基本初等函数经过有限次四则运算所得到的函数称为简单函数.

复合函数不仅可以由两个简单函数复合而成,也可以由多个简单函数复合而成.

理解复合函数的概念后,更重要的是要掌握如何将复合函数分解为简单函数,这对将要学习的导数与积分的运算很重要.

例 10 分解下列复合函数：

(1) $y=\sin^2 x$；　(2) $y=\sqrt{1-x^2}$；　(3) $y=e^{\sin\sqrt{x^2+1}}$.

解 (1) 函数 $y=\sin^2 x$ 是由 $y=u^2$,$u=\sin x$ 复合而成的；

(2) 函数 $y=\sqrt{1-x^2}$ 是由 $y=\sqrt{u}$,$u=1-x^2$ 复合而成的；

(3) 函数 $y=e^{\sin\sqrt{x^2+1}}$ 是由 $y=e^u$,$u=\sin v$,$v=\sqrt{t}$,$t=x^2+1$ 复合而成的.

3.初等函数

由基本初等函数经过有限次四则运算或有限次复合所构成的,由一个解析式表示的函数,称为初等函数.

分段函数不一定是初等函数,例如函数

$$y=\begin{cases}x^2, & x<0,\\ 1, & x\geqslant 0.\end{cases}$$

是分段函数,但不是初等函数.又如分段函数

$$f(x)=\begin{cases}-x, & x<0,\\ x, & x\geqslant 0.\end{cases}$$

能化为 $f(x)=\sqrt{x^2}$,所以这个分段函数是初等函数.

初等函数和分段函数是微积分研究的两个主要对象.

习题 1.1

1.求下列函数的定义域：

(1) $y=\dfrac{1}{\sqrt{x+5}}+\dfrac{1}{4-x^2}$；　(2) $y=\dfrac{1}{\lg(6-x)}$；

(3) $y=\dfrac{1}{\sqrt{x^2-1}-2}$；　(4) $y=\tan(2x+5)$.

2.设 $f(x)=\begin{cases}x^2-x+1, & x>0,\\ 1-x, & x\leqslant 0.\end{cases}$ 求 $f(2)$,$f(-3)$,$f(0)$,$f(x+1)$.

3.设 $f(x)=\begin{cases}\sqrt{3-x}, & -3<x<-1,\\ 0, & -1\leqslant x\leqslant 1,\\ x^2-1, & 1<x<3.\end{cases}$ 求 $f(-2),f(1),f(2),f(4)$.

4.求下列函数的 $f[\varphi(x)]$ 和 $\varphi[f(x)]$：

(1) $f(x)=x^{\frac{1}{2}},\varphi(x)=\left(\frac{1}{2}\right)^x$；

(2) $f(x)=\begin{cases}-1, & x<0,\\ 1, & x\geqslant 0,\end{cases}\varphi(x)=\sin x$.

5.分解下列复合函数：

(1) $y=(1+x)^4$；　　(2) $y=\sqrt{1+x^3}$；

(3) $y=\sin e^{\sqrt{x}}$；　　(4) $y=\sqrt{\ln\sin x^2}$；

(5) $y=\ln(\ln 2x)$；　　(6) $y=[\arccos(1-x^2)]^3$.

6.如图 1-9 所示，有边长为 a 的正方形铁片，从它的四个角截去相同的小正方形，然后折起各边做成一个无盖的盒子.求它的容积与截去的小正方形边长之间的关系式，并指出定义域.

7.有等腰梯形如图 1-10 所示，当垂直于 x 轴的直线扫过该梯形时，若直线与 x 轴的交点坐标为 $(x,0)$，求直线扫过的面积 S 与 x 之间的关系式，指明定义域.并求 $S(1),S(3),S(5),S(6)$ 的值.

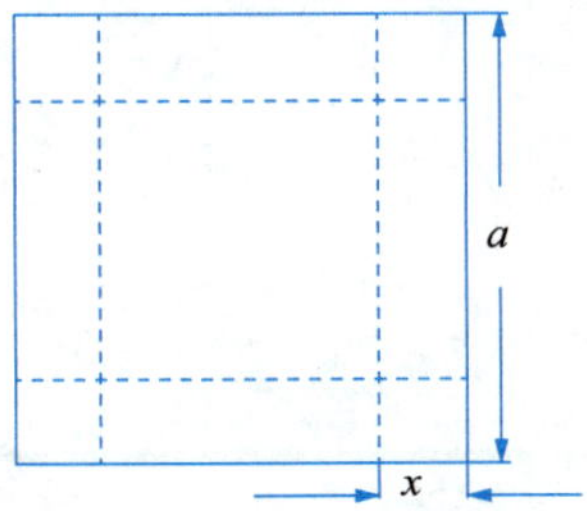

图 1-9

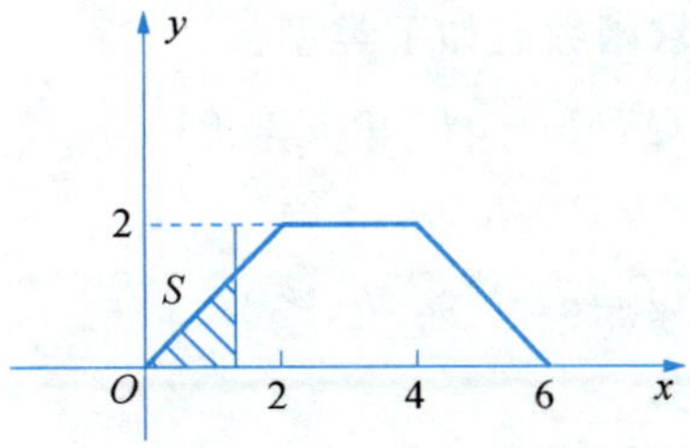

图 1-10

8.一物体做直线运动，已知阻力 f 的大小与物体运动的速度 v 成正比，但方向相反，而物体以 1 m/s 的速度运动时，阻力为 1.96×10^{-2} N.试建立阻力 f 与速度 v 之间的函数关系.

9.火车站收取行李费的规定如下：当行李质量不超过 50 kg 时，按基本运费计算，每 1 kg 收费 0.40 元；当超过 50 kg 时，超重的部分按每 1 kg 收费 0.65 元.试求运费 y(元) 与质量 x(kg) 之间的函数关系式.

第二节　常用经济函数

在用数学方法来分析经济变量间的关系时，需要找到变量间的函数关系，然后利用微积分等知识作为工具来分析经济函数的特征.本节主要介绍几种常见的经济函数.

一、需求函数与供给函数

1.需求函数

“需求”是指在一定价格条件下，消费者愿意购买并且有支付能力购买的商品量.

消费者对某种商品的需求由多种因素决定，商品的价格是影响需求的主要因素，但还有许多其他因素，如消费者收入的高低、其他替代品的价格等都会影响需求.现在不考虑价格以外的其他因素，只研究需求与价格的关系.

设 P 表示商品价格，Q 表示需求量，将需求量与商品价格之间的函数关系 $Q=f(P)$ 称为需求函数.

一般说来，商品价格低，需求量大；商品价格高，需求量小.因此一般地，需求函数是单调减少函数.如图1-11，称其为需求曲线.在图上有两个特殊点 $(0,Q_{max})$ 和 $(P_{max},0)$，其含义：在 Q_{max} 点处需求已完全满足，产品不再卖得出去；类似地，在价格 P_{max} 之上产品无人购买.

因 $Q=f(P)$ 单调减少，所以存在反函数 $P=f^{-1}(Q)$，此反函数也称为需求函数.

常用的需求函数有如下类型：

线性函数 $Q=b-aP$，$a,b>0$；

幂函数 $Q=kP^{-a}$，$a,k>0$；

指数函数 $Q=a\mathrm{e}^{-bP}$，$a,b>0$.

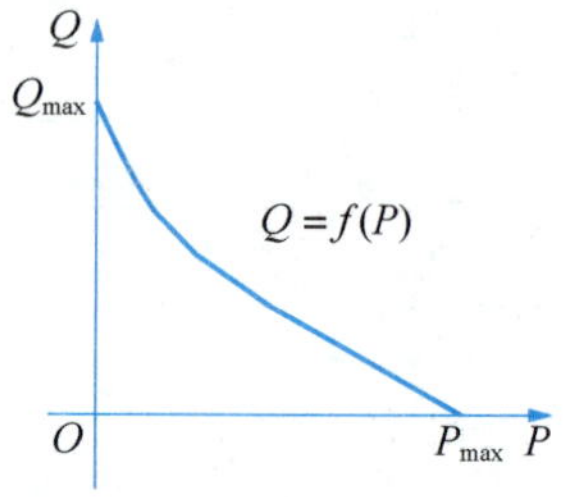

图 1-11

2.供给函数

“供给”是指在一定价格条件下，生产者愿意出售并且有可供出售的商品量.

某种商品的供给量也是由多种因素决定的，这里略去价格以外的其他因素，只讨论供给与价格的关系.

设 P 表示商品价格，Q 表示供给量，将供给量与商品价格之间的函数关系 $Q=\varphi(P)$ 称为供给函数.

一般说来，商品价格低，生产者不愿生产，供给减少；商品价格高，供给增加.因此一般供给函数为单调增加函数.

因为 $Q=\varphi(P)$ 单调增加，所以存在反函数 $P=\varphi^{-1}(Q)$，也称为供给函数.如图1-12，称为供给曲线.图中点 $(0,Q_{min})$ 表示生产者认为可以接受的最低供给量.

常用的供给函数有如下类型：

线性函数 $Q=aP-b,a,b>0$；

幂函数 $Q=kP^a,a,k>0$；

指数函数 $Q=ae^{bP}$，其中 $a,b>0$.

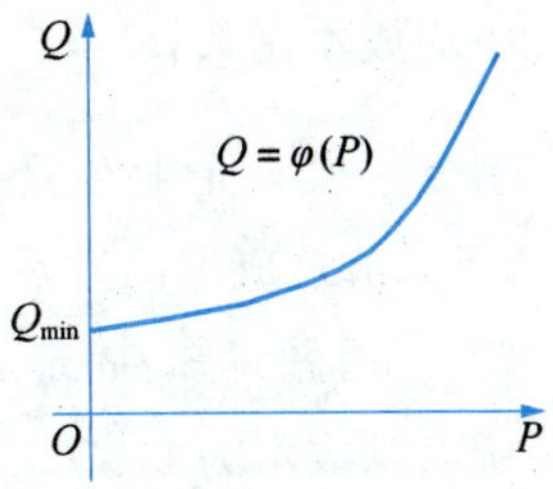

图 1-12

例 1　当鸡蛋收购价为 6 元 / 千克时，某收购站每月能收购 5 000 千克.若收购价每千克提高 0.2 元，则收购量可增加 500 千克，求鸡蛋的线性供给函数.

解　设鸡蛋的线性供给函数为 $Q=aP-b$，由题意有

$$\begin{cases}5\,000=6a-b,\\5\,500=6.2a-b.\end{cases}$$

解得 $a=2\,500,b=10\,000$，所求供给函数为

$$Q=2\,500P-10\,000.$$

3.供求关系

需求函数与供给函数可以帮助我们分析市场规律，二者密切相关.若把需求曲线和供给曲线画在同一坐标系中(如图 1-13)，由于需求曲线是单调减少，供给曲线是单调增加，所以它们将交于一点(P_0,Q_0)，这里的 P_0 就是供、需平衡的价格，叫作均衡价格.此时需求量与供给量都为 Q_0，称为均衡数量.

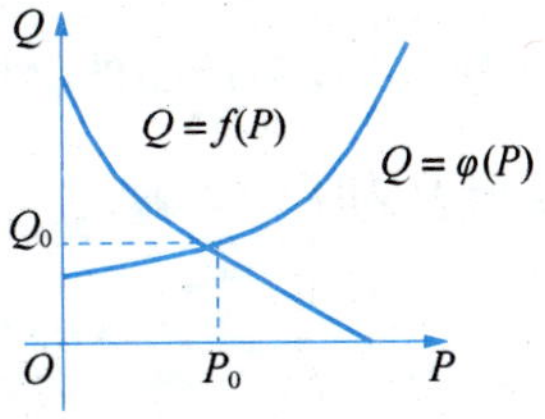

图 1-13

例 2　设某商品的需求函数为 $Q_1=b-aP(a,b>0)$，供给函数为 $Q_2=cP-d(c,d>0)$，求均衡价格 P_0.

解　在均衡价格 P_0 处，需求量等于供给量，即

$$b-aP_0=cP_0-d.$$

解出 P_0，得 $P_0=\dfrac{b+d}{a+c}$，所以均衡价格 P_0 为$\dfrac{b+d}{a+c}$.

一般来说，市场商品的价格是围绕均衡价格摆动的：当价格 P 高于 P_0 时，供给量将增加而需求量将相应地减少，这样易产生“供过于求”的现象，必然导致价格下跌；当价格 P 低于均衡价格 P_0 时，供给量减少而需求量增加，这时就会产生“供不应求”的现象，又使价格上升.

二、成本函数、收益函数和利润函数

1.成本函数

某产品的总成本 $C(Q)$(Q 表示产量) 是指生产一定数量的产品所需的费用(劳动力、原料、设备等) 总额.总成本包括不随产量变化而变化的固定成本 C_0，以及随产量变化而变化的变动成本 $C_1(Q)$，即 $C(Q)=C_0+C_1(Q)$.

平均成本是生产一定数量产品时，每单位产品平均分摊的成本.

平均成本函数：$\overline{C}=\overline{C}(Q)=\dfrac{C(Q)}{Q}=\dfrac{C_0}{Q}+\dfrac{C_1(Q)}{Q}$.

例3 设某企业生产某种产品的固定成本为20万元，每生产一件商品成本需增加0.9万元，求总成本函数及平均成本函数，并判断平均成本函数的单调性.

解 由题意知：固定成本 $C_0=20$ 万元，变动成本 $C_1(Q)=0.9Q$，

所以总成本为 $C(Q)=C_0+C_1(Q)=20+0.9Q$，

平均成本函数 $\overline{C}=\overline{C}(Q)=\dfrac{C(Q)}{Q}=\dfrac{C_0}{Q}+\dfrac{C_1(Q)}{Q}=\dfrac{20}{Q}+0.9$，

显然，平均成本函数是单调递减的.也就是说随着产量的增加，平均成本越来越小.

2.收益函数

总收益是生产者销售一定量产品所得到的全部收入，与之相关的还有平均收益.

设 Q 为商品量，R 为总收益，$\overline{R}$ 为平均收益，需求函数 $P=P(Q)$，则总收益函数 $R=R(Q)=Q\cdot P(Q)$.平均收益 $\overline{R}=\overline{R}(Q)=\dfrac{R(Q)}{Q}=\dfrac{Q\cdot P(Q)}{Q}=P(Q)$.

例4 设某产品的价格（单位：元）与销售量的关系为 $P(Q)=20-\dfrac{Q}{4}$，求销售量为60时的总收益和平均收益.

解 总收益 $R=R(Q)=Q\cdot P(Q)=20Q-\dfrac{Q^2}{4}$，$R(60)=300$（元）.

平均收益 $\overline{R}(Q)=P(Q)=20-\dfrac{Q}{4}$，$\overline{R}(60)=5$（元）.

所以销售量为60时的总收益和平均收益分别为300元和5元.

3.利润函数

在产量和销量一致时，利润 L 是产量（销售量）Q 的函数，且利润函数等于收益函数与成本函数之差，即 $L=L(Q)=R(Q)-C(Q)$.平均利润 $\overline{L}=\overline{L}(Q)=\dfrac{R(Q)-C(Q)}{Q}$.

例5 生产某种商品 Q 件时的总成本（单位：元）为 $C(Q)=10\,000+300Q+100Q^2$，如果该商品的销售单价为4 300元/件，试求：

(1) 该商品的利润函数；

(2) 生产20件该商品时的总利润和平均利润；

(3) 生产40件该商品时的总利润.

解 (1) 总收益为 $R(Q)=4\,300Q$，所以利润函数为

$$L(Q)=R(Q)-C(Q)=4\,000Q-10\,000-100Q^2;$$

(2) 生产20件该商品时的总利润为 $L(20)=30\,000$（元），此时的平均利润为

$$\overline{L}(20)=\frac{L(20)}{20}=1\,500\text{（元/件）};$$

(3) 生产 40 件该商品时的总利润为 $L(40) = -10\,000$(元).

一般情况下,收益随着销售量的增加而增加,但由例 5 可以看出,利润并不总是随着销售量的增加而增加.

生产某种产品的总成本总是产量 Q 的增函数.但是,产品的需求量 Q 由于受到价格及社会诸多因素的影响往往不总是增加的.也就是说,对某种商品而言,销售的总收益 $R(Q)$ 有时增加显著,有时增加缓慢,甚至达到某一定点后,继续销售,利润反而下降.因此利润函数出现了三种情形:

(1) $L(Q)=R(Q)-C(Q)>0$,此时称为有盈余生产,即生产处于有利润状态;

(2) $L(Q)=R(Q)-C(Q)<0$,此时称为亏损生产,即生产处于亏损状态,利润为负;

(3) $L(Q)=0$,此时称为无盈亏生产.若把无盈亏生产时的产量记为 Q_0,则将其称为无盈亏点.

无盈亏分析常用于企业(经营)管理和经济学中分析各种定价和生产决策的一个依据.

例 6　若某商品的成本函数为 $C(Q)=12+3Q+Q^2$,若销售单价定为 11 元 / 件.

(1) 求该商品经营活动的无盈亏点;

(2) 若每天销售 10 件商品,为了不亏本,销售单价定为多少才合适?

解　(1) 利润函数 $L(Q)=R(Q)-C(Q)=8Q-12-Q^2$,

令 $L(Q)=0$,得到两个无盈亏点 $Q_1=2$(件) 和 $Q_2=6$(件).

由于 $L(Q)=(Q-2)(6-Q)$,所以,当 $Q<2$ 或 $Q>6$,都有 $L(Q)<0$,此时生产经营亏损;当 $2<Q<6$ 时,有 $L(Q)>0$,此时生产经营是盈利的,从而 $Q_1=2$ 件和 $Q_2=6$ 件分别是盈利的最低产量和最高产量.

(2) 设销售单价为 P 元 / 件,则利润函数为 $L(Q)=PQ-(12+3Q+Q^2)$,若每天销售 10 件商品,为使生产经营不亏本,须有 $L(10)\geqslant 0$,即 $10P-142\geqslant 0$,也就是 $P\geqslant 14.2$.那么,为了不亏本,销售单价应不低于 14.2 元 / 件.

三、库存函数

工厂为了生产,必须储存一些原料,如果把全年所需原料一次性购入,则不仅占用资金与库存,还会增加仓库保管成本,把这些费用统称为库存费.但是如果分散购入,则因每次购货都会有固定成本(与购货数量无关),而使费用(订货费) 增大.为了找到一种两全其美的订购原料的方案,就需要建立起库存费和订货费之和与批量的函数关系.

我们仅就"成批到货,一致需求,不许缺货" 的库存模型加以讨论.

"成批到货" 是指工厂生产的每批产品,先整批存入仓库;"一致需求" 是指市场对这种商品的需求,在单位时间内数量相同,因而产品由仓库均匀提取投放市场;"不许缺货" 是指当前一批产品由仓库提取完后,下一批产品立刻进入仓库.在这种假设下,规定仓库的平均库存量为每批产量的一半.

例 7 某工厂生产某型号车床，年产量为 a 台，分若干批进行生产，每批生产准备费为 b 元.设每批产品均匀投入市场，且上一批用完后立即生产下一批，即平均库存量为批量的一半.设每年每台库存费为 c 元.显然，生产批量大则库存费高；生产批量少则批数增多，因此准备费高.为了选择最优批量，试求出一年中库存费与生产准备费之和与批量的函数关系.

解 设批量为 x 台，库存费与生产准备费之和为 $P(x)$ 元.

因年产量为 a 台，所以每年生产的批数为$\frac{a}{x}$，则生产准备费为 $b\cdot\frac{a}{x}$ 元；

因库存量为$\frac{x}{2}$ 台，故库存费为 $c\cdot\frac{x}{2}$ 元；

因此可得

$$P(x)=\frac{ab}{x}+\frac{c}{2}x.$$

习题 1.2

1.已知某商品的供给函数是 $Q=\frac{1}{3}P-2$，需求函数是 $Q=40-\frac{2}{3}P$，试求该商品处于市场平衡状态下的均衡价格和均衡数量.

2.生产某种商品的总成本（单位：元）是 $C(Q)=1\ 500+3Q$，求生产 200 件这种商品的总成本和平均成本.

3.设某商品的价格函数是 $P=80-\frac{1}{3}Q$，试求该商品的收入函数，并求出销量为 30 件商品时的总收入和平均收入.

4.已知生产某种商品 Q 件时的总成本（单位：万元）为 $C(Q)=20+6Q+0.1Q^2$，如果该商品的销售单价为 10 万元，试求：

（1）该商品的利润函数；

（2）生产 10 件该商品时的总利润和平均利润；

（3）生产 5 件该商品时的总利润.

5.生产某种产品的固定成本为 1.2 万元，每生产一件产品所需费用为 30 元，若该产品销售单价为 40 元 / 件.

（1）求生产 100 件该种产品的总成本和平均成本；

（2）求售出 200 件该种产品的总收入；

（3）若生产的产品都能够售出，则生产 1 000 件该种产品的利润是多少？

6.某商品的成本函数和收入函数分别为 $C(Q)=16-5Q+Q^2$，$R(Q)=5Q$.

（1）求该商品的盈亏平衡点；

（2）该商品销量为 10 时，能否盈利？

（3）该商品销量为何值时利润最大？最大利润是多少？

第三节　极限及相关概念

极限是高等数学的重要概念之一,用于研究变量在某一变化过程中的变化趋势,极限的思想和方法是高等数学研究问题的基本思想和方法.高等数学中的许多重要概念都是建立在极限基础上的,因此,掌握极限的思想与方法是学好高等数学的前提条件.

一、数列极限

引例 1　战国时期的著作《庄子・天下篇》中有一句话:"一尺之棰,日取其半,万世不竭."意思是:一尺长的木棒,每天截取它的一半,永远都截不完.如果将木棒每天截取后的长度记录下来,构成以下一列数:

$$\frac{1}{2},\frac{1}{4},\frac{1}{8},\frac{1}{16},\cdots,\frac{1}{2^n},\cdots$$

当 n 无限增大时,剩下木棒的长度无限接近于零,但永远不等于零.

这一列数就是一个数列.

定义 1.5　按正整数顺序排列的无穷多个数,称为数列.

数列通常记作:$x_1,x_2,x_3,\cdots,x_n,\cdots$,或简记为$\{x_n\}$.

数列中的每个数,称为数列的项,x_n 称为数列的通项或一般项.

引例 1 中的数列,当 n 无限增大时,x_n 无限地接近常数零,通常把这个常数称为当 n 无限增大时数列的极限.

一般地,我们有如下数列极限的定义.

定义 1.6　设数列$\{x_n\}$,当 n 无限增大时,x_n 无限接近于一个确定的常数 A,则称常数 A 为 n 无限增大时,数列$\{x_n\}$的极限,记作:

$$\lim_{n\to\infty}x_n=A \text{ 或 } x_n\to A(n\to\infty).$$

若极限$\lim\limits_{n\to\infty}x_n$ 存在,则称数列$\{x_n\}$是收敛的,否则称数列是发散的.

例 1　观察下列数列的极限:

(1) $\dfrac{n}{n+1}$;　　(2) 2^n;

(3) $(-1)^{n+1}$;　　(4) $\dfrac{n+(-1)^{n-1}}{n}$.

解　写出各数列的部分项,并观察:

(1) $\dfrac{1}{2},\dfrac{2}{3},\dfrac{3}{4},\cdots,\dfrac{n}{n+1},\cdots$,　　$\lim\limits_{n\to\infty}\dfrac{n}{n+1}=1$;

(2) $2,4,8,\cdots,2^n,\cdots$,　　数列极限不存在;

(3) $1,(-1),1,(-1),\cdots$,　　数列极限不存在;

(4) $2,\frac{1}{2},\frac{4}{3},\frac{3}{4},\cdots,\frac{n+(-1)^{n-1}}{n}$，　　$\lim\limits_{n\to\infty}\frac{n+(-1)^{n-1}}{n}=1$.

二、函数极限的定义

函数的变化与自变量的变化是紧密相关的.讨论函数变化首先要明确自变量的变化趋势.通常自变量的变化趋势有两种：自变量 x 的绝对值无限增大，记为 $x\to\infty$；自变量 x 无限趋近于一个常数 x_0，记为 $x\to x_0$.

1. $x\to\infty$ 时函数的极限

引例 2　通过图像，考察下列函数在 $x\to\infty$ 时的变化趋势：

(1) $y=1+\frac{1}{x}(x\neq0)$；　　(2) $y=x^2$；　　(3) $y=\cos x$.

观察图像，有如下结论：

(1) $y=1+\frac{1}{x}\to1(x\to\infty)$，如图 1-14 所示；

(2) $y=x^2\to\infty(x\to\infty)$，如图 1-15 所示；

(3) $y=\cos x$，如图 1-16 所示，当 $x\to\infty$ 时，它的值总是在 $[-1,1]$ 区间内摆动，有界，并不趋近于某个常数.

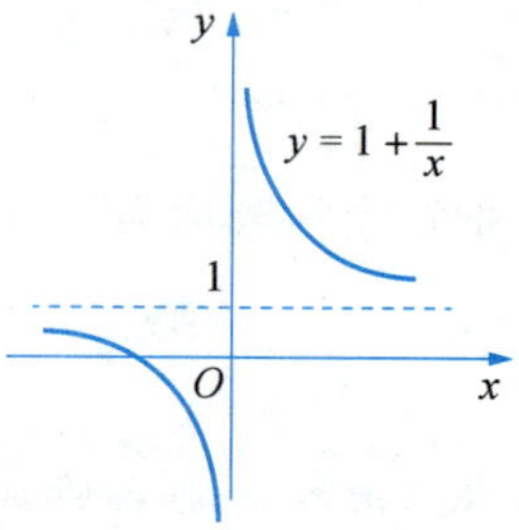

图 1-14

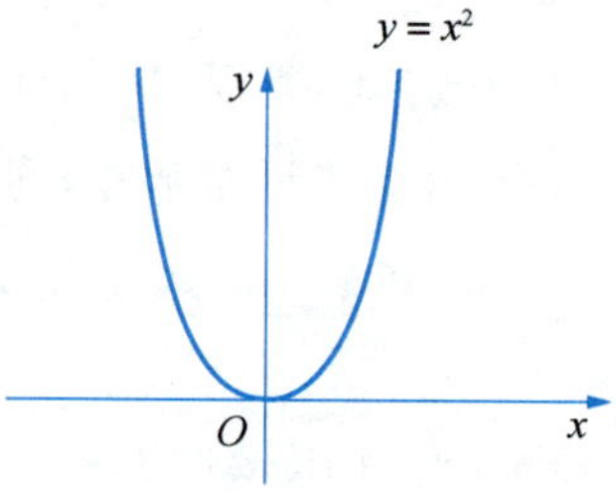

图 1-15

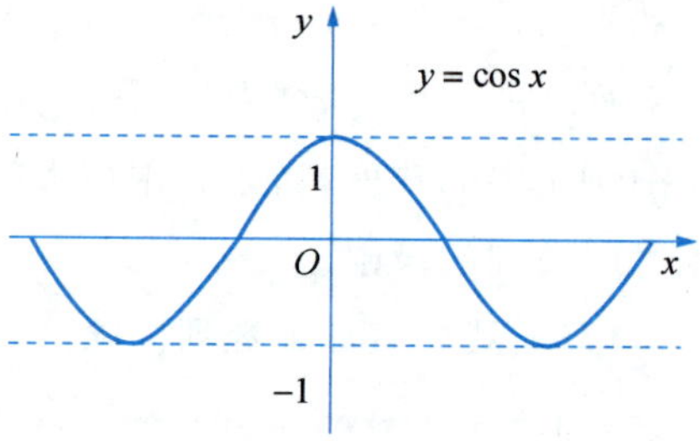

图 1-16

显然，当 $x\to\infty$ 时，只有(1)中的函数与常数无限接近，我们称 $y=1+\frac{1}{x}$ 在 $x\to\infty$ 时极限存在，且极限值为 1.

定义 1.7　若当 $|x|$ 无限增大($x\to\infty$)时，函数 $f(x)$ 的值无限趋近于一个确定的常数 A，则称常数 A 为函数 $f(x)$ 当 $x\to\infty$ 时的极限，记作

$$\lim_{x\to\infty}f(x)=A \text{ 或 } f(x)\to A(x\to\infty).$$

引例 2 中(1)的极限，可记为 $\lim\limits_{x\to\infty}(1+\frac{1}{x})=1$.

注意　极限式 $\lim\limits_{x\to\infty}f(x)=A$ 的含义：当自变量 x 沿着 x 轴正、负两半轴延伸到无穷远时，函数 $f(x)$ 都无限趋近于一个常数 A.

显然，引例 2 中只有 $\lim\limits_{x\to\infty}(1+\frac{1}{x})=1$ 极限存在，其余两个均极限不存在.

根据例 2(由例 1 改为了例 2) 及函数当 $x\to\infty$时极限定义,可得:

若当 x 向 x 轴正方向无限增大($x\to+\infty$),函数 $f(x)$ 的值无限趋近于一个确定的常数 A,则称常数 A 为函数 $f(x)$ 当 $x\to+\infty$时的极限,记作 $\lim\limits_{x\to+\infty}f(x)=A$ 或 $f(x)\to A\ (x\to+\infty)$;当 x 向 x 轴负方向无限增大($x\to-\infty$) 函数 $f(x)$ 的值无限趋近于一个确定的常数 A,则称常数 A 为函数 $f(x)$ 当 $x\to-\infty$时的极限,记作 $\lim\limits_{x\to-\infty}f(x)=A$ 或 $f(x)\to A\ (x\to-\infty)$.

例 2 考察当 $x\to\infty$ 时函数 $y=\arctan x$ 的极限情况.

解 如图 1-17,

当 $x\to-\infty$ 时,函数 $y=\arctan x$ 无限趋近常数 $-\dfrac{\pi}{2}$,记作

$\lim\limits_{x\to-\infty}\arctan x=-\dfrac{\pi}{2}$;

当 $x\to+\infty$ 时,函数 $y=\arctan x$ 无限趋近常数 $\dfrac{\pi}{2}$,记作

$\lim\limits_{x\to+\infty}\arctan x=\dfrac{\pi}{2}$,

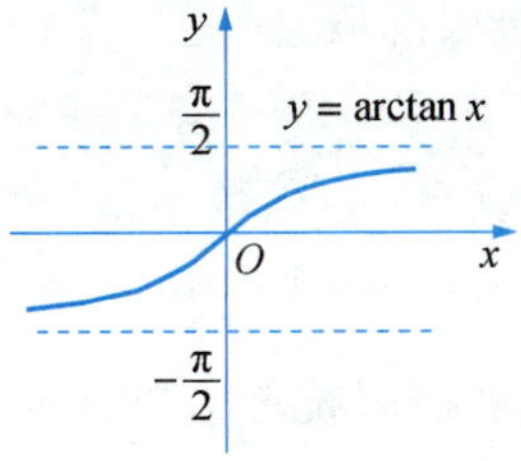

图 1-17

故当 $x\to\infty$ 时,函数 $y=\arctan x$ 的极限不存在,即 $\lim\limits_{x\to\infty}\arctan x$ 不存在.

定理 1.1 $\lim\limits_{x\to\infty}f(x)=A\Leftrightarrow\lim\limits_{x\to-\infty}f(x)=\lim\limits_{x\to+\infty}f(x)=A.$

2. $x\to x_0$ 时函数的极限

引例 3 通过图像,观察下列函数在 $x\to2$ 时的变化趋势:

(1)$y=x+2$; (2)$y=\dfrac{x^2-4}{x-2}$.

观察图 1-18,图 1-19,有如下结论:

(1)$y=x+2\to4(x\to2)$; (2)$y=\dfrac{x^2-4}{x-2}\to4(x\to2)$.

当 $x\to2$ 时,(1)(2) 中的函数均与常数 4 无限接近,我们称这两个函数在 $x\to2$ 时极限均存在,且极限值都为 4.

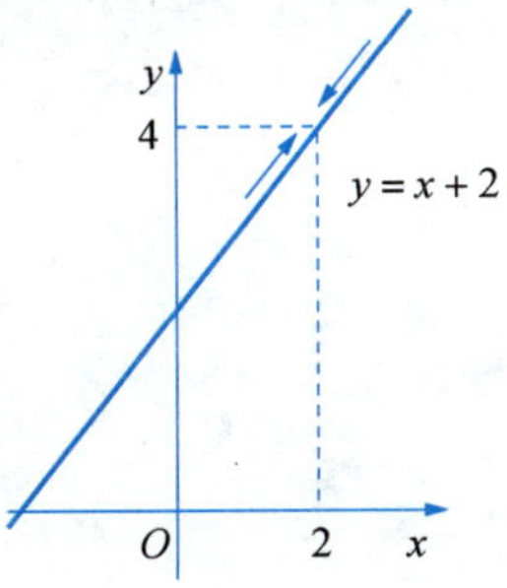

图 1-18

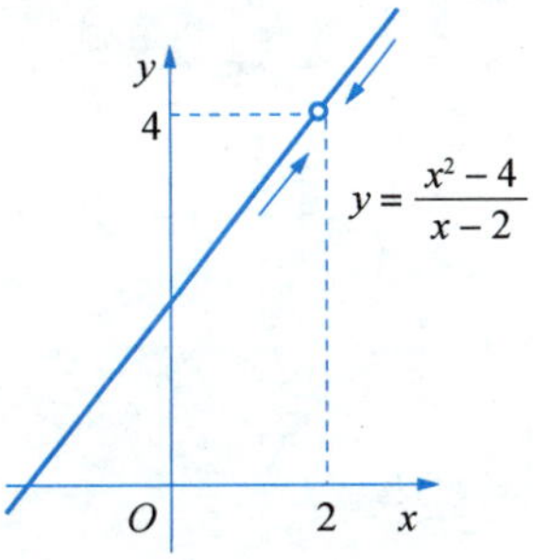

图 1-19

定义 1.8 设函数 $f(x)$ 在 x_0 的空心邻域内有定义，若当 $x \to x_0$ 时，函数 $f(x)$ 的值无限趋近于一个确定的常数 A，则称常数 A 为函数 $f(x)$ 当 $x \to x_0$ 时的极限，记作

$$\lim_{x \to x_0} f(x) = A \text{ 或 } f(x) \to A(x \to x_0).$$

引例 3 中(1)(2) 的极限，分别记为 $\lim\limits_{x \to 2}(x+2)=4$ 及 $\lim\limits_{x \to 2}\dfrac{x^2-4}{x-2}=4$. 对比这两个极限，有如下结论：函数 $f(x)$ 在 $x \to x_0$ 时的极限是否存在与 $f(x)$ 在 x_0 处是否有定义无关.

极限式 $\lim\limits_{x \to x_0} f(x) = A$ 的含义：当自变量 x 沿着 x 轴从点 x_0 的两侧无限趋于点 x_0 时，函数 $f(x)$ 都无限趋近于常数 A. 而有些问题，往往只能或只需考虑 x 从单方向趋于 x_0 的情况，即 x 从 x_0 的左侧趋向于 $x_0(x \to x_0^-)$，或从 x_0 的右侧趋向于 $x_0(x \to x_0^+)$，由此，我们给出单侧极限的概念.

定义 1.9 当 $x \to x_0^-(x \to x_0^+)$ 时，函数 $f(x)$ 的值无限趋近于常数 A(或 B)，则称常数 A(或 B) 为函数 $f(x)$ 当 $x \to x_0$ 时的左(右) 极限，分别记为

$$f(x_0-0)=\lim_{x \to x_0^-} f(x) = A \text{ 或 } f(x_0+0)=\lim_{x \to x_0^+} f(x) = B.$$

左、右极限统称为单侧极限.

定理 1.2 $\lim\limits_{x \to x_0} f(x) = A \Leftrightarrow \lim\limits_{x \to x_0^+} f(x) = \lim\limits_{x \to x_0^-} f(x) = A.$

若 $\lim\limits_{x \to x_0^-} f(x)$ 与 $\lim\limits_{x \to x_0^+} f(x)$ 至少一个不存在或两个极限存在但不相等，则 $\lim\limits_{x \to x_0} f(x)$ 不存在.

例 3 考察当 $x \to 0$ 时函数 $f(x)=\arctan\dfrac{1}{x}$ 的极限.

解 如图 1-20，当 $x \to 0$ 时，左极限为 $f(0-0)=\lim\limits_{x \to 0^-}\arctan\dfrac{1}{x}=-\dfrac{\pi}{2}$；

右极限为 $f(0+0)=\lim\limits_{x \to 0^+}\arctan\dfrac{1}{x}=\dfrac{\pi}{2}$.

虽然 $\arctan\dfrac{1}{x}$ 的左、右极限存在，但不相等，故 $\lim\limits_{x \to 0}\arctan\dfrac{1}{x}$ 不存在.

例 4 设函数 $f(x)=\begin{cases} x^2, & x<0, \\ 1+x, & x \geqslant 0, \end{cases}$ 考察 $\lim\limits_{x \to 0} f(x)$ 是否存在.

解 这是一个分段函数(见图 1-21)，点 $x=0$ 是 $f(x)$ 的分段点.

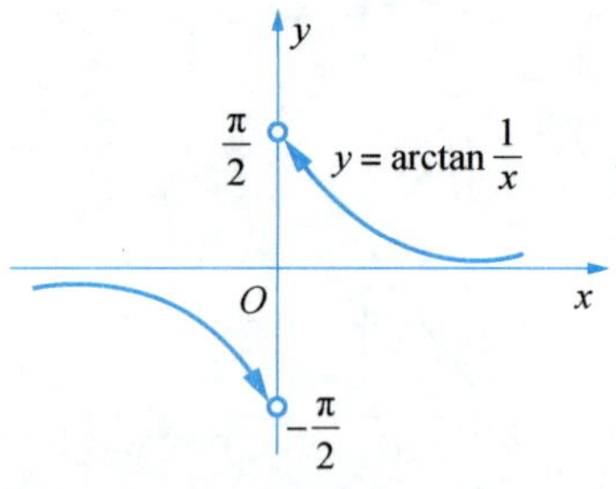

图 1-20

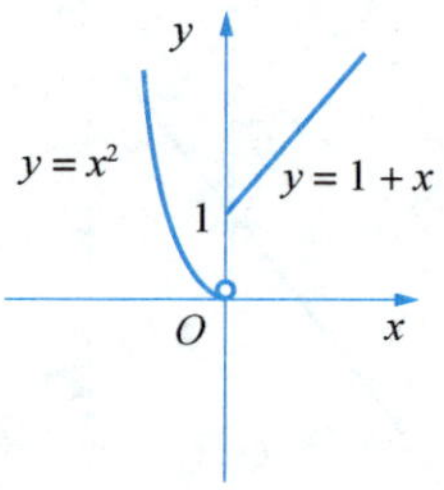

图 1-21

由于

$$\lim_{x\to 0^-} f(x)=\lim_{x\to 0^-} x^2=0;$$

$$\lim_{x\to 0^+} f(x)=\lim_{x\to 0^+}(1+x)=1.$$

虽然原函数在点 $x=0$ 处的左、右极限都存在但不相等，所以由定理 1.2 可知，$\lim\limits_{x\to 0} f(x)$ 不存在.

例 5　设 $f(x)=\begin{cases} x-2, & x\leqslant 0, \\ 2x, & 0<x\leqslant 1, \\ x^2+1, & x>1. \end{cases}$ 讨论 $x\to 0$ 及 $x\to 1$ 时 $f(x)$ 的极限.

解　因为 $\lim\limits_{x\to 0^-} f(x)=\lim\limits_{x\to 0^-}(x-2)=-2$，$\lim\limits_{x\to 0^+} f(x)=\lim\limits_{x\to 0^+} 2x=0$，故 $\lim\limits_{x\to 0} f(x)$ 不存在.

而 $\lim\limits_{x\to 1^-} f(x)=\lim\limits_{x\to 1^-} 2x=2$，$\lim\limits_{x\to 1^+} f(x)=\lim\limits_{x\to 1^+}(x^2+1)=2$，所以 $\lim\limits_{x\to 1} f(x)=2$.

例 6　设函数 $f(x)=\begin{cases} \sin x+\cos x, x<0, \\ 3x^2-2x+k, x\geqslant 0, \end{cases}$ 问当 k 为何值时，$\lim\limits_{x\to 0} f(x)$ 存在？

解　要使 $\lim\limits_{x\to 0} f(x)$ 存在，必须使 $\lim\limits_{x\to 0^-} f(x)=\lim\limits_{x\to 0^+} f(x)$ 成立，

而 $\lim\limits_{x\to 0^-} f(x)=\lim\limits_{x\to 0^-}(\sin x+\cos x)=1$，$\lim\limits_{x\to 0^+} f(x)=\lim\limits_{x\to 0^+}(3x^2-2x+k)=k$，

故当 $k=1$ 时，$\lim\limits_{x\to 0} f(x)=1$.

三、无穷大量与无穷小量

在我们讨论的变量中，有一种变量，在某一变化过程中，其绝对值越变越小.如行驶中的汽车，制动后车速将逐渐趋于零；也有另一种变量，在某一变化过程中，其绝对值越变越大，如引例 2 中的第(2)个函数.我们把前者称为无穷小量，后者称为无穷大量.

1.无穷小的概念及性质

定义 1.10　当 $x\to x_0$(或 $x\to\infty$)时，函数 $f(x)$ 以零为极限，即

$$\lim_{x\to x_0} f(x)=0 \text{ 或 } \lim_{x\to\infty} f(x)=0,$$

则称函数 $f(x)$ 为该变化过程中的无穷小量，简称为无穷小，通常用 $\alpha(x)$，$\beta(x)$ 等表示.

说明　(1) 无穷小量表达的是变量的变化状态，而不是一个确定的量；

(2) 无穷小必须结合自变量具体的变化过程才有意义.

例如，由 $\lim\limits_{x\to 0} x^3=0$ 可知，x^3 是 $x\to 0$ 时的无穷小，但由 $\lim\limits_{x\to 2} x^3=8$ 可知，x^3 当 $x\to 2$ 时不是无穷小.

(3) 由于 $\lim C=C$，所以常数 0 是无穷小.

例 7　自变量 x 怎样变化时，下列函数为无穷小？

(1) $y=\dfrac{1}{x}$；　(2) $y=3-x$；　(3) $y=e^x$；　(4) $y=\left(\dfrac{1}{3}\right)^x$.

解 （1）因为$\lim\limits_{x\to\infty}\frac{1}{x}=0$，所以$\frac{1}{x}$是$x\to\infty$时的无穷小；

（2）因为$\lim\limits_{x\to3}(3-x)=0$，所以$3-x$是$x\to3$时的无穷小；

（3）因为$\lim\limits_{x\to-\infty}e^x=0$，所以$e^x$是$x\to-\infty$时的无穷小；

（4）因为$\lim\limits_{x\to+\infty}\left(\frac{1}{3}\right)^x=0$，所以$\left(\frac{1}{3}\right)^x$是$x\to+\infty$时的无穷小.

性质 1.1 有限个无穷小的代数和仍为无穷小.

注意有限与无限的区别，即无限多个无穷小量的代数和不一定是无穷小.

如$n\to\infty$时，$\frac{1}{n^2},\frac{2}{n^2},\cdots,\frac{n}{n^2}$均为无穷小，但

$$\lim_{n\to\infty}\left(\frac{1}{n^2}+\frac{2}{n^2}+\cdots+\frac{n}{n^2}\right)=\lim_{n\to\infty}\frac{n(n+1)}{2n^2}=\lim_{n\to\infty}\left(\frac{1}{2}+\frac{1}{2n}\right)=\frac{1}{2}.$$

性质 1.2 有限个无穷小的乘积仍是无穷小.

性质 1.3 有界函数与无穷小的乘积仍为无穷小.特别地，常数与无穷小的乘积仍是无穷小.

例 8 求$\lim\limits_{x\to\infty}\frac{\sin x}{x}$.

解 因为$\frac{\sin x}{x}=\frac{1}{x}\sin x$，当$x\to\infty$时，$\frac{1}{x}$是无穷小量，$\sin x$是有界函数，

由性质 1.3 知，$\frac{\sin x}{x}$是当$x\to\infty$时的无穷小量，所以

$$\lim_{x\to\infty}\frac{\sin x}{x}=0.$$

同理有

$$\lim_{x\to0}x\sin\frac{1}{x}=0.$$

2.无穷小的比较

同一变化过程中不同的无穷小趋于零的速度一般来说是不同的.如x^4和x^2均是$x\to0$时的无穷小，但当$x\to0$时，x^4趋于零的速度大大快于x^2.为比较同一变化过程中两个无穷小趋于零的速度快慢问题，我们引入无穷小的阶.

定义 1.11 设$\alpha(x)$和$\beta(x)$都是$x\to x_0$时的无穷小，

（1）如果$\lim\limits_{x\to x_0}\frac{\alpha(x)}{\beta(x)}=0[\beta(x)\neq0]$，则称当$x\to x_0$时，$\alpha(x)$是比$\beta(x)$高阶的无穷小，或称$\beta(x)$是比$\alpha(x)$低阶的无穷小，记为$\alpha(x)=o[\beta(x)](x\to x_0)$；

（2）如果$\lim\limits_{x\to x_0}\frac{\alpha(x)}{\beta(x)}=C(C\neq0)$，则称$\alpha(x)$与$\beta(x)$是$x\to x_0$时的同阶无穷小；

（3）特别地，若$\lim\limits_{x\to x_0}\frac{\alpha(x)}{\beta(x)}=1$，则称$\alpha(x)$与$\beta(x)$是$x\to x_0$时的等价无穷小，记为

$\alpha(x) \sim \beta(x)(x \to x_0)$.

常用的当 $x \to 0$ 时的等价无穷小有：

$$\sin x \sim x, 1-\cos x \sim \frac{1}{2}x^2, \tan x \sim x, \arcsin x \sim x, e^x - 1 \sim x, \sqrt{1+x}-1 \sim \frac{1}{2}x, \ln(1+x) \sim x.$$

例 9　当 $x \to 0$ 时，比较下列各组无穷小：

(1) $3x$ 与 x；　(2) x^4 与 x^3；　(3) $\frac{1}{1-x}-1-x$ 与 x^2；

(4) $\sin x$ 与 x^2；　(5) $x\sin\frac{1}{x}$ 与 x.

解　(1) 因为 $\lim\limits_{x\to 0}\frac{3x}{x}=3$，所以当 $x \to 0$ 时，$3x$ 与 x 是同阶无穷小；

(2) $\lim\limits_{x\to 0}\frac{x^4}{x^3}=0$，所以当 $x \to 0$ 时，x^4 是 x^3 的高阶无穷小，即 $x^4=o(x^3)$；

(3) $\lim\limits_{x\to 0}\frac{\frac{1}{1-x}-1-x}{x^2}=\lim\limits_{x\to 0}\frac{1-(1+x)(1-x)}{x^2(1-x)}=\lim\limits_{x\to 0}\frac{1}{1-x}=1$，所以当 $x \to 0$ 时，$\frac{1}{1-x}-1-x$ 是 x^2 的等价无穷小，即 $\frac{1}{1-x}-1-x \sim x^2$；

(4) $\lim\limits_{x\to 0}\frac{\sin x}{x^2}=\lim\limits_{x\to 0}\frac{x}{x^2}=\lim\limits_{x\to 0}\frac{1}{x}=\infty$，$\sin x$ 是比 x^2 低阶的无穷小；

(5) 当 $x \to 0$ 时，x 与 $x\sin\frac{1}{x}$ 都是无穷小量，而 $\lim\limits_{x\to 0}\frac{x\sin\frac{1}{x}}{x}=\lim\limits_{x\to 0}\sin\frac{1}{x}$ 不存在，故 x 与 $x\sin\frac{1}{x}$ 不能比较.

说明　在商形式的极限计算中，两个等价无穷小可以相互替换.如

$$\lim_{x\to 0}\frac{\sin x^2}{\tan 3x\cdot(e^x-1)}=\lim_{x\to 0}\frac{x^2}{3x\cdot x}=\frac{1}{3}.$$

显然，并不是任意的两个无穷小都可以比较.

3.无穷大量

定义 1.12　当 $x \to x_0$（或 $x \to \infty$）时，函数 $f(x)$ 的绝对值无限增大，则称函数 $f(x)$ 为该变化过程中的无穷大量，简称无穷大.记为 $\lim f(x)=\infty$.

说明　(1) 无穷大量是变量，这里借用 $\lim f(x)=\infty$ 表示 $f(x)$ 的变化趋势，并不表示 $f(x)$ 的极限存在.

(2) 无穷大必须结合自变量具体的变化过程才有意义.如 $y=2+x$ 是 $x \to \infty$ 时的无穷大量，$f(x)=\frac{3}{1-x}$ 是 $x \to 1$ 时的无穷大量.

4.无穷小与无穷大的关系

显然，$2+x$ 是 $x\to\infty$ 时的无穷大量，而其倒数 $\dfrac{1}{2+x}$ 就是 $x\to\infty$ 时的无穷小量.由此，我们给出无穷小与无穷大的关系：

在某一变化过程中，若 $y=f(x)$ 是无穷大量，则 $\dfrac{1}{f(x)}$ 为无穷小量；反之，若 $f(x)$ 为无穷小量，且 $f(x)\neq 0$，则 $\dfrac{1}{f(x)}$ 为无穷大量.

我们可以利用无穷小量与无穷大量的关系来判断极限情况.

例 10 $\lim\limits_{x\to 1}\dfrac{1}{1-x^2}$.

解 由于 $\lim\limits_{x\to 1}(1-x^2)=0$，即 $1-x^2$ 是 $x\to 1$ 时的无穷小，因此

$$\lim_{x\to 1}\frac{1}{1-x^2}=\infty.$$

习题 1.3

1.观察下列函数，指出哪些是无穷小，哪些是无穷大.

(1) $3x^2$，当 $x\to 0$ 时； (2) $\dfrac{1}{3-x}$，当 $x\to 3$ 时；

(3) $\ln x$，当 $x\to+\infty$ 时； (4) $x\sin\dfrac{1}{x}$，当 $x\to 0$ 时.

2.自变量 x 如何变化时，函数 $y=\dfrac{x+1}{x-1}$ 是无穷小或无穷大？

3.设 $f(x)=\begin{cases}1-x, x\leqslant 1,\\ 1+x, x>1,\end{cases}$ 求当 $x\to 1$ 时 $f(x)$ 的左、右极限，并说明在 $x\to 1$ 时，$f(x)$ 的极限是否存在.

4.设 $f(x)=\begin{cases}2+\sin x, & x\leqslant 0,\\ x^2+1, & 0<x\leqslant 1,\\ \dfrac{2}{x}, & x>1,\end{cases}$ 分别讨论当 $x\to 0$ 和 $x\to 1$ 时，$f(x)$ 的极限是否存在.

5.设 $f(x)=\begin{cases}\sin(x-1), & x\leqslant 1,\\ k^2x-2k, & x>1,\end{cases}$ 当 k 为何值时，函数 $f(x)$ 在 $x=1$ 处有极限？

第四节　极限的运算

一、极限的运算法则

设 $x \to x_0$（或 $x \to \infty$）时，有 $\lim f(x)=A$，$\lim g(x)=B$，则有：

法则 1.1　$\lim[f(x)\pm g(x)]=\lim f(x)\pm \lim g(x)=A\pm B$.

法则 1.2　$\lim[f(x)g(x)]=\lim f(x)\cdot \lim g(x)=AB$.

推论 1.1　$\lim Cf(x)=CA$（C 为常数）.

推论 1.2　$\lim[f(x)]^n=A^n$（n 为正整数）.

法则 1.3　$\lim \dfrac{f(x)}{g(x)}=\dfrac{\lim f(x)}{\lim g(x)}=\dfrac{A}{B}$[其中 $\lim g(x)=B\neq 0$].

法则 1.1 和法则 1.2 可推广到有限多个函数的情况.由于数列可视为整变量函数，则此法则对数列极限也完全适用.

例 1　求下列极限：

(1) $\lim\limits_{x\to 3}\left(\dfrac{1}{3}x+1\right)$；　(2) $\lim\limits_{x\to 2}x^3$；　(3) $\lim\limits_{x\to 1}\dfrac{x^2-2x+5}{x^3+7}$.

解　(1) $\lim\limits_{x\to 3}\left(\dfrac{1}{3}x+1\right)=\lim\limits_{x\to 3}\left(\dfrac{1}{3}x\right)+\lim\limits_{x\to 3}1=\dfrac{1}{3}\lim\limits_{x\to 3}x+\lim\limits_{x\to 3}1=\dfrac{1}{3}\times 3+1=2$；

(2) $\lim\limits_{x\to 2}x^3=(\lim\limits_{x\to 2}x)^3=2^3=8$；

(3) $\lim\limits_{x\to 1}\dfrac{x^2-2x+5}{x^3+7}=\dfrac{\lim\limits_{x\to 1}(x^2-2x+5)}{\lim\limits_{x\to 1}(x^3+7)}=\dfrac{\lim\limits_{x\to 1}x^2-2\lim\limits_{x\to 1}x+\lim\limits_{x\to 1}5}{(\lim\limits_{x\to 1}x)^3+\lim\limits_{x\to 1}7}=\dfrac{1-2+5}{1+7}=\dfrac{1}{2}$.

可以看出，求有理整函数（即多项式）和分母极限不为零的有理分式的极限时，只要把自变量的极限值代入函数即可.而部分有理分式，不能直接用法则 1.1 ～ 1.3 求极限.下面举例说明.

例 2　求下列极限：

(1) $\lim\limits_{x\to 1}\dfrac{x+4}{x-1}$；　(2) $\lim\limits_{x\to \infty}\dfrac{1}{x+4}(\cos x+1)$.

解　(1) 因为 $\lim\limits_{x\to 1}\dfrac{x-1}{x+4}=0$，即函数 $\dfrac{x-1}{x+4}$ 是当 $x\to 1$ 时的无穷小，根据无穷大与无穷小的关系得 $\lim\limits_{x\to 1}\dfrac{x+4}{x-1}=\infty$；

(2) 因为 $\lim\limits_{x\to \infty}\dfrac{1}{x+4}=0$，$|\cos x+1|\leqslant 2$，所以 $\lim\limits_{x\to \infty}\dfrac{1}{x+4}(\cos x+1)=0$.

这两题均不能直接用法则 1.1 ～ 1.3 求解，而是利用了无穷小与无穷大的相关知识.

例3 求下列极限：

(1) $\lim\limits_{x\to 3}\dfrac{x-3}{x^2-9}$； (2) $\lim\limits_{x\to 1}\left(\dfrac{3}{1-x^3}-\dfrac{1}{1-x}\right)$； (3) $\lim\limits_{x\to 0}\dfrac{\sqrt{1+x^2}-1}{x^2}$.

解 (1) 当 $x\to 3$ 时，$x\neq 3$，故分子分母可先约去不为零的因子 $x-3$，再求极限.

$$\lim_{x\to 3}\frac{x-3}{x^2-9}=\lim_{x\to 3}\frac{x-3}{(x+3)(x-3)}=\lim_{x\to 3}\frac{1}{x+3}=\frac{1}{6}.$$

(2) 当 $x\to 1$ 时，括号内为"$\infty-\infty$"型，可以先通分，再求极限.

$$\lim_{x\to 1}\left(\frac{3}{1-x^3}-\frac{1}{1-x}\right)=\lim_{x\to 1}\frac{3-(1+x+x^2)}{(1-x)(1+x+x^2)}=\lim_{x\to 1}\frac{(2+x)(1-x)}{(1-x)(1+x+x^2)}$$

$$=\lim_{x\to 1}\frac{2+x}{1+x+x^2}=1.$$

(3) 当 $x\to 0$ 时，原式的极限为"$\dfrac{0}{0}$"型，可以先有理化，再求极限.

$$\lim_{x\to 0}\frac{\sqrt{1+x^2}-1}{x^2}=\lim_{x\to 0}\frac{(\sqrt{1+x^2}-1)(\sqrt{1+x^2}+1)}{x^2(\sqrt{1+x^2}+1)}=\lim_{x\to 0}\frac{1}{\sqrt{1+x^2}+1}=\frac{1}{2}.$$

例4 求下列极限：

(1) $\lim\limits_{x\to\infty}\dfrac{3x^3-4x^2+2}{x^3+2x+1}$； (2) $\lim\limits_{x\to\infty}\dfrac{x^2+2}{2x^3+x^2+1}$； (3) $\lim\limits_{x\to\infty}\dfrac{2x^3+x^2+1}{x^2+2}$.

解 (1) 当 $x\to\infty$ 时，分子分母均为无穷大.此时不能直接用极限的运算法则.若将分子、分母分别除以 x^3，则可利用极限运算法则.于是

$$\lim_{x\to\infty}\frac{3x^3-4x^2+2}{x^3+2x+1}=\lim_{x\to\infty}\frac{3-\dfrac{4}{x}+\dfrac{2}{x^3}}{1+\dfrac{2}{x^2}+\dfrac{1}{x^3}}=\frac{\lim\limits_{x\to\infty}3-\lim\limits_{x\to\infty}\dfrac{4}{x}+\lim\limits_{x\to\infty}\dfrac{2}{x^3}}{\lim\limits_{x\to\infty}1+\lim\limits_{x\to\infty}\dfrac{2}{x^2}+\lim\limits_{x\to\infty}\dfrac{1}{x^3}}=3.$$

(2) 先将分子、分母分别除以 x^3，再求极限，于是

$$\lim_{x\to\infty}\frac{x^2+2}{2x^3+x^2+1}=\lim_{x\to\infty}\frac{\dfrac{1}{x}+\dfrac{2}{x^3}}{2+\dfrac{1}{x}+\dfrac{1}{x^3}}=\frac{0}{2}=0.$$

(3) 由(2)可知

$$\lim_{x\to\infty}\frac{2x^3+x^2+1}{x^2+2}=\lim_{x\to\infty}\frac{1}{\dfrac{x^2+2}{2x^3+x^2+1}}=\infty.$$

一般地，当自变量趋于无穷大时，两个多项式的商的极限，有如下结论：

$$\lim_{x\to\infty}\frac{a_0x^n+a_1x^{n-1}+\cdots+a_n}{b_0x^m+b_1x^{m-1}+\cdots+b_m}=\begin{cases}\infty, & m<n,\\ \dfrac{a_0}{b_0}, & m=n,\\ 0, & m>n.\end{cases}$$

其中 $a_0 \neq 0, b_0 \neq 0$.

例 5　求 $\lim\limits_{n\to\infty}\dfrac{1+2+3+\cdots+n}{n^2}$.

解　已知 $1+2+3+\cdots+n=\dfrac{n(n+1)}{2}$,

所以 $\lim\limits_{n\to\infty}\dfrac{1+2+3+\cdots+n}{n^2}=\lim\limits_{n\to\infty}\dfrac{n(n+1)}{2n^2}=\lim\limits_{n\to\infty}\dfrac{n^2+n}{2n^2}=\dfrac{1}{2}$.

二、两个重要极限

1. $\lim\limits_{x\to 0}\dfrac{\sin x}{x}=1$

只要满足如下条件,极限值即为 1:

(1) 极限类型:$\dfrac{0}{0}$ 型;

(2) 函数类型:$\dfrac{\sin u}{u}$(u 是自变量 x 的函数).

例 6　求下列极限:

(1) $\lim\limits_{x\to 0}\dfrac{\tan x}{x}$;　　(2) $\lim\limits_{x\to\infty}x\sin\dfrac{1}{x}$;　　(3) $\lim\limits_{x\to 0}\dfrac{\arcsin x}{x}$.

解　(1) $\lim\limits_{x\to 0}\dfrac{\tan x}{x}=\lim\limits_{x\to 0}\left(\dfrac{\sin x}{\cos x}\cdot\dfrac{1}{x}\right)=\lim\limits_{x\to 0}\left(\dfrac{\sin x}{x}\cdot\dfrac{1}{\cos x}\right)=\lim\limits_{x\to 0}\dfrac{\sin x}{x}\cdot\lim\limits_{x\to 0}\dfrac{1}{\cos x}=1$;

(2) 显然 $x\sin\dfrac{1}{x}=\dfrac{\sin\dfrac{1}{x}}{\dfrac{1}{x}}$,设 $\dfrac{1}{x}=u$,当 $x\to\infty$ 时,$u\to 0$,故

$$\lim_{x\to\infty}x\sin\frac{1}{x}=\lim_{u\to 0}\frac{\sin u}{u}=1.$$

当运算熟练后,可不作变量变换,直接变形为公式形式即可.

(3) 令 $\arcsin x=u$,则 $x=\sin u$.当 $x\to 0$ 时,有 $u\to 0$,所以

$$\lim_{x\to 0}\frac{\arcsin x}{x}=\lim_{u\to 0}\frac{u}{\sin u}=1.$$

本例的三个结论,在做题时可以作为公式直接应用.此外,与(3)类似的还有 $\lim\limits_{x\to 0}\dfrac{\arctan x}{x}=1$.

例 7　求下列极限:

(1) $\lim\limits_{x\to 0}\dfrac{\sin 2x}{x}$;　　(2) $\lim\limits_{x\to 0}\dfrac{\sin 3x}{\tan 5x}$;　　(3) $\lim\limits_{x\to 0}\dfrac{1-\cos x}{x^2}$.

解　(1) $\lim\limits_{x\to 0}\dfrac{\sin 2x}{x}=\lim\limits_{x\to 0}\left(\dfrac{\sin 2x}{2x}\cdot 2\right)=2\lim\limits_{x\to 0}\dfrac{\sin 2x}{2x}=2\times 1=2$;

(2) $\lim\limits_{x\to 0}\dfrac{\sin 3x}{\tan 5x}=\lim\limits_{x\to 0}\left(\dfrac{\sin 3x}{3x}\cdot\dfrac{5x}{\sin 5x}\cdot\dfrac{3}{5}\cdot\cos 5x\right)=1\times 1\times\dfrac{3}{5}\times 1=\dfrac{3}{5}$；

事实上，$\lim\limits_{x\to 0}\dfrac{\sin mx}{\sin nx}=\dfrac{m}{n}$，其中 m,n 为非零常数.

(3) $\lim\limits_{x\to 0}\dfrac{1-\cos x}{x^2}=\lim\limits_{x\to 0}\dfrac{2\sin^2\dfrac{x}{2}}{x^2}=\lim\limits_{x\to 0}\dfrac{1}{2}\left(\dfrac{\sin\dfrac{x}{2}}{\dfrac{x}{2}}\right)^2=\dfrac{1}{2}$.

应用等价无穷小也可以求解此类极限：

当 $x\to 0$ 时，$1-\cos x\sim\dfrac{1}{2}x^2$，所以 $\lim\limits_{x\to 0}\dfrac{1-\cos x}{x^2}=\lim\limits_{x\to 0}\dfrac{\dfrac{1}{2}x^2}{x^2}=\dfrac{1}{2}$.

2. $\lim\limits_{x\to\infty}\left(1+\dfrac{1}{x}\right)^x=\mathrm{e}$

极限只要满足如下条件，其极限值即为 e：

(1) 极限类型：1^∞ 型；

(2) 函数类型：$\left(1+\dfrac{1}{u}\right)^u$ 或 $(1+u)^{\frac{1}{u}}$（u 是自变量 x 的函数）.

$\lim\limits_{x\to 0}(1+x)^{\frac{1}{x}}=\mathrm{e}$ 是此极限的等价形式，故函数类型也可以为 $(1+u)^{\frac{1}{u}}$.

例 8 求下列极限：

(1) $\lim\limits_{x\to\infty}\left(1+\dfrac{1}{1+x^4}\right)^{1+x^4}$；　　(2) $\lim\limits_{x\to\infty}\left(1+\dfrac{2}{x}\right)^x$；

(3) $\lim\limits_{x\to\infty}\left(1-\dfrac{1}{x}\right)^x$；　　(4) $\lim\limits_{x\to\infty}\left(\dfrac{x}{x-1}\right)^{3x-1}$.

解 (1) 令 $1+x^4=u$，则 $\dfrac{1}{1+x^4}=\dfrac{1}{u}$，当 $x\to\infty$ 时，$u\to\infty$，

因此 $\lim\limits_{x\to\infty}\left(1+\dfrac{1}{1+x^4}\right)^{1+x^4}=\lim\limits_{u\to\infty}\left(1+\dfrac{1}{u}\right)^u=\mathrm{e}$；

(2) 令 $\dfrac{2}{x}=u$，则 $x=\dfrac{2}{u}$，且当 $x\to\infty$ 时，$u\to 0(u\neq 0)$，

因此 $\lim\limits_{x\to\infty}\left(1+\dfrac{2}{x}\right)^x=\lim\limits_{u\to 0}(1+u)^{\frac{2}{u}}=\lim\limits_{u\to 0}[(1+u)^{\frac{1}{u}}]^2=\mathrm{e}^2$；

(3) $\lim\limits_{x\to\infty}\left(1-\dfrac{1}{x}\right)^x=\lim\limits_{x\to\infty}\left(1+\dfrac{1}{-x}\right)^{(-x)\cdot(-1)}=\lim\limits_{x\to\infty}\left[\left(1+\dfrac{1}{-x}\right)^{-x}\right]^{-1}=\mathrm{e}^{-1}$；

(4) $\lim\limits_{x\to\infty}\left(\dfrac{x}{x-1}\right)^{3x-1}=\lim\limits_{x\to\infty}\left(1+\dfrac{1}{x-1}\right)^{3(x-1)+2}$

$$=\left[\lim_{x\to\infty}\left(1+\frac{1}{x-1}\right)^{x-1}\right]^3\cdot\lim_{x\to\infty}\left(1+\frac{1}{x-1}\right)^2=\mathrm{e}^3.$$

三、连续复利问题

所谓复利计息，就是将第一期的利息与本金之和作为第二期的本金，然后反复计息.

设 P 为本金，r 为年利率，若每年计息一次，那么 t 年末本利和(也称为终值) 为

$$S_t = P(1+r)^t;$$

若一年计息两次，即每半年计算一次利息，每次利率为$\frac{r}{2}$，则 t 年末本利和为

$$S_t = P\left(1+\frac{r}{2}\right)^{2t};$$

若一年计息 m 次，则 t 年末本利和为

$$S_t = P\left(1+\frac{r}{m}\right)^{mt};$$

若一年计息无穷多次，则为连续复利计息，即令 $m\to\infty$. 当 $m\to\infty$ 时，t 年末的本利和(即终值) 为

$$S_t = \lim_{m\to\infty} P\left(1+\frac{r}{m}\right)^{mt} = P\mathrm{e}^{rt},$$

而 t 年末终值为 S_t 的现值为

$$P = S_t \mathrm{e}^{-rt}.$$

$S_t = P\mathrm{e}^{rt}$ 这个公式反映了现实世界中一些事物生长或消失的数量规律，如马尔萨斯人口模型、细胞的繁殖、树木的生长、物体的冷却、镭的衰变等.

例 9　设本金 10 万元，按整存整取 5 年期以上年利率 3.60% 来计算，若分别以每年计息、每月计息和连续计息的方式计息(不扣利息税)，试求 10 年末的终值分别为多少？

解　按年利率计算复利得 $S_{10} = 10^5 \times (1+0.036)^{10} \approx 142\ 428.214$(元)；

按月利率计算复利得 $S_{10} = 10^5 \times \left(1+\frac{0.036}{12}\right)^{120} \approx 143\ 255.717$(元)；

由连续复利计算得 $S_{10} = 10^5 \mathrm{e}^{0.36} \approx 143\ 332.941$(元).

显然，第三种计息方式的终值高于前两种.

习题 1.4

1.已知$\lim\limits_{n\to\infty} x_n = \frac{1}{2}$，$\lim\limits_{n\to\infty} y_n = -\frac{1}{2}$，求下列各极限：

(1) $\lim\limits_{n\to\infty}(2x_n + 3y_n)$；　　(2) $\lim\limits_{n\to\infty}\frac{x_n - y_n}{x_n}$.

2.求下列各极限：

(1) $\lim\limits_{x\to\sqrt{3}}\frac{7+x^2}{x^2-2}$；　　(2) $\lim\limits_{x\to 2}\frac{5+x^2}{x-2}$；

(3) $\lim\limits_{x\to 0}\dfrac{4x^3-2x^2+x}{3x^2+2x}$；

(4) $\lim\limits_{h\to 0}\dfrac{(x+h)^2-x^2}{h}$；

(5) $\lim\limits_{x\to 1}\dfrac{x^3-1}{x-1}$；

(6) $\lim\limits_{x\to\infty}\left(2-\dfrac{2}{x}+\dfrac{2}{x^3}\right)$；

(7) $\lim\limits_{x\to\infty}\dfrac{4x^2-2x+1}{2x^2+x}$；

(8) $\lim\limits_{x\to\infty}\dfrac{4x^3+2x^2+5}{3x^2+2x}$；

(9) $\lim\limits_{n\to\infty}\dfrac{\sqrt{n^2-3}}{\sqrt[3]{n^3+1}}$；

(10) $\lim\limits_{x\to\infty}\dfrac{(2x^2-1)(x+5)^7}{(3x^3-5x+3)^3}$；

(11) $\lim\limits_{x\to 0}\dfrac{\sqrt{3+x}-\sqrt{3}}{x}$；

(12) $\lim\limits_{x\to 2}\dfrac{\sqrt{x-1}-1}{2-x}$；

(13) $\lim\limits_{n\to+\infty}\left(1+\dfrac{1}{2}+\dfrac{1}{4}+\cdots+\dfrac{1}{2^n}\right)$；

(14) $\lim\limits_{x\to+\infty}(\sqrt{x+1}-\sqrt{x})$.

3.求下列各极限：

(1) $\lim\limits_{x\to 0}x^2\sin\dfrac{1}{x}$；

(2) $\lim\limits_{x\to\infty}\dfrac{\sin x+3}{x^2+1}$；

(3) $\lim\limits_{x\to\infty}\dfrac{x^2+1}{x^3+x}\cos x$.

4.求下列各极限：

(1) $\lim\limits_{x\to 0}\dfrac{\arctan 2x}{3x}$；

(2) $\lim\limits_{x\to\frac{\pi}{2}}\dfrac{\cos x}{\dfrac{\pi}{2}-x}$；

(3) $\lim\limits_{x\to 0}x\cot x$；

(4) $\lim\limits_{x\to 0}\dfrac{x\sin x}{1-\cos 2x}$；

(5) $\lim\limits_{x\to 0}\dfrac{x(x+3)}{\sin x}$；

(6) $\lim\limits_{x\to\infty}x^2\sin^2\dfrac{1}{x}$；

(7) $\lim\limits_{x\to\infty}\left(1-\dfrac{1}{x}\right)^{2x}$；

(8) $\lim\limits_{x\to 1}(2-x)^{\frac{2}{x-1}}$；

(9) $\lim\limits_{n\to\infty}\left(1+\dfrac{1}{n+1}\right)^{n+5}$；

(10) $\lim\limits_{x\to\frac{\pi}{2}}(1+\cos x)^{2\sec x}$；

(11) $\lim\limits_{x\to\infty}\left(\dfrac{2x+3}{2x+1}\right)^{x+1}$；

(12) $\lim\limits_{x\to\infty}\left(\dfrac{x^2}{x^2-1}\right)^{x}$.

5.设年利率为 6%，按连续复利计息，现投资多少元，才能使 10 年末得到 120 000 元？

第五节　函数的连续性

现实世界中很多变量的变化是连续不断的，如温度变化、个人的身高变化等，这种现象反映在数学上就是函数的连续性.本节将通过极限研究函数的连续性.

一、函数的连续性

1.改变量(增量)

连续变化的概念从变量关系上看，是当自变量的变化很微小时，函数相应的变化也很微小，这种变量间的关系反映了连续函数的特征，为此，先引入改变量的概念.

定义 1.13　如果变量从初值 u_0 变到终值 u_1，那么终值与初值的差 u_1-u_0，叫作变量 u 的改变量(也叫增量)，记为 $\Delta u=u_1-u_0$.

注意　改变量可正可负，并不都是正值；此外，$\Delta u=u_1-u_0$ 又可改写为 $u_1=u_0+\Delta u$，即终值 u_1 也可用 $u_0+\Delta u$ 来表示.

假定函数 $y=f(x)$ 在点 x_0 的某邻域内有定义(如图 1-22)，当自变量 x 从 x_0 变到 $x_0+\Delta x$ 有改变量 Δx，函数 $f(x)$ 相应地从 $f(x_0)$ 变到 $f(x_0+\Delta x)$ 也有改变量 Δy，即

$$\Delta y=f(x_0+\Delta x)-f(x_0).$$

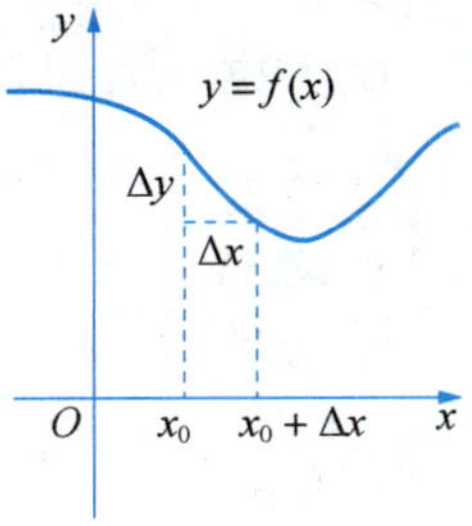

图 1-22

2.函数在一点处的连续性

由图 1-22 可以看出，函数 $y=f(x)$ 在 x_0 附近是连续变化的，它的图像是一条不间断的曲线，且当改变量 Δx 趋于 0 时，Δy 也趋于 0，我们称函数 $y=f(x)$ 在点 x_0 处是连续的.

定义 1.14　设函数 $y=f(x)$ 在点 x_0 的某邻域内有定义，若当自变量 x 在 x_0 处的改变量 Δx 趋近于 0 时，函数 $y=f(x)$ 相应的改变量 $\Delta y=f(x_0+\Delta x)-f(x_0)$ 也趋近于 0，即

$$\lim_{\Delta x\to 0}\Delta y=0,$$

那么称函数 $y=f(x)$ 在点 x_0 处连续.

$y=f(x)$ 在点 x_0 处连续也可以如下定义：

定义 1.15　设函数 $y=f(x)$ 在点 x_0 的某邻域内有定义，若

$$\lim_{x\to x_0}f(x)=f(x_0),$$

那么称函数 $y=f(x)$ 在点 x_0 处连续.

根据定义 1.15，函数 $y=f(x)$ 在点 x_0 处连续，必须同时满足三个条件：

(1) $f(x)$ 在点 x_0 有定义，即 $f(x_0)$ 存在；

(2) $\lim\limits_{x\to x_0}f(x)$ 存在；

(3) $\lim\limits_{x\to x_0}f(x)=f(x_0)$.

若 $\lim\limits_{x\to x_0^-}f(x)=f(x_0)$，则称 $f(x)$ 在点 x_0 处左连续；若 $\lim\limits_{x\to x_0^+}f(x)=f(x_0)$，则称 $f(x)$ 在点 x_0 处右连续.

显然，$f(x)$ 在点 x_0 处连续，必须满足 $f(x)$ 在点 x_0 处左连续且右连续，即

$$\lim_{x\to x_0}f(x)=f(x_0)\Leftrightarrow\lim_{x\to x_0^-}f(x)=\lim_{x\to x_0^+}f(x)=f(x_0).$$

例 1 当 $x \neq 0$ 时，$f(x)=(1+x)^{\frac{1}{2x}}$，且 $f(x)$ 在 $x=0$ 处连续，求 $f(0)$ 的值.

解 因为 $f(x)$ 在 $x=0$ 连续，所以

$$f(0)=\lim_{x\to 0}f(x)=\lim_{x\to 0}(1+x)^{\frac{1}{2x}}=e^{\frac{1}{2}}.$$

例 2 讨论函数 $f(x)=\begin{cases} x\sin\dfrac{1}{x}, & x\neq 0, \\ 0, & x=0 \end{cases}$ 在 $x=0$ 的连续性.

解 因为 $\lim\limits_{x\to 0^-}f(x)=\lim\limits_{x\to 0^+}f(x)=\lim\limits_{x\to 0}x\sin\dfrac{1}{x}=0=f(0)$，所以 $f(x)$ 在 $x=0$ 处连续.

一般情况下，分段函数在分段点处的连续性，需通过左、右连续来判断.

3.函数的连续性

定义 1.16 如果函数 $f(x)$ 在区间 (a,b) 内每一点都连续，则称函数 $f(x)$ 在 (a,b) 连续；如果 $f(x)$ 在区间 (a,b) 内连续，且在点 a 处右连续、点 b 处左连续，则称函数 $f(x)$ 在 $[a,b]$ 连续.若函数 $f(x)$ 在其定义域内连续，则称 $f(x)$ 是连续函数.

例如，$y=\sin x$ 在 $(-\infty,+\infty)$ 内连续，则称 $\sin x$ 是连续函数.

显然，在一个区间内定义的连续函数的图像就是一条连续不间断的曲线.

定理 1.3 初等函数在其定义区间内都是连续的.

注意 因为分段函数不属于初等函数，故分段函数的连续性需根据定义进行判定.

例 3 设函数 $f(x)=\begin{cases} 3x^2-2x+3, & x\leqslant 0, \\ e^x+a, & x>0, \end{cases}$ 问 a 取何值时，函数 $f(x)$ 在其定义域内连续？

解 要使函数 $f(x)$ 在其定义域内连续，只需函数 $f(x)$ 在 $x=0$ 处连续即可.故

$$\lim_{x\to 0^-}(3x^2-2x+3)=\lim_{x\to 0^+}(e^x+a),$$

由

$$\lim_{x\to 0^-}(3x^2-2x+3)=3,$$

有

$$\lim_{x\to 0^+}(e^x+a)=3,$$

解得

$$a=2.$$

故 $a=2$ 时，函数 $f(x)$ 在其定义域内连续.

借助初等函数的连续性，可由函数值 $f(x_0)$ 求极限值 $\lim\limits_{x\to x_0}f(x)$.

例 4 求 $\lim\limits_{x\to\frac{\pi}{4}}[\ln(\sin 2x)]$.

解 已知 $f(x)=\ln(\sin 2x)$ 为 $\left(0,\dfrac{\pi}{2}\right)$ 上的连续函数，故在 $x=\dfrac{\pi}{4}$ 处连续，有

$$\lim_{x\to\frac{\pi}{4}}[\ln(\sin 2x)]=\ln\left[\sin\left(2\times\frac{\pi}{4}\right)\right]=\ln 1=0.$$

利用函数的连续性，我们也可以解决一些复合函数的极限问题.

例 5　求$\lim\limits_{x\to 0}\dfrac{\ln(1+x)}{x}$.

解　$\lim\limits_{x\to 0}\dfrac{\ln(1+x)}{x}=\lim\limits_{x\to 0}\ln(1+x)^{\frac{1}{x}}=\ln[\lim\limits_{x\to 0}(1+x)^{\frac{1}{x}}]=\ln e=1$.

说明　由于$f(x)=\dfrac{\ln(1+x)}{x}$在$x=0$处不连续，所以不能用代入法，但$f(x)$是由$\ln u$与$u=(1+x)^{\frac{1}{x}}$复合而成，其中当$x\to 0$时，有$u=(1+x)^{\frac{1}{x}}\to e$，而$\ln u$在$u=e$处连续，所以有上式成立.

二、函数的间断点

定义 1.17　如果函数$f(x)$在点x_0处不满足连续条件，则称函数$f(x)$在点x_0处间断(或不连续)，点x_0叫作函数$f(x)$的间断点(或不连续点).

若函数$f(x)$在点x_0处有下列三种情形之一，则点x_0为$f(x)$的间断点：

(1) 在点x_0处没有定义；

(2) $\lim\limits_{x\to x_0}f(x)$不存在；

(3) 虽然$f(x_0)$有定义，且$\lim\limits_{x\to x_0}f(x)$存在，但$\lim\limits_{x\to x_0}f(x)\neq f(x_0)$.

例 6　讨论下列函数在$x=1$处的连续性.

(1)$f(x)=\dfrac{x^2-1}{x-1}$；　(2)$f(x)=\begin{cases}x, & x\neq 1,\\ \dfrac{x}{2}, & x=1;\end{cases}$　(3)$f(x)=\begin{cases}x-1, & x\leqslant 1,\\ x+1, & x>1.\end{cases}$

解　(1) 函数$f(x)$在$x=1$处无定义，则$f(x)$在$x=1$处不连续(见图 1-23)，此时$\lim\limits_{x\to 1}f(x)=\lim\limits_{x\to 1}\dfrac{x^2-1}{x-1}=2$，点$x=1$称为函数$f(x)$的可去间断点.

(2)$f(1)=\dfrac{1}{2}$，且$\lim\limits_{x\to 1}f(x)=\lim\limits_{x\to 1}x=1$，但$f(1)\neq\lim\limits_{x\to 1}f(x)$，故函数$f(x)$在$x=1$处不连续(见图 1-24). 此时，点$x=1$也称为函数$f(x)$的可去间断点.

(3)$f(1)=1-1=0$，且

$f(1-0)=\lim\limits_{x\to 1^-}f(x)=\lim\limits_{x\to 1^-}(x-1)=0$；

$f(1+0)=\lim\limits_{x\to 1^+}f(x)=\lim\limits_{x\to 1^+}(x+1)=2$，显然$f(1-0)\neq f(1+0)$，于是$\lim\limits_{x\to 1}f(x)$不存在，则$f(x)$在$x=1$处不连续(见图 1-25). 此时，点$x=1$称为函数$f(x)$的跳跃间断点.

上述间断点都是第一类间断点.

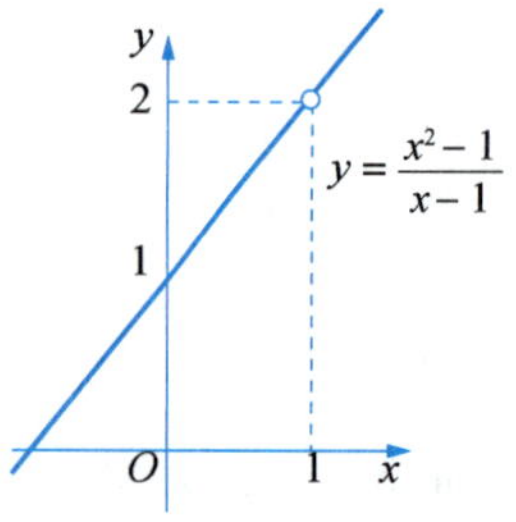

图 1-23

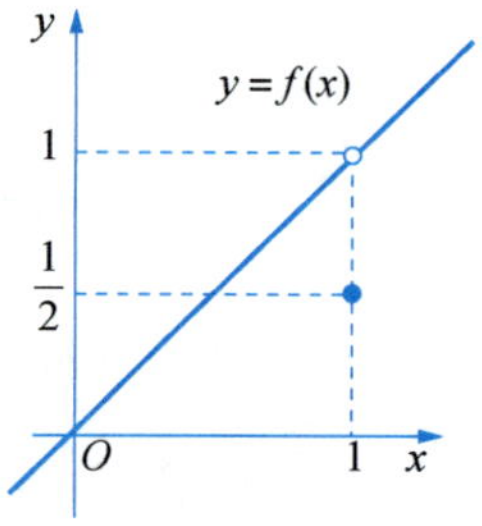

图 1-24

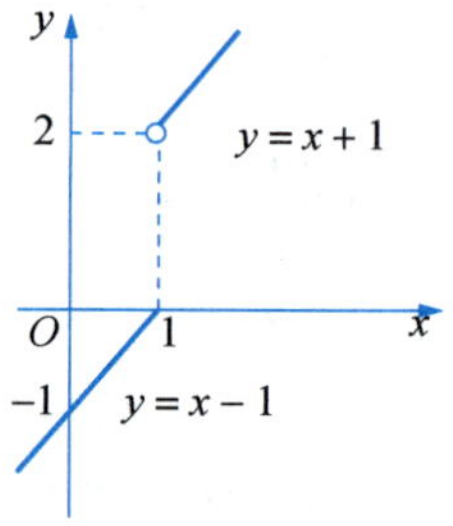

图 1-25

定义 1.18　设 x_0 为 $f(x)$ 的间断点，如果 x_0 处的左、右极限都存在，那么称点 x_0 为第一类间断点.否则，称为第二类间断点.

第一类间断点包括：

(1) 跳跃间断点，如果 $f(x)$ 在 x_0 的左、右极限存在但不相等，则称 x_0 为跳跃间断点；

(2) 可去间断点，$\lim\limits_{x \to x_0} f(x)$ 存在但不等于 $f(x_0)$，则称 x_0 为可去间断点.补充或修改 $f(x)$ 在 x_0 点的定义后，可使 $f(x)$ 在 x_0 点连续.

例 7　讨论函数 $f(x)=1+\dfrac{1}{x}$ 在 $x=0$ 处的连续性.

解　函数 $f(x)=1+\dfrac{1}{x}$ 在 $x=0$ 处无定义，所以点 $x=0$ 是函数 $f(x)$ 的间断点(见图 1-26).由于

$$\lim_{x \to 0} f(x)=\lim_{x \to 0}\left(1+\frac{1}{x}\right)=\infty,$$

则点 $x=0$ 是函数 $f(x)$ 的无穷间断点.无穷间断点属于第二类间断点.

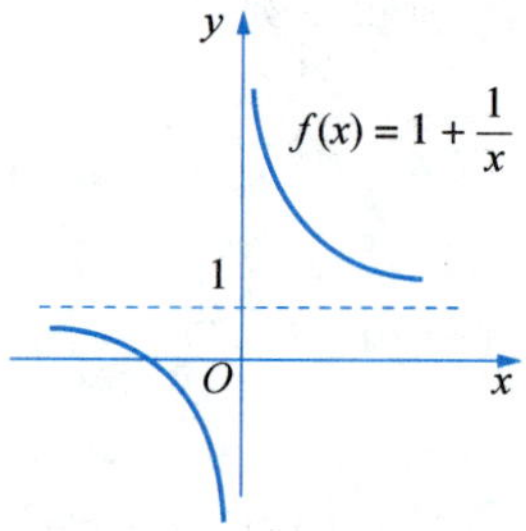

图 1-26

第二类间断点包括：不是第一类间断点的任何间断点.

三、闭区间上连续函数的性质

性质 1.4(最值定理)　闭区间上的连续函数存在最大值和最小值.

性质 1.5(介值定理)　设 $y=f(x)$ 在闭区间 $[a,b]$ 上连续，若 $f(a) \neq f(b)$，则对于 $f(a)$ 与 $f(b)$ 之间的任一个常数 C，至少存在一点 $\xi \in (a,b)$，使得 $f(\xi)=C$(见图 1-27).

若 x_0 使 $f(x_0)=0$，则称 x_0 为函数 $f(x)$ 的零点.

性质 1.6(零点定理)　设 $y=f(x)$ 在 $[a,b]$ 上连续，且 $f(a)$ 与 $f(b)$ 异号，则至少存在一点 $\xi \in (a,b)$，使 $f(\xi)=0$(见图 1-28).

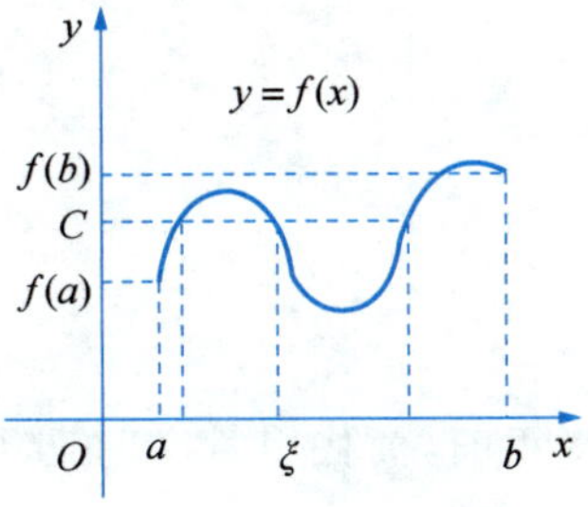

图 1-27

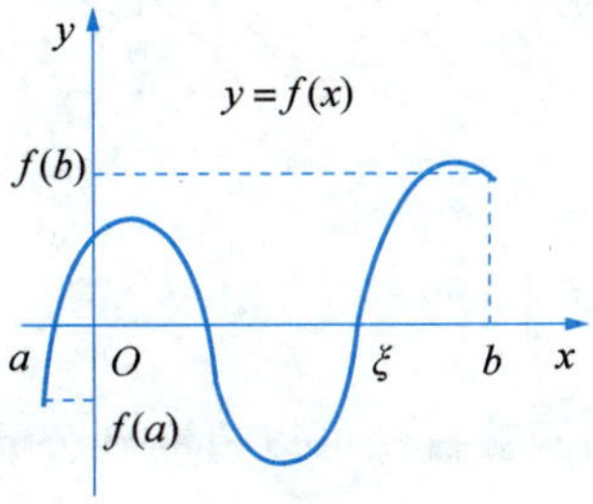

图 1-28

例 8 证明:方程 $x^5-3x-1=0$ 在 1 与 2 之间至少有一个根.

证 设 $f(x)=x^5-3x-1$,因为 $f(x)$ 在$[1,2]$上连续,又

$$f(1)=-3<0,f(2)=25>0.$$

则由零点定理,至少存在一点 $\xi\in(1,2)$,使 $f(\xi)=\xi^5-3\xi-1=0$,证毕.

习题 1.5

1.指出下列函数间断点的类型:

(1) $f(x)=\dfrac{x^2-2x-3}{x+1}$;　　(2) $f(x)=\dfrac{\sin(x+1)}{x^2-1}$;

(3) $f(x)=\begin{cases}1+\cos x, & x<0,\\ 2\sin x, & x\geqslant 0;\end{cases}$　　(4) $f(x)=\begin{cases}(1+x)^{\frac{2}{x}}, & x\neq 0,\\ 1, & x=0.\end{cases}$

2.讨论函数 $f(x)=\begin{cases}2\cos x, x<0,\\ e^x-1, x\geqslant 0\end{cases}$ 在点 $x=0$ 处的连续性.

3.设函数 $f(x)=\begin{cases}\dfrac{x^2-1}{x-1}, & x\neq 1,\\ a, & x=1,\end{cases}$ 问 a 为何值时,函数 $f(x)$ 在 $x=1$ 处连续?

4.设函数 $f(x)=\begin{cases}e^x, & x<0,\\ k+x, & x\geqslant 0,\end{cases}$ 问 k 取何值时,才能使 $f(x)$ 在定义域内连续?

5.求下列函数的极限:

(1) $\lim\limits_{x\to 0}\sqrt{2x^2-3x+7}$;　　(2) $\lim\limits_{x\to 0}\ln\dfrac{x}{\sin x}$;

(3) $\lim\limits_{x\to 0}\dfrac{\ln(1+2x)}{\sin x}$;　　(4) $\lim\limits_{x\to 0}\lg\dfrac{x}{\sqrt{x+1}-1}$;

(5) $\lim\limits_{x\to\frac{\pi}{4}}\dfrac{\sin x-\cos x}{\cos 2x}$;　　(6) $\lim\limits_{x\to a}\dfrac{\ln x-\ln a}{x-a}$.

6.证明:方程 $x^3+x-3=0$ 至少有一个正根.

7.证明:三角方程 $x=a\sin x+b(a>0,b>0)$ 至少有一个正根,并且不超过 $a+b$.

数学思想与文化

一、中国古代数学思想及成果

中国最早的函数概念可以追溯到公元前一千多年前，商代甲骨文时期.甲骨文中记录了商代时期的数学问题，如计数、面积、容积等.尽管甲骨文中没有直接出现函数概念，但已经存在了对数学问题的整体描述和解决方法的思考模式.

于公元 1 世纪东汉时期成书的《九章算术》，涉及到变量之间的对应关系，这可以看作是函数思想的雏形.例如，在解三角形的问题中，已知某些元素（如边长和角度），可以通过正弦定理或余弦定理求出其他元素.这种通过已知量求未知量的过程，实际上就是一种函数关系的体现.《九章算术》是战国、秦、汉时期数学发展的总结；就其数学成就来说，堪称是世界数学名著，在隋唐时期就已传入朝鲜、日本.现在它已被译成日、俄、德、英、法等多种文字.

中国古代的极限思想可以追溯到两千五百多年前，“引例 1”出自战国时期哲学家周庄的著作《庄子·天下篇》，体现了无限分割的极限思想.

魏晋时期（公元 3 世纪），我国的数学家刘徽在《九章算术注》中写到：“以六觚之一面乘半径，因而三之，得十二觚之幂.若又割之，次以十二觚之一面乘半径，因而六之，则得二十四觚之幂.割之弥细，所失弥少.割之又割，以至于不可割，则与圆合体，而无所失矣.”这里“觚”是正多边形，“面”是正多边形的边，“幂”是正多边形的面积.刘徽提出的方法就是先做一个圆内接正六边形，然后平分每组对边的弧，作出圆的内接正十二边形，同样的方法继续作圆的内接正二十四边形、四十八边形……正多边形的边数越多，即所谓“割之弥细”，圆的面积与正多边形的面积相差就越少.当分割次数无限增加，也就是正多边形的边数无限增大时，正多边形将与圆重合.用我们今天的说法就是圆内接正多边形面积的极限即为圆面积.这就是刘徽著名的割圆术，割圆术是极限思想在几何上的应用.

南北朝时期，祖冲之（公元 429－500 年）运用刘徽的割圆术，通过不断增加多边形的边数，首先算出了圆周率（π）介于 3.1415926 与 3.1415927 之间，领先于西方国家 1000 多年，这是中国古代最伟大的数学成就之一.中国古代的数学家所取得的成就是无比辉煌与伟大的.

世界四大文明古国，唯有中华文明传承五千多年从未断流.习近平总书记指出：“中华文明具有突出的连续性.中华文明是世界上唯一绵延不断且以国家形态发展至今的伟大文明.”因此，我们要重视传承的连续性，弘扬中华文明；要坚定文化自信，用习近平文化思想指导我们，走自己的道路.

二、中国古代数学家

刘徽（约公元225年—295年），邹平县（今山东邹平县）人，魏晋期间伟大的数学家，中国古典数学理论的奠基人之一.他的杰作《九章算术注》和《海岛算经》,是我国最宝贵的数学遗产.

《九章算术》约成书于东汉之初,共有 246 个问题的解法.在许多方面:如解联立方程,分数四则运算,正负数运算,几何图形的体积和面积计算等,都属于世界先进之列,但因解法比较原始,缺乏必要的证明,而刘徽则对此均作了补充证明.在这些证明中,显示了他在多方面的创造性的贡献.他是世界上最早提出十进小数概念的人,并用十进小数来表示无理数的立方根.在代数方面,他正确地提出了正负数的概念及其加减运算的法则;改进了线性方程组的解法.在几何方面,提出了"割圆术",即将圆周用内接或外切正多边形穷竭的一种求圆面积和圆周长的方法.他利用割圆术科学地求出了圆周率 $\pi=3.14$ 的结果.刘徽提出的计算圆周率的科学方法,奠定了此后千余年中国圆周率计算在世界上的领先地位.

刘徽在数学上的贡献极多,在开方不尽的问题中提出"求徽数"的思想,这一方法与后来求无理根的近似值的方法一致,它不仅是圆周率精确计算的必要条件,而且促进了十进小数的产生;在线性方程组解法中,他创造了比直除法更简便的互乘相消法,与现今解法基本一致;并在中国数学史上第一次提出了"不定方程问题";他还建立了等差级数前 n 项和公式;提出并定义了许多数学概念:如幂(面积),方程(线性方程组),正负数,等等.刘徽还提出了许多公认正确的判断作为证明的前提.他的大多数推理、证明都合乎逻辑,十分严谨,从而把《九章算术》及他自己提出的解法、公式建立在必然性的基础之上.虽然刘徽没有写出自成体系的著作,但他注《九章算术》所运用的数学知识实际上已经形成了一个独具特色、包括概念和判断、并以数学证明为其联系纽带的理论体系.

祖冲之(公元 429 年 — 公元 500 年)是我国杰出的数学家,科学家.南北朝时期人,字文远,祖籍范阳郡遒县(今河北涞水县).先世迁入江南,祖父掌管土木建筑,父亲学识渊博.祖冲之从小接受家传的科学知识.青年时进入华林学省,从事学术活动.先后任过南徐州(今镇江市)从事史、公府参军、娄县(今昆山县东北)令、谒者仆射、长水校尉等官职.其主要贡献在数学、天文历法和机械三方面.

在数学方面,他写了《缀术》一书,被收入著名的《算经十书》中,作为唐代国子监算学课本,可惜后来失传了.《隋书·律历志》留下一小段关于圆周率(π)的记载,祖冲之算出 π 的真值在 3.141 592 6(朒数)和 3.141 592 7(盈数)之间,相当于精确到小数第 7 位,成为当时世界上最先进的成就.这一纪录直到 15 世纪才被阿拉伯数学家阿尔·卡西和法国数学家维叶特所打破.祖冲之还给出 π 的两个分数形式:22/7(约率)和 355/113(密率),其中密率精确到小数第 7 位,在西方直到 16 世纪才由荷兰数学家奥托重新发现.祖冲之还和儿子祖暅一起圆满地利用"牟合方盖"解决了球体积的计算问题,得到正确的球体积公式.

在天文历法方面,祖冲之创制了《大明历》,最早将岁差引进历法;采用了 391 年加 144 个闰月的新闰周;首次精密测出交点月日数(27.212 23),回归年日数(365.242 8)等数据,还发明了用圭表测量冬至前后若干天的正午太阳影长以定冬至时刻的方法.

在机械学方面，他设计制造过水碓磨、铜制机件传动的指南车、千里船、定时器等.此外，他在音律、文学、考据方面也有造诣，是历史上少有的博学多才的人物.

为纪念这位伟大的古代科学家，人们将月球背面的一座环形山命名为“祖冲之环形山”，将小行星1888命名为“祖冲之小行星”.

知识要点

一、函数

1.函数是微积分讨论的对象

函数 $\begin{cases}\text{初等函数：由基本初等函数经有限次的四则运算或有限次的复合运算，并能用一个解析式表示的函数.} \\ \text{分段函数：由两个或两个以上的解析式表示的函数.}\end{cases}$

(1) 常数函数、幂函数、指数函数、对数函数、三角函数及反三角函数统称为基本初等函数.

(2) 若 $y=f(u)$，$u=\varphi(x)$ 且 $D(f)\cap Z(\varphi)\neq\varnothing$，则称 y 是 x 的复合函数，记为 $y=f[\varphi(x)]$.

2.函数的性质

奇偶性、单调性、有界性、周期性.

3.常见的经济函数

(1) 需求函数 $Q=f(P)$，供给函数 $Q=\varphi(P)$；

供需平衡点，使 $f(P)=\varphi(P)$ 的点.

(2) 成本函数 $C(Q)=C_0+C_1(Q)$，收益函数 $R(Q)=PQ$.

(3) 利润函数 $L(Q)=R(Q)-C(Q)$，

盈亏平衡点，使 $L(Q)=0$ 的点.

(4) 库存与抵押贷款函数.

二、极限

1.定义

$\lim\limits_{\substack{x\to x_0\\ \text{或}x\to\infty}} f(x)=A \Leftrightarrow$ 当 $x\to x_0$ 或 $x\to\infty$ 时，函数 $f(x)$ 与常数 A 无限接近.

(1) $\lim\limits_{\substack{x\to x_0\\ \text{或}x\to\infty}} f(x)\begin{cases}=0\Leftrightarrow f(x)\text{ 是 } x\to x_0 \text{ 或 } x\to\infty \text{ 时的无穷小变量；}\\ =\infty\Leftrightarrow f(x)\text{ 是 } x\to x_0 \text{ 或 } x\to\infty \text{ 时的无穷大变量(极限不存在)；}\\ \text{在某范围内振荡，} f(x)\text{ 是 } x\to x_0 \text{ 或 } x\to\infty \text{ 时的有界变量(极限不存在).}\end{cases}$

(2) $\lim\limits_{x\to x_0} f(x)=A \Leftrightarrow \lim\limits_{x\to x_0^-} f(x)=\lim\limits_{x\to x_0^+} f(x)=A$;

$\lim\limits_{x\to\infty} f(x)=A \Leftrightarrow \lim\limits_{x\to-\infty} f(x)=\lim\limits_{x\to+\infty} f(x)=A$.

(3) 无穷小量(0 除外)与无穷大量互为倒数关系.

(4) 若 $\alpha(x)$ 与 $\beta(x)$ 是 $\begin{pmatrix} x\to x_0 \\ x\to\infty \end{pmatrix}$ 时的无穷小,则 $\alpha(x)\sim\beta(x) \Leftrightarrow \lim\limits_{\substack{x\to x_0 \\ \text{或}x\to\infty}} \dfrac{\alpha(x)}{\beta(x)} \xlongequal{\frac{0}{0}} 1$.

(5) 常见的等价无穷小 $\xlongequal{\text{当 } x\to 0 \text{ 时}}$ $\sin x\sim x, 1-\cos x\sim\dfrac{1}{2}x^2, \tan x\sim x, \arcsin x\sim x$,

$e^x-1\sim x, \sqrt{1+x}-1\sim\dfrac{1}{2}x, \ln(1+x)\sim x$.

2.计算

(1) 若 $\lim f(x)=A, \lim g(x)=B$,则 $\begin{cases} \lim[f(x)\pm g(x)]=A\pm B; \\ \lim[f(x)\cdot g(x)]=A\cdot B; \\ \lim\dfrac{f(x)}{g(x)}=\dfrac{A}{B}(B\neq 0). \end{cases}$

(2) 两个重要极限 $\begin{cases} \lim\limits_{u\to 0}\dfrac{\sin u}{u} \xlongequal{\frac{0}{0}} 1; \\ \lim\limits_{u\to 0}(1+u)^{\frac{1}{u}} \xlongequal{1^\infty} e. \end{cases}$

(3) $\lim\alpha(x)\cdot u(x) \xlongequal{\alpha(x)\text{ 是无穷小量}, u(x)\text{ 是有界变量}} 0$.

(4) $\lim\limits_{x\to\infty}\dfrac{a_0x^n+a_1x^{n-1}+\cdots+a_n}{b_0x^m+b_1x^{m-1}+\cdots+b_m}=\begin{cases} 0, & n<m, \\ \dfrac{a_0}{b_0}, & n=m, \\ \infty, & n>m. \end{cases}$

三、函数的连续性

1.连续

$f(x)$ 在点 x_0 处连续 $\Leftrightarrow \begin{cases} f(x_0)\text{ 存在}, \\ \lim\limits_{x\to x_0} f(x)\text{ 存在}, \\ \lim\limits_{x\to x_0} f(x)=f(x_0). \end{cases}$

说明　(1) $f(x)$ 在点 x_0 处连续 $\Leftrightarrow \lim\limits_{x\to x_0^-} f(x)=\lim\limits_{x\to x_0^+} f(x)=f(x_0)$.

(2) $f(x)$ 在 $[a,b]$ 上连续 $\Leftrightarrow f(x)$ 在 (a,b) 内每一点都连续,且有 $\lim\limits_{x\to a^+} f(x)=f(a)$ 和 $\lim\limits_{x\to b^-} f(x)=f(b)$.

2.间断

若 x_0 是函数 $f(x)$ 的不连续点，即间断点，则

$$\left.\begin{array}{l}(1)\ 若\lim\limits_{x\to x_0^-}f(x)=\lim\limits_{x\to x_0^+}f(x)\neq f(x_0)\Rightarrow x_0\ 是可去间断点\\(2)\ 若\lim\limits_{x\to x_0^-}f(x)=A,\lim\limits_{x\to x_0^+}f(x)=B,A\neq B\Rightarrow x_0\ 是跳跃间断点\end{array}\right\}\Rightarrow 第一类间断点.$$

$$\left.\begin{array}{l}(3)\ 若\lim\limits_{x\to x_0}f(x)=\infty\Rightarrow x_0\ 是无穷间断点\\(4)\ 若\lim\limits_{x\to x_0}f(x)\ 在某范围内振荡\Rightarrow x_0\ 是振荡间断点\end{array}\right\}\Rightarrow 第二类间断点.$$

3.性质

(1) 初等函数在定义区间内连续.

(2) 若 $f(x)$ 在 $[a,b]$ 上连续，则 $\begin{cases}f(x)\ 在[a,b]上取得最大值\ M\ 和最小值\ m,\\ f(x)\ 在[a,b]上有界,\\ 至少存在一点\ \xi\in(a,b),使\ f(\xi)=C(m<C<M).\end{cases}$

(3) 零点定理：若 $f(x)$ 在 $[a,b]$ 上连续，且 $f(a)f(b)<0$，则至少存在一点 $\xi\in(a,b)$，使 $f(\xi)=0$.

复习题一

一、单选题

1.下列各对函数中，为同一个函数的是（　　）.

A. $y=\dfrac{x^2-1}{x-1}$ 与 $y=x+1$　　B. $y=\sin^2x+\cos^2x$ 与 $y=1$

C. $y=\lg x^2$ 与 $y=2\lg x$　　D. $y=\sqrt{x^2}$ 与 $y=x$

2.函数 $f(x)=\dfrac{\ln x}{x-1}+\sqrt{9-x^2}$ 的定义域是（　　）.

A. $(0,3)$　　B. $(0,3]$

C. $(0,1)\cup(1,3)$　　D. $(0,1)\cup(1,3]$

3.已知函数 $f(x)$ 的定义域为 $[0,1]$，则复合函数 $f(3x-1)$ 的定义域是（　　）.

A. $[0,1]$　　B. $\left[-\dfrac{1}{3},\dfrac{2}{3}\right]$

C. $\left[\dfrac{1}{3},\dfrac{2}{3}\right]$　　D. $\left[-\dfrac{1}{3},\dfrac{1}{3}\right]$

4.已知函数 $f(x)=\log_3x$，$\varphi(x)=x^2$，则复合函数 $f[\varphi(x)]=$（　　）.

A. $2\log_3x$　　B. $\log_3x^2$　　C. $(\log_3x)^2$　　D. $x^2\log_3x$

5.若 $f(x-2)=x(x+1)$，则 $f(x)=$（　　）.

A.$(x+3)(x+2)$　　B.$x(x-1)$

C.$(x+2)(x-1)$　　D.$(x-2)(x+1)$

6.函数 $y=\sin\frac{1}{x}$ 在其定义域内是(　　).

A.周期函数　　B.有界函数　　C.偶函数　　D.单调函数

7.当 $x\to 0$ 时,无穷小量 x^2+x 与 x 比较是(　　)无穷小量.

A.较高阶　　B.较低阶　　C.同阶但非等价　　D.等价

8.极限 $\lim\limits_{x\to x_0^-}f(x)$ 与 $\lim\limits_{x\to x_0^+}f(x)$ 都存在是 $\lim\limits_{x\to x_0}f(x)$ 存在的(　　).

A.充分但非必要条件　　B.必要但非充分条件

C.充要条件　　D.无关条件

9.已知函数 $f(x)=\begin{cases}e^{\frac{1}{x}}, & x<0,\\ \frac{1}{x}\ln(1+x), & x>0,\end{cases}$ 则下列结论中正确的是(　　).

A. $\lim\limits_{x\to 0^-}f(x)=0$ 且 $\lim\limits_{x\to 0^+}f(x)=0$

B. $\lim\limits_{x\to 0^-}f(x)=0$ 且 $\lim\limits_{x\to 0^+}f(x)=1$

C. $\lim\limits_{x\to 0^-}f(x)$ 不存在且 $\lim\limits_{x\to 0^+}f(x)=0$

D. $\lim\limits_{x\to 0^-}f(x)$ 不存在且 $\lim\limits_{x\to 0^+}f(x)=1$

10.若 $\lim\limits_{x\to 1}\frac{ax^2+x-3}{x-1}=b$,则常数 a,b 的值为(　　).

A.$a=2,b=5$　　B.$a=2,b=-5$

C.$a=-2,b=5$　　D.$a=-2,b=-5$

二、填空题

1.设函数 $f(x)=\begin{cases}x^2-1, & x<0,\\ 1-3x, & x\geqslant 0,\end{cases}$ 则函数值 $f[f(-3)]=$________.

2.已知函数 $f(x)$ 的定义域为$[0,4]$,则复合函数 $f(x^2)$ 的定义域为________.

3.复合函数 $y=(\arcsin\sqrt{3x-2})^3$ 是由函数______________复合成的.

4.极限 $\lim\limits_{n\to\infty}2^n\sin\frac{\pi}{2^n}=$________.

5.极限 $\lim\limits_{x\to 1}\left(\frac{1}{x-1}-\frac{2}{x^2-1}\right)=$________.

6.极限 $\lim\limits_{x\to 1}\frac{\sin(x-1)}{x^2-1}=$________.

7.设 $f(x)=\begin{cases}2\cos x, & x<0,\\ x^2+m, & x\geqslant 0,\end{cases}$ 若 $\lim\limits_{x\to 0}f(x)$ 存在,则 $m=$________.

8.若 $x \to \infty$ 时，$f(x)$ 与 $\dfrac{1}{x}$ 是等价无穷小量，则 $\lim\limits_{x\to\infty} 3xf(x) =$ ________.

9.设函数 $f(x)=\begin{cases}\dfrac{\ln(1-2x)}{x}, & x\neq 0,\\ a, & x=0,\end{cases}$ 若 $f(x)$ 在点 $x=0$ 处连续，则 $a=$ ________.

10.设函数 $f(x)$ 在点 $x=3$ 处连续，且 $f(3)=-5$，则 $\lim\limits_{x\to 3} f(x)=$ ________.

三、计算题

1.求下列极限：

(1) $\lim\limits_{x\to 1}\dfrac{x^4-1}{x^3-1}$；

(2) $\lim\limits_{x\to 5}\dfrac{x^2-7x+10}{x^2-25}$；

(3) $\lim\limits_{x\to\infty}\dfrac{(2x^3-1)(3x+2)}{(3x^2+1)^2}$；

(4) $\lim\limits_{x\to 0}\dfrac{\sqrt{1+x}-\sqrt{1-x}}{x}$；

(5) $\lim\limits_{x\to 4}\dfrac{\sqrt{2x+1}-3}{\sqrt{x-2}-\sqrt{2}}$；

(6) $\lim\limits_{n\to\infty}(\sqrt{n^2+n}-n)$；

(7) $\lim\limits_{x\to 0}\dfrac{\sin(\sin x)}{x}$；

(8) $\lim\limits_{x\to 1}\dfrac{\sin(x^2-1)}{x-1}$；

(9) $\lim\limits_{x\to 0}\dfrac{\sin 3x}{e^{2x}-e^x}$；

(10) $\lim\limits_{x\to 0}\dfrac{(1-\cos x)\arcsin 2x}{x^3}$；

(11) $\lim\limits_{x\to 0}\dfrac{\sqrt{x+1}-1}{\sin 2x}$；

(12) $\lim\limits_{x\to 0} x^2\cos\dfrac{1}{x}$；

(13) $\lim\limits_{x\to\infty}\left(\dfrac{x+1}{x+2}\right)^{3x}$；

(14) $\lim\limits_{x\to\infty}\left(\dfrac{2x-1}{2x+1}\right)^{x}$.

2.设函数 $f(x)=\begin{cases}x, & 0\leqslant x<1,\\ -x^2+4x-2, & 1\leqslant x<3,\\ 2-x, & x\geqslant 3,\end{cases}$ 判断函数 $f(x)$ 在 $x=1$ 及 $x=3$ 处的连续性.

3.设函数 $f(x)=\begin{cases}ke^{2x}, & x<0,\\ 1-3k\cos x, & x\geqslant 0,\end{cases}$ 试问 k 为何值时，能使函数 $f(x)$ 在 $x=0$ 处连续？

4.设 $f(x)=e^x-2$，求证：在区间 $(0,2)$ 内至少有一点 x_0，使得 $e^{x_0}-2=x_0$.

四、应用题

1.市场调查显示，某品牌服装售价为每件 280 元时，市场需求量为 600 件，若每件降价 80 元，需求量将增加 400 件，试求该商品的线性需求函数.

2.某产品的成本函数为 $C(Q)=2Q^2-2Q+8$，Q 为产量，供给函数为 $Q(P)=P-4$，P 为价格，求该产品的总利润函数，并说明该产品的盈亏情况.

3.某航空公司调查发现，有一种往返机票，售出的票数是票价的线性函数. 当票价为

1 200 元时，有 50 人买票；当票价为 1 500 元时，只能卖出 20 张票.试求出该种往返机票的需求函数，并确定总收益 R 与票数 Q 的函数关系.

4.某超市半年销售500件日用品，均匀销售，为节约库存费分批进货，每批订货费用为80元，该商品每件的库存费为每月 0.4 元，试列出库存费和进货费之和 y 与批量 x 间的函数关系.

5.某公司年投资收益率为9%，按连续复利计算，现投资多少元，10年末可达200万元？

6.小王了解到，某商场对电视进行分期付款销售，每台售价为 4 000 元的电视，如果分 36 个月付款，每月只需付 150 元.同时来自银行的贷款信息为：5 000 元以下的贷款，在 3 年内还清，年利率为 15%.那么，他是向银行贷款还是分期付款来购买这种电视更划算？

第二章 导数与微分及其应用

导数与微分统称为微分学.微分学是从数量关系上描述物质运动的数学工具,是微积分学的两大分支之一.正如恩格斯所提出的:“只有微分学才能使自然科学有可能用数学来不仅仅表明状态,并且也表明过程——运动.”导数反映了函数相对于自变量变化的快慢程度;微分表示的是当自变量有微小变化时,函数变化的近似值.

本章在极限、连续等概念的基础上建立导数与微分的概念,并介绍它们的计算方法及其应用.

第一节 导数的概念

在自然科学的许多领域中,在研究运动的各种形式时,都需要从数量上研究函数相对于自变量变化的快慢程度,如变速直线运动物体的速度;物体作曲线运动时速度的方向,即曲线的切线问题等,所有这些问题在数量关系上都归结为函数的变化率,即导数.本节以三个实际问题为背景来建立导数的概念.

一、引例

1.变速直线运动的速度问题

引例 1 设一个质点 M 做变速直线运动,已知运动方程 $s=s(t)$,现在求质点 M 在时刻 t_0 的瞬时速度.

当时间 t 在 t_0 处有一改变量 Δt 时,质点 M 在$[t_0,t_0+\Delta t]$这段时间内走过的路程为

$$\Delta s=s(t_0+\Delta t)-s(t_0).$$

于是,比值

$$\frac{\Delta s}{\Delta t}=\frac{s(t_0+\Delta t)-s(t_0)}{\Delta t}$$

是质点 M 在 $[t_0,t_0+\Delta t]$ 这段时间的平均速度.当 Δt 很小时,上式可近似地表示质点在 t_0 时刻的速度,Δt 越小,近似程度越高.当 $\Delta t\to 0$ 时,如果极限 $\lim\limits_{\Delta t\to 0}\dfrac{\Delta s}{\Delta t}$ 存在,则这个极限值就表示质点在 t_0 时刻的瞬时速度,即

$$v(t_0)=\lim_{\Delta t\to 0}\frac{\Delta s}{\Delta t}=\lim_{\Delta t\to 0}\frac{s(t_0+\Delta t)-s(t_0)}{\Delta t}.$$

变速直线运动的物体在 t_0 时刻的瞬时速度 $v(t_0)$,反映了路程相对于时间变化的快慢程度,因此,瞬时速度 $v(t_0)$ 是路程 $s(t)$ 在时刻 t_0 时的变化率.

2.切线斜率问题

由解析几何可知,要写出过曲线上一点 $(x_0,f(x_0))$ 的切线方程,只需知道过此点切线的斜率即可.那么,切线的斜率又是如何描述的呢?

引例 2 如图 2-1,设曲线 L 的方程为 $y=f(x)$,求曲线 L 上一点 $P_0(x_0,y_0)$ 处切线的斜率 k.

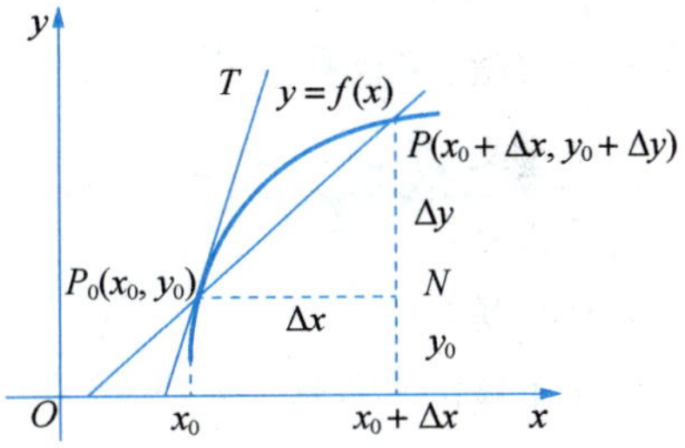

图 2-1

由曲线切线的定义知:未知的切线斜率与割线的斜率是密切相关的,我们先求割线 P_0P 的斜率.当自变量 x 在点 x_0 处取得增量 Δx 时,在曲线 $y=f(x)$ 上相应地得到另一点 $P(x_0+\Delta x,f(x_0+\Delta x))$.连接这两点得割线 P_0P,其斜率为

$$k_{割}=\frac{\Delta y}{\Delta x}=\frac{f(x_0+\Delta x)-f(x_0)}{\Delta x}.$$

当点 P 沿曲线 L 移动而无限接近于点 P_0,即 $\Delta x\to 0$ 时,割线 P_0P 就越来越接近切线的位置,此时割线的斜率就无限接近切线的斜率.因此,当 $\Delta x\to 0$ 时,割线 P_0P 斜率的极限就是切线的斜率,即

$$k=\lim_{\Delta x\to 0}k_{割}=\lim_{\Delta x\to 0}\frac{\Delta y}{\Delta x}=\lim_{\Delta x\to 0}\frac{f(x_0+\Delta x)-f(x_0)}{\Delta x}.$$

曲线 L 在点 P_0 处切线的斜率反映了曲线 $y=f(x)$ 在点 P_0 处纵坐标相对于横坐标变化的快慢程度.因此,点 P_0 处斜率 k 可看作是曲线 $y=f(x)$ 在 $x=x_0$ 处的变化率.

3.边际成本问题

引例 3 设某产品的总成本 C 是产量 Q 的函数:$C=C(Q)(Q>0)$,求当产量为 Q_0 时,总成本 C 随产量 Q 变化的快慢程度.

当产量 Q 由 Q_0 改变到 $Q_0+\Delta Q$ 时,总成本的平均变化率为

$$\frac{\Delta C}{\Delta Q}=\frac{C(Q_0+\Delta Q)-C(Q_0)}{\Delta Q}.$$

当 ΔQ 很小时,上式可近似地表示总成本 C 在 Q_0 时变化的快慢程度,ΔQ 越小,近似程度越高.当 $\Delta Q\to 0$ 时,如果极限

$$\lim_{\Delta Q\to 0}\frac{\Delta C}{\Delta Q}=\lim_{\Delta Q\to 0}\frac{C(Q_0+\Delta Q)-C(Q_0)}{\Delta Q}$$

存在，则此极限值就表示产量为 Q_0 时，总成本 C 随产量 Q 变化的快慢程度.在经济管理理论中称它为边际成本，记为 MC.即产量为 Q_0 时的边际成本可看作是总成本 $C=C(Q)$ 在产量 Q_0 处的变化率.

尽管上面所讲实际问题的具体含义各不相同，但都是用极限来描述的，并且在计算上都归结为形如 $\lim\limits_{\Delta x\to 0}\dfrac{f(x_0+\Delta x)-f(x_0)}{\Delta x}=\lim\limits_{\Delta x\to 0}\dfrac{\Delta y}{\Delta x}$ 的极限问题.

其中 $\dfrac{\Delta y}{\Delta x}$ 是函数的改变量与自变量的改变量之比，称为函数 $f(x)$ 在点 x_0 的差商，它表示函数 $f(x)$ 在 $(x_0, x_0+\Delta x)$ 范围内的平均变化率；$\lim\limits_{\Delta x\to 0}\dfrac{\Delta y}{\Delta x}$ 表示的是函数 $f(x)$ 在点 x_0 处的变化率，我们把这种变化率称为函数的导数.下面用极限来描述导数的概念.

二、导数的概念

1.导数的定义

定义 2.1 设函数 $y=f(x)$ 在 x_0 点的某一邻域内有定义，当自变量 x 在 x_0 处有改变量 Δx（$\Delta x\neq 0$，$x+\Delta x$ 仍在该邻域内）时，相应地，函数有改变量 $\Delta y=f(x_0+\Delta x)-f(x_0)$，如果 Δy 与 Δx 之比 $\dfrac{\Delta y}{\Delta x}$ 当 $\Delta x\to 0$ 时，极限

$$\lim_{\Delta x\to 0}\frac{\Delta y}{\Delta x}=\lim_{\Delta x\to 0}\frac{f(x_0+\Delta x)-f(x_0)}{\Delta x}$$

存在，则称这个极限为函数 $y=f(x)$ 在 x_0 处的导数，记为

$$f'(x_0),\ y'(x_0),\ \left.\frac{\mathrm{d}y}{\mathrm{d}x}\right|_{x=x_0} \text{或} \left.\frac{\mathrm{d}f}{\mathrm{d}x}\right|_{x=x_0}.$$

即 $f'(x_0)=\lim\limits_{\Delta x\to 0}\dfrac{\Delta y}{\Delta x}=\lim\limits_{\Delta x\to 0}\dfrac{f(x_0+\Delta x)-f(x_0)}{\Delta x}$.

如果令 $x=x_0+\Delta x$，则当 $\Delta x\to 0$ 时，$x\to x_0$，故函数在 x_0 处的导数也可表示为

$$f'(x_0)=\lim_{x\to x_0}\frac{f(x)-f(x_0)}{x-x_0}.$$

这也是今后常用的一种形式.如果此极限不存在，则称函数 $f(x)$ 在点 x_0 不可导.特别地，如果 $\lim\limits_{\Delta x\to 0}\dfrac{\Delta y}{\Delta x}=\infty$，则称 $f(x_0)$ 在点 x_0 的导数为无穷大.有了导数概念之后，前面讲的三个例子就可用导数来表达.它们也分别表示了导数在物理、几何和经济方面的意义.

导数的物理意义——瞬时速度，即 $v(t)=s'(t)$.速度的概念也可延伸到经济领域，如经济增长速度等.

导数的几何意义——切线的斜率，即 $k_{切}=f'(x)$，所以 $y=f(x)$ 在点 $P(x_0,y_0)$ 处的切线方程和法线方程分别为

$$y-y_0=f'(x_0)(x-x_0);y-y_0=-\frac{1}{f'(x_0)}(x-x_0),f'(x_0)\neq 0.$$

导数的经济意义——边际成本，即 $MC=C'(x)$.

在实际问题中，只要涉及变化率，就要想到导数.反之，一个有实际背景的导数，必体现为某个变量的变化率.只是在不同的领域中，数学中的导数有着不同的称呼而已.

例 1　求函数 $f(x)=x^3$ 在 $x=1$ 处的导数.

解　根据导数定义，有

$$f'(1)=\lim_{x\to 1}\frac{x^3-1^3}{x-1}=\lim_{x\to 1}\frac{(x-1)(x^2+x+1)}{x-1}$$
$$=\lim_{x\to 1}(x^2+x+1)=3.$$

2.导数与导函数

如果 $f(x)$ 在 (a,b) 内任一点都可导，则称 $f(x)$ 在 (a,b) 内可导，此时 $f(x)$ 的导数 $f'(x)$ 仍是 x 的函数，这个新函数 $f'(x)$ 称为 $f(x)$ 在开区间 (a,b) 内对 x 的导函数，记作

$$f'(x),y',\frac{\mathrm{d}y}{\mathrm{d}x}\text{ 或 }\frac{\mathrm{d}}{\mathrm{d}x}f(x).$$

即 $f'(x)=\lim\limits_{\Delta x\to 0}\frac{\Delta y}{\Delta x}=\lim\limits_{\Delta x\to 0}\frac{f(x+\Delta x)-f(x)}{\Delta x}$.

在不致发生混淆的情况下，导函数简称为导数.显然，导数 $f'(x_0)$ 就是导函数 $f'(x)$ 在 x_0 处的函数值.

由导数定义可知，求函数的导数可分为以下三个步骤：

(1) 求函数改变量：$\Delta y=f(x_0+\Delta x)-f(x_0)$；

(2) 计算函数改变量与自变量改变量的比值：$\frac{\Delta y}{\Delta x}=\frac{f(x+\Delta x)-f(x)}{\Delta x}$；

(3) 取极限：$y'=\lim\limits_{\Delta x\to 0}\frac{\Delta y}{\Delta x}$.

例 2　求函数 $y=x^2$ 的导数 y' 以及 $y'(1)$.

解　$\Delta y=(x+\Delta x)^2-x^2=2x\Delta x+(\Delta x)^2$.

$\frac{\Delta y}{\Delta x}=2x+\Delta x$；

$\lim\limits_{\Delta x\to 0}\frac{\Delta y}{\Delta x}=2x$.

即 $(x^2)'=2x$.

故 $y'(1)=2x|_{x=1}=2$.

例 3　设 $y=\ln x$，求 y'.

解　$\Delta y=\ln(x+\Delta x)-\ln x=\ln\dfrac{x+\Delta x}{x}=\ln\left(1+\dfrac{\Delta x}{x}\right)$，

$$\frac{\Delta y}{\Delta x}=\frac{\ln\left(1+\dfrac{\Delta x}{x}\right)}{\Delta x}=\ln\left(1+\frac{\Delta x}{x}\right)^{\frac{1}{\Delta x}},$$

$$\lim_{\Delta x\to 0}\frac{\Delta y}{\Delta x}=\lim_{\Delta x\to 0}\ln\left(1+\frac{\Delta x}{x}\right)^{\frac{1}{\Delta x}}=\ln\lim_{\Delta x\to 0}\left(1+\frac{\Delta x}{x}\right)^{\frac{x}{\Delta x}\cdot\frac{1}{x}}=\frac{1}{x}.$$

即 $(\ln x)'=\dfrac{1}{x}$.

类似地可以推导出高中已接触过的 8 个基本初等函数的导数：

(1) $(C)'=0$（C 为常数）；　(2) $(x^{\alpha})'=\alpha x^{\alpha-1}$（$\alpha$ 为实数）；

(3) $(a^x)'=a^x\ln a$（$a>0$ 且 $a\neq 1$）；　(4) $(e^x)'=e^x$；

(5) $(\log_a x)'=\dfrac{1}{x\ln a}$（$a>0$ 且 $a\neq 1$）；　(6) $(\ln x)'=\dfrac{1}{x}$；

(7) $(\sin x)'=\cos x$；　(8) $(\cos x)'=-\sin x$.

例 4　求下列函数的导数：

(1) $y=\sqrt[3]{x^2}$；　(2) $y=3^x$；　(3) $y=\ln 5$.

解　(1) $y'=(\sqrt[3]{x^2})'=(x^{\frac{2}{3}})'=\dfrac{2}{3}x^{-\frac{1}{3}}$；

(2) $y'=(3^x)'=3^x\ln 3$；

(3) $y'=(\ln 5)'=0$.

例 5　求曲线 $f(x)=\sqrt{x}$ 在点 $(4,2)$ 处的切线方程和法线方程.

解　因为 $(\sqrt{x})'=(x^{\frac{1}{2}})'=\dfrac{1}{2}x^{-\frac{1}{2}}=\dfrac{1}{2\sqrt{x}}$，故所求切线斜率 $k=f'(4)=\dfrac{1}{2\sqrt{4}}=\dfrac{1}{4}$，所以，切线方程为 $y-2=\dfrac{1}{4}(x-4)$，即 $x-4y+4=0$；

法线方程为 $y-2=-4(x-4)$，即 $4x+y-18=0$.

3.左导数和右导数

类似于左、右极限的概念，若 $\lim\limits_{\Delta x\to 0^-}\dfrac{\Delta y}{\Delta x}$ 存在，则称此极限值为 $f(x)$ 在点 x_0 处的左导数；若 $\lim\limits_{\Delta x\to 0^+}\dfrac{\Delta y}{\Delta x}$ 存在，则称此极限值为 $f(x)$ 在点 x_0 处的右导数，分别记为 $f'_-(x_0)$ 和 $f'_+(x_0)$，即

$$f'_-(x_0)=\lim_{\Delta x\to 0^-}\frac{\Delta y}{\Delta x}=\lim_{\Delta x\to 0^-}\frac{f(x_0+\Delta x)-f(x_0)}{\Delta x}=\lim_{x\to x_0^-}\frac{f(x)-f(x_0)}{x-x_0};$$

$$f'_+(x_0)=\lim_{\Delta x\to 0^+}\frac{\Delta y}{\Delta x}=\lim_{\Delta x\to 0^+}\frac{f(x_0+\Delta x)-f(x_0)}{\Delta x}=\lim_{x\to x_0^+}\frac{f(x)-f(x_0)}{x-x_0}.$$

显然，函数 $f(x)$ 在点 x_0 处可导的充要条件：$f'_-(x_0)$ 和 $f'_+(x_0)$ 存在且相等，即

$$f'(x_0)=A \Leftrightarrow f'_-(x_0)=f'_+(x_0)=A.$$

例 6　求函数 $y=f(x)=\begin{cases}2x-1, & x<1,\\ x^2, & x\geqslant 1\end{cases}$ 在 $x=1$ 处的左导数和右导数.

解　$f'_-(1)=\lim\limits_{x\to 1^-}\dfrac{f(x)-f(1)}{x-1}=\lim\limits_{x\to 1^-}\dfrac{(2x-1)-1}{x-1}=2;$

$f'_+(1)=\lim\limits_{x\to 1^+}\dfrac{f(x)-f(1)}{x-1}=\lim\limits_{x\to 1^+}\dfrac{x^2-1}{x-1}=2.$

因为 $f'_-(1)=f'_+(1)=2$,所以 $f'(1)=2$.

三、可导与连续的关系

连续性与可导性是函数的两个重要性质,二者之间的关系如何呢?先从几何直观上看(见图 2-2).

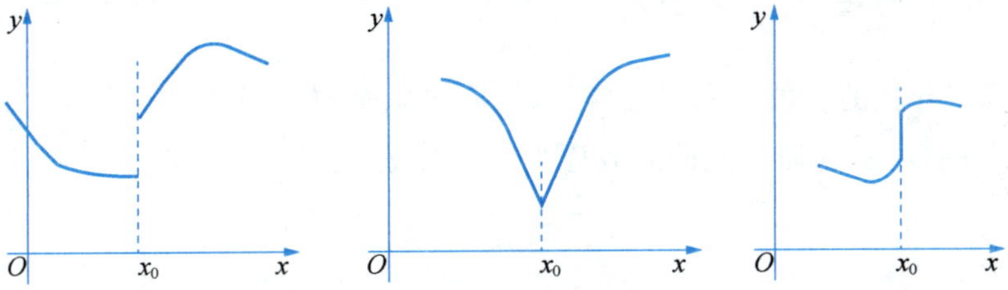

图 2-2

从图 2-2 上可以看到:(a) 在 x_0 处不连续,$f'(x_0)$ 不存在;(b)(c) 在 x_0 处是连续的,但显然不可导.

此外,从概念上看,连续指的是当 $\Delta x\to 0$ 时,有 $\Delta y\to 0$;可导指的是增量比的极限 $\lim\limits_{\Delta x\to 0}\dfrac{\Delta y}{\Delta x}$ 存在.所以当 $y=f(x)$ 可导时,有 $\lim\limits_{\Delta x\to 0}\Delta y=\lim\limits_{\Delta x\to 0}\dfrac{\Delta y}{\Delta x}\Delta x$ 成立;反之则不成立.

例 7　讨论函数 $f(x)=|x|=\begin{cases}x, & x\geqslant 0,\\ -x, & x<0\end{cases}$ 在 $x=0$ 处的连续性及可导性.

解　显然 $f(x)$ 在 $x=0$ 处连续.但

$$f'_-(0)=\lim_{x\to 0^-}\frac{f(x)-f(0)}{x-0}=\lim_{x\to 0^-}\frac{-x-0}{x-0}=-1,$$

$$f'_+(0)=\lim_{x\to 0^+}\frac{f(x)-f(0)}{x-0}=\lim_{x\to 0^+}\frac{x-0}{x-0}=1,$$

由于 $f'_-(0)\neq f'_+(0)$,所以函数 $y=f(x)$ 在 $x=0$ 处不可导.

由此可见,函数在某一点连续是它在该点可导的必要而非充分条件.

四、高阶导数

变速直线运动的瞬时速度 $v(t)$ 是路程函数 $s(t)$ 对时间 t 的导数，即 $v(t)=s'(t)$.反映速度变化快慢的量，在物理学中就是加速度 a.换言之，加速度 a 是速度 $v(t)$ 对时间 t 的导数，即 $a=v'(t)=[s'(t)]'$.这种导数的导数$[s'(t)]'$叫作 s 对 t 的二阶导数.也就是说，变速直线运动的加速度 a 是路程函数 $s(t)$ 对时间 t 的二阶导数.

定义 2.2 若函数 $y=f(x)$ 的导数 $f'(x)$ 在点 x 处可导，则称 $f'(x)$ 在点 x 处的导数为函数 $y=f(x)$ 在点 x 处的二阶导数，记作 $f''(x)$，y'' 或 $\frac{d^2y}{dx^2}$，即

$$f''(x)=\lim_{\Delta x\to 0}\frac{f'(x+\Delta x)-f'(x)}{\Delta x}.$$

对二阶导数也可求其导数值，即先求出二阶导函数再代入数值即可.与一阶导数值的记号相仿，二阶导数值记为 $y''\Big|_{x=x_0}$，$f''(x_0)$ 或 $\frac{d^2y}{dx^2}\Big|_{x=x_0}$.

类似地，二阶导数的导数称为三阶导数，三阶导数的导数称为四阶导数，……，一般地，函数 $y=f(x)$ 的 $(n-1)$ 阶导数的导数称为 n 阶导数，它们分别记作：

$$y''',f'''(x),\frac{d^3y}{dx^3};$$

$$y^{(4)},f^{(4)}(x),\frac{d^4y}{dx^4};$$

$$\cdots$$

$$y^{(n)},f^{(n)}(x),\frac{d^ny}{dx^n}.$$

例 8 设 $y=a^x$，求 y'' 和 $y''|_{x=0}$.

解 因为 $y'=(a^x)'=a^x\ln a$，$y''=(a^x\ln a)'=a^x\ln^2 a$，所以

$$y''|_{x=0}=a^0\ln^2 a=\ln^2 a.$$

例 9 求函数 $y=\sin x$ 的二阶导数和三阶导数.

解 $y'=(\sin x)'=\cos x$，

$y''=(y')'=(\cos x)'=-\sin x$，

$y'''=(y'')'=(-\sin x)'=-\cos x$.

例 10 设 $y=e^x$，求 y'，y''，$y^{(n)}$，

解 $y'=(e^x)'=e^x$，

$y''=(e^x)'=e^x$，

$\cdots$

$y^{(n)}=e^x$.

习题 2.1

1.讨论函数 $f(x)=\begin{cases}x^2+1, & 0\leqslant x<1,\\ 3x-1, & x\geqslant 1\end{cases}$ 在 $x=1$ 处是否可导.

2.利用公式求下列函数的导数：

(1)$y=\sqrt{x}$；　　(2)$y=\dfrac{1}{\sqrt{x}}$；　　(3)$y=2^x$；　　(4)$y=\log_5 x$.

3.求下列函数的二阶及三阶导数：

(1)$y=\sin x$；　　(2)$y=\ln x$；　　(3)$y=x^4$.

4.设函数 $f(x)=\sqrt{x\sqrt{x\sqrt{x}}}$，求 $f'(x)$，$f'(1)$，$[f(1)]'$，$f''(x)$.

5.若曲线 $y=x^3$ 在点(x_0,y_0)处的切线斜率为 3，求点(x_0,y_0)的坐标.

第二节　函数和、差、积、商的求导法则

求函数的导数是微分学中最基本的运算.在上一节，我们给出了根据导数定义求函数导数的方法，但当函数较为复杂时，用导数定义进行求导比较困难.本节将给出函数的和、差、积、商的求导法则、反函数的求导法则及基本初等函数的求导公式.

一、导数的和、差、积、商的求导法则

法则 2.1　设函数 $u=u(x)$，$v=v(x)$ 都在点 x 处可导，则函数 $u\pm v$，uv，$\dfrac{u}{v}(v\neq 0)$ 在点 x 处也可导，且

(1)$(u\pm v)'=u'\pm v'$；

(2)$(u\cdot v)'=u'\cdot v+u\cdot v'$；

(3)$\left(\dfrac{u}{v}\right)'=\dfrac{u'\cdot v-u\cdot v'}{v^2}(v\neq 0)$.

推论 2.1　(1)$(u_1\pm u_2\pm u_3)'=u_1'\pm u_2'\pm u_3'$；

(2)$(u_1\pm u_2\pm\cdots\pm u_n)'=u_1'\pm u_2'\pm\cdots\pm u_n'$；

(3)$(Cu)'=Cu'$(C 为常数)；

(4)$(u_1u_2u_3)'=u_1'u_2u_3+u_1u_2'u_3+u_1u_2u_3'$；

(5)$(u_1u_2\cdots u_n)'=u_1'u_2\cdots u_n+u_1u_2'\cdots u_n+\cdots+u_1u_2\cdots u_n'$；

(6)$\left(\dfrac{C}{v}\right)'=-\dfrac{Cv'}{v^2}$($C$ 为不为零的常数).

例 1　求下列函数的导数：

(1)$y=x^2-\dfrac{3}{x}+\sqrt{x}+\ln 2$；　　(2)$y=x^2\ln x$；　　(3)$y=x^3\sin x\log_a x$.

解 (1)$y'=(x^2)'-\left(\dfrac{3}{x}\right)'+(\sqrt{x})'+(\ln2)'=2x+\dfrac{3}{x^2}+\dfrac{1}{2\sqrt{x}}$；

(2)$y'=(x^2\ln x)'=(x^2)'\ln x+x^2(\ln x)'=2x\ln x+x^2\cdot\dfrac{1}{x}=2x\ln x+x$；

(3)$y'=(x^3\sin x\ \log_a x)'=(x^3)'\sin x\ \log_a x+x^3\ (\sin x)'\ \log_a x+x^3\sin x\ (\log_a x)'$

$$=3x^2\sin x\ \log_a x+x^3\cos x\ \log_a x+x^3\sin x\ \frac{1}{x\ln a}$$

$$=3x^2\sin x\ \log_a x+x^3\cos x\ \log_a x+x^2\sin x\ \frac{1}{\ln a}.$$

例 2 求下列函数的导数：

(1)$y=\tan x$； (2)$y=\sec x$.

解 (1)$(\tan x)'=\left(\dfrac{\sin x}{\cos x}\right)'=\dfrac{(\sin x)'\cos x-\sin x(\cos x)'}{\cos^2 x}=\dfrac{\cos^2 x+\sin^2 x}{\cos^2 x}=\sec^2 x$；

(2)$(\sec x)'=\left(\dfrac{1}{\cos x}\right)'=\dfrac{\sin x}{\cos^2 x}=\tan x\cdot\sec x$.

[同理有$(\cot x)'=-\csc^2 x$；$(\csc x)'=-\cot x\cdot\csc x$.]

例 3 设 $y=e^x\cdot\sin x$，求 y'' 及 $y''|_{x=0}$.

解 $y'=e^x\cdot\sin x+e^x\cdot\cos x=e^x(\sin x+\cos x)$；

$y''=[e^x(\sin x+\cos x)]'=e^x(\sin x+\cos x)+e^x(\cos x-\sin x)=2\cos x\cdot e^x$；

$y''|_{x=0}=2\cos0\cdot e^0=2$.

二、反函数的求导法则

从几何直观上看，设 $y=f(x)$ 与 $x=\varphi(y)$ 互为反函数，在图 2-3 中，它们表示同一条曲线. α，β 分别为切线与 x 轴和 y 轴的夹角，根据导数的几何意义，$\tan\alpha=f'(x)=\dfrac{dy}{dx}$，$\tan\beta=\varphi'(y)=\dfrac{dx}{dy}$. 由于 $\alpha+\beta=\dfrac{\pi}{2}$，所以

$$\tan\alpha=\tan\left(\frac{\pi}{2}-\beta\right)=\cot\beta=\frac{1}{\tan\beta}.$$

即
$$f'(x)=\frac{1}{\varphi'(y)}.$$

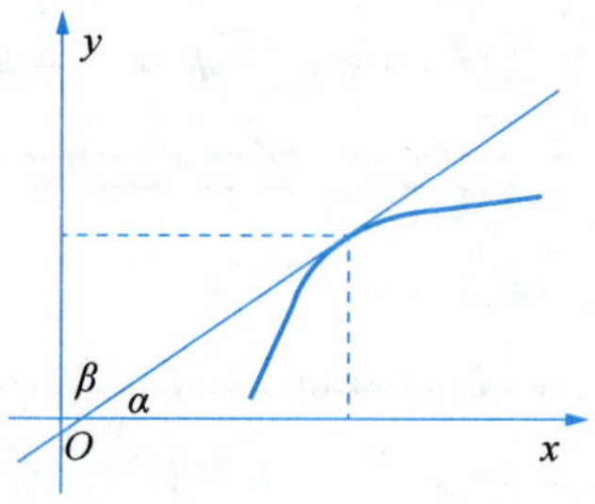

图 2-3

法则 2.2 如果单调连续函数 $x=\varphi(y)$ 在点 y 处可导，而且 $\varphi'(y)\neq0$，那么它的反函数 $y=f(x)$ 在对应的点 x 处可导，且有 $f'(x)=\dfrac{1}{\varphi'(y)}$ 或 $\dfrac{dy}{dx}=\dfrac{1}{\dfrac{dx}{dy}}$.

例 4　求反三角函数 $y=\arcsin x$ 的导数.

解　$y=\arcsin x, x\in(-1,1)$ 是 $x=\sin y, y\in\left(-\frac{\pi}{2},\frac{\pi}{2}\right)$ 的反函数,

所以
$$(\arcsin x)'=\frac{1}{(\sin y)'}=\frac{1}{\cos y}=\frac{1}{\sqrt{1-\sin^2 y}}=\frac{1}{\sqrt{1-x^2}},$$

因为 $y\in\left(-\frac{\pi}{2},\frac{\pi}{2}\right)$,所以 $\cos y>0$,故根号前取正号.

$\left[\text{类似可证}(\arccos x)'=\frac{-1}{\sqrt{1-x^2}};(\arctan x)'=\frac{1}{1+x^2};(\operatorname{arccot} x)'=\frac{-1}{1+x^2}.\right]$

三、基本初等函数的求导公式

为了便于应用,将基本初等函数的导数公式归纳如下:

(1)$(C)'=0$(C 为常数);

(2)$(x^\alpha)'=\alpha x^{\alpha-1}$($\alpha$ 为任意实数);

(3)$(a^x)'=a^x\ln a$($a>0$ 且 $a\neq1$),特别地,$(e^x)'=e^x$;

(4)$(\log_a x)'=\frac{1}{x\ln a}$($a>0$ 且 $a\neq1$),特别地,$(\ln x)'=\frac{1}{x}$;

(5)$(\sin x)'=\cos x$;

(6)$(\cos x)'=-\sin x$;

(7)$(\tan x)'=\sec^2 x$;

(8)$(\cot x)'=-\csc^2 x$;

(9)$(\sec x)'=\sec x\tan x$;

(10)$(\csc x)'=-\csc x\cot x$;

(11)$(\arcsin x)'=\frac{1}{\sqrt{1-x^2}}$;

(12)$(\arccos x)'=-\frac{1}{\sqrt{1-x^2}}$;

(13)$(\arctan x)'=\frac{1}{1+x^2}$;

(14)$(\operatorname{arccot} x)'=-\frac{1}{1+x^2}$.

例 5　求下列函数的导数:

(1)$y=x^2\tan x$;　　　　(2)$y=\frac{e^x}{x}-\ln 2$.

解　(1)$y'=x^2\sec^2 x+2x\tan x$;

(2)$y'=\frac{xe^x-e^x}{x^2}$.

例 6 求下列函数的二阶导数：

(1) $y=\ln x$；　　(2) $y=x\arctan x$.

解 (1) $y'=\dfrac{1}{x}, y''=\left(\dfrac{1}{x}\right)'=(x^{-1})'=-x^{-2}=-\dfrac{1}{x^2}$；

(2) $y'=\arctan x+\dfrac{x}{1+x^2}, y''=\dfrac{1}{1+x^2}+\dfrac{1-x^2}{(1+x^2)^2}=\dfrac{2}{(1+x^2)^2}$.

习题 2.2

1.求下列函数的导数：

(1) $y=x^2-\dfrac{1}{x}+6x+1$；　　(2) $y=2x^4+3\ln x-\cot 3$；　　(3) $y=e^x\sin x$；

(4) $y=\dfrac{x}{2-x^2}$；　　(5) $y=\ln x\cdot(\sin x-\cos x)$；　　(6) $y=x^5\sin x\arctan x$；

(7) $y=\dfrac{1-\ln x}{1+\ln x}$；　　(8) $y=x^2(2+\sqrt{x})$；　　(9) $y=\dfrac{x^4+\sin x+2}{\cos x}$.

2.求下列函数在给定点处的导数值.

(1) $f(x)=\dfrac{1}{2}x^4+3x^3-4x^2+5$，求 $f'(0), f'(1)$；

(2) $f(x)=e^x+\ln x+\sin x-\ln 5-3x$，求 $f'\left(\dfrac{\pi}{2}\right), f'(2)$；

(3) $f(x)=\dfrac{2}{3-x^2}+\dfrac{x^4}{6}$，求 $f'(0), f'(2)$.

3.求下列函数的二阶及三阶导数.

(1) $y=x^2\cos x$；　　(2) $y=x^2\ln x$.

第三节　复合函数的求导法则

上一节，我们介绍了导数的四则运算法则和一些基本初等函数的导数公式，解决了部分初等函数的求导.但是，初等函数除了通过基本初等函数有限次的四则运算以外，还可以通过有限次的复合构成，因此复合函数的求导法则是求初等函数的导数所不可缺少的工具.

关于复合函数的求导法则，我们有下面的法则.

法则 2.3 设函数 $y=f[\varphi(x)]$ 由 $y=f(u)$ 及 $u=\varphi(x)$ 复合而成，若函数 $u=\varphi(x)$ 在点 x 处可导，$y=f(u)$ 在对应点 u 处也可导，则复合函数 $y=f[\varphi(x)]$ 在点 x 处可导，且

$$\frac{dy}{dx}=\frac{dy}{du}\cdot\frac{du}{dx}.$$

也可写成 $y'_x=y'_u\cdot u'_x$ 或 $y'_x=f'(u)\cdot\varphi'(x)$.

由法则 2.3 可知，对复合函数 $y=f[\varphi(x)]$ 求 x 的导数时，可以按以下步骤进行求解：

(1) 先对复合函数分解，分解成 $y=f(u)$，$u=\varphi(x)$ 形式；

(2) 分别对两个函数求导：$\dfrac{dy}{du}$[或 y'_u，$f'(u)$]，$\dfrac{du}{dx}$[或 u'_x，$\varphi'(x)$]；

(3) 将两个函数的导数相乘，并将乘积结果中 u 用 $\varphi(x)$ 替代.

例 1 求下列函数的导数：

(1) $y=\sin 3x$；(2) $y=(3x+5)^3$；(3) $y=\sin^2 x$.

解 (1) 将 $y=\sin 3x$ 看成 $y=\sin u$ 与 $u=3x$ 复合而成的函数，故

$$\frac{dy}{dx}=\frac{dy}{du}\cdot\frac{du}{dx}=(\sin u)'\cdot(3x)'=\cos u\cdot 3=3\cos 3x;$$

(2) 将 $y=(3x+5)^3$ 看成 $y=u^3$ 与 $u=3x+5$ 复合而成的函数，故

$$\frac{dy}{dx}=\frac{dy}{du}\cdot\frac{du}{dx}=(u^3)'\cdot(3x+5)'=3u^2\cdot 3=9(3x+5)^2;$$

(3) 将 $y=\sin^2 x$ 看成 $y=u^2$ 与 $u=\sin x$ 复合而成的函数，故

$$\frac{dy}{dx}=\frac{dy}{du}\cdot\frac{du}{dx}=(u^2)'\cdot(\sin x)'=2u\cos x=2\sin x\cos x=\sin 2x.$$

在熟悉了复合函数的求导法则后，中间变量可不必写出来.

例 2 求下列函数的导数：

(1) $y=\ln\cos x$；(2) $y=\arctan\dfrac{1}{x}$.

解 (1) $y'=\dfrac{1}{\cos x}\cdot(\cos x)'=\dfrac{-\sin x}{\cos x}=-\tan x$；

(2) $y'=\dfrac{1}{1+\left(\dfrac{1}{x}\right)^2}\cdot\left(\dfrac{1}{x}\right)'=\dfrac{x^2}{x^2+1}\cdot\left(-\dfrac{1}{x^2}\right)=\dfrac{-1}{x^2+1}$.

法则 2.3 还可以推广到有限多个中间变量的复合函数的情形. 以两个中间变量为例，若 $y=f(u)$，$u=\varphi(v)$，$v=\psi(x)$ 均可导，则有 $\dfrac{dy}{dx}=\dfrac{dy}{du}\cdot\dfrac{du}{dv}\cdot\dfrac{dv}{dx}$.

例 3 求下列函数的导数：

(1) $y=\left(\arcsin\dfrac{x}{2}\right)^3$；(2) $y=\ln(x+\sqrt{x^2+1})$.

解 (1) $y'=3\left(\arcsin\dfrac{x}{2}\right)^2\cdot\dfrac{1}{\sqrt{1-\dfrac{x^2}{4}}}\cdot\dfrac{1}{2}=\dfrac{3}{\sqrt{4-x^2}}\left(\arcsin\dfrac{x}{2}\right)^2$；

(2) $y'=[\ln(x+\sqrt{x^2+1})]'=\dfrac{1}{x+\sqrt{x^2+1}}(x+\sqrt{x^2+1})'$

$$=\frac{1}{x+\sqrt{x^2+1}}\left(1+\frac{(x^2)'}{2\sqrt{x^2+1}}\right)=\frac{1}{\sqrt{x^2+1}}.$$

习题 2.3

1.求下列函数的导数：

(1) $y=\cot\dfrac{1}{x}$；　(2) $y=\arcsin(1+2x)$；　(3) $y=\arctan(\ln x)$；

(4) $y=(x\sin^2 x)^2$；　(5) $y=(x^3-2x^2+1)^4$；　(6) $y=\sqrt{x-e^{-x}}$；

(7) $y=\ln\sin\sqrt{x}$；　(8) $y=\arctan[\ln(2x-1)]$；　(9) $y=\cos[\ln(2+3x)]$；

(10) $y=\ln(\sec x+\tan x)$.

2.求下列函数的二阶导数：

(1) $y=\cos^2 x$；　(2) $y=e^{1-2x}$；　(3) $y=\arctan\dfrac{1}{x}$；

(4) $y=2^{\sin x}$.

第四节　函数的微分

在许多实际问题中，不仅需要知道由自变量变化引起函数变化的快慢程度，还需要计算当自变量在某一点取得一个微小增量时，函数取得相应增量的大小.一般说来，计算 $f(x)$ 的增量 Δy 的精确值是较烦琐的，实际中往往只需算出它的近似值即可.微分的概念就是由此而产生的.

本节将学习微分的概念、微分的计算方法及微分的应用.

一、微分的概念

先看一个例子.如图 2-4，设有一边长为 x 的正方形，当边长取增量 Δx 时，其面积 S 的增量是

$$\Delta S=(x+\Delta x)^2-x^2=2x\Delta x+(\Delta x)^2,$$

上式中，ΔS 由两部分组成：

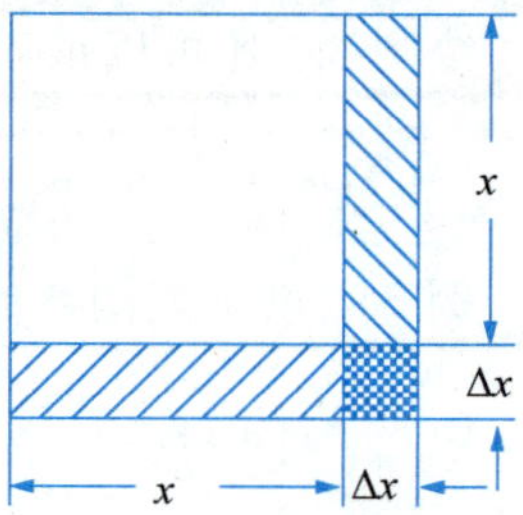

图 2-4

第一项 $2x\Delta x$ 是关于 Δx 的线性函数，即图 2-4 中带斜线的两个矩形的面积之和；第二项 $(\Delta x)^2$ 是关于 Δx 的二次函数，当 $\Delta x\to 0$ 时，$(\Delta x)^2$ 是一个比 Δx 高阶的无穷小量，即图 2-4 中带交叉斜线的小正方形的面积.因此当 $|\Delta x|$ 很小时，$(\Delta x)^2$ 可以忽略不计，即 $\Delta S\approx 2x\Delta x$.

第一项中 Δx 的系数 $2x$ 恰好是面积 $S(x)=x^2$ 的导数，并且其结构要比 ΔS 简单得多，因此，有必要进行详细讨论.

数学上，把 ΔS 的第一项，即 Δx 的线性函数 $2x\Delta x$ 称为正方形面积 $S(x)$ 的微分，记为 $dS=2x\Delta x$，即 $dS=S'(x)\Delta x$.

对于一般函数：

定义 2.3　设函数 $y=f(x)$ 在点 x 可导，则称 $f'(x)\Delta x$ 为函数 $f(x)$ 在点 x 的微分，记为 dy 或 $df(x)$，即

$$dy=f'(x)\Delta x \text{ 或 } df(x)=f'(x)\Delta x.$$

显然，函数 $f(x)$ 的微分 $dy=f'(x)\Delta x$ 不仅依赖于 x，而且也依赖于 Δx.

特别地，对于函数 $y=x$，其微分为 $dy=dx=(x)'\Delta x=\Delta x$，也就是自变量 x 的微分 dx 等于自变量 x 的改变量 Δx，即 $dx=\Delta x$，于是 $f(x)$ 在点 x 的微分 dy 可写成：$dy=f'(x)dx$.

前面将 $\frac{dy}{dx}$ 看作一个记号，表示函数 $y=f(x)$ 的导数.有了微分的概念，就可以把它看作一个比值.因此，函数 $y=f(x)$ 的导数就是函数的微分与自变量的微分的商，所以有时也把导数叫作微商.

应该注意，微分与导数有着密切的联系，可导 $\Leftrightarrow$ 可微，但是，二者又有区别：函数 $f(x)$ 在点 x_0 的导数 $f'(x_0)$ 是一个定数，而 $f(x)$ 在点 x_0 的微分 $dy=f'(x_0)\Delta x=f'(x_0)(x-x_0)$ 是 x 的线性函数，且当 $x\to x_0$ 时，dy 是无穷小.

二、微分的计算

1.基本微分公式

由关系式 $dy=f'(x)dx$ 可知，只要知道函数的导数，就能立刻写出它的微分.因此，由基本导数公式即可得出相应的基本微分公式：

(1)$d(C)=0$(C 为常数)；

(2)$d(x^\alpha)=\alpha x^{\alpha-1}dx$；

(3)$d(a^x)=a^x\ln a\,dx$，$d(e^x)=e^x dx$；

(4)$d(\log_a x)=\frac{1}{x\ln a}dx$，$d(\ln x)=\frac{1}{x}dx$；

(5)$d(\sin x)=\cos x\,dx$；

(6)$d(\cos x)=-\sin x\,dx$；

(7)$d(\tan x)=\sec^2 x\,dx$；

(8)$d(\cot x)=-\csc^2 x\,dx$；

(9)$d(\sec x)=\sec x\tan x\,dx$；

(10)$d(\csc x)=-\csc x\cot dx$；

(11)$d(\arcsin x)=\frac{1}{\sqrt{1-x^2}}dx$；

(12)$d(\arccos x)=-\frac{1}{\sqrt{1-x^2}}dx$；

(13) $d(\arctan x)=\frac{1}{1+x^2}dx$；

(14) $d(\text{arccot}x)=-\frac{1}{1+x^2}dx$.

微分运算法则：

(1) $d(u\pm v)=du\pm dv$；

(2) $d(uv)=udv+vdu$，$d(Cu)=Cdu$；

(3) $d\left(\frac{u}{v}\right)=\frac{vdu-udv}{v^2}(v\neq 0)$.

2.微分形式不变性

对于函数 $y=f(u)$，当 u 为自变量时，按照定义，其微分形式为

$$dy=f'(u)du.$$

函数 $y=f[\varphi(x)]$ 是由函数 $y=f(u)$ 和 $u=\varphi(x)$ 复合而成，u 为中间变量.由微分定义及复合函数求导法则，有

$$dy=f'[\varphi(x)]dx=f'(u)\varphi'(x)dx,$$

其中 $\varphi'(x)dx=du$，所以上式仍可写成 $dy=f'(u)du$.

由此可见，不论 u 是自变量还是中间变量，函数 $y=f(u)$ 的微分总是同一个形式：$dy=f'(u)du$，此性质称为微分形式的不变性.

例 1 求函数 $y=\ln\sin 2x$ 的微分.

解 因为 $y'=(\ln\sin 2x)'=\frac{1}{\sin 2x}(\sin 2x)'=\frac{2\cos 2x}{\sin 2x}=2\cot 2x$，

所以 $dy=2\cot 2x dx$.

也可以利用微分形式的不变性来求：

$$dy=\frac{1}{\sin 2x}d(\sin 2x)=\frac{1}{\sin 2x}\cos 2x\,d(2x)=2\cot 2x dx.$$

例 2 求函数 $y=e^{-x}\sin 3x$ 的微分.

解 因为 $y'=(e^{-x})'\sin 3x+e^{-x}(\sin 3x)'=-e^{-x}\sin 3x+e^{-x}\cos 3x\cdot 3=e^{-x}(3\cos 3x-\sin 3x)$，所以 $dy=e^{-x}(3\cos 3x-\sin 3x)dx$.

由以上例题可见，求导数与求微分在方法上没有本质的区别，故统称为微分法.

例 3 在下列等式左端的括号中填入适当的函数，使等式成立.

(1) $d(\quad)=xdx$；　　(2) $d(\quad)=\cos\omega t dt$.

解 (1) 因为 $d(x^2)=2xdx$，所以 $xdx=\frac{1}{2}d(x^2)=d\left(\frac{x^2}{2}\right)$，即 $d\left(\frac{x^2}{2}\right)=xdx$.

一般地，有 $d\left(\frac{x^2}{2}+C\right)=xdx$（$C$ 为任意的常数）.

(2) 因为 $d(\sin\omega t)=\omega\cos\omega t\,dt$，所以 $\cos\omega t\,dt=\frac{1}{\omega}d(\sin\omega t)=d\left(\frac{1}{\omega}\sin\omega t\right)$，即

$$d\left(\frac{1}{\omega}\sin\omega t\right)=\cos\omega t\,dt.$$

一般地，有 $d\left(\frac{1}{\omega}\sin\omega t+C\right)=\cos\omega t\,dt$（$C$ 为任意的常数）.

三、微分的应用

若函数 $y=f(x)$ 在点 x_0 处的导数 $f'(x_0)$ 存在，则当 $|\Delta x|$ 很小时，由微分的定义得

$$\Delta y\,|_{(x_0,\Delta x)}\approx dy\,|_{(x_0,\Delta x)}=f'(x_0)\Delta x. \tag{2-1}$$

因为 $\Delta y=f(x_0+\Delta x)-f(x_0)$，所以有 $f(x_0+\Delta x)-f(x_0)\approx f'(x_0)\Delta x$，于是

$$f(x_0+\Delta x)\approx f(x_0)+f'(x_0)\Delta x. \tag{2-2}$$

若令 $x=x_0+\Delta x$，则有

$$f(x)\approx f(x_0)+f'(x_0)(x-x_0). \tag{2-3}$$

以上三个公式是我们常用的三个近似计算公式.

例 4　一个内径为 10 cm 的球，球壳厚度为 $\frac{1}{16}$ cm，试求球壳体积的近似值.

解　半径为 r 的球的体积为 $V=f(r)=\frac{4}{3}\pi r^3$，

球壳的体积为 $\Delta V=f(r_0+\Delta r)-f(r_0)$，其中，$r_0=5$，$\Delta r=\frac{1}{16}$.

由近似公式(2-1)可知，$\Delta V\,|_{(r_0,\Delta r)}\approx dV\,|_{(r_0,\Delta r)}=f'(r_0)\Delta r$，

因为，$V'=f'(r)=\left(\frac{4}{3}\pi r^3\right)'=4\pi r^2$，

所以 $\Delta V\approx f'(5)\times\frac{1}{16}=4\pi\times5^2\times\frac{1}{16}=19.63$.

例 5　求 $\sqrt{0.97}$ 的近似值.

解　设 $f(x)=\sqrt{x}$，取 $x_0=1$，$\Delta x=-0.03$，则 $\sqrt{0.97}=f(0.97)=f(1-0.03)$，由近似公式(2-2)及 $f'(x)=\frac{1}{2\sqrt{x}}$，得

$$\sqrt{0.97}=f(0.97)\approx f(1)+f'(1)\times(-0.03)$$
$$=\sqrt{1}+\frac{1}{2\sqrt{1}}\times(-0.03)=1-0.015=0.985.$$

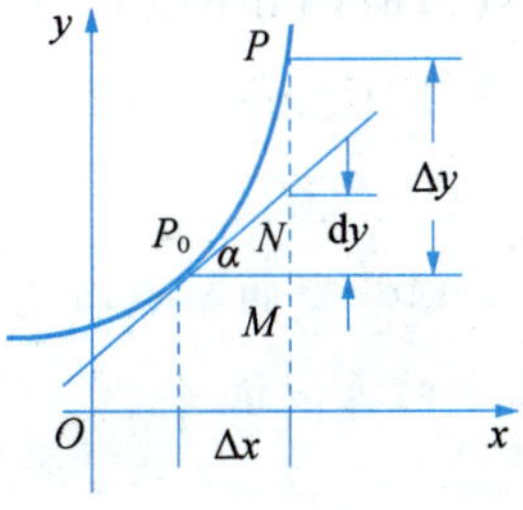

图 2-5

近似公式(2-3)的意义在于，我们用一个关于 x 的线性函数 $f(x_0)+f'(x_0)(x-x_0)$ 来近似地代替了一个结构复杂的非线性函数 $f(x)$，这种关系在图形中体现得更清楚一些.如图 2-5

所示，曲线上两点 $P_0(x_0,y_0)$ 和 $P(x_0+\Delta x,y_0+\Delta y)$，$|P_0M|=\Delta x$，$|PM|=\Delta y$，$P_0N$ 是曲线在点 P_0 处的切线，则

$$|NM|=|P_0M|\tan\alpha=f'(x_0)\Delta x=\mathrm{d}y.$$

可见，函数 $y=f(x)$ 在点 x_0 处的微分就是曲线在点 $P_0(x_0,y_0)$ 处切线 P_0N 的纵坐标的改变量.这也正是微分的几何意义.即当 Δx 很小时，在切点附近可以用切线（直线）来代替曲线.

当 $x_0=0$，$|x|$ 很小时，应用公式(2-3)可得：

(1) $(1+x)^\alpha\approx 1+\alpha x$；　　(2) $\mathrm{e}^x\approx 1+x$；

(3) $\ln(1+x)\approx x$；　　(4) $\sin x\approx x$；

(5) $\tan x\approx x$；　　(6) $\sqrt[n]{1\pm x}\approx 1\pm\frac{1}{n}x$.

例 6　计算 $\sqrt[5]{34}$ 的近似值.

解　当 $|x|$ 很小时，有 $\sqrt[n]{1+x}\approx 1+\frac{1}{n}x$，所以

$$\sqrt[5]{34}=(32+2)^{\frac{1}{5}}=2\left(1+\frac{1}{16}\right)^{\frac{1}{5}}\approx 2\left(1+\frac{1}{5}\times\frac{1}{16}\right)=2\left(1+\frac{1}{80}\right)=2.025.$$

习题 2.4

1.将适当的函数填入括号内，使等式成立.

(1) $\mathrm{d}(\quad)=4x\mathrm{d}x$；　　(2) $\mathrm{d}(\quad)=\sin x\mathrm{d}x$；　　(3) $\mathrm{d}(\quad)=\frac{1}{1+x^2}\mathrm{d}x$；

(4) $\mathrm{d}(\quad)=\frac{1}{\sqrt{1-x^2}}\mathrm{d}x$；　　(5) $\mathrm{d}(\quad)=\frac{1}{\sqrt{x}}\mathrm{d}x$；　　(6) $\mathrm{d}(\quad)=-\frac{1}{x^2}\mathrm{d}x$；

(7) $\mathrm{d}(\quad)=\mathrm{e}^{2x}\mathrm{d}x$；　　(8) $\mathrm{d}(\quad)=\frac{1}{x}\mathrm{d}x$.

2.求下列函数的微分：

(1) $y=\frac{2}{x}+\sqrt{x}$；　　(2) $y=3\mathrm{e}^x-\tan x$；　　(3) $y=x\cos 3x$；

(4) $y=\ln\sin 3x$；　　(5) $y=x^2\mathrm{e}^x$；　　(6) $y=[\ln(1+x)]^2$.

3.求下列各数的近似值：

(1) $\sqrt[4]{1.03}$；　　(2) $\ln 0.98$；　　(3) $\arctan 1.05$.

4.水管壁的横截面是一个圆环，设它的内径为 R_0，壁厚为 h，试用微分来计算这个圆环的面积的近似值.

数学思想与文化

一、微积分在中国的发展

微积分作为数学的一个重要分支，是十七世纪人类数学思维最珍贵的成果，具有深远的意义和广泛的应用.中国近代微积分的发展始于19世纪末，由李善兰引入中国；当前，中国在微积分研究和应用方面已取得显著成就，并在国际数学界占据重要地位.

李善兰与英国传教士伟烈亚力(Alexander Wylie)合作，翻译了《代微积拾级》，这是中国第一部系统介绍微积分的著作，该书于1859年出版，标志着微积分正式传入中国.《则古昔斋算学》是李善兰的数学著作集，收录了他对中国传统数学和西方数学的研究成果；书中涉及代数、几何、三角学等多个领域，不仅展示了他在数学上的成就，也为中国近代数学的发展和教育奠定了基础.

华罗庚在数论、代数、几何和分析等多个领域取得了卓越成就，提出来“华罗庚几何”，对微分几何和代数几何的发展有深远影响.陈省身在微分几何和拓扑学领域取得了卓越成就，他证明了“陈省身－高斯－博内公式”，这是微积分几何中的一个基本定理，对几何学的发展有重要意义.

二、中国数学家介绍

李善兰(1811年－1882年)，字壬叔，号秋纫，是中国近代著名的数学家、天文学家和翻译家.他是中国近代科学史上的重要人物，尤其在数学和天文学领域做出了开创性贡献.

李善兰在数学研究方面的成就，主要有尖锥术、垛积术和素数论三项.尖锥术理论主要见于《方圆阐幽》《弧矢启秘》《对数探源》三种著作，成书年代约为1845年，当时解析几何与微积分学尚未传入中国.李善兰创立的“尖锥”概念，是一种处理代数问题的几何模型，他对“尖锥曲线”的描述实质上相当于给出了直线、抛物线、立方抛物线等方程.他创造的“尖锥求积术”，相当于幂函数的定积分公式和逐项积分法则.他用“分离元数法”独立地得出了二项平方根的幂级数展开式，结合“尖锥求积术”，得到了π的无穷级数表达式.各种三角函数和反三角函数的展开式，以及对数函数的展开式.

垛积术理论主要见于《垛积比类》，写于1859～1867年间，这是有关高阶等差级数的著作.李善兰从研究中国传统的垛积问题入手，获得了一些相当于现代组合数学中的成果.例如，“三角垛有积求高开方廉隅表”和“乘方垛各廉表”实质上就是组合数学中著名的第一种斯特林数和欧拉数.驰名中外的“李善兰恒等式”.自20世纪30年代以来，受到国际数学界的普遍关注和赞赏.可以认为，《垛积比类》是早期组合论的杰作.

素数论主要见于《考数根法》，发表于1872年，这是中国素数论方面最早的著作.在判别一个自然数是否为素数时，李善兰证明了著名的费马素数定理，并指出了它的逆定理不真.

1852—1859 年，李善兰在上海墨海书馆与英国传教士、汉学家伟烈亚力等人合作翻译出版了《几何原本》后九卷，以及《代数学》《代微积拾级》《谈天》《重学》《圆锥曲线说》《植物学》等西方近代科学著作，又译《奈端数理》（即牛顿《自然哲学的数学原理》）四册（未译完），这是解析几何、微积分、哥白尼日心说、牛顿力学、近代植物学等传入中国的开端.

李善兰的翻译工作是有独创性的，他创译了许多科学名词，如“代数”“函数”“方程式”“微分”“积分”“级数”“植物”“细胞”等，匠心独运，切贴恰当，不仅在中国流传，而且东渡日本，沿用至今.

《重学》一书的翻译出版较系统地把牛顿运动定律等经典力学知识介绍到中国.李善兰又和伟烈亚力合译了侯失勒（今译 J.赫歇耳）的《谈天》一书，第一次把万有引力定律及天体力学知识介绍到中国.不久，李善兰又译了奈端的《奈端数理》（即牛顿的《自然哲学的数学原理》）一书的前 3 卷，后因故中断.

1867 年，李善兰在南京出版《则古昔斋算学》，汇集了二十多年来在数学、天文学和弹道学等方面的著作，计有《方圆阐幽》《弧矢启秘》《对数探源》《垛积比类》《四元解》《麟德术解》《椭圆正术解》《椭圆新术》《椭圆拾遗》《火器真诀》《对数尖锥变法释》《级数回求》和《天算或问》等 13 种 24 卷.他的数学著作，除《则古昔斋算学》外，尚有《考数根法》《粟布演草》《测圆海镜解》《九容图表》，而未刊行者，有《造整数勾股级数法》《开方古义》《群经算学考》《代数难题解》等.

1868 年，李善兰被荐任北京同文馆天文算学总教习，直至 1882 年他逝世为止，从事数学教育十余年，其间审定了《同文馆算学课艺》《同文馆珠算金踌针》等数学教材，培养了一大批数学人才，是中国近代数学教育的鼻祖.

陈省身（1911 年—2004 年）汉族，美籍华人，国际数学大师、著名教育家、中国科学院外籍院士，“走进美妙的数学花园”创始人.少年时代即显露数学才华，在其数学生涯中，几经抉择，努力攀登，终成辉煌.他在整体微分几何上的卓越贡献，影响了整个数学的发展，被杨振宁誉为继欧几里得、高斯、黎曼、嘉当之后的又一里程碑式的人物.他先后主持、创办了三大数学研究所，造就了一批世界知名的数学家.

陈省身是 20 世纪最伟大的几何学家之一，被誉为“微分几何之父”.他发展了 Gauss—Bonnet（高斯—博内）公式，被命名为“Gauss—Bonnet—陈省身公式”，提出了“陈氏示性类（Chern Class）”，成为经典杰作.他建立微分纤维丛理论，其影响遍及数学的各个领域.创立复流形上的值分布理论，包括 Bott—陈定理，影响及于代数数论.他为广义的积分几何奠定基础，获得基本运动学公式.他所引入的陈氏示性类与陈—Simons 微分式，已深入到数学以外的其他领域，成为理论物理的重要工具.

陈省身曾三次应邀在国际数学家大会上作演讲，曾获评美国国家科学奖（1975）、德国洪堡奖（1982）、美国数学会“终身成就”斯蒂尔奖（1983）、世界数学界最高奖——沃尔夫奖

(1984)、晨兴数学终身成就奖(2001)、俄罗斯喀山大学授予的罗巴切夫斯基奖章(2002)、首届邵逸夫奖数学科学奖(2004)等多项国内外重大奖励荣誉.

陈省身曾先后任教于国立西南联合大学、芝加哥大学和加州大学伯克利分校，是原中央研究院数学所、美国国家数学科学研究所、南开数学研究所的创始所长.培养了包括廖山涛、吴文俊、丘成桐、郑绍远、李伟光等在内的著名数学家.其中，丘成桐是取得国际数学联盟的菲尔兹奖(Fields Medal)的第一个华人，也是继陈省身之后第二个获沃尔夫奖的华人. 2004年11月2日，国际小行星中心将一颗小行星命名为“陈省身星”.

知识要点

一、导数的概念与运算

1.概念

(1) 导数.

$$f'(x_0)=\lim_{\Delta x\to 0}\frac{\Delta y}{\Delta x}=\lim_{\Delta x\to 0}\frac{f(x_0+\Delta x)-f(x_0)}{\Delta x}=\lim_{x\to x_0}\frac{f(x)-f(x_0)}{x-x_0}.$$

(2) 导函数.

如果 $f(x)$ 在 (a,b) 内任一点都可导，则称 $f(x)$ 在 (a,b) 内可导.

$$f'(x)=\lim_{\Delta x\to 0}\frac{\Delta y}{\Delta x}=\lim_{\Delta x\to 0}\frac{f(x+\Delta x)-f(x)}{\Delta x}.$$

(3) 二阶导数.

$$f''(x)=[f'(x)]'=\lim_{\Delta x\to 0}\frac{f'(x+\Delta x)-f'(x)}{\Delta x}.$$

(4) 三阶及三阶以上导数.

$$f'''(x)=[f''(x)]',$$
$$f^{(4)}(x)=[f'''(x)]'$$
$$\cdots$$
$$f^{(n)}(x)=[f^{(n-1)}(x)]'$$

2.导数的意义

(1) 导数的实质是变化率问题；

(2) 几何意义：曲线的切线的斜率；

(3) 物理意义：变速直线运动物体的瞬时速度；

(4) 经济意义：边际函数.

3.导数的运算

导数的运算主要包括求函数的导数、二阶导数、三阶及三阶以上导数；求导数的主要依据为基本初等函数的导数公式、导数的四则运算法则和复合函数的求导法则.

(1) 两个函数的和差的导数等于导数的和差；

(2) 复合函数的导数等于复合函数对中间变量的导数,乘以中间变量对自变量的导数；

(3) 函数 $y=f(x)$ 在 x_0 点处的导数值等于其导函数 $f'(x)$ 在 x_0 点处的值；

(4) 分段函数分段点处的可导性利用 $f'(x_0)=A \Leftrightarrow f'_-(x_0)=f'_+(x_0)=A$ 判断.

二、微分

1.概念

$df(x)=f'(x)\Delta x=f'(x)dx$ 称为函数 $y=f(x)$ 的微分.

2.运算

根据微分的定义,微分问题可以归结为求函数的导数.

3.应用

可以应用以下三个公式求函数的近似值,或函数改变量的近似值.

(1) $\Delta y \approx dy=f'(x_0)\Delta x$；

(2) $f(x_0+\Delta x) \approx f(x_0)+f'(x_0)\Delta x$；

(3) $f(x) \approx f(x_0)+f'(x_0)(x-x_0)$.

复习题二

一、填空题

1.一物体的运动方程 $s(t)=t^3+20t$,则该物体在时刻 $t=2$ 的瞬时速度为________.

2.$\left(x^3+\cos\dfrac{\pi}{4}\right)'=$________.

3.如果 $f(x)$ 在 x_0 点可导,则 $\lim\limits_{\Delta x \to 0}\Delta y=$________.

4. $y=\pi^3+x^n+\arctan\dfrac{2}{\pi}$,则 $y'|_{x=1}=$________.

5.曲线 $y=\dfrac{4+x}{4-x}$ 在点(2,3)处的切线的斜率为________.

6.设函数 $f(x)=e^{\tan^k x}$,且 $f'\left(\dfrac{\pi}{4}\right)=e$,则 $k=$________.

7.已知 $y=\cos\dfrac{1}{x}$,则 $dy|_{x=\frac{2}{\pi}}=$________.

8.已知 $f(x)=xe^{-x}$,则 $f''(0)=$________.

9.已知 $y=\cos x$,则 $y^{(n)}=$________.

10.用微分近似计算公式求 $e^{0.05} \approx$________.

二、选择题

1.已知 $f'(3)=2$,则 $\lim\limits_{x\to 3}\dfrac{f(x)-f(3)}{x-3}=$( ).

A.3 B. -3 C.2 D. -2

2.下列函数中在 $x=1$ 处连续但不可导的是( ).

A.$y=\dfrac{3}{x-1}$ B. $y=|x-1|$ C.$y=\ln(x^2-1)$ D.$y=x^2-1$

3.设 $y=\log_2 3x$,则 $\mathrm{d}y=$( ).

A.$\dfrac{1}{3x}\ln 2\mathrm{d}x$ B. $\dfrac{1}{x\ln 2}\mathrm{d}x$ C.$\dfrac{1}{3x\ln 2}\mathrm{d}x$ D.$\dfrac{1}{x}\ln 2\mathrm{d}x$

4.曲线 $y=\dfrac{3}{2}x^2+1$ 在点 M 处的切线平行于直线 $y=-3x+1$,则 M 点的坐标是( ).

A.$\left(-1,\dfrac{5}{2}\right)$ B.$\left(1,\dfrac{5}{2}\right)$ C.$(0,1)$ D.$\left(-\dfrac{4}{3},\dfrac{11}{3}\right)$

5.将半径为 R 的球体加热,如果球半径增加 ΔR,则球体体积的增量 $\Delta V\approx$( ).

A. $\dfrac{4}{3}\pi R^2$ B. $4\pi R^2\Delta R$ C. $4\pi R^2$ D. $4\pi R\Delta R$

三、解答题

1.计算下列函数的导数或微分.

(1)$y=(2x+3)^4$,求 y';

(2)$y=(2+3x^2)\sqrt{1-5x}$,求 y';

(3)$y=\sqrt{x+\ln^2 x}$,求 $y'(1)$;

(4)$y=\cos x$,求 y';

(5)$y=xe^x$,求 y'' 及 $y''(0)$;

(6)$y=e^{-2x}\tan x$,求 $\mathrm{d}y$.

2.求曲线 $y=3x^2+2x-3$ 在点(1,2)的切线方程和法线方程.

第三章 微分中值定理与导数的应用

上一章以几个实际问题的变化率为背景，抽象出函数导数的概念，讨论了导数的计算方法.这一章将利用导数来研究函数，由于函数在某一点的导数仅反映函数在这一点邻近的局部性态，所以要用导数研究函数的整体性态，首先必须在函数的定义区间内寻求因变量、自变量和导数之间的数量关系，这就是本章的微分中值定理.本章先介绍微分中值定理的概念，然后在微分中值定理的基础上讨论不定式极限的求法、函数的单调性、极值和最值以及曲线的一些性质，并进一步利用这些知识解决实际问题.

第一节　微分中值定理

微分中值定理是连接微分学理论与应用的桥梁，是研究函数整体性质强有力的工具；同时也是微积分的基本定理，在许多定理的证明中起到了重要作用，是导数应用的基础理论.下面我们简要地介绍微分中值定理的主要内容.

一、罗尔(Rolle)中值定理

定理 3.1(罗尔中值定理)　如果函数 $f(x)$ 满足：

(1) $f(x)$ 在闭区间 $[a,b]$ 上连续；

(2) $f(x)$ 在开区间 (a,b) 内可导；

(3) $f(a)=f(b)$，

则在 (a,b) 内至少存在一点 ξ，使得 $f'(\xi)=0$.

罗尔中值定理的几何意义：闭区间上连续曲线 $y=f(x)$，除端点外每一点都存在切线，并且曲线的两个端点在同一水平线上，那么在该曲线上至少存在一点 ξ，使得过该点的切线为水平线(如图 3-1).

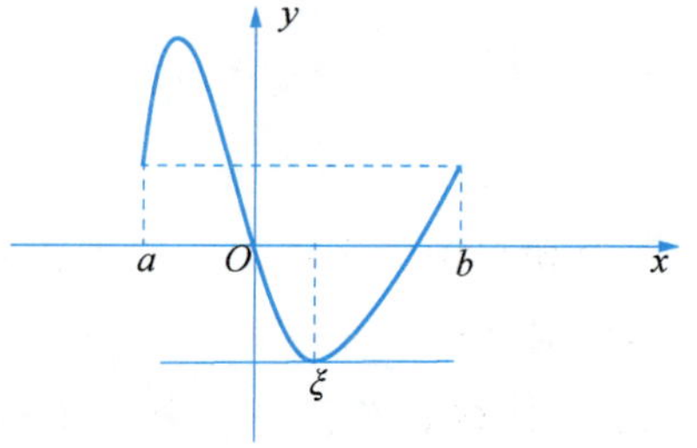

图 3-1

罗尔定理的条件是充分非必要的，即若罗尔定理的三个条件中有一个不满足时，其结论可能不成立.依图形举反例如下（如图 3-2）：

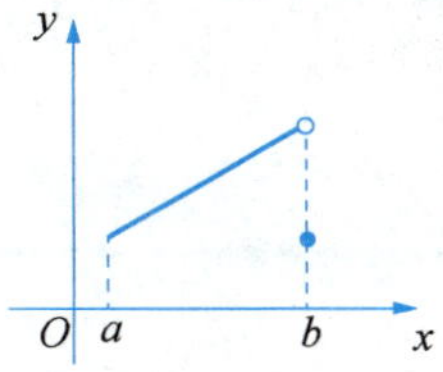

（a）缺少定理中条件

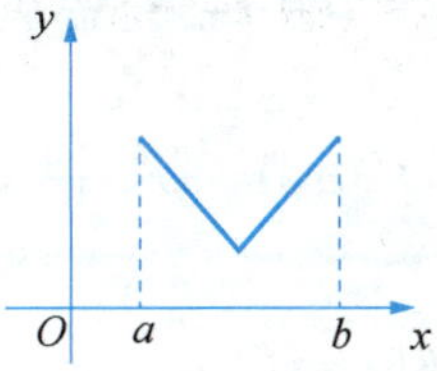

（b）缺少定理中条件

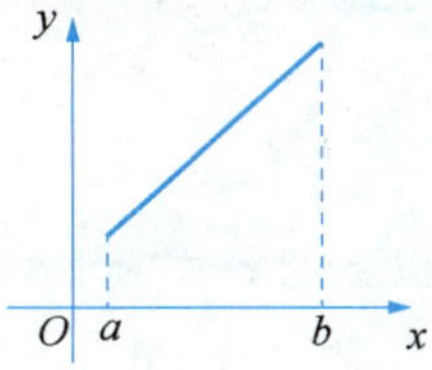

（c）缺少定理中条件

图 3-2

例 1　验证函数 $f(x)=x^2-2x-3$ 在区间$[-1,3]$上满足罗尔定理的条件，并求出使得 $f'(\xi)=0$ 的 ξ 值.

解　显然 $f(x)=x^2-2x-3=(x-3)(x+1)$ 在$[-1,3]$上连续，又 $f'(x)=2x-2$，即 $f(x)$ 在$(-1,3)$ 上可导，且 $f(-1)=f(3)=0$.所以 $f(x)$ 在区间$[-1,3]$上满足罗尔定理的条件.

令 $f'(x)=2(x-1)=0$，解得 $\xi=1$，且 $1\in(-1,3)$，所以在$(-1,3)$ 内使得 $f'(\xi)=0$ 的 $\xi=1$.

例 2　不求函数 $f(x)=(x-1)(x-2)(x-3)$ 的导数，说明 $f'(x)=0$ 有几个实根，并指出它们所在的区间.

解　显然 $f(x)$ 在闭区间$[1,2]$ 和$[2,3]$ 上都满足罗尔定理的条件，所以至少有 $\xi_1\in(1,2)$，$\xi_2\in(2,3)$ 使得 $f'(\xi_1)=0$，$f'(\xi_2)=0$，即方程 $f'(x)=0$ 至少有两个实根.又 $f'(x)=0$ 是一个一元二次方程，最多有两个实根，所以方程 $f'(x)=0$ 有且仅有两个实根，且分别在区间$(1,2)$ 和$(2,3)$ 内.

二、拉格朗日(Lagrange)中值定理

定理 3.2(拉格朗日中值定理)　如果函数 $f(x)$ 满足：

(1) $f(x)$ 在闭区间$[a,b]$ 上连续；

(2) $f(x)$ 在开区间(a,b) 内可导，

则在(a,b) 内至少存在一点 ξ，使得 $f'(\xi)=\dfrac{f(b)-f(a)}{b-a}$.

注意　罗尔中值定理是拉格朗日中值定理的特殊情形.

拉格朗日中值定理的几何意义：闭区间上连续曲线 $y=f(x)$，除端点外每一点都存在切线，那么在该曲线上至少存在一点 ξ，使得过该点的切线与过曲线两端点的割线平行（如图 3-3）.

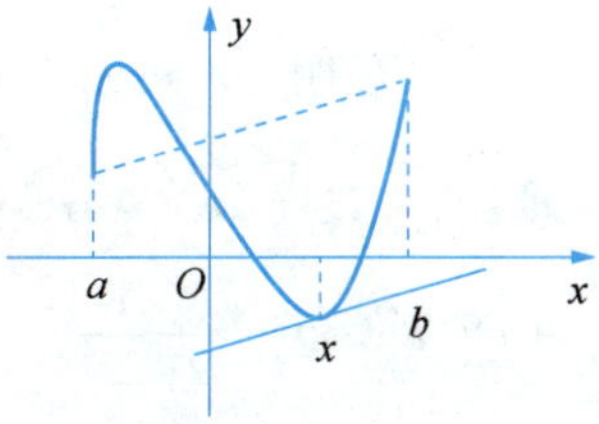

图 3-3

例 3 验证函数 $f(x)=x^3+2x$ 在区间 $[0,1]$ 上满足拉格朗日中值定理的条件，并求 ξ 的值.

解 显然函数 $f(x)$ 在闭区间 $[0,1]$ 上连续，在开区间 $(0,1)$ 内可导，则 $f(x)$ 满足定理的条件，且

$$f'(x)=3x^2+2,$$

所以有以下的等式

$$\frac{f(1)-f(0)}{1-0}=f'(\xi),$$

即 $\dfrac{3-0}{1}=3\xi^2+2$，

解得 $\xi=\pm\dfrac{\sqrt{3}}{3}$.

因为 $\xi=-\dfrac{\sqrt{3}}{3}\notin(0,1)$，所以舍去.因此 $\xi=\dfrac{\sqrt{3}}{3}\in(0,1)$ 即为所求.

推论 3.1 如果在开区间 (a,b) 内 $f'(x)\equiv 0$，则在开区间 (a,b) 内 $f(x)$ 为常数.

证明 任取 $x_1,x_2\in(a,b)$，不妨设 $x_1<x_2$，则 $f(x)$ 在 $[x_1,x_2]$ 满足拉格朗日中值定理的条件，于是

$$\frac{f(x_2)-f(x_1)}{x_2-x_1}=f'(\xi)(x_1<\xi<x_2).$$

因为 $f'(x)\equiv 0,x\in(a,b)$，所以 $f'(\xi)=0$，从而 $f(x_1)=f(x_2)$.由 x_1,x_2 的任意性可知，$f(x)$ 在区间 (a,b) 内为常数.

推论 3.2 如果对开区间 (a,b) 内的任意 x，有 $f'(x)=g'(x)$，则有 $f(x)=g(x)+C$（C 为任意常数）.

证明 设 $F(x)=f(x)-g(x)$，则 $F(x)$ 在区间 (a,b) 内可导，且

$$F'(x)=f'(x)-g'(x)=0,$$

根据推论 3.1 得

$$F(x)=f(x)-g(x)=C(C\text{ 为常数}),$$

即 $f(x)=g(x)+C$.

利用拉格朗日中值定理及其推论可证明一些等式.

例 4 证明：$\arcsin x+\arccos x=\dfrac{\pi}{2}(-1\leqslant x\leqslant 1)$.

证明 设 $f(x)=\arcsin x+\arccos x,\quad x\in[-1,1]$，

由于 $f'(x)=\dfrac{1}{\sqrt{1-x^2}}+\left(-\dfrac{1}{\sqrt{1-x^2}}\right)=0$，所以 $f(x)\equiv C,\quad x\in(-1,1)$，

因为 $f(0)=\arcsin 0+\arccos 0=0+\dfrac{\pi}{2}=\dfrac{\pi}{2}$，所以 $C=\dfrac{\pi}{2}$.

即 $f(x)\equiv\frac{\pi}{2}$，　$x\in(-1,1)$.

又 $f(-1)=\arcsin(-1)+\arccos(-1)=\frac{\pi}{2}$，　$f(1)=\arcsin 1+\arccos 1=\frac{\pi}{2}$

故　$\arcsin x+\arccos x=\frac{\pi}{2}$　$,x\in[-1,1]$.

三、柯西(Cauchy)中值定理

定理 3.3(柯西中值定理)　如果函数 $F(x)$ 与 $f(x)$ 满足下列条件：

(1) 在闭区间 $[a,b]$ 上连续；

(2) 在开区间 (a,b) 内可导；

(3) $F'(x)$ 在开区间 (a,b) 内的每一点均不为零，

则在 (a,b) 内至少存在一点 ξ，使得 $\dfrac{f(b)-f(a)}{F(b)-F(a)}=\dfrac{f'(\xi)}{F'(\xi)}$.

注意　在柯西中值定理中，令 $F(x)=x$，就得到拉格朗日中值定理.

通过上面的讨论我们知道，柯西中值定理是拉格朗日中值定理的推广，拉格朗日中值定理又是柯西中值定理的推广.对我们来说，柯西中值定理很少有直接的应用，我们对其只需有初步的了解即可.

习题 3.1

1.验证函数 $y=\sin x$ 在区间 $\left[\frac{\pi}{4},\frac{3\pi}{4}\right]$ 上满足罗尔定理的条件，并求出 ξ 值.

2.验证函数 $y=\ln\sin x$ 在区间 $\left[\frac{\pi}{6},\frac{5\pi}{6}\right]$ 上满足罗尔定理的条件，并求出 ξ 值.

3.验证函数 $y=4x^3-5x^2+x-2$ 在区间 $[0,1]$ 上满足拉格朗日中值定理的条件，并求出 ξ 值.

4.证明：$\arctan x+\operatorname{arccot} x=\frac{\pi}{2}$.

5.证明：方程 $x^5-5x+1=0$ 有且只有一个小于 1 的正实根.

第二节　洛必达(L'Hospital)法则

如果 $x\to x_0$(或 $x\to\infty$)时，两个函数 $f(x)$ 与 $g(x)$ 都趋于零，或都趋于无穷大，则极限 $\lim\limits_{x\to x_0}\dfrac{f(x)}{g(x)}$ 可能存在、也可能不存在，通常把这种极限叫作未定式，并分别简记为 $\frac{0}{0}$ 型(或 $\frac{\infty}{\infty}$ 型).对于这种极限，即使存在，也不能用商的极限法则直接求得，需另用其他方法.本节介绍

求未定式极限的一个简单有效的方法——洛必达法则，它的理论基础就是前面介绍的微分中值定理.

一、$\frac{0}{0}$ 型未定式极限的求法

前面我们学过的重要极限 $\lim\limits_{x\to 0}\frac{\sin x}{x}$，$\lim\limits_{x\to 0}\frac{\ln(x+1)}{x}$ 等都是 $\frac{0}{0}$ 型的，下面将介绍另一种求此类极限的简便方法.

定理 3.4（洛必达法则 Ⅰ） 设 $f(x)$ 与 $g(x)$ 满足：

(1) $\lim\limits_{x\to x_0}f(x)=\lim\limits_{x\to x_0}g(x)=0$；

(2) 在 x_0 点的某邻域内（点 x_0 可以除外），$f'(x)$ 和 $g'(x)$ 都存在且 $g'(x)\neq 0$；

(3) $\lim\limits_{x\to x_0}\frac{f'(x)}{g'(x)}$ 存在（或为无穷大），

则

$$\lim_{x\to x_0}\frac{f(x)}{g(x)}=\lim_{x\to x_0}\frac{f'(x)}{g'(x)}.$$

注意 (1) 定理中的 $x\to x_0$ 换成 $x\to\infty$，$x\to+\infty$，$x\to-\infty$，$x\to x_0^+$，$x\to x_0^-$ 等，定理依然成立；

(2) 如果 $\lim\limits_{x\to x_0}\frac{f'(x)}{g'(x)}$ 仍属于 $\frac{0}{0}$ 型，且 $f'(x)$ 和 $g'(x)$ 满足洛必达法则的条件，可继续使用洛必达法则，即 $\lim\limits_{x\to x_0}\frac{f(x)}{g(x)}=\lim\limits_{x\to x_0}\frac{f'(x)}{g'(x)}=\lim\limits_{x\to x_0}\frac{f''(x)}{g''(x)}=\cdots$；

例 1 求下列极限.

(1) $\lim\limits_{x\to 0}\frac{\tan x}{x}$； (2) $\lim\limits_{x\to 1}\frac{x^3-3x+2}{x^3-x^2-x+1}$；

(3) $\lim\limits_{x\to 2}\frac{\ln(x^2-3)}{x^2-3x+2}$； (4) $\lim\limits_{x\to 0}\frac{e^x+e^{-x}-2}{1-\cos x}$.

解 均属于 $\frac{0}{0}$ 型未定式，适用于洛必达法则.

(1) $\lim\limits_{x\to 0}\frac{\tan x}{x}=\lim\limits_{x\to 0}\frac{(\tan x)'}{(x)'}=\lim\limits_{x\to 0}\frac{\sec^2 x}{1}=1$；

(2) $\lim\limits_{x\to 1}\frac{x^3-3x+2}{x^3-x^2-x+1}=\lim\limits_{x\to 1}\frac{3x^2-3}{3x^2-2x-1}=\lim\limits_{x\to 1}\frac{6x}{6x-2}=\frac{3}{2}$；（使用了两次洛必达法则）

(3) $\lim\limits_{x\to 2}\frac{\ln(x^2-3)}{x^2-3x+2}=\lim\limits_{x\to 2}\frac{[\ln(x^2-3)]'}{(x^2-3x+2)'}=\lim\limits_{x\to 2}\frac{\frac{2x}{x^2-3}}{2x-3}=4$；

(4) $\lim\limits_{x\to 0}\dfrac{e^{x}+e^{-x}-2}{1-\cos x}=\lim\limits_{x\to 0}\dfrac{e^{x}-e^{-x}}{\sin x}=\lim\limits_{x\to 0}\dfrac{e^{x}+e^{-x}}{\cos x}=2$.(使用了两次洛必达法则)

例 2　求$\lim\limits_{x\to 0}\dfrac{x-\sin x}{x^{3}}$.

解　这是$\dfrac{0}{0}$型的未定式，由洛必达法则，有

$$\lim_{x\to 0}\frac{x-\sin x}{x^{3}}=\lim_{x\to 0}\frac{(x-\sin x)'}{(x^{3})'}=\lim_{x\to 0}\frac{1-\cos x}{3x^{2}}\ \left(\text{还是}\frac{0}{0}\right)$$

$$=\lim_{x\to 0}\frac{(1-\cos x)'}{(3x^{2})'}=\lim_{x\to 0}\frac{\sin x}{6x}=\frac{1}{6}.$$

有时直接使用洛必达法则可能比较复杂，这时我们要考虑与前面学过的求极限的方法(如重要极限等)结合起来使用. 如下面的例题.

二、$\dfrac{\infty}{\infty}$型未定式极限的求法

对于$\dfrac{\infty}{\infty}$型未定式也有类似的洛必达法则：

定理 3.5(洛必达法则 Ⅱ)　设 $f(x)$ 与 $g(x)$ 满足：

(1) $\lim\limits_{x\to x_0}f(x)=\lim\limits_{x\to x_0}g(x)=\infty$；

(2) 在 x_0 点的某邻域内(点 x_0 可以除外)，$f'(x)$ 和 $g'(x)$ 都存在且 $g'(x)\neq 0$；

(3) $\lim\limits_{x\to x_0}\dfrac{f'(x)}{g'(x)}$ 存在(或为无穷大)，

则

$$\lim_{x\to x_0}\frac{f(x)}{g(x)}=\lim_{x\to x_0}\frac{f'(x)}{g'(x)}.$$

注：(1) 定理 3.5 中条件(1)的 ∞ 可以是 $+\infty$ 或 $-\infty$；

(2) $x\to x_0$ 同样可以换成其他极限形式.

例 3　求下列极限.

(1) $\lim\limits_{x\to 0^{+}}\dfrac{\ln\sin x}{\ln x}$；　(2) $\lim\limits_{x\to +\infty}\dfrac{\ln x}{x^{2}}$；　(3) $\lim\limits_{x\to +\infty}\dfrac{x^{n}}{e^{x}}$.

解　以上均为$\dfrac{\infty}{\infty}$型，适用于洛必达法则.

(1) $\lim\limits_{x\to 0^{+}}\dfrac{\ln\sin x}{\ln x}=\lim\limits_{x\to 0^{+}}\dfrac{(\ln\sin x)'}{(\ln x)'}=\lim\limits_{x\to 0^{+}}\dfrac{\frac{\cos x}{\sin x}}{\frac{1}{x}}=\lim\limits_{x\to 0^{+}}\dfrac{x}{\sin x}\cdot\cos x=1$；

(2) $\lim\limits_{x\to+\infty}\dfrac{\ln x}{x^2}=\lim\limits_{x\to+\infty}\dfrac{(\ln x)'}{(x^2)'}=\lim\limits_{x\to+\infty}\dfrac{\frac{1}{x}}{2x}=\lim\limits_{x\to+\infty}\dfrac{1}{2x^2}=0$；

(3) $\lim\limits_{x\to+\infty}\dfrac{x^n}{e^x}=\lim\limits_{x\to+\infty}\dfrac{nx^{n-1}}{e^x}=\lim\limits_{x\to+\infty}\dfrac{n(n-1)x^{n-2}}{e^x}=\cdots=\lim\limits_{x\to+\infty}\dfrac{n!}{e^x}=0$.

还要注意的是，洛必达法则中的条件都是充分非必要条件，如$\lim\limits_{x\to a}\dfrac{f'(x)}{g'(x)}$不存在时，不能断定$\lim\limits_{x\to a}\dfrac{f(x)}{g(x)}$不存在，如下例.

例 4　求$\lim\limits_{x\to\infty}\dfrac{x+\sin x}{x-\sin x}$.

解　该极限为$\dfrac{\infty}{\infty}$型，但因为$\lim\limits_{x\to\infty}\dfrac{(x+\sin x)'}{(x-\sin x)'}=\lim\limits_{x\to\infty}\dfrac{1+\cos x}{1-\cos x}$（极限不存在），所以不能用洛必达法则求解，需要用其他方法求.事实上，

$$\lim_{x\to\infty}\frac{x+\sin x}{x-\sin x}=\lim_{x\to\infty}\frac{1+\frac{\sin x}{x}}{1-\frac{\sin x}{x}}=1.\text{（这里}\lim_{x\to\infty}\frac{\sin x}{x}=0\text{，为什么？）}$$

注意　(1) 使用洛必达法则求极限的时候，一定要注意法则使用的条件.否则，洛必达法则可能失效.当法则失效的时候，并不意味着原极限不存在，这时应改用其他方法求解.

(2) 使用洛必达法则求极限的时候，一定要注意，是对分子分母分别求导，而不是对整个分式求导.

三、其他类型的未定式极限的求法

除了$\dfrac{0}{0}$型和$\dfrac{\infty}{\infty}$型未定式外，还有一些未定式，如$0\cdot\infty$，$\infty-\infty$，0^0，1^∞，∞^0等类型，这些未定式不可以直接应用洛必达法则，但可通过变形转化为$\dfrac{0}{0}$型或$\dfrac{\infty}{\infty}$型未定式，进而用洛必达法则求之.

例 5　求极限$\lim\limits_{x\to0^+}x\ln x$.

解　这是$0\cdot\infty$型未定式，可先将其变为分式形式，然后再求解.

$$\lim_{x\to0^+}x\ln x=\lim_{x\to0^+}\frac{\ln x}{\frac{1}{x}}=\lim_{x\to0^+}\frac{\frac{1}{x}}{-\frac{1}{x^2}}=\lim_{x\to0^+}(-x)=0.$$

例 6　求$\lim\limits_{x\to0}\left(\dfrac{1}{\sin x}-\dfrac{1}{x}\right)$.

解　这是$\infty-\infty$型未定式，可先将其变为分式形式，然后再求解.

$$\lim_{x\to 0}\left(\frac{1}{\sin x}-\frac{1}{x}\right)=\lim_{x\to 0}\frac{x-\sin x}{x\cdot\sin x}=\lim_{x\to 0}\frac{x-\sin x}{x^2}=\lim_{x\to 0}\frac{1-\cos x}{2x}=0.$$

例 7　求 $\lim\limits_{x\to 0^+}x^x$.

解　这是 0^0 型未定式.

$$\lim_{x\to 0^+}x^x=\lim_{x\to 0^+}e^{x\ln x}=e^{\lim\limits_{x\to 0^+}x\ln x}=e^{\lim\limits_{x\to 0^+}\frac{\ln x}{\frac{1}{x}}}=e^{\lim\limits_{x\to 0^+}\frac{\frac{1}{x}}{-\frac{1}{x^2}}}=e^0=1.$$

习题 3.2

1.用洛必达法则求下列极限.

(1) $\lim\limits_{x\to 0}\dfrac{\ln(1+x)}{x}$;

(2) $\lim\limits_{x\to 0}\dfrac{e^x-e^{-x}}{\sin x}$;

(3) $\lim\limits_{x\to a}\dfrac{\sin x-\sin a}{x-a}$;

(4) $\lim\limits_{x\to \pi}\dfrac{\sin 3x}{\tan 5x}$;

(5) $\lim\limits_{x\to \frac{\pi}{2}}\dfrac{\ln\sin x}{(\pi-2x)^2}$;

(6) $\lim\limits_{x\to +\infty}\dfrac{\frac{\pi}{2}-\arctan x}{\frac{1}{x}}$;

(7) $\lim\limits_{x\to e}\dfrac{\ln x-1}{x-e}$;

(8) $\lim\limits_{x\to 3}\dfrac{\sqrt{x+1}-2}{x-3}$;

(9) $\lim\limits_{x\to 0}\left(\dfrac{1}{x}-\dfrac{1}{e^x-1}\right)$;

(10) $\lim\limits_{x\to +\infty}x\cdot(e^{\frac{1}{x}}-1)$;

(11) $\lim\limits_{x\to \frac{\pi}{2}}(\sec x-\tan x)$;

(12) $\lim\limits_{x\to 0^+}x^{\sin x}$;

(13) $\lim\limits_{x\to 1}\left(\dfrac{2}{x^2-1}-\dfrac{1}{x-1}\right)$;

(14) $\lim\limits_{x\to \infty}\left(1+\dfrac{a}{x}\right)^x$.

2.验证极限 $\lim\limits_{x\to 0^+}\dfrac{x^2\cos\frac{1}{x}}{\sin x}$ 存在,但不能用洛必达法则求得.

3.验证极限 $\lim\limits_{x\to +\infty}\dfrac{e^x-e^{-x}}{e^x+e^{-x}}$ 存在,但不能用洛必达法则求得.

第三节　函数单调性的判别法

函数的单调性是函数的一个重要性态,它反映了函数在某个区间随自变量的增大而增大(或减少)的一个特征.但是,利用单调性的定义来讨论函数的单调性往往是比较困难的.接下来我们将利用导数来研究函数的单调性.

由图 3-4 可以看出,当函数 $y=f(x)$ 在$[a,b]$上是单调增加时,其曲线上任一点的切线的倾斜角都是锐角，因此它们的斜率都是正的.由导数的几何意义知道，此时，曲线上任一点的导数都是正值，即 $f'(x)>0$.

由图 3-5 可以看出，当函数 $y=f(x)$ 在$[a,b]$上是单调减少时，其曲线上每一点的切线的倾斜角都是钝角，因此它们的斜率都是负的，此时，曲线上任一点的导数都是负值，即 $f'(x)<0$.

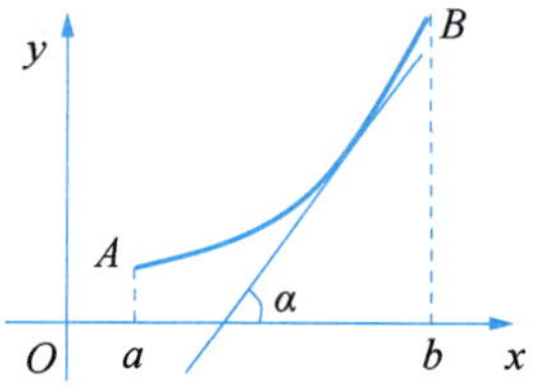

图 3-4

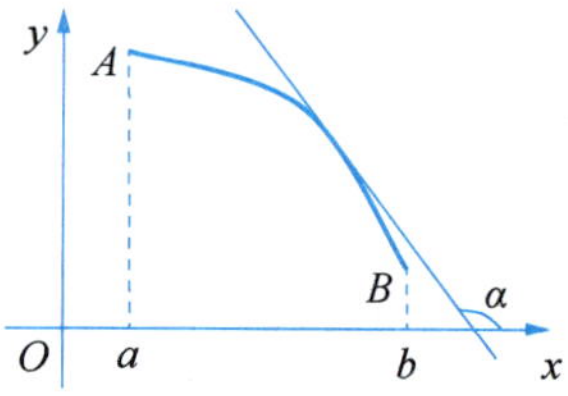

图 3-5

由此可见，函数的单调性与导数的符号有着密切的联系.反过来,能否用导数的符号来判定函数的单调性呢？

下面的定理将回答这一问题.

定理 3.6　设函数 $y=f(x)$ 在闭区间$[a,b]$上连续，在开区间(a,b)内可导.

(1) 如果在(a,b)内 $f'(x)>0$，那么函数 $y=f(x)$ 在$[a,b]$上单调增加；

(2) 如果在(a,b)内 $f'(x)<0$，那么函数 $y=f(x)$ 在$[a,b]$上单调减少.

定理中的闭区间可换成其他各种区间.在区间内个别点处导数等于零，其余点处导数符号不变，不影响函数的单调性.如幂函数 $y=x^3$，其导数 $y=3x^2$ 在原点处为 0，但它在其定义域$(-\infty,+\infty)$内是单调增加的.

例 1　判断函数 $y=x-\sin x$ 在$[0,2\pi]$上的单调性.

解　因为在$(0,2\pi)$内 $y'=1-\cos x>0$，所以由定理 3.6 可知函数 $y=x-\sin x$ 在$[0,2\pi]$上单调增加.

例 2　确定函数 $y=x^3-x^2-x+1$ 的单调区间.

解　函数 $y=x^3-x^2-x+1$ 的定义域为$(-\infty,+\infty)$，求导数得

$$y'=3x^2-2x-1=(3x+1)(x-1),$$

令 $y'=0$，得 $x_1=-\dfrac{1}{3}$，$x_2=1$.

将定义域分为多个小区间，我们分别考察导数 y' 在各区间内的符号，就可以判断出函数的单调区间.为了更清楚，列表如下：

x	$\left(-\infty,-\frac{1}{3}\right)$	$-\frac{1}{3}$	$\left(-\frac{1}{3},1\right)$	1	$(1,+\infty)$
y'	+	0	−	0	+
y	↗		↘		↗

从表中可清楚地看出，单调增区间为$\left(-\infty,-\frac{1}{3}\right)$和$(1,+\infty)$，单调减区间为$\left(-\frac{1}{3},1\right)$.

还应该注意到，导数不存在的点，也可能成为单调增区间和单调减区间的分界点，看下面的例子.

例 3 确定函数 $y=3(x-1)^{\frac{2}{3}}$ 的单调区间.

解 函数的定义域为$(-\infty,+\infty)$，求导数得 $y'=2(x-1)^{-\frac{1}{3}}=\frac{2}{\sqrt[3]{x-1}}$，

函数 $f(x)$ 没有导数为零的点，但在 $x=1$ 处导数不存在.

依次划分 $f(x)$ 的定义域，列表考察各区间内 y' 的符号：

x	$(-\infty,1)$	1	$(1,+\infty)$
y'	$-$	不存在	$+$
y	↘		↗

所以函数 $f(x)$ 在区间$(-\infty,1)$内单调减少，在区间$(1,+\infty)$内单调增加.

综合以上几例，我们可以归纳出确定函数单调性的步骤如下：

(1) 确定函数的定义域；

(2) 求函数的导数 $f'(x)$；

(3) 求出使 $f'(x)=0$ 和 $f'(x)$ 不存在的点，并以这些点为分界点，将定义域分为若干个子区间；

(4) 确定 $f'(x)$ 在各个子区间内的符号，从而判断 $f(x)$ 的单调性.

利用函数单调性还可以证明某些不等式.

例 4 证明：当 $x>1$ 时，$2\sqrt{x}>3-\frac{1}{x}$.

证明 令 $f(x)=2\sqrt{x}-\left(3-\frac{1}{x}\right)$，则 $f'(x)=\frac{1}{\sqrt{x}}-\frac{1}{x^2}=\frac{1}{x^2}(x\sqrt{x}-1)$，

因为当 $x>1$ 时，$f'(x)>0$，因此 $f(x)$ 在$[1,+\infty)$上单调增加，从而当 $x>1$ 时，$f(x)>f(1)=0$，即 $2\sqrt{x}-\left(3-\frac{1}{x}\right)>0$，也就是 $2\sqrt{x}>3-\frac{1}{x}(x>1)$.

习题 3.3

1. 求下列函数的单调区间：

(1) $y=3x-x^3$； (2) $y=e^{-x^2}$；

(3) $y=\frac{1}{3}x^3-x^2-3x+1$；　　(4) $y=2x+\frac{8}{x}(x>0)$；

(5) $y=\frac{2}{3}x-\sqrt[3]{x^2}$；　　(6) $y=2x^2-\ln x$.

2.利用函数的单调性证明下列不等式：

(1) 当 $x>0$ 时，$\ln(1+x)<x$；

(2) 当 $x>0$ 时，$e^x>1+\sin x$.

第四节　函数的极值与最值

在生产和科学实验中，要求优质、高产、低消耗，反映在数学上就是优化问题，其中最基本的是求函数的最大值、最小值问题，因此讨论函数的最值有着重要的应用价值.函数的最值与极值有密切的关系，而且极值也是函数的重要性质之一.这一节先用导数研究函数的极值，再利用极值讨论它的最值.

一、函数极值的概念

如图 3-6 所示，函数在点 x_1 的函数值比它左右近旁的函数值都大，而在点 x_2 的函数值比它左右近旁的函数值都小，对于这种特殊的点和它对应的函数值，我们给出如下定义：

定义 3.1　设函数 $f(x)$ 在 x_0 的某邻域内有定义.

(1) 如果对这一邻域内任一点 $x(x\neq x_0)$，都有 $f(x_0)>f(x)$，则称 $f(x_0)$ 为函数 $f(x)$ 的**极大值**，点 x_0 称为 $f(x)$ 的一个**极大值点**.

(2) 如果对这一邻域内任一点 $x(x\neq x_0)$，都有 $f(x_0)<f(x)$，则称 $f(x_0)$ 为函数 $f(x)$ 的**极小值**，点 x_0 称为 $f(x)$ 的一个**极小值点**.

函数的极大值与极小值统称为函数的**极值**，极大值点与极小值点统称为函数的**极值点**.

如图 3-6 中的 x_1 和 x_3 是函数 $f(x)$ 的极大值点，$f(x_1)$ 和 $f(x_3)$ 是函数 $f(x)$ 的极大值；x_2 和 x_4 是函数 $f(x)$ 的极小值点，$f(x_2)$ 和 $f(x_4)$ 是函数 $f(x)$ 的极小值.

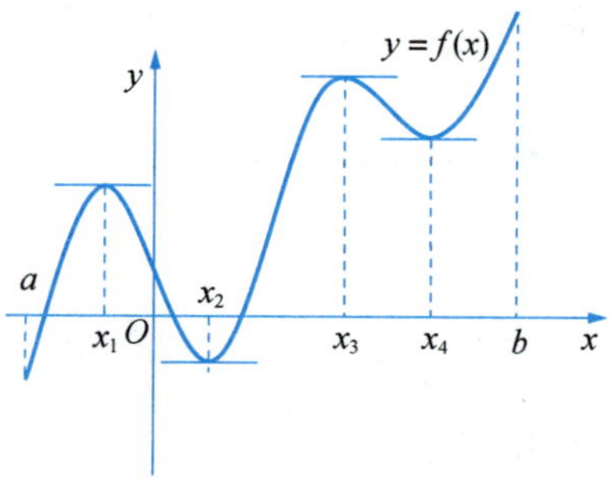

图 3-6

极值只是一个局部概念，它仅与极值点邻近的函数值比较而言是较大或较小的，而不是在整个区间上的最大值或最小值.函数的极值点一定出现在区间的内部，在区间的端点处不能取得极值；函数的极大值与极小值可能有很多个，极大值不一定比极小值大，极小值不一定比极大值小.

二、函数极值的判断和求法

从图 3-6 可以看出，曲线在点 x_1,x_2,x_3,x_4 取得极值处的切线都是水平的，即在极值点处函数 $f(x)$ 的导数等于零.对此，我们给出函数存在极值的必要条件：

定理 3.7(极值存在的必要条件) 如果函数 $f(x)$ 在点 x_0 处可导且取得极值，那么 $f'(x_0)=0$.

定理 3.7 又称为费马定理.

定义 3.2 若 $f'(x_0)=0$，则称 x_0 为 $f(x)$ 的**驻点**，也称为**稳定点**.

定理 3.7 说明，可导函数的极值点必定是它的驻点，但是，函数的驻点不一定是它的极值点.例如点 $x=0$ 是函数 $y=x^3$ 的驻点，但不是极值点.

那么，函数 $f(x)$ 在极值点是否一定可导？

注意到：$f(x)=|x|$，在 $x=0$ 处不可导，但 $x=0$ 是该函数的极小值点.

函数 $f(x)=\sqrt[3]{x}$，在 $x=0$ 处不可导，但该点不是函数的极值点.

综上所述，函数的极值只可能在驻点或导数不存在的点处取得.因此，求函数的极值时，可以首先求出所有的驻点和导数不存在的点，再判断这些点中哪些是极值点.下面研究极值存在的充分条件.

定理 3.8(极值存在的第一充分条件) 设函数 $f(x)$ 在点 x_0 处连续，在 x_0 的某去心邻域内可导.当 x 由小到大经过 x_0 时，如果

(1) $f'(x)$ 由正变负，那么 x_0 是极大值点；

(2) $f'(x)$ 由负变正，那么 x_0 是极小值点；

(3) 如果 $f'(x)$ 不变号，那么 x_0 不是极值点.

图 3-7 分别显示了以上三种情形：

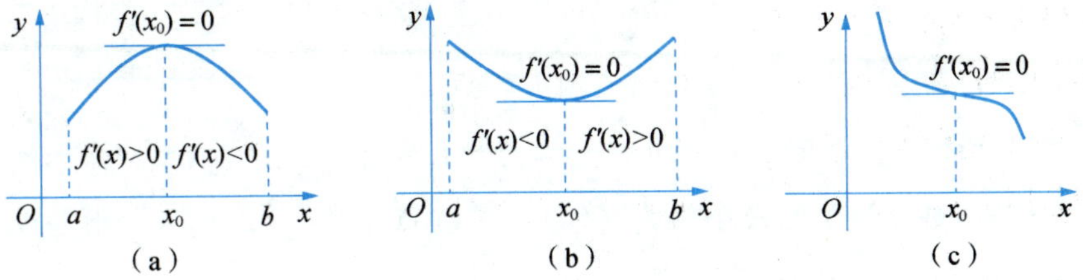

图 3-7

根据定理 3.7 和定理 3.8，可得求函数 $f(x)$ 极值点和极值的步骤如下：

(1) 确定函数的定义域；

(2) 求出函数的导数 $f'(x)$；

(3) 求出函数 $f(x)$ 的全部驻点和导数不存在的点；

(4) 用所有驻点和导数不存在的点把定义域分成若干个子区间，列表考察每个子区间内 $f'(x)$ 的符号，确定极值点；

(5) 求出各极值点处的函数值，即得函数 $f(x)$ 的全部极值.

例 1　求函数 $f(x)=x^3-x^2-x+1$ 的极值.

解　(1) 函数 $f(x)$ 的定义域为 $(-\infty,+\infty)$；

(2) $f'(x)=3x^2-2x-1=(3x+1)(x-1)$，无不可导点；

(3) 令 $f'(x)=0$，得驻点 $x_1=-\dfrac{1}{3}$，$x_2=1$；

(4) 列表考察：

x	$\left(-\infty,-\dfrac{1}{3}\right)$	$-\dfrac{1}{3}$	$\left(-\dfrac{1}{3},1\right)$	1	$(1,+\infty)$
$f'(x)$	+	0	−	0	+
$f(x)$	↗	极大值 $\dfrac{32}{27}$	↘	极小值 0	↗

所以，函数 $f(x)$ 的极大值为 $f\left(-\dfrac{1}{3}\right)=\dfrac{32}{27}$，极小值为 $f(1)=0$.

例 2　求函数 $f(x)=(x^2-1)^3+1$ 的极值.

解　(1) 函数 $f(x)$ 的定义域为 $(-\infty,+\infty)$；

(2) $f'(x)=3(x^2-1)^2\cdot 2x=6x(x+1)^2(x-1)^2$，无不可导点；

(3) 令 $f'(x)=0$，得驻点 $x_1=-1$，$x_2=0$，$x_3=1$；

(4) 列表考察：

x	$(-\infty,-1)$	-1	$(-1,0)$	0	$(0,1)$	1	$(1,+\infty)$
$f'(x)$	−	0	−	0	+	0	+
$f(x)$	↘		↘	极小值 0	↗		↗

由上表可知，函数 $f(x)$ 的极小值为 $f(0)=0$，驻点 $x_1=-1$，$x_3=1$ 不是极值点.

例 3　求函数 $f(x)=\sqrt[3]{(2x-x^2)^2}$ 的极值.

解　(1) 函数的定义域为 $(-\infty,+\infty)$；

(2) $f'(x)=\dfrac{2}{3}\cdot\dfrac{2-2x}{\sqrt[3]{2x-x^2}}=\dfrac{4}{3}\cdot\dfrac{(1-x)}{\sqrt[3]{2x-x^2}}$，有不可导点 $x=0$ 和 $x=2$；

(3) 令 $f'(x)=0$ 得驻点 $x=1$；

(4) 用 $x=0$，$x=1$ 和 $x=2$ 这三个点将定义域分为四个区间，列表考察：

x	$(-\infty,0)$	0	$(0,1)$	1	$(1,2)$	2	$(2,+\infty)$
$f'(x)$	$-$	不存在	$+$	0	$-$	不存在	$+$
$f(x)$	↘	极小值 0	↗	极大值 1	↘	极小值 0	↗

由上表可知，函数 $f(x)$ 的极大值为 $f(1)=1$，极小值为 $f(0)=f(2)=0$.

极值存在的第一充分条件既适用于函数 $f(x)$ 在点 x_0 处可导的情况，也适用于函数 $f(x)$ 在点 x_0 处不可导的情况.如果函数 $f(x)$ 在驻点处的二阶导数存在且不为零，也可以利用下面的定理来判定极值.

定理 3.9（极值存在的第二充分条件）　设函数 $f(x)$ 在点 x_0 处具有二阶导数且 $f'(x_0)=0$，$f''(x_0)\neq 0$，那么

(1) 当 $f''(x_0)<0$ 时，函数 $f(x)$ 在 x_0 处取得极大值；

(2) 当 $f''(x_0)>0$ 时，函数 $f(x)$ 在 x_0 处取得极小值.

注意　如果函数 $f(x)$ 在驻点 x_0 处的二阶导数 $f''(x_0)\neq 0$，那么该点 x_0 一定是极值点，并可以按 $f''(x_0)$ 的符号来判定 $f(x_0)$ 是极大值还是极小值.但如果 $f''(x_0)=0$，定理 3.9 就不能应用，此时 $f(x_0)$ 可能是极值，也可能不是极值，需要用其他方法来判断.

例如讨论函数 $f(x)=x^4$，$g(x)=x^3$ 在点 $x=0$ 是否有极值？

因为 $f'(x)=4x^3$，$f''(x)=12x^2$，所以 $f'(0)=0$，$f''(0)=0$.但当 $x<0$ 时 $f'(x)<0$，当 $x>0$ 时 $f'(x)>0$，所以 $f(0)$ 为极小值；

而 $g'(x)=3x^2$，$g''(x)=6x$，所以 $g'(0)=0$，$g''(0)=0$，但 $g(0)$ 不是极值.

例 4　求函数 $f(x)=x^3+3x^2-24x-20$ 的极值.

解　函数的定义域为 $(-\infty,+\infty)$，

$f'(x)=3x^2+6x-24=3(x+4)(x-2)$，$f''(x)=6x+6$.

令 $f'(x)=0$，得驻点 $x_1=-4$，$x_2=2$，由于 $f''(-4)=-18<0$，所以 $f(-4)=60$ 为极大值；而 $f''(2)=18>0$，所以 $f(2)=-48$ 为极小值.

三、函数的最值

1.函数最大值和最小值的定义

定义 3.3　设 $x_0\in[a,b]$，如果对任意的 $x\in[a,b]$，都有 $f(x_0)\geqslant f(x)$ [或 $f(x_0)\leqslant f(x)$]，则称 $f(x_0)$ 是函数 $f(x)$ 在 $[a,b]$ 上的**最大值**（或**最小值**）.

注　(1) 上面定义中的闭区间可以换成其他形式的区间；

(2) 极值只是函数在极值点的某个邻域内的最大值（或最小值），是局部概念；而最大值（或最小值）是函数在所考察的区间上全部函数值中的最大值（或最小值），是整体概念；

(3) 函数的最大值（或最小值）可以在区间端点取得，而极值只能在区间内部取得；

(4) 在区间内部取得的最大值(或最小值) 必是极大值(或极小值).

2.闭区间上连续函数的最值

设函数 $f(x)$ 在闭区间$[a,b]$上连续，则函数的最大值和最小值一定存在.因为函数的最大值和最小值只可能在区间的端点、驻点和导数不存在的点处取得，所以只需把这些点都找出来，比较它们的函数值，就得到 $f(x)$ 的最大值和最小值.

由以上分析知，求连续函数 $f(x)$ 在闭区间$[a,b]$上的最大值与最小值的步骤为：

(1) 求函数 $f(x)$ 的导数，并求出所有驻点、导数不存在的点；

(2) 求各驻点和导数不存在的点及端点的函数值；

(3) 比较以上各函数值的大小，其中最大的就是函数在$[a,b]$上的最大值，最小的就是函数在$[a,b]$上的最小值.

例 5 求函数 $f(x)=2x^3+3x^2-12x+14$ 在区间$[-3,4]$上的最大值与最小值.

解 (1) $f'(x)=6x^2+6x-12=6(x+2)(x-1)$，

令 $f'(x)=0$，得函数 $f(x)$ 定义域内的驻点为 $x_1=-2, x_2=1$；

(2) 计算各驻点和端点处的函数值分别为

$$f(-2)=34, f(1)=7,\ f(-3)=23, f(4)=142;$$

(3) 比较以上各函数值，可以得到，函数 $f(x)$ 在区间$[-3,4]$上的最大值为 $f(4)=142$，最小值为 $f(1)=7$.

3.开区间上连续函数的最值

函数 $f(x)$ 在开区间(a,b)内可导，且函数 $f(x)$ 在开区间(a,b)内有最大值(或最小值)，又只有一个驻点，则此点的函数值就是最大值(或最小值).在实际应用中，我们经常会遇到这样的情况.

例 6 把边长为 a cm 的正方形纸板的四个角剪去四个相等的小正方形[如图 3-8(a)]，折成一个无盖的盒子[如图 3-8(b)]，问怎样做才能使盒子的容积最大?

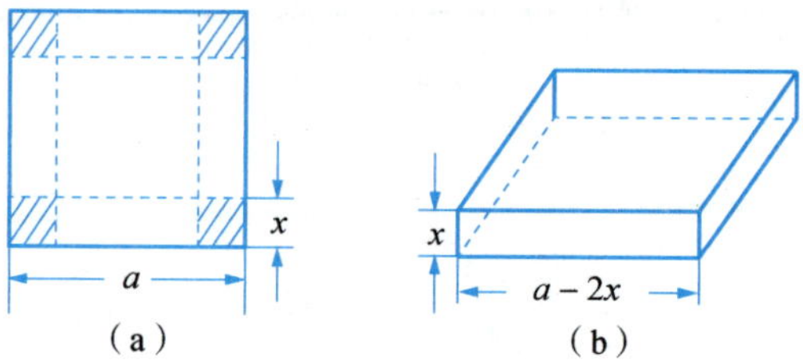

图 3-8

解 设剪去的小正方形的边长为 x，则盒子的容积为

$$V=x(a-2x)^2 \quad \left(0<x<\frac{a}{2}\right),$$

求导数，得 $V'=(a-2x)^2-4x(a-2x)=(a-2x)(a-6x)$，

令 $V'=0$ 得驻点 $x=\frac{a}{6}$，$x=\frac{a}{2}$，其中 $x=\frac{a}{2}$ 不合题意，故在区间 $\left(0,\frac{a}{2}\right)$ 内只有一个驻点 $x=\frac{a}{6}$，而由问题的实际意义知所做的纸盒一定有最大容积，因此，当四角剪去边长为 $\frac{a}{6}$ cm 的小正方形时，做成的纸盒的容积最大.

例 7　某产品的固定成本是 18(万元)，变动成本是 $2x^2+5x$(万元)，其中 x 为产量(单位:百台)，求平均成本最低时的产量.

解　成本函数为 $C(x)=2x^2+5x+18$，

平均成本为 $\overline{C}(x)=\frac{C(x)}{x}=2x+5+\frac{18}{x}$，

求导得 $\overline{C'}(x)=2-\frac{18}{x^2}$.

令 $\overline{C'}(x)=0$，解得驻点 $x_1=3$，$x_2=-3$(舍去).

又 $\overline{C''}(x)=\frac{36}{x^3}$，$\overline{C''}(3)=\frac{4}{3}>0$.故 $x=3$ 是唯一的一个极小值点，从而 $\overline{C}(x)$ 在 $x=3$ 处取得最小值，即当产量是 300 台时，平均成本最低.

习题 3.4

1.求下列函数在指定区间上的最大值和最小值：

(1) $y=x^3-3x^2+7$，$[-1,3]$；　　(2) $y=x^4-8x^2+1$，$[-1,3]$；

(3) $y=x+\sqrt{1-x}$，$[-1,5]$；　　(4) $y=x+2\sqrt{x}$，$[0,4]$.

2.函数 $y=x^2-\frac{54}{x}(x<0)$ 在何处取得最小值？

3.函数 $y=\frac{x}{x^2+1}(x\geqslant 0)$ 在何处取得最大值？

4.某车间靠墙壁要盖一间长方形的小屋，现有存砖只够砌 20 m 长的墙壁，问围成怎样的长方形才能使这间小屋的面积最大？

5.在半径为 2 的半圆中作一个内接矩形，矩形可能取得的最大面积是多少？它的尺寸是多少？

6.设生产某种产品 x 个单位的费用为 $C(x)=900+20x+x^2$，问 x 为多少时使平均费用最低？最低的平均费用是多少？

7.要造一个圆柱形油罐，体积为 V，问底面半径 r 和高 h 等于多少时，才能使用料最省？这时底的直径与高的比是多少？

第五节　曲线的凹凸性与拐点

在讨论曲线运动和描绘函数图像时，仅知道函数的单调性和极值、最值是不够的，就拿单调递增的函数来说，同样是单调递增，但它们可以以不同方式递增.为了更加准确地描述函数图像的几何特性，还应知道它的弯曲方向及不同弯曲方向的分界点.这一节，我们研究曲线的凹凸性与拐点.

例如，函数 $y=x^2$ 与 $y=\sqrt{x}$ 在$[0,+\infty)$上的图形（图 3-9），其曲线都是单调上升的，但他们的弯曲方向却不同. 前者是凹的，后者是凸的.

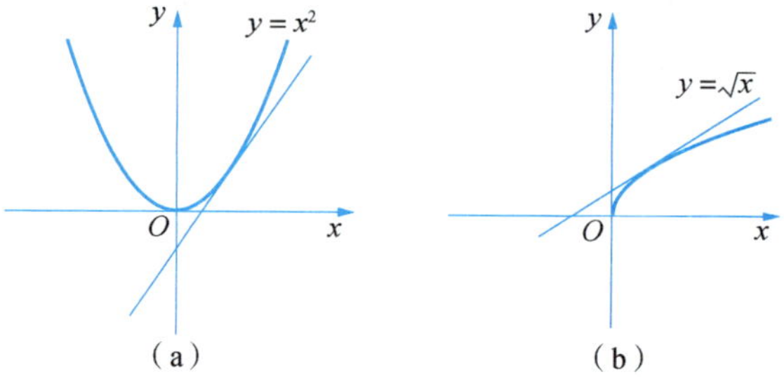

图 3-9

如果在图 3-9 中的曲线上各点作切线，可以看出：如果曲线弧是凹的，则每一点的切线都位于该曲线的下方；如果曲线弧是凸的，则每一点的切线都位于该曲线的上方.据此，我们给出曲线凹凸性的定义如下：

定义 3.4 如果在某区间内，曲线弧段上任一点处的切线都在曲线的下方，那么称此曲线弧为**凹的**；如果曲线弧段上任一点处的切线都在曲线的上方，那么称此曲线弧段为**凸的**.

对于凹曲线，随着自变量 x 的逐渐增加，其上每一点的切线的斜率也随之逐渐增加，即导数 $f'(x)$ 是单调增加的（见图 3-10），从而二阶导数 $f''(x)>0$；对于凸曲线，随着自变量 x 的逐渐增加，其上每一点的切线的斜率反而逐渐减少，即导数 $f'(x)$ 是单调减少的（见图 3-11），从而二阶导数 $f''(x)<0$.

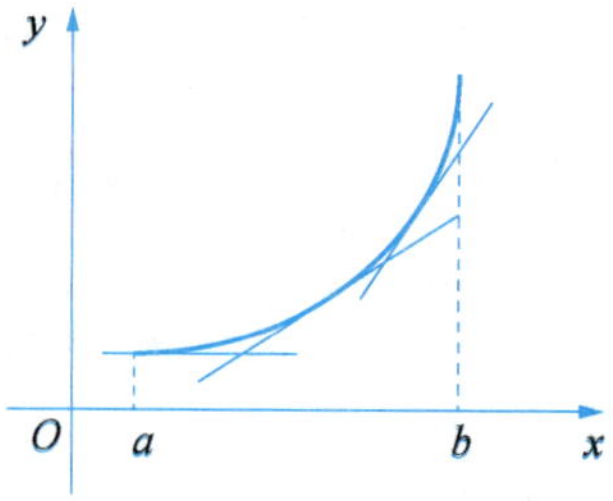

图 3-10

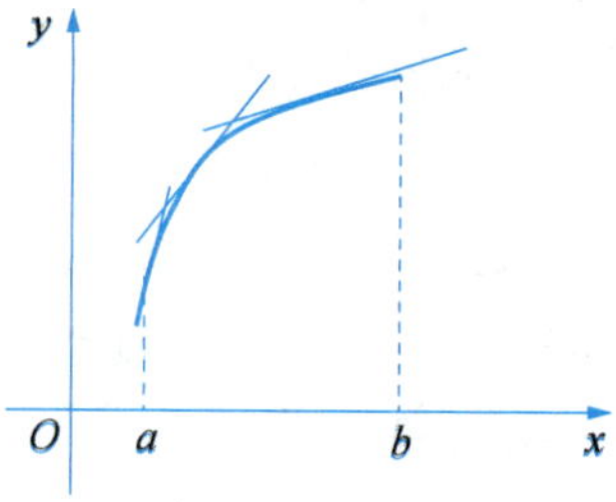

图 3-11

同样，我们可以反过来利用二阶导数的符号来判定曲线的凹凸性.这就是下面的定理.

定理 3.10 设函数 $y=f(x)$ 在开区间(a,b)内具有二阶导数，则

(1) 如果在区间(a,b)内 $f''(x)>0$，那么曲线 $y=f(x)$ 在区间(a,b)内是凹的；

(2) 如果在区间(a,b)内 $f''(x)<0$，那么曲线 $y=f(x)$ 在区间(a,b)内是凸的.

例 1　判断曲线 $y=\ln x$ 的凹凸性.

解　函数 $y=\ln x$ 的定义域为$(0,+\infty)$,因为 $y'=\frac{1}{x}$,$y''=-\frac{1}{x^2}<0$,由定理3.10知,曲线 $y=\ln x$ 在区间$(0,+\infty)$上是凸的,如图 3-12.

例 2　判断曲线 $y=x^3$ 的凹凸性.

解　函数 $y=x^3$ 的定义域为$(-\infty,+\infty)$,因为 $y'=3x^2$,$y''=6x$,

故当 $x<0$ 时,$y''<0$,即曲线在区间$(-\infty,0)$内是凸的;

而当 $x>0$ 时,$y''>0$,即曲线在区间$(0,+\infty)$内是凹的,如图 3-13.

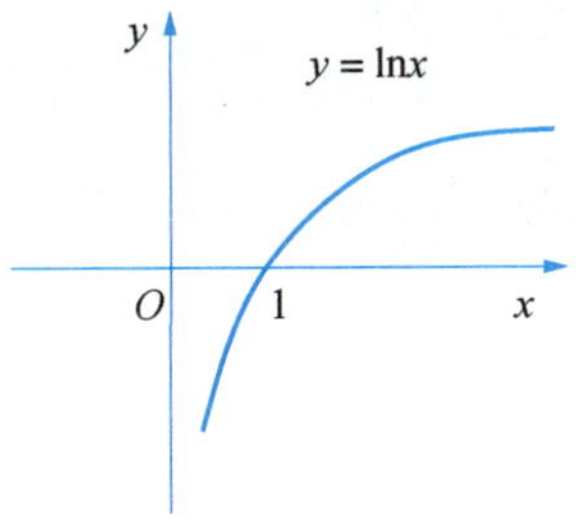

图 3-12

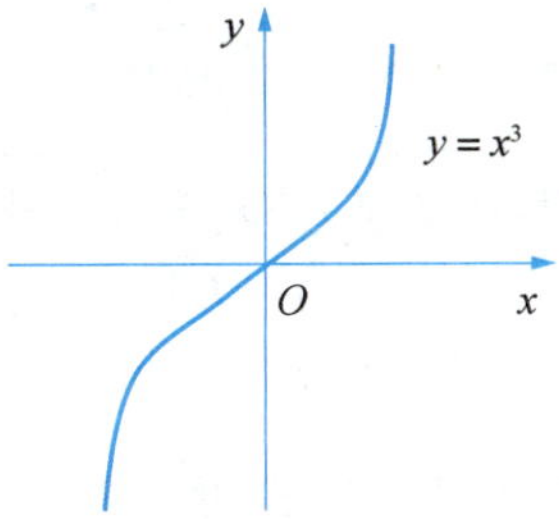

图 3-13

例 2 中点(0,0)是曲线由凸变成凹的分界点.此类分界点称为曲线的拐点.

一般地,我们有:

定义 3.5　连续曲线上凹弧与凸弧的分界点称为曲线的**拐点**.

要特别注意的是拐点是**曲线上**的点,应该写成$(x_0,f(x_0))$形式.

通常情况下,如何寻找曲线 $y=f(x)$ 的拐点呢? 由于函数 $f''(x)$ 的符号可以判定曲线的凹凸性.如果 $f''(x_0)=0$,而 $f''(x)$ 在 x_0 的左右两侧的附近分别取不同的符号,那么点$(x_0,f(x_0))$就是一个拐点. 所以,要寻找拐点只要找出使 $f''(x)$ 的符号发生变化的分界点即可. 如果函数 $y=f(x)$ 在开区间(a,b)内具有二阶连续导数,则这样的分界点处必有 $f''(x)=0$;因此,使函数 $f(x)$ 的二阶导数不存在的点,也可能是使 $f''(x)$ 的符号发生变化的分界点,即拐点.

综上所述,我们得到判定曲线的凹凸性与求曲线的拐点的一般步骤如下:

(1) 确定函数的定义域;

(2) 求函数的二阶导数 $f''(x)$;

(3) 令 $f''(x)=0$,解出这个方程的实根,并同时求出所有使二阶导数不存在的点;

(4) 对于在第(3)步中求出的每一个点 x_0,检查 x_0 左右两侧邻近 $f''(x)$ 的符号. 如果 $f''(x)$ 在 x_0 左右两侧的符号相反,那么点$(x_0,f(x_0))$就是一个拐点;否则点$(x_0,f(x_0))$不是拐点. 与此同时,也可确定曲线的凹凸区间.

例 3　求曲线 $y=3x^4-4x^3+1$ 的拐点及凹凸区间.

解　函数 $y=3x^4-4x^3+1$ 的定义域为$(-\infty,+\infty)$,且

$$y'=12x^3-12x^2,\quad y''=36x^2-24x=36x\left(x-\frac{2}{3}\right),$$

解方程 $y''=0$，得 $x_1=0$，$x_2=\frac{2}{3}$.列表讨论如下：

x	$(-\infty,0)$	0	$\left(0,\frac{2}{3}\right)$	$\frac{2}{3}$	$\left(\frac{2}{3},+\infty\right)$
$f''(x)$	$+$	0	$-$	0	$+$
$f(x)$	凹	拐点 $(0,1)$	凸	拐点 $\left(\frac{2}{3},\frac{11}{27}\right)$	凹

由上表可知，曲线 $y=3x^4-4x^3+1$ 的凹区间分别为 $(-\infty,0)$ 及 $\left(\frac{2}{3},+\infty\right)$，凸区间为 $\left(0,\frac{2}{3}\right)$，拐点为 $(0,1)$ 和 $\left(\frac{2}{3},\frac{11}{27}\right)$.

例 4　判断曲线 $y=x^4$ 是否有拐点？

解　函数 $y=x^4$ 的定义域为 $(-\infty,+\infty)$.

解方程 $y''=12x^2=0$ 得 $x=0$.当 $x\neq 0$ 时，$y''>0$，故函数的二阶导数在点 $x=0$ 的两侧不变号.因此，点 $(0,0)$ 不是这条曲线的拐点，这条曲线在 $(-\infty,+\infty)$ 内是凹的.

例 5　求曲线 $y=\sqrt[3]{x}$ 的拐点.

解　函数 $y=\sqrt[3]{x}$ 的定义域为 $(-\infty,+\infty)$，

$$y'=\frac{1}{3\sqrt[3]{x^2}},\ y''=-\frac{2}{9x\sqrt[3]{x^2}},$$

所以二阶导数在 $(-\infty,+\infty)$ 内不具有零点.而当 $x=0$ 时，y'，y'' 都不存在，点 $x=0$ 把区间 $(-\infty,+\infty)$ 分成两个子区间 $(-\infty,0)$ 和 $(0,+\infty)$.列表讨论如下：

x	$(-\infty,0)$	0	$(0,+\infty)$
$f''(x)$	$+$	0	$-$
$f(x)$	凹	拐点 $(0,0)$	凸

由上表可知，曲线的凸区间为 $(0,+\infty)$，凹区间为 $(-\infty,0)$，点 $(0,0)$ 是这条曲线的拐点.

习题 3.5

1.求下列曲线的凹凸区间与拐点：

(1) $y=x^2-x^3$；　　(2) $y=3x^5-5x^3$；

(3) $y=\ln(1+x^2)$；　　　　(4) $y=\dfrac{2x}{1+x^2}$.

2.问 a,b 为何值时，点(1,3)为曲线 $y=ax^3+bx^2$ 的拐点？

3.试确定曲线 $y=ax^3+bx^2+cx+d$ 中的 a,b,c,d，使得点(−2,44)为驻点，(1,−10)为拐点.

第六节　导数在经济分析中的应用

随着经济学的发展，经济学的研究用到了越来越多的数学知识，许多经济学的概念、理论都与数学密切相关.导数在经济学的研究中有着深远而广泛的影响，运用导数可以对经济活动中的实际问题进行边际分析和弹性分析，从而为企业经营者做出科学决策提供量化依据.

一、边际分析

边际概念是经济学中的一个重要概念，一般指经济函数的变化率.利用导数研究经济变量的边际变化的方法，称为边际分析方法.

由微分的概念可知，对于可导函数 $y=f(x)$，当自变量 x 在 x_0 有改变量 Δx 时，对应函数值的改变量

$$\Delta y\approx f'(x_0)\Delta x.$$

在经济问题中，经济变量的改变量都是以整数单位为特征的，当 $\Delta x=1$ 时，有

$$\Delta y\approx f'(x_0).$$

在经济学中，称导数值 $f'(x_0)$ 为相应的经济函数 $f(x)$ 在 x_0 处的边际值，称导函数 $f'(x)$ 为经济函数 $f(x)$ 的边际函数.

$f'(x_0)$ 的实际意义：经济量 x 在某一水平 x_0 的基础上每改变1个单位时，对应的 $y(x)$ 将近似地改变 $f'(x_0)$ 个单位.在实际问题中解释边际函数值的具体意义时，往往略去“近似”二字.

例如，函数 $y=x^2$，其边际函数为 $y'=2x$，当 $x_0=5$ 时，边际函数值为 $y'(5)=10$.它表示：当 x 在 $x_0=5$ 时每改变(增加或减少)1个单位，相应的函数 y 将近似地改变(增加或减少)10个单位.

1.边际成本

设成本函数 $C=C(Q)$，Q 为产量，其导数 $C'(Q)$ 称为边际成本函数，记为 MC.

$C'(Q_0)$ 经济意义：产量在 Q_0 水平的基础上，每改变(增加或减少)1个单位时，所引起的总成本 $C(Q)$ 的改变量(增加或减少)为 $C'(Q_0)$ 个单位.

例1　已知某商品的成本函数为 $C(Q)=100+\dfrac{Q^2}{4}$，求当 $Q=10$ 时的总成本、平均成本和

边际成本，并说明其经济意义.

解 当 $Q=10$ 时，总成本为 $C(10)=100+\frac{100}{4}=125$，经济意义：生产 10 个单位产品时，需要投入的总成本是 125 个单位.

平均成本函数为 $\overline{C}(Q)=\frac{C(Q)}{Q}=\frac{100}{Q}+\frac{Q}{4}$，则 $\overline{C}(10)=12.5$，经济意义：生产 10 个单位产品时，平均每一个单位产品的成本是 12.5 个单位.

边际成本函数为 $C'(Q)=\frac{Q}{2}$，则 $C'(10)=5$，经济意义：当产量在 10 个单位的基础上，再多生产出 1 个单位产品，总成本将增加 5 个单位.

例 2 设产品的成本函数为 $C=C(Q)$，问产量 Q 为多少时，平均成本最小？

解 因为平均成本函数为 $\overline{C}(Q)=\frac{C(Q)}{Q}$，

所以 $[\overline{C}(Q)]'=C'(Q)\frac{1}{Q}+C(Q)\left(-\frac{1}{Q^2}\right)=\frac{1}{Q}\left[C'(Q)-\frac{C(Q)}{Q}\right]$.

令 $[\overline{C}(Q)]'=0$，有 $C'(Q)-\frac{C(Q)}{Q}=0$，

即 $C'(Q)=\frac{C(Q)}{Q}=\overline{C}(Q)$.

于是，当边际成本等于平均成本，即 $C'(Q)=\overline{C}(Q)$ 时，平均成本最小.

综上，当边际成本小于平均成本时，应继续增产；当边际成本等于平均成本时，得到平均成本的最优值；当边际成本大于平均成本时，则不应继续增产，若要继续增产必须进行技术革新，以降低成本，使平均成本变小.

由以上的结论还可得到，在直角坐标系中分别画出平均成本曲线与边际成本曲线的图像时，平均成本曲线与边际成本曲线若相交，必交在平均成本曲线的最低点处.

2.边际收益

总收益函数为 $R(Q)$，则其导数 $R'(Q)$ 称为边际收益函数，记为 MR.

$R'(Q_0)$ 的经济意义：当销量为 Q_0 时，每多销售 1 个单位产品所引起总收益的改变量为 $R'(Q_0)$ 个单位.

例 3 通过调查得知某种家具的需求函数为 $Q=1\ 200-3P$，其中 P（单位：元）为家具的销售价格，Q（单位：件）为需求量.求销售该家具的边际收益函数，以及销售量分别为 450，600 和 750 件时的边际收益.

解 由题设可知 $P=\frac{1\ 200-Q}{3}=400-\frac{Q}{3}$，则总收益函数为

$$R(Q)=PQ=Q\left[\frac{1}{3}(1\ 200-Q)\right]=400Q-\frac{1}{3}Q^2.$$

则边际收益函数为 $R'(Q)=400-\frac{2}{3}Q$.

于是有 $R'(450)=100$；$R'(600)=0$；$R'(750)=-100$.

由此例可以看出：当家具的销量为 450 件时，$R'(450)>0$，说明此时继续增加销售量，总收益会增加，而且每多销售 1 件家具，总收益会增加 100 元；当销售量为 600 件时，$R'(600)=0$，说明此时的销量是最佳销量，它可使总收益达到最大，继续增加销售量，总收益不会再增加；当销售量为 750 件时，$R'(750)<0$，说明此时继续增加销售量，总收益会减少，而且每多销售 1 件家具，总收益会减少 100 元.

3.最大利润原则

总利润函数 $L(Q)$ 的导数 $L'(Q)$ 称为边际利润函数，记为 ML.

$L'(Q_0)$ 的经济意义：当销量为 Q_0 时，每多销售 1 个单位产品所引起的总利润改变量为 $L'(Q_0)$ 个单位.

总利润函数等于总收益函数减去总成本函数，即 $L(Q)=R(Q)-C(Q)$，于是 $L(Q)$ 取得最大值的必要条件为 $L'(Q)=R'(Q)-C'(Q)=0$，即

$$R'(Q)=C'(Q).$$

$L(Q)$ 取得最大值的充分条件为 $L''(Q)=R''(Q)-C''(Q)<0$，即

$$R''(Q)<C''(Q).$$

故最大利润原则是当销量 Q 满足：(1)$R'(Q)=C'(Q)$；(2)$R''(Q)<C''(Q)$ 时，利润 $L(Q)$ 达到最大.

例 4　已知某产品的需求函数 $P=10-\frac{Q}{5}$，总成本函数为 $C(Q)=50+2Q$，产量为多少时总利润最大？并验证是否符合最大利润原则.

解　由需求函数 $P=10-\frac{Q}{5}$，得总收益函数为 $R(Q)=Q\cdot\left(10-\frac{Q}{5}\right)=10Q-\frac{Q^2}{5}$.

于是，总利润函数为 $L(Q)=R(Q)-C(Q)=8Q-\frac{Q^2}{5}-50$，有 $L'(Q)=8-\frac{2}{5}Q$.

令 $L'(Q)=8-\frac{2}{5}Q=0$，得 $Q=20$，$L''(Q)=-\frac{2}{5}<0$.所以，当销售量为 20 个单位时，总利润最大.

此时，$C'(20)=2$，$R'(20)=2$，有 $C'(20)=R'(20)$；$R''(20)=-\frac{2}{5}$，$C''(20)=0$，有 $R''(20)<C''(20)$，所以符合最大利润原则.

二、弹性分析

在经济活动分析中，有时我们需要比较两个经济量的变化幅度所产生的经济效果.例如，商品甲单价为 10 元，涨价 1 元；商品乙单价 1 000 元，也涨价 1 元.两种商品都涨价 1 元，但

其经济意义却是不同的.因此，我们还有必要研究函数的相对改变量.

对于函数 $y=f(x)$，当自变量 x 在 x_0 点处取得改变量 Δx 时，函数值也产生一个改变量 Δy.一般地，称 $\frac{\Delta x}{x_0}$ 为 x 的相对改变量；$\frac{\Delta y}{y_0}$ 为 y 的相对改变量.相应地，Δx 和 Δy 分别称为 x 和 y 的绝对改变量.

边际函数（导数）$\frac{\mathrm{d}y}{\mathrm{d}x}$ 是 y 与 x 的绝对改变量的比值 $\frac{\Delta y}{\Delta x}$ 的极限.而 y 与 x 的相对改变量的比值 $\frac{\Delta y/y}{\Delta x/x}$ 的极限称为 y 对 x 的弹性.

定义 3.6 设函数 $y=f(x)$ 在点 x_0 处可导，如果极限 $\lim\limits_{\Delta x\to 0}\frac{\Delta y/y_0}{\Delta x/x_0}=\lim\limits_{\Delta x\to 0}\frac{x_0}{y_0}\cdot\frac{\Delta y}{\Delta x}$ 存在，则称此极限值为 $f(x)$ 在点 x_0 处的点弹性，简称为弹性，记为 $\left.\frac{Ey}{Ex}\right|_{x=x_0}$，即

$$\left.\frac{Ey}{Ex}\right|_{x=x_0}=\lim_{\Delta x\to 0}\frac{x_0}{y_0}\cdot\frac{\Delta y}{\Delta x}=\frac{x_0}{y_0}\cdot f'(x_0).$$

比值 $\frac{\Delta y/y_0}{\Delta x/x_0}=\frac{x_0}{y_0}\cdot\frac{\Delta y}{\Delta x}$ 称为函数 $y=f(x)$ 从 x_0 到 $x_0+\Delta x$ 两点间的弧弹性；$\frac{Ey}{Ex}=\frac{x}{y}\cdot f'(x)$ 称为 y 对 x 的弹性函数.

函数 $f(x)$ 在点 x_0 处弹性的经济意义：当变量 x 在点 x_0 处产生 1% 的改变时，$f(x)$ 将近似地改变 $\left(\left.\frac{Ey}{Ex}\right|_{x=x_0}\right)\%$.在实际应用问题中，解释弹性的具体应用时，往往略去"近似"二字.

例 5 求函数 $y=\left(\frac{1}{2}\right)^x$ 的弹性函数及在 $x=1$ 处的弹性，并说明其实际意义.

解 弹性函数为 $\frac{Ey}{Ex}=\frac{x}{y}\cdot f'(x)=\frac{x}{\left(\frac{1}{2}\right)^x}\cdot\left(\frac{1}{2}\right)^x\cdot\ln\frac{1}{2}=-x\ln 2$，

在 $x=1$ 处的弹性 $\left.\frac{Ey}{Ex}\right|_{x=1}=-\ln 2$.

实际意义：在 $x=1$ 处，当 x 增加（或减少）1% 时，函数 $y=\left(\frac{1}{2}\right)^x$ 将近似地减少（或增加）$(\ln 2)\%$.

1.需求弹性

设需求函数为 $Q=Q(P)$.一般来说，它是价格 P 的单调减少函数，即随着价格 P 的增加，需求量 Q 将减少，所以 ΔP 和 ΔQ 总是异号，因而需求弹性函数 $\frac{EQ}{EP}=\frac{P}{Q(x)}\cdot Q'(x)$ 的值 $\left.\frac{EQ}{EP}\right|_{P=P_0}$ 总是负的.

$\left.\frac{EQ}{EP}\right|_{P=P_0}$ 的经济意义：当某商品价格在 P_0 的基础上，价格每上涨(下跌)1% 时，将引起需求量下降(上升)$\left(\left|\left.\frac{EQ}{EP}\right|_{P=P_0}\right|\right)$%.

需求弹性刻画了商品的需求量对价格变化的强弱程度.

例 6　设某商品的需求函数为 $Q=e^{-\frac{P}{5}}$(其中 P 为商品的价格，Q 是需求量)，求：

(1) 需求弹性函数；

(2) 求当 $P=3$，$P=5$ 和 $P=6$ 时的需求弹性，并说明其经济意义.

解　(1) 需求弹性函数为 $\frac{EQ}{EP}=\frac{P}{Q}Q'(P)=\frac{P}{e^{-\frac{P}{5}}}\cdot e^{-\frac{P}{5}}\cdot\left(-\frac{1}{5}\right)=-\frac{P}{5}$，

(2) $\left.\frac{EQ}{EP}\right|_{P=3}=-0.6$，$\left.\frac{EQ}{EP}\right|_{P=5}=-1$，$\left.\frac{EQ}{EP}\right|_{P=6}=-1.2$.

经济意义：此商品价格在 3 个单位的基础上，价格上涨 1%，需求量将减少 0.6%；价格在 5 个单位的基础上，价格上涨 1%，需求量将减少 1%；价格在 6 个单位的基础上，价格上涨 1%，需求量将减少 1.2%.

同一种商品的需求弹性并不是固定不变的，要根据需求函数具体分析.

需求弹性的大小反映了价格变化对市场需求量的影响程度，在市场经济中，企业经营者关心的是商品涨价(或降价)对总收入的影响程度.因此，利用弹性分析了解市场变化，制订行之有效的营销策略，是生产者和商家的必行之道.

2.需求弹性对总收益的影响

在经济学中，分析商品的需求弹性具有重要的意义.

设需求函数 $Q=Q(P)$，根据弹性的定义，$\frac{EQ}{EP}=\frac{P}{Q(P)}Q'(P)$ 称为需求的价格弹性；收益函数为 $R(P)=P\cdot Q(P)$，

所以，$R'(P)=Q(P)+PQ'(P)=Q(P)\left[1+\frac{P}{Q(P)}Q'(P)\right]=Q(P)\left(1-\left|\frac{EQ}{EP}\right|\right)$.

显然，如果 $R'(P)>0$，则 $R(P)$ 递增，即价格上涨使收益增加；如果 $R'(P)<0$，则 $R(P)$ 递减，即价格上涨反而使收益减少.由此可得需求弹性对总收益的影响如下：

(1) 当 $\left|\frac{EQ}{EP}\right|<1$ 时，有 $R'(P)>0$，此时收益不因价格上涨而减少，称需求量是无弹性的；

(2) 当 $\left|\frac{EQ}{EQ}\right|>1$ 时，有 $R'(P)<0$，此时降价将使需求量有较大幅度的反弹，可使收益增大，称需求量是弹性的；

(3) 当 $\left|\frac{EQ}{EP}\right|=1$ 时，有 $R'(P)=0$，即总收益函数 $R(P)$ 取得最大值，说明此时的价格为

最优价格，此时称需求量是单位弹性（或不变弹性）的.

例 7 设某商品的需求函数为 $Q=Q(P)=12-\frac{P}{2}$.

(1) 求需求弹性函数；

(2) 求 $P=6$ 时的需求弹性；

(3) 当 $P=6$ 时，若价格上涨 1%，总收益是增加还是减少？将变化百分之几？

(4) P 为何值时，总收益最大？最大总收益是多少？

解 (1) 需求弹性函数为 $\frac{EQ}{EP}=Q'(P)\cdot\frac{P}{Q(P)}=\left(-\frac{1}{2}\right)\cdot\frac{P}{12-\frac{P}{2}}=\frac{P}{P-24}$;

(2) $\left.\frac{EQ}{EP}\right|_{P=6}=-\frac{1}{3}$;

(3) 因为 $\left|\left.\frac{EQ}{EP}\right|_{P=6}\right|=\frac{1}{3}<1$，所以当价格上涨 1% 时，总收益将增加.由

$$\left.\frac{ER}{EP}\right|_{P=P_0}=1-\left|\left.\frac{EQ}{EP}\right|_{P=P_0}\right|$$

得
$$\left.\frac{ER}{EP}\right|_{P=6}=1-\frac{1}{3}\approx 0.67,$$

所以，当 $P=6$ 时，价格上涨 1%，总收益约增加 0.67%；

(4) 因为 $R(P)=P\cdot Q(P)=12P-\frac{P^2}{2}$，令 $R'(P)=12-P=0$，得驻点 $P=12$，所以，当 $P=12$ 时总收益最大，此时的总收益为 72.

例 8 设某种商品单价为 P，售出商品数量 Q 可表示为 $Q(P)=\frac{2}{P+1}-1$，价格在何范围内变化时，涨价可以增加销售额？又在何范围内变化时，降价可以增加销售额？

解 设售出商品的销售额为 R，则

$$R(P)=PQ(P)=\frac{2P}{P+1}-P,R'(P)=\frac{2-(P+1)^2}{(P+1)^2}.$$

令 $R'(P)=0$，得 $P=\sqrt{2}-1(P>0)$，于是，当 $0<P<\sqrt{2}-1$ 时，有 $R'(P)>0$，即此时随着价格 P 的增加，相应的销售额也增加.

当 $P>\sqrt{2}-1$ 时，有 $R'(P)<0$，即此时随着价格 P 的增加，相应的销售额将减少.

习题 3.6

1.设某产品的产量为 Q 千克时的总成本为 $C(Q)=200+2Q+6\sqrt{Q}$（单价：元），求产量为 100 千克时的总成本、平均成本、边际成本，并说明其经济意义.

2.某企业的成本函数和收益函数分别为

$$C(Q)=1\,000+5Q+\frac{Q^2}{10},R(Q)=200Q+\frac{Q^2}{20}$$，求：

(1) 求边际成本、边际收益、边际利润，并说明其经济意义；

(2) 已知生产并销售了 25 个单位产品，那么生产第 26 个单位产品的利润是多少？

(3) 求生产多少单位产品可获得最大利润？

3.某厂生产某种商品，每天生产 Q 单位，可变成本为 $80Q+0.4Q^2$ 元，固定成本为每天 1 000 元.

(1) 求平均成本函数；

(2) 求边际成本函数；

(3) 每天生产该商品多少单位，可使平均成本最低？

4.一商店以每台 350 元的价格每周可售出某商品 200 台.市场调查指出，当价格每降低 10 元时，一周的销售量可增加 20 台.

(1) 求出价格函数和收益函数；

(2) 商店若要达到最大收益，应把价格降低多少元？

5.设每天从甲地到乙地的飞机票的需求量是 $D(P)=5\,000\sqrt{900-P}\,(0<P<900)$，其中 P(单价：元) 是票价.

(1) 求需求弹性；

(2) 依什么样的票价，需求分别是无弹性的、不变弹性的和弹性的？

6.某商品的需求函数为 $Q(P)=45-P^2$.

(1) 求当 $P=3$ 与 $P=5$ 时的边际需求与需求弹性，并说明其经济意义；

(2) 当 $P=3$ 与 $P=5$ 时，若价格上涨 1%，总收益将如何变化？变化百分比是多少？

(3) P 为多少时，总收益最大？

7.某产品滞销，准备以降价扩大销路，如果该产品的需求弹性在 $1.5\sim 2$ 之间，试问当降价 10% 时，销售量能增加多少？

数学思想与文化

一、趣谈数学美

马克思说：社会的进步就是人类对美的追求的结晶.

人类社会历史的发展和自然界的演化告诉我们：一切事物生存和发展所共同遵守的法则是：美战胜丑.为此，美学家断言：美是一切事物生存和发展的本质特征.

数学是自然科学的语言，它具有一般语言文学与艺术所共有的美的特点，数学在内容结构上、方法上都有其自身的某种美，即所谓的数学美. 下面介绍几种数学美.

1.黄金分割

古希腊著名的学者毕达哥拉斯对数学有很深的造诣，其中毕达哥拉斯定理就是他的成就之一.他在现今称为库洛的地方成立了一个数学学术团体，每个成员都有一个用五角星作图案的徽章.他们为什么选择五角星？因为五角星除了形象美之外，里面还包含许多有趣的黄金分割比.

把线段 l 分成 x 和 $l-x$ 两段，使其比满足：

$\frac{x}{l}=\frac{1-x}{x}$，即 $x^2+lx-l^2=0$，

解得 $x=\frac{\sqrt{5}-1}{2}l$，这种分割称为“中外比分割”.

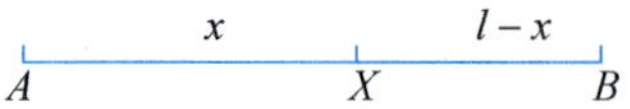

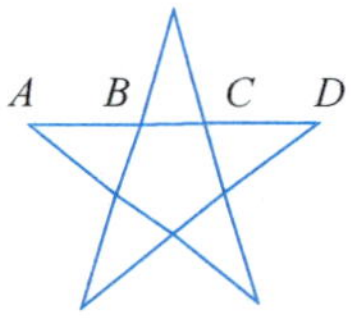

可以证明在五角星里

$BC:AB=AB:AC=AC:AD=\frac{x}{l}$.

显然，毕达哥拉斯学派的学者们发现了它，并且喜欢这种比. 进一步计算可知它们的比值均为 0.618⋯ 这一数值被著名艺术家达・芬奇誉为“黄金数”，也被德国天文学家开普勒赞为几何学中的两大“瑰宝”之一，另一件为勾股定理.

黄金数有着黄金一样的价值.这个数一直统治着中世纪西方建筑艺术，无论是古埃及的金字塔，还是古雅典的巴特农神庙；无论是印度的泰姬陵，还是今日的巴黎埃菲尔铁塔，这些举世闻名的建筑中都蕴藏着黄金数，这显然展示了数学的美感.

一些珍贵的名画佳作、艺术珍品中也处处体现了黄金比值，这些作品的主题大都在画面的黄金分割点处，不少著名乐章的高潮往往会在全曲的 0.618 处 ……

更有趣的是，人体中也隐藏着许多黄金分割的例子，比如：人的肚脐是人体长的黄金分割点，而膝盖又是人体肚脐以下部分体长的黄金分割点.

在口腔比较解剖学范畴内，符合 0.618⋯ 这个比例的六龄牙(6 岁时萌出的第一颗大磨牙)，由于其牙冠大、牙尖多、咀嚼面积广、牙根分叉结实等特点，显示出它的与众不同，它不仅在咀嚼食物时发挥作用最集中、担负咀嚼压力最大，同时它在维持颜面下 1/3 部位的端正面容和保持上下牙弓间的咬合关系均起着重要的作用.

开普勒在研究植物叶序问题时发现：叶子在茎上的排列也遵循黄金分割比.植物叶子在茎上的排布是呈螺旋状的，你细心观察一下，不少植物叶状虽然不同，但其排布却有相似之

处，比如相邻两片叶片在与茎垂直的平面上的投影夹角是 $137°28'$，科学家经计算表明：这个角度对植物叶子通风、采光来讲都是最佳的.正因如此，建筑学家们仿照植物叶子在茎上的排列方式设计和制造了新式仿生房屋，不仅外形新颖别致、美观大方，同时还有优良的通风和采光性能.

可能你没想到，$137°28'$ 这个角正是把圆周分为 $1:0.618\cdots$ 的两条半径的夹角，因此人们又把这个角称为“黄金分割角”.

开普勒还发现：叶子在茎上环绕的圈数和它绕一个周期时茎上叶数之比 ω 随植物不同而异. 他观察后发现了许多种树的 ω 值，比如榆树为 $\frac{1}{2}$，山毛榉为 $\frac{1}{3}$，樱桃为 $\frac{2}{5}$，梨为 $\frac{3}{8}$，柳为 $\frac{5}{13}$，…，请注意它们的分子和分母分别是

$$1,1,2,3,5,\cdots$$

$$2,3,5,8,13,\cdots$$

这恰恰是两列斐波那契数列，该数列的特点是从第 3 项起，每项均为前面两项之和.有人还从花的瓣数中找到了斐波那契数列：花瓣数通常只是 3，5，8，13，21，… 这是生物所有原基之间复杂的动态关系相互作用的结果，原基间借助黄金分割角 $137°28'$ 分布，恰好导致花瓣数目为 3，5，8，13，21，…，更令人惊叹的是这个数列前后两项之比，越来越接近黄金比值 $0.618\cdots$

$$\frac{1}{2}=0.5,\quad \frac{2}{3}=0.666\cdots,\quad \frac{3}{5}=0.6,\quad \frac{5}{8}=0.625,$$

$$\frac{8}{13}=0.615\cdots,\quad \frac{13}{21}=0.619\cdots,\quad \frac{21}{34}=0.617\cdots$$

除了“黄金分割”自身直觉的美感外，还有一种奇异的美，比如，人们还发现这个数与其他一些数有密切联系.

近年来，人们在最优化方法中找到了这个数的应用，像一维搜索中的“$0.618\cdots$ 法”，就是利用了黄金数去选优.吴振奎以 $0.618\cdots$ 为尺度，提出一个“小康型购物公式”：

小康型消费价格 $=0.618\times$（高档消费价格 $-$ 低档消费价格）$+$ 低档消费价格

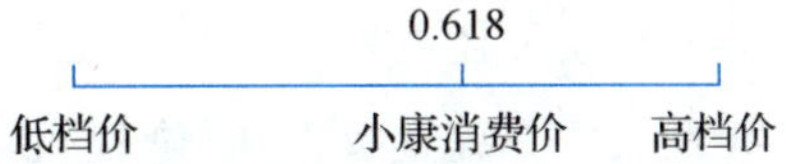

这也就是说：你在选购商品时，根据自己的财力状况若认为高档价格过于昂贵，而低档价格的商品款式、性能等不尽如人意，那么你可以选购价格为上面公式所给出的档次的商品——它的价格中等偏上，堪称“小康”水准.可见这个“小康型购物公式”对指导我们的生活有实际意义.

2.美学的数学化

爱因斯坦说过："这个世界可以由音乐的音符组成，也可由数学的公式组成." 美国心理学家克尼根从"选美" 活动入选者的照片中做了统计分析，从面部考虑给出美女的"数量化"标准.

（1）眼睛的宽度占眼睛所在面部位置的$\frac{3}{10}$；

（2）下巴长度占脸长的$\frac{1}{5}$；

（3）从眼珠到眼眉的距离是脸长的$\frac{1}{10}$；

（4）从正面端详，眼珠竖长占脸长的$\frac{1}{14}$；

（5）鼻部面积占脸整个面积的5%以下；

（6）嘴占嘴所在脸部宽度的50%.

当然仅有上面的数字是不够的，因为选美标准还有其他方面的要求，不同地区、不同种族对美的标准不完全相同，但该例确实说明了数学在美学研究中的作用.

数学美就是这么神奇、这么迷人、这么令人神往、这么使人陶醉.

二、中国数学家介绍

许宝騄(1910－1970)，出生于北京，祖籍浙江杭州.

许宝騄幼年随父赴任，曾在天津、杭州等地留居，大部分时间都由父亲聘请家庭教师攻读《四书》《五经》，以及历史和古典文学，10岁后就学作文言文，因此他的文学修养很深，用语、写作都很精练、准确.1925年，进入北京汇文中学，1928年，从汇文中学毕业后，考入燕京大学理学院，由于中学期间受表姐夫徐传元的影响，对数学颇有兴趣，上大学后了解到清华大学数学系最好，决心转学数学，进入清华大学数学系，他仍从一年级读起，当时的老师有熊庆来、孙光远、杨武之等，一起学习的有华罗庚、柯召等人.1933年，从清华大学毕业，获得理学学士学位，经考试录取赴英留学，体检时发现体重太轻不合格，未能成行，于是下决心休养一年.1934年，任北京大学数学系助教，担任正在访问北京大学的美国哈佛大学教授奥斯古德的助教，前后共两年.1936年，再次考取赴英留学，派往伦敦大学学院，在统计系学习数理统计，攻读博士学位，在此期间共发表了3篇论文.当时伦敦大学规定数理统计方向要取得哲学博士的学位，必须寻找一个新的统计量，编制一张统计量的临界值表，而许宝騄因成绩优异，研究工作突出，第一个被破格用统计实习的口试来代替.1938年，获得哲学博士学位，同年，系主任黎曼受聘去美国加州大学伯克利分校，他推荐将许宝騄提升为讲师，接替他在伦敦大学讲课.许宝騄1940年发表了3篇文章，其中2篇文章是数理统计学科的重要文献，在多元统计分析和黎曼－皮尔逊理论中是奠基性的工作，因此获得科学博士学位.同年，到昆明，在国立西南联合大学任教.1945 年秋，应邀去美国加州大学伯克利分校和哥伦比亚大学任访问教授，各讲一个学期.1946 年，到北卡罗来纳大学任教.一年后，他决心回国，谢绝了一些大学的聘任，回到北京大学任教授.

1948 年，当选为中央研究院第一届院士.1955 年，当选为中国科学院学部委员.1956 年中国第一个科学发展规划把概率统计与微分方程、计算数学一起列为重点发展的数学领域.为此，北京大学设立了中国国内第一个概率统计教研室，许宝騄为首任主任.

许宝騄被公认为在数理统计和概率论方面第一个具有国际声望的中国数学家.他在中国开创了概率论、数理统计的教学与研究工作，在黎曼－皮尔逊理论、参数估计理论、多元分析、极限理论等方面取得了卓越成就，是多元统计分析学科的开拓者之一.许宝騄的相片悬挂在斯坦福大学统计系的走廊上，与世界著名的统计学家并列.

知识要点

一、微分中值定理

1.罗尔中值定理

如果函数 $f(x)$ 满足：

(1) $f(x)$ 在闭区间 $[a,b]$ 上连续；

(2) $f(x)$ 在开区间 (a,b) 内可导；

(3) $f(a)=f(b)$，

则在 (a,b) 内至少存在一点 ξ，使得 $f'(\xi)=0$.

2.拉格朗日中值定理

如果函数 $f(x)$ 满足：

(1) $f(x)$ 在闭区间 $[a,b]$ 上连续；

(2) $f(x)$ 在开区间 (a,b) 内可导，

则在 (a,b) 内至少存在一点 ξ，使得 $f'(\xi)=\dfrac{f(b)-f(a)}{b-a}$.

3.柯西中值定理

如果函数 $F(x)$ 与 $f(x)$ 满足下列条件：

(1) 在闭区间 $[a,b]$ 上连续；

(2) 在开区间 (a,b) 内可导；

(3) $F'(x)$ 在开区间 (a,b) 内的每一点均不为零，

则在(a,b)内至少存在一点ξ，使得$\dfrac{f(b)-f(a)}{F(b)-F(a)}=\dfrac{f'(\xi)}{F'(\xi)}$.

注意：在拉格朗日中值定理中，当$f(a)=f(b)$时，就是罗尔定理；在柯西中值定理中，令$F(x)=x$，就得到拉格朗日中值定理.

二、洛必达法则

对于$\dfrac{0}{0}$型和$\dfrac{\infty}{\infty}$型未定式的极限可以直接应用洛必达法则求解，即通过对分式分子分母分别求导实现极限的计算；还有一些未定式，如$0\cdot\infty,\infty-\infty,0^0,1^\infty,\infty^0$等类型，不可直接应用洛比达法则，但可通过变形转化为$\dfrac{0}{0}$型或$\dfrac{\infty}{\infty}$型未定式，进而用洛比达法则求之.

三、导数在几何上的应用

1.判断函数单调性和求极值的一般步骤

(1) 求函数$f(x)$的定义域；

(2) 求$f'(x)$(将其化为最简形式)；

(3) 求驻点和不可导点，由这些点将定义域分成若干子区间；

(4) 列表考察$f'(x)$在各子区间的符号，依次确定函数$f(x)$的单调性；单调性发生变化的点即为函数的极值点.

2.求函数最值的一般步骤

求函数$f(x)$在$[a,b]$上的最值时，只需比较所有驻点、不可导点和区间端点处的函数值，其中最大(小)者就是函数$f(x)$在$[a,b]$上的最大(小)值.

3.判断一元函数凹凸性和拐点的一般步骤

(1) 求函数$f(x)$的定义域；

(2) 求$f'(x),f''(x)$；

(3) 求$f''(x)=0$的点和$f''(x)$不存在的点，由这些点将定义域分成若干子区间；

(4) 列表考察$f''(x)$在各子区间的符号，依次确定函数$f(x)$的凹凸性；函数$f(x)$凹凸性发生改变的点即为$f(x)$的拐点.

四、导数在经济方面的应用

1.边际分析

经济函数$f(x)$的导数$f'(x)$称为它的边际函数；

导数值$f'(x_0)$为经济函数$f(x)$在x_0处的边际值；

边际值$f'(x_0)$的实际意义：经济量x在某一水平x_0的基础上每改变一个单位时，对应

的 y 将近似地改变 $f'(x_0)$ 个单位.

2.弹性函数

$\frac{Ey}{Ex}=\frac{x}{y}\cdot f'(x)$ 称为 y 对 x 的弹性函数;

$\left.\frac{Ey}{Ex}\right|_{x=x_0}=\frac{x_0}{y_0}\cdot f'(x_0)$ 为 $f(x)$ 在点 x_0 处的点弹性;

点弹性$\left.\frac{Ey}{Ex}\right|_{x=x_0}$ 的经济意义:当变量 x 在点 x_0 处每产生 1% 的改变时,$f(x)$ 将近似地改变$\left.\frac{Ey}{Ex}\right|_{x=x_0}$ %.

复习题三

一、填空题

1.对于定义在 $[-a,a]$ 上的函数 $f(x)$,满足拉格朗日中值定理的条件是:________,________.

2.设函数 $f(x)=x+ax^2+bx^3$ 在区间 $[-2,2]$ 上满足罗尔中值定理的全部条件,且 $x=1$ 是其满足罗尔中值定理的 ξ 值,则 $a=$________,$b=$________.

3.函数 $f(x)=x^3$ 在区间 $[0,1]$ 上满足拉格朗日中值定理的 $\xi=$________.

4.极限 $\lim\limits_{x\to+\infty}x^2e^{ax}(a<0)$ 属于________型未定式,它的值为________.

5.在区间 (a,b) 内,如果函数 $f(x)$ 的导数 $f'(x)$ ________,那么函数 $f(x)$ 在该区间内单调增加;如果 $f'(x)$ ________,那么函数 $f(x)$ 在该区间内单调减少.

6.函数 $f(x)=2x^2-\ln x(x>0)$ 的单调增加区间是________,单调减少区间是________.

7.函数 $f(x)=x+\frac{4}{x}$ 在其定义域内的极大值是________,极小值是________.

8.设 $x_1=1,x_2=2$ 均为函数 $y=a\ln x+bx^2+3x$ 的极值点,则 $a=$________,$b=$________.

9.设函数 $f(x)$ 在区间 $[a,b]$ 上单调增加,则函数 $f(x)$ 在区间 $[a,b]$ 上的最大值为________,最小值为________.

10.曲线 $y=x^4-2x^2+5$ 的两个拐点分别为________和________.

二、选择题

1.函数 $f(x)=\frac{1}{x}$ 满足拉格朗日中值定理所有条件的区间是(　　)

A.$[-2,2]$　　B.$[1,2]$　　C.$[-2,0]$　　D.$[0,1]$

2.若两个函数 $f(x)$,$g(x)$ 在区间 (a,b) 内各点的导数相等，则这两个函数在区间 (a,b) 内（　　）

A.必不相等　　B.必相等　　C.仅相差一个常数　　D.均为常数

3.$\lim\limits_{x\to 1}\left(\dfrac{1}{x-1}-\dfrac{2}{x^2-1}\right)=$（　　）

A.-1　　B.$\dfrac{1}{2}$　　C.0　　D.∞

4.下列极限中，能用洛必达法则的是（　　）

A.$\lim\limits_{x\to 0}\dfrac{x+\cos x}{x}$　　B.$\lim\limits_{x\to +\infty}\dfrac{x+\cos x}{x+\sin x}$

C.$\lim\limits_{x\to +\infty}\dfrac{\sqrt{x}+1+x^2}{\sqrt{x}}$　　D.$\lim\limits_{x\to 0}\dfrac{x^2\sin\dfrac{1}{x}}{\sin x}$

5.$\lim\limits_{x\to 0}\dfrac{x^2\sin\dfrac{1}{x}}{\tan x}=$（　　）

A.不存在　　B.1　　C.0　　D.-1

6.在 $\left(-\dfrac{\pi}{2},\dfrac{\pi}{2}\right)$ 中，函数 $f(x)=|\sin x|$ 的单调区间的分界点是（　　）

A.$-\dfrac{\pi}{2}$　　B.$\dfrac{\pi}{2}$　　C.0　　D.不存在

7.下列函数中，在 $(-\infty,+\infty)$ 内为单调函数的是（　　）

A.x^2-x　　B.$|x|$　　C.e^{-x}　　D.$\sin x$

8.函数 $f(x)=\dfrac{1}{2}(e^x+e^{-x})$ 的极小值点为（　　）

A.1　　B.-1　　C.0　　D.不存在

9.曲线 $y=e^{-x^2}$（　　）

A.没有拐点　　B.有一个拐点　　C.有两个拐点　　D.有三个拐点

三、计算题

1.求极限 $\lim\limits_{x\to \frac{\pi}{2}}\dfrac{\ln\sin x}{(\pi-2x)^2}$.

2.求极限 $\lim\limits_{x\to 0^+}x^{\sin x}$.

3.求 $y=\arctan x-\dfrac{1}{2}\ln(1+x^2)$ 的极值.

4.求 $y=x^2-\frac{54}{x}, x \in (-\infty,0)$ 时的最大值与最小值.

5.确定 $y=1+\sqrt[3]{x}$ 的凹凸区间和拐点.

6.某工厂生产一种产品,固定成本为80元,每生产一件产品,成本增加10元.已知该产品的需求函数为 $Q(x)=50-2P$,为使工厂的总利润最大,生产量 Q 应为多少?求最大利润.

7.设某厂打算生产一批产品投放市场,已知该商品的需求函数为 $P(Q)=10e^{-\frac{Q}{2}}$,且最大需求量为6,其中 Q 表示需求量,P 表示价格.求:

(1) 该商品的收益函数和边际收益函数;

(2) 使收益最大时的产量、最大收益及相应的价格.

第四章 不定积分

前面我们已经讨论了一元函数的微分学，这一章和下一章我们将讨论一元函数积分学.在一元函数积分学中，有两个基本概念，即不定积分与定积分.本章讲述不定积分的概念、性质，以及求不定积分的基本方法.

第一节 原函数与不定积分

在第二章中，我们已经知道，质点沿直线运动在某一时刻的速度 v 是路程 s 对时间 t 的导数.即已知质点的运动规律为 $s=f(t)$，则速度为 $v=f'(t)$.但在物理学中，经常遇到相反的问题，就是已知沿直线运动的质点在任一时刻的速度 $v=v(t)$，求质点的运动规律 $s=f(t)$.而这个未知函数的导数 $f'(t)$ 等于 $v(t)$，即 $f'(t)=v(t)$.因此问题就变为已知 $f'(t)$，如何求 $f(t)$.

从数学的角度来看，就是已知函数的导数 $f'(x)$，如何求原来的函数 $f(x)$，即求导数的逆运算的问题.这种问题在数学及其应用中具有普遍意义，也正是积分学中要解决的问题.牛顿在 1676 年 10 月给莱布尼茨写了一封信，信中说："当给出包含若干个流量的方程时，试求流率；反之，再从流率求流量."这里流量是函数，而流率是其导数，这表明牛顿最迟在1676年就已经找到求微分逆运算的方法.

一、原函数与不定积分

1.原函数的概念

定义 4.1 设 $f(x)$ 在区间 I 内有定义，若存在函数 $F(x)$，使得 $\forall x\in I$，都有 $F'(x)=f(x)$ 或 $\mathrm{d}F(x)=f(x)\mathrm{d}x$，则称函数 $F(x)$ 为 $f(x)$ 在区间 I 内的一个原函数.

例如：$(x^2)'=2x$，则 x^2 是 $2x$ 在$(-\infty,+\infty)$ 内的一个原函数；

$(\mathrm{e}^x)'=\mathrm{e}^x$，则 e^x 是 e^x 在$(-\infty,+\infty)$ 内的一个原函数；

$(\sin x)'=\cos x$，则 $\sin x$ 是 $\cos x$ 在 $(-\infty,+\infty)$ 内的一个原函数.

我们知道，如果一个函数是可微的，则它的导数只有一个.那么反过来，如果一个函数具有原函数，它的原函数是否只有一个呢？

例如，$(x^2+3)'=2x$，$(x^2-1)'=2x$，$(x^2+C)'=2x$（C 为任意常数）.因此，一个函数如果存在原函数，那么必有无穷多个原函数.如何寻找所有的原函数呢？我们首先寻找原函数之间的关系，接着找出所有的原函数就不难了.

定理 4.1　如果函数 $f(x)$ 在区间 I 上有原函数 $F(x)$，则

$$F(x)+C(C\text{ 为任意常数})$$

也是 $f(x)$ 在 I 上的原函数，且 $f(x)$ 的任一个原函数均可表示成 $F(x)+C$ 的形式.

这就是说只要找到 $f(x)$ 的一个原函数，那么它的全体原函数均能找到，即在这个原函数后面加上任意的常数 C 即可.

2.不定积分的概念

定义 4.2　设 $F(x)$ 是函数 $f(x)$ 的一个原函数，则 $f(x)$ 的全体原函数称为 $f(x)$ 的不定积分，记作 $\int f(x)\mathrm{d}x$，即

$$\int f(x)\mathrm{d}x=F(x)+C,$$

其中 x 称为积分变量，$f(x)$ 称为被积函数，$f(x)\mathrm{d}x$ 称为被积表达式，C 称为积分常数，$\int$ 称为积分号.

积分号 $\int$ 是莱布尼茨发明的符号，它是英文 sum（和）中 s 拉长而形成的.

由定义 4.2 可知，求函数 $f(x)$ 的不定积分，即求 $f(x)$ 的全体原函数.

例 1　由导数的基本公式，求下列不定积分：

(1) $\int x^2\mathrm{d}x$；　　(2) $\int \sin x\mathrm{d}x$；　　(3) $\int \frac{1}{1+x^2}\mathrm{d}x$.

解　(1) 因为 $\left(\frac{1}{3}x^3\right)'=x^2$，所以 $\frac{1}{3}x^3$ 是 x^2 的一个原函数，则

$$\int x^2\mathrm{d}x=\frac{1}{3}x^3+C.$$

(2) 因为 $(-\cos x)'=\sin x$，所以 $-\cos x$ 是 $\sin x$ 的一个原函数，则

$$\int \sin x\mathrm{d}x=-\cos x+C.$$

(3) 因为 $(\arctan x)'=\frac{1}{1+x^2}$，所以 $\arctan x$ 是 $\frac{1}{1+x^2}$ 的一个原函数，则

$$\int \frac{1}{1+x^2}\mathrm{d}x=\arctan x+C.$$

3.不定积分的几何意义

由原函数之间的关系，容易得到不定积分的几何意义可表示为：$\int f(x)\mathrm{d}x$ 是由函数 $y=f(x)$ 的一个原函数 $y=F(x)$ 的图像沿 y 轴上下平移而得到的一族曲线.而且在这族曲线上，横坐标相同的点处的切线斜率相等，即在相应点处的切线都是平行的，如图 4-1 和图 4-2 所示.

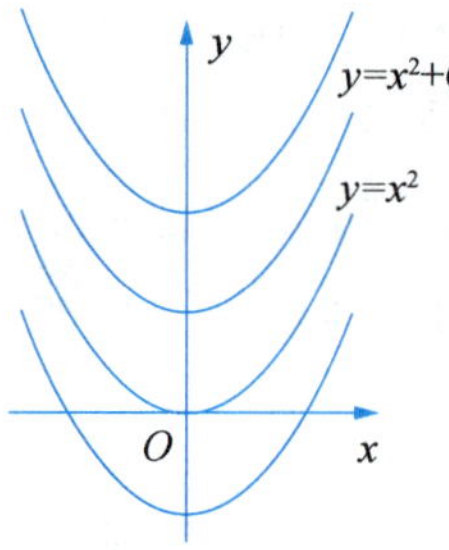

图 4-1

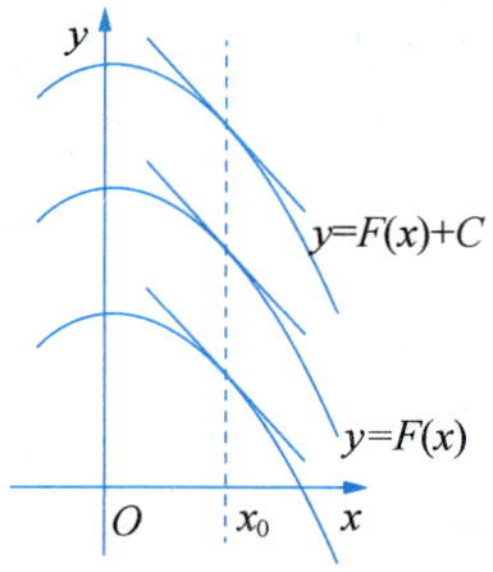

图 4-2

二、基本积分公式

由于不定积分是微分的逆运算，因此我们可以从导数的基本公式得到相应的积分基本公式.

例如，因为$\left(\frac{2}{3}x^{\frac{3}{2}}\right)'=\sqrt{x}$，得积分公式：

$$\int\sqrt{x}\,\mathrm{d}x=\frac{2}{3}x^{\frac{3}{2}}+C.$$

又如，因为$(\arctan x)'=\frac{1}{1+x^2}$，得积分公式：

$$\int\frac{1}{1+x^2}\mathrm{d}x=\arctan x+C.$$

类似地，可以得到以下的基本积分公式.

(1)$\int k\,\mathrm{d}x=kx+C$（k，C 是常数）；

(2)$\int x^{\alpha}\mathrm{d}x=\frac{x^{\alpha+1}}{\alpha+1}+C\ (\alpha\neq-1)$；

(3)$\int\frac{1}{x}\mathrm{d}x=\ln|x|+C$；

(4)$\int \mathrm{e}^x\mathrm{d}x=\mathrm{e}^x+C$；

(5)$\int a^x\mathrm{d}x=\frac{a^x}{\ln a}+C$；

(6) $\int \cos x \, dx = \sin x + C$；

(7) $\int \sin x \, dx = -\cos x + C$；

(8) $\int \sec^2 x \, dx = \tan x + C$；

(9) $\int \csc^2 x \, dx = -\cot x + C$；

(10) $\int \sec x \tan x \, dx = \sec x + C$；

(11) $\int \csc x \cot x \, dx = -\csc x + C$；

(12) $\int \frac{1}{\sqrt{1-x^2}} dx = \arcsin x + C = -\arccos x + C$；

(13) $\int \frac{1}{1+x^2} dx = \arctan x + C = -\operatorname{arccot} x + C$.

以上公式是求不定积分的基础，必须熟记.

三、不定积分的性质

根据不定积分的定义可以直接推出下面几个性质.

(1) $\left[\int f(x) dx\right]' = f(x)$ 或 $d\int f(x) dx = f(x) dx$.

(2) $\int f'(x) dx = f(x) + C$ 或 $\int df(x) = f(x) + C$.

第一个性质表示，不定积分的导数（或微分）等于被积函数（或被积表达式）；第二个性质表示函数的导数（或微分）的不定积分等于函数本身加常数 C.

(3) $\int [f(x) \pm g(x)] dx = \int f(x) dx \pm \int g(x) dx$.

注意　此性质可推广到有限多个函数之和的情况.

(4) $\int k f(x) dx = k \int f(x) dx$（$k$ 是常数，$k \neq 0$）.

利用不定积分的性质和基本积分公式，就可以求一些简单函数的不定积分.

例 2　求 $\int x^2 \sqrt{x} \, dx$.

解　$\int x^2 \sqrt{x} \, dx = \int x^{\frac{5}{2}} dx = \frac{x^{\frac{5}{2}+1}}{\frac{5}{2}+1} + C = \frac{2}{7} x^{\frac{7}{2}} + C$.

例 3 求$\int(\mathrm{e}^x-3\cos x)\mathrm{d}x$.

解 $\int(\mathrm{e}^x-3\cos x)\mathrm{d}x=\int\mathrm{e}^x\mathrm{d}x-3\int\cos x\mathrm{d}x=\mathrm{e}^x-3\sin x+C$.

直接用积分基本公式与运算性质求不定积分，或者对被积函数进行适当的恒等变形，再利用积分基本公式与运算性质求不定积分的方法叫作直接积分法.

前两例都是用直接积分法来求不定积分，下面再举几例.

例 4 求$\int\tan^2 x\mathrm{d}x$.

解
$$\int\tan^2 x\mathrm{d}x=\int(\sec^2 x-1)\mathrm{d}x=\int\sec^2 x\mathrm{d}x-\int\mathrm{d}x$$
$$=\tan x-x+C.$$

例 5 求$\int\frac{x^2}{1+x^2}\mathrm{d}x$.

解
$$\int\frac{x^2}{1+x^2}\mathrm{d}x=\int\left(1-\frac{1}{1+x^2}\right)\mathrm{d}x=\int\mathrm{d}x-\int\frac{1}{1+x^2}\mathrm{d}x$$
$$=x-\arctan x+C.$$

例 6 求$\int\frac{1+2x^2}{x^2(1+x^2)}\mathrm{d}x$.

解
$$\int\frac{1+2x^2}{x^2(1+x^2)}\mathrm{d}x=\int\left(\frac{1}{x^2}+\frac{1}{1+x^2}\right)\mathrm{d}x=\int\frac{1}{x^2}\mathrm{d}x+\int\frac{1}{1+x^2}\mathrm{d}x$$
$$=-\frac{1}{x}+\arctan x+C.$$

例 7 求$\int\sin^2\frac{x}{2}\mathrm{d}x$.

解 $\int\sin^2\frac{x}{2}\mathrm{d}x=\int\frac{1-\cos x}{2}\mathrm{d}x=\frac{1}{2}(x-\sin x)+C$.

例 8 一物体做直线运动，速度为$v(t)=2t^2+1$(单位：m/s)，当$t=1$(单位：s)时，物体所经过的路程为 3(单位：m)，求物体的运动方程.

解 设物体的运动方程为$s=s(t)$，依题意有
$$s'(t)=v(t)=2t^2+1,$$
所以
$$s(t)=\int(2t^2+1)\mathrm{d}t=\frac{2}{3}t^3+t+C.$$

把$t=1$，$s=3$代入上式，得$C=\frac{4}{3}$.因此，所求物体的运动方程为
$$s(t)=\frac{2}{3}t^3+t+\frac{4}{3}.$$

习题 4.1

1.求下列不定积分：

(1) $\int x^3\,dx$；　　(2) $\int \frac{1}{x^3}dx$；

(3) $\int x^2\cdot\sqrt[3]{x}\,dx$；　　(4) $\int (x^2+1)^2\,dx$；

(5) $\int\left(\frac{1}{x^2}-3\cos x+\frac{1}{x}\right)dx$；　　(6) $\int\left(\frac{3}{1+x^2}-\frac{2}{\sqrt{1-x^2}}\right)dx$；

(7) $\int e^x\left(1-\frac{e^{-x}}{\sqrt{x}}\right)dx$；　　(8) $\int a^x\cdot e^x\,dx$；

(9) $\int\left(3\sin x+\frac{1}{\sin^2 x}\right)dx$；　　(10) $\int \cos^2\frac{x}{2}dx$；

(11) $\int \frac{\sqrt{x^3}+1}{\sqrt{x}+1}dx$；　　(12) $\int \frac{x^3-2x+5}{x^2}dx$；

(13) $\int \frac{\cos 2x}{\sin^2 x\cos^2 x}dx$；　　(14) $\int \frac{(x+1)^2}{x(x^2+1)}dx$.

2.一曲线过点(1,2)，且曲线上任意一点处的切线斜率都等于该点横坐标的平方，求该曲线方程.

第二节　换元积分法

前面介绍了利用基本积分公式与积分性质的直接积分法，这种方法所能计算的不定积分是非常有限的.如下述不定积分

$$\int \sin 2x\,dx,\int \frac{1}{1+x}dx,\int x e^{-x^2}\,dx$$

都是无法直接求出.因此，有必要进一步研究不定积分的求法.这一节，我们介绍不定积分的最基本也是最重要的方法 —— 换元积分法，简称换元法.其基本思想是：利用变量替换，将被积表达式变形为基本积分公式中的形式，从而计算不定积分.

先看上面例子的$\int \sin 2x\,dx$.我们知道

$$\int \sin x\,dx=-\cos x+C,$$

令 $u=2x$，则

$$dx=\frac{1}{2}du,$$

$$\int \sin 2x\,dx=\frac{1}{2}\int \sin u\,du=-\frac{1}{2}\cos u+C$$

$$=-\frac{1}{2}\cos 2x+C.$$

上述运算中的关键一步是换元，令 $u=2x$，从而把原积分化为积分变量为 u 的简单积分，再用直接积分法求解，这种方法就是换元积分法.

换元积分法按其应用的侧重不同，又分为第一类换元积分法和第二类换元积分法.对同一积分采用不同的换元积分法会造成计算繁简上的差异.

一、第一类换元积分法

定理 4.2 若 $\int f(u)\mathrm{d}u=F(u)+C$，且 $u=\varphi(x)$ 可导，则

$$\int f[\varphi(x)]\varphi'(x)\mathrm{d}x=\int f[\varphi(x)]\mathrm{d}[\varphi(x)]=F[\varphi(x)]+C.$$

上式为不定积分的第一类换元积分公式，这种求不定积分的方法叫作第一类换元积分法.由于这种积分方法的关键是怎样选择适当的变量代换 $u=\varphi(x)$，将被积表达式凑成 $f[\varphi(x)]\mathrm{d}[\varphi(x)]$ 的形式，因此第一类换元积分法又叫凑微分法.

为了掌握好这一方法，下面分几种情况来介绍.

1. $\int f(ax+b)\mathrm{d}x=\frac{1}{a}\int f(ax+b)\mathrm{d}(ax+b)=\frac{1}{a}\int f(u)\mathrm{d}u$ **（a,b 为常数，且 $a\neq 0$）**

例 1 求 $\int(3x-4)^3\mathrm{d}x$.

解 由基本公式有

$$\int x^3\mathrm{d}x=\frac{1}{4}x^4+C.$$

因为 $$\mathrm{d}(3x-4)=3\mathrm{d}x,$$

所以 $$\int(3x-4)^3\mathrm{d}x=\frac{1}{3}\int(3x-4)^3\mathrm{d}(3x-4)\xlongequal{u=3x-4}\frac{1}{3}\int u^3\mathrm{d}u$$

$$=\frac{1}{12}u^4+C=\frac{1}{12}(3x-4)^4+C.$$

例 2 求 $\int\frac{1}{5x+2}\mathrm{d}x$.

解 由基本公式有

$$\int\frac{1}{x}\mathrm{d}x=\ln|x|+C.$$

因为 $$\mathrm{d}(5x+2)=5\mathrm{d}x,$$

所以 $$\int\frac{1}{5x+2}\mathrm{d}x=\frac{1}{5}\int\frac{1}{5x+2}\mathrm{d}(5x+2)\xlongequal{u=5x+2}\frac{1}{5}\int\frac{1}{u}\mathrm{d}u$$

$$=\frac{1}{5}\ln|u|+C=\frac{1}{5}\ln|5x+2|+C.$$

2. $\int f(ax^2+b)x\,dx = \frac{1}{2a}\int f(ax^2+b)d(ax^2+b) = \frac{1}{2a}\int f(u)du$ (a,b 为常数，且 $a\neq 0$)

例 3　求 $\int x e^{x^2} dx$.

解　由基本公式有

$$\int e^x dx = e^x + C.$$

因为

$$d(x^2) = 2x\,dx,$$

所以

$$\int x e^{x^2} dx = \frac{1}{2}\int e^{x^2} dx^2 \xlongequal{u=x^2} \frac{1}{2}\int e^u du$$

$$= \frac{1}{2}e^u + C = \frac{1}{2}e^{x^2} + C.$$

例 4　求 $\int x\sqrt{1-x^2}\,dx$.

解　由基本公式有

$$\int x^u dx = \frac{x^{u+1}}{u+1} + C\ (u\neq -1).$$

因为

$$d(1-x^2) = -2x\,dx,$$

所以

$$\int x\sqrt{1-x^2}\,dx = -\frac{1}{2}\int\sqrt{1-x^2}\,d(1-x^2) \xlongequal{u=1-x^2} -\frac{1}{2}\int u^{\frac{1}{2}}du$$

$$= -\frac{1}{2}\times\frac{2}{3}u^{\frac{3}{2}} + C = -\frac{1}{3}(1-x^2)^{\frac{3}{2}} + C.$$

当我们对积分基本公式比较熟练之后，为了节省时间，就不需要每次都把中间变量的换元过程写出来.

例 5　求 $\int\frac{1}{\sqrt{4-9x^2}}dx$.

解

$$\int\frac{1}{\sqrt{4-9x^2}}dx = \int\frac{1}{2\sqrt{1-\frac{9x^2}{4}}}dx = \frac{1}{3}\int\frac{1}{\sqrt{1-\left(\frac{3x}{2}\right)^2}}d\left(\frac{3x}{2}\right)$$

$$\xlongequal{u=3x/2} \frac{1}{3}\int\frac{1}{\sqrt{1-u^2}}du = \frac{1}{3}\arcsin u + C = \frac{1}{3}\arcsin\frac{3x}{2} + C.$$

例 6　求 $\int\frac{x}{\sqrt{4-9x^2}}dx$.

解

$$\int\frac{x}{\sqrt{4-9x^2}}dx = \int\frac{1}{2\sqrt{4-9x^2}}dx^2 = -\frac{1}{18}\int\frac{1}{\sqrt{4-9x^2}}d(4-9x^2)$$

$$\xlongequal{u=4-9x^2} -\frac{1}{18}\int\frac{1}{\sqrt{u}}du = -\frac{1}{18}\times 2\sqrt{u} + C = -\frac{1}{9}\sqrt{4-9x^2} + C.$$

3.$\int f(\ln x)\frac{1}{x}dx=\int f(\ln x)d\ln x=\int f(u)du$

例7 求$\int\frac{1}{x\ln x}dx$.

解 $\int\frac{1}{x\ln x}dx=\int\frac{1}{\ln x}d(\ln x)\xlongequal{u=\ln x}\int\frac{1}{u}du$

$=\ln|u|+C=\ln|\ln x|+C.$

4.$\int f(\sqrt{x})\frac{1}{\sqrt{x}}dx=2\int f(\sqrt{x})d\sqrt{x}=2\int f(u)du$

例8 求$\int\frac{\sec^2\sqrt{x}}{\sqrt{x}}dx$.

解 $\int\frac{\sec^2\sqrt{x}}{\sqrt{x}}dx=2\int\sec^2\sqrt{x}\,d\sqrt{x}\xlongequal{u=\sqrt{x}}2\int\sec^2u\,du$

$=2\tan u+C=2\tan\sqrt{x}+C.$

例9 求$\int\frac{\cos\sqrt{x}}{\sqrt{x}}dx$.

解 $\int\frac{\cos\sqrt{x}}{\sqrt{x}}dx=2\int\cos\sqrt{x}\,d\sqrt{x}\xlongequal{u=\sqrt{x}}2\int\cos u\,du$

$=2\sin u+C=2\sin\sqrt{x}+C.$

5.$\int f\left(\frac{1}{x}\right)\frac{1}{x^2}dx=-\int f\left(\frac{1}{x}\right)d\frac{1}{x}=-\int f(u)du$

例10 求$\int\frac{1}{x^2}\cos\frac{1}{x}dx$.

解 $\int\frac{1}{x^2}\cos\frac{1}{x}dx=-\int\cos\frac{1}{x}d\left(\frac{1}{x}\right)\xlongequal{u=\frac{1}{x}}-\int\cos u\,du$

$=-\sin u+C=-\sin\frac{1}{x}+C.$

例11 求$\int\frac{1}{x^2\sqrt[x]{e}}dx$.

解 $\int\frac{1}{x^2\sqrt[x]{e}}dx=\int e^{-\frac{1}{x}}d\left(-\frac{1}{x}\right)\xlongequal{u=-\frac{1}{x}}\int e^u du$

$=e^u+C=e^{-\frac{1}{x}}+C.$

6.$\int f(e^x)e^x dx=\int f(e^x)de^x=\int f(u)du$

例12 求$\int\frac{e^x}{e^x+1}dx$.

解 $\int \frac{e^x}{e^x+1}dx = \int \frac{d(e^x+1)}{e^x+1} = \ln(e^x+1)+C.$

例 13 求$\int \frac{e^x}{1+e^{2x}}dx$.

解 $$\int \frac{e^x}{1+e^{2x}}dx = \int \frac{de^x}{1+(e^x)^2} \xlongequal{u=e^x} \int \frac{du}{1+u^2}$$

$$=\arctan u + C = \arctan e^x + C.$$

7.$\int f(\sin x)\cos x\,dx = \int f(\sin x)d\sin x = \int f(u)du$, $\int f(\cos x)\sin x\,dx = -\int f(\cos x)d\cos x$

$= -\int f(u)du$

例 14 求$\int \tan x\,dx$.

解 $$\int \tan x\,dx = \int \frac{\sin x}{\cos x}dx = -\int \frac{d\cos x}{\cos x} \xlongequal{u=\cos x} -\int \frac{du}{u}$$

$$=-\ln|u|+C = -\ln|\cos x|+C.$$

类似地可得

$$\int \cot x\,dx = \ln|\sin x|+C.$$

例 15 求$\int \sin x\cos x\,dx$.

解 $$\int \sin x\cos x\,dx = \int \sin x\,d\sin x \xlongequal{u=\sin x} \int u\,du$$

$$=\frac{1}{2}u^2+C = \frac{1}{2}\sin^2 x + C.$$

注意 比较本题与本节刚开始引入的例子有何异同之处.本题还有别的方法来做吗?得到的结果又会是什么呢?

例 16 求$\int \frac{1}{x^2-a^2}dx$.

解 因为$\frac{1}{x^2-a^2} = \frac{1}{2a}\left(\frac{1}{x-a}-\frac{1}{x+a}\right)$,所以

$$\int \frac{1}{x^2-a^2}dx = \frac{1}{2a}\int\left(\frac{1}{x-a}-\frac{1}{x+a}\right)dx = \frac{1}{2a}\ln\left|\frac{x-a}{x+a}\right|+C.$$

例 17 求$\int \sec x\,dx$.

解 $$\int \sec x\,dx = \int \frac{1}{\cos x}dx = \int \frac{\cos x}{\cos^2 x}dx$$

$$=\int \frac{d(\sin x)}{1-\sin^2 x} = \frac{1}{2}\ln\left|\frac{1+\sin x}{1-\sin x}\right|+C.$$

因为$\frac{1+\sin x}{1-\sin x}=\frac{(1+\sin x)^2}{(1-\sin x)(1+\sin x)}=\left(\frac{1+\sin x}{\cos x}\right)^2=(\sec x+\tan x)^2$，所以上述不定积分又可以写成$\int \sec x\,dx=\ln|\sec x+\tan x|+C$.

类似地可得

$$\int \csc x\,dx=\ln|\csc x-\cot x|+C.$$

例 18 求$\int \cos^3 x\,dx$.

解

$$\begin{aligned}\int \cos^3 x\,dx&=\int \cos^2 x\cdot\cos x\,dx\\&=\int \cos^2 x\,d(\sin x)\\&=\int (1-\sin^2 x)\,d(\sin x)\\&=\sin x-\frac{1}{3}\sin^3 x+C.\end{aligned}$$

例 19 求$\int \sin 3x\cos 4x\,dx$.

解

$$\begin{aligned}\int \sin 3x\cos 4x\,dx&=\frac{1}{2}\int(\sin 7x-\sin x)\,dx\\&=\frac{1}{2}\left(-\frac{1}{7}\cos 7x+\cos x\right)+C.\end{aligned}$$

凑微分法运用时的难点在于原题并未指明应该把哪一部分凑成 $d\varphi(x)$，这需要解题经验，如果记熟下列微分式，在利用凑微分法计算一些不定积分时，会大有帮助（以下 a,b 为常数，$a\neq 0$）：

(1) $dx=\frac{1}{a}d(ax+b)$；

(2) $x\,dx=\frac{1}{2a}d(ax^2+b)$；

(3) $\frac{1}{\sqrt{x}}dx=2d(\sqrt{x})$；

(4) $e^x\,dx=d(e^x)$；

(5) $\frac{1}{x}dx=\frac{1}{a}d(a\ln|x|+b)$；

(6) $\sin x\,dx=-d(\cos x)$；

(7) $\cos x\,dx=d(\sin x)$；

(8) $\sec^2 x\,dx=d(\tan x)$；

(9) $\csc^2 x\,dx=-d(\cot x)$；

(10) $\frac{1}{\sqrt{1-x^2}}dx=d(\arcsin x)$；

(11) $\frac{1}{1+x^2}dx=d(\arctan x)$；

(12) $e^{ax}\,dx=\frac{1}{a}d(e^{ax})$；

(13) $\frac{1}{x^2}dx=-d\left(\frac{1}{x}\right)$；

(14) $\sec x\tan x\,dx=d(\sec x)$；

(15) $\csc x\cot x\,dx=-d(\csc x)$.

二、第二类换元积分法

第一类换元积分法是通过变量代换 $u=\varphi(x)$，将积分$\int f[\varphi(x)]\varphi'(x)dx$ 化成容易积分的$\int f(u)du$.但有时也会遇到相反的情形，如果积分$\int f(x)dx$ 用直接积分法或第一类积分法不易求得，但作适当的变量代换 $x=\varphi(t)$ 后，将积分$\int f(x)dx$ 化为关于新的变量t 的积分$\int f[\varphi(t)]\varphi'(t)dt$ 后能够容易求得，则可以解决$\int f(x)dx$ 的计算问题.具体如下：

$$\begin{aligned}&\int f(x)dx \qquad [令\ x=\varphi(t)]\\&=\int f[\varphi(t)]\varphi'(t)dt\\&=F(t)+C \qquad [代回反函数\ t=\varphi^{-1}(x)]\\&=F[\varphi^{-1}(x)]+C.\end{aligned}$$

这种求积分的方法就是第二类换元积分法.

定理 4.3　设 $x=\varphi(t)$ 是单调可微函数，并且 $\varphi'(t)\neq 0$，若

$$\int f[\varphi(t)]\varphi'(t)dt=F(t)+C,$$

则

$$\int f(x)dx=\int f[\varphi(t)]\varphi'(t)dt=F[\varphi^{-1}(x)]+C.$$

其中 $t=\varphi^{-1}(x)$ 是 $x=\varphi(t)$ 的反函数.

对于被积函数含有根式的不定积分，一般用第二类换元积分法，引入适当的代换去掉根号.常见的第二类换元积分法有根式代换和三角代换.

1.根式代换

例 20　求$\int\frac{\sqrt{x-1}}{x}dx$.

解　令$\sqrt{x-1}=t$，则 $x=t^2+1$，$dx=2tdt$.所以

$$\begin{aligned}\int\frac{\sqrt{x-1}}{x}dx&=\int\frac{t}{t^2+1}\cdot 2tdt=2\int\frac{t^2}{t^2+1}dt\\&=2\int\left(1-\frac{1}{t^2+1}\right)dt=2(t-\arctan t)+C\\&=2(\sqrt{x-1}-\arctan\sqrt{x-1})+C.\end{aligned}$$

例 21　求$\int\frac{1}{\sqrt{x}+\sqrt[3]{x}}dx$.

解　令$\sqrt[6]{x}=t$，则$\sqrt{x}=t^3$，$\sqrt[3]{x}=t^2$，$x=t^6$，$\mathrm{d}x=6t^5\mathrm{d}t$，所以

$$\int\frac{1}{\sqrt{x}+\sqrt[3]{x}}\mathrm{d}x=6\int\frac{1}{t^3+t^2}\cdot t^5\mathrm{d}t=6\int\frac{t^3}{t+1}\mathrm{d}t$$

$$=6\int\left(t^2-t+1-\frac{1}{t+1}\right)\mathrm{d}t=6\left(\frac{t^3}{3}-\frac{t^2}{2}+t-\ln|1+t|\right)+C.$$

$$=2\sqrt{x}-3\sqrt[3]{x}+6\sqrt[6]{x}-6\ln(1+\sqrt[6]{x})+C.$$

2.三角代换

当被积函数含有$\sqrt{a^2-x^2}$，$\sqrt{x^2+a^2}$，$\sqrt{x^2-a^2}$时，可分别令$x=a\sin t$，$x=a\tan t$，$x=a\sec t$去掉根号后再积分.

例 22　求$\int\sqrt{a^2-x^2}\mathrm{d}x\ (a>0)$.

解　令$x=a\sin t$，$t\in\left(-\frac{\pi}{2},\frac{\pi}{2}\right)$，则

$$t=\arcsin\frac{x}{a},\sqrt{a^2-x^2}=a\sqrt{1-\sin^2t}=a\cos t,\mathrm{d}x=a\cos t\mathrm{d}t.$$

所以$\int\sqrt{a^2-x^2}\mathrm{d}x=\int a\cos t\cdot a\cos t\mathrm{d}t=a^2\int\cos^2t\mathrm{d}t$

$$=\frac{a^2}{2}\int(1+\cos2t)\mathrm{d}t=\frac{a^2}{2}\left(t+\frac{1}{2}\sin2t\right)+C$$

$$=\frac{a^2}{2}(t+\sin t\cos t)+C$$

$$=\frac{a^2}{2}\arcsin\frac{x}{a}+\frac{x}{2}\sqrt{a^2-x^2}+C.$$

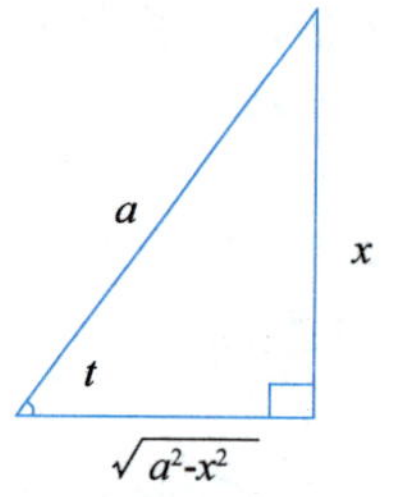

图 4-3

由$x=a\sin t$作直角三角形，其变换的几何意义见图4-3.

例 23　求$\int\frac{1}{\sqrt{x^2+a^2}}\mathrm{d}x\ (a>0)$.

解　令$x=a\tan t$，$t\in\left(-\frac{\pi}{2},\frac{\pi}{2}\right)$，则

$$t=\arctan\frac{x}{a},\sqrt{x^2+a^2}=a\sqrt{\tan^2t+1}=a\sec t,\mathrm{d}x=a\sec^2t\mathrm{d}t.$$

所以$\int\frac{1}{\sqrt{x^2+a^2}}\mathrm{d}x=\int\frac{1}{a\sec t}\cdot a\sec^2t\mathrm{d}t=\int\sec t\mathrm{d}t$

$$=\ln|\sec t+\tan t|+C_1$$

$$=\ln\left|\frac{x}{a}+\frac{\sqrt{x^2+a^2}}{a}\right|+C_1$$

$$=\ln|x+\sqrt{x^2+a^2}|+C.$$

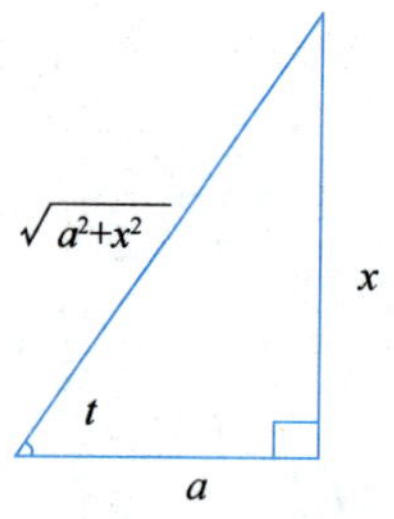

图 4-4

由$x=a\tan t$作直角三角形，其代换的几何意义见图4-4.

例 24　求$\int \frac{1}{\sqrt{x^2-a^2}}dx(a>0)$.

解　令 $x=a\sec t$，当 $x>a$ 时，$t\in\left(0,\frac{\pi}{2}\right)$，有

$\sqrt{x^2-a^2}=a\sqrt{\sec^2 t-1}=a\tan t$，$dx=a\sec t\tan t\,dt$，

则

$$\int \frac{1}{\sqrt{x^2-a^2}}dx=\int \frac{a\sec t\tan t}{a\tan t}dt=\int \sec t\,dt$$

$$=\ln|\sec t+\tan t|+C_1.$$

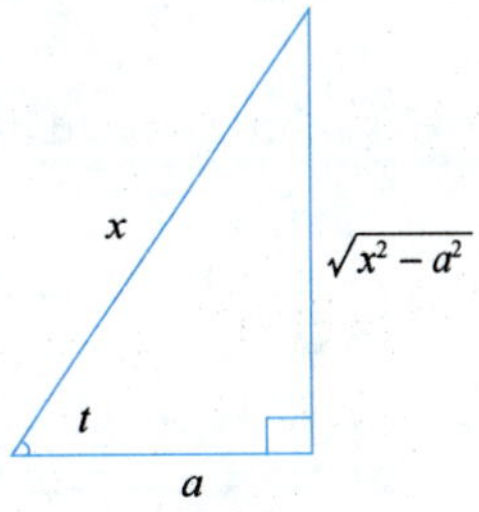

图 4-5

当 $x<-a$ 时，同样有

$$\int \frac{1}{\sqrt{x^2-a^2}}dx=\ln|\sec t+\tan t|+C_1.$$

由 $x=a\sec t$ 作直角三角形，其变换的几何意义见图 4-5.

所以　$$\int \frac{1}{\sqrt{x^2-a^2}}dx=\ln|\sec t+\tan t|+C_1=\ln\left|\frac{x}{a}+\frac{1}{a}\sqrt{x^2-a^2}\right|+C_1$$

$$=\ln\left|x+\sqrt{x^2-a^2}\right|+C.$$

习题 4.2

1.用第一类换元积分法计算下列积分：

(1)$\int (1+2x)^3dx$；　(2)$\int \frac{1}{3-4x}dx$；

(3)$\int \frac{1}{\sqrt[3]{2-3x}}dx$；　(4)$\int \frac{2x}{\sqrt{1-x^2}}dx$；

(5)$\int \frac{1}{x(1+\ln^2 x)}dx$；　(6)$\int \frac{1}{1+9x^2}dx$；

(7)$\int \frac{\cos x}{\sin^3 x}dx$；　(8)$\int \cos^5 x\sin 2x\,dx$；

(9)$\int \frac{1}{x^2+x-6}dx$；　(10)$\int \frac{\arctan x}{1+x^2}dx$.

2.用第二类换元积分法计算下列积分：

(1)$\int \frac{\sqrt{1+x}}{1+\sqrt{1+x}}dx$；　(2)$\int \frac{x^2}{\sqrt{a^2-x^2}}dx$；

(3)$\int \frac{1}{1+\sqrt[3]{x}}dx$；　(4)$\int \frac{1}{\sqrt{(x^2+1)^3}}dx$；

(5)$\int \frac{1}{\sqrt{x}+\sqrt[4]{x}}dx$；　(6)$\int \frac{1}{x\sqrt{x^2-1}}dx$.

3.计算下列不定积分：

(1) $\int \frac{1}{\sin x\cos x}\mathrm{d}x$；　　(2) $\int x\mathrm{e}^{-x^2}\mathrm{d}x$；

(3) $\int \frac{1}{1+\sqrt[3]{x+2}}\mathrm{d}x$；　　(4) $\int \frac{x^3}{9+x^2}\mathrm{d}x$；

(5) $\int \tan^3 x\sec x\mathrm{d}x$；　　(6) $\int \frac{1+\ln x}{(x\ln x)^2}\mathrm{d}x$；

(7) $\int \frac{x}{\sqrt{2-3x^2}}\mathrm{d}x$；　　(8) $\int \frac{1}{1+\sqrt{1-x^2}}\mathrm{d}x$；

(9) $\int \frac{1}{x+\sqrt{1-x^2}}\mathrm{d}x$；　　(10) $\int \frac{1}{x^2\sqrt{1+x^2}}\mathrm{d}x$.

第三节　分部积分法

上节所讲的换元积分法是求不定积分的一种常用的重要方法，它可以解决许多积分问题，但有时对某些类型的积分却不能解决，如 $\int x\mathrm{e}^{2x}\mathrm{d}x$，$\int \mathrm{e}^x\sin x\mathrm{d}x$，$\int x\arctan x\mathrm{d}x$ 等.

本节将介绍另一种基本积分法——分部积分法，其理论基础是函数乘积的微分公式.

设 $u=u(x)$，$v=v(x)$ 都是具有连续导数的函数，由函数乘积的微分公式，有

$$\mathrm{d}(uv)=v\mathrm{d}u+u\mathrm{d}v,$$

两边同时积分，得

$$\int \mathrm{d}(uv)=\int v\mathrm{d}u+\int u\mathrm{d}v.$$

即

$$uv=\int v\mathrm{d}u+\int u\mathrm{d}v.$$

移项，得

$$\int u\mathrm{d}v=uv-\int v\mathrm{d}u,$$

或

$$\int uv'\mathrm{d}x=uv-\int vu'\mathrm{d}x.$$

这就是不定积分的分部积分公式.

粗略地看，分部积分公式只是把原来要求的 $\int u\mathrm{d}v$ 改为求 $\int v\mathrm{d}u$ 而已，两者形式差不多，看起来似乎并无多大的意义.其实不然，很多时候 $\int u\mathrm{d}v$ 不易直接求得，而求 $\int v\mathrm{d}u$ 却很容易.这时公式便起到了化难为易的作用.运用分部积分法，关键在于把被积函数 $f(x)$ 分解为两

个因式相乘，其中一个是 u，另一个是 v'，即把 $f(x)\mathrm{d}x$ 化为 $uv'\mathrm{d}x=u\mathrm{d}v$，然后利用公式转化.下面我们将看到，通过转化，一大类函数求不定积分的问题就迎刃而解了.

为了掌握好这一方法，下面分几种情况来介绍.

1.形如 $\int x^m e^{nx}\mathrm{d}x$（$m$ 是正整数，$n\neq 0$）的不定积分

例 1 求 $\int x e^x \mathrm{d}x$.

解 令 $u=x,v'=e^x$，则 $u'=1,v=e^x$，代入分部积分公式，得

$$\int x e^x \mathrm{d}x = x e^x - \int e^x \mathrm{d}x = x e^x - e^x + C.$$

注意 解本题时，若令 $u=e^x,v'=x$，则 $u'=e^x,v=\frac{1}{2}x^2$，代入分部积分公式，得

$$\int x e^x \mathrm{d}x = \frac{1}{2}x^2 e^x - \frac{1}{2}\int x^2 e^x \mathrm{d}x.$$

最后一项变得比原积分更复杂，结果事与愿违.由此可见，在使用分部积分法时，将哪个函数看成 u，哪个看成 v'，是很重要的，否则就有可能使我们更加一筹莫展.可以说，正确地选定 u 和 v' 是使用分部积分法成功的关键.

例 2 求 $\int x e^{2x} \mathrm{d}x$.

解 令 $u=x,v'=e^{2x}$，则 $u'=1,v=\frac{e^{2x}}{2}$，代入分部积分公式，得

$$\int x e^{2x} \mathrm{d}x = \frac{x e^{2x}}{2} - \int \frac{e^{2x}}{2}\mathrm{d}x = \frac{x e^{2x}}{2} - \frac{e^{2x}}{4} + C.$$

2.形如 $\int x^m \cos x \mathrm{d}x$，$\int x^m \sin x \mathrm{d}x$（$m$ 是正整数）的不定积分

例 3 求 $\int x \cos x \mathrm{d}x$.

解 令 $u=x,v'=\cos x$，则 $u'=1,v=\sin x$，代入分部积分公式，得

$$\int x\cos x \mathrm{d}x = x\sin x - \int \sin x \mathrm{d}x = x\sin x + \cos x + C.$$

当我们熟悉了 u,v' 的选定以后，计算将更加快捷.

例 4 求 $\int x^2 \sin x \mathrm{d}x$.

解
$$\begin{aligned}\int x^2\sin x \mathrm{d}x &= -\int x^2 \mathrm{d}\cos x = -\left(x^2\cos x - 2\int x\cos x \mathrm{d}x\right)\\ &= -x^2\cos x + 2\int x \mathrm{d}\sin x = -x^2\cos x + 2\left(x\sin x - \int \sin x \mathrm{d}x\right)\\ &= -x^2\cos x + 2x\sin x + 2\cos x + C.\end{aligned}$$

3.形如$\int x\arcsin x\,dx$，$\int x\arccos x\,dx$，$\int x\arctan x\,dx$ 的不定积分

例5 求$\int \arcsin x\,dx$.

解 令 $u=\arcsin x$，$v'=1$，则 $u'=\dfrac{1}{\sqrt{1-x^2}}$，$v=x$，代入分部积分公式，得

$$\int \arcsin x\,dx = x\arcsin x - \int \frac{x}{\sqrt{1-x^2}}dx.$$

对于不定积分$\int \dfrac{x}{\sqrt{1-x^2}}dx$，我们采用前面的第一类换元积分法来求.

$$\int \frac{x}{\sqrt{1-x^2}}dx = -\frac{1}{2}\int \frac{1}{\sqrt{1-x^2}}d(1-x^2) \xlongequal{u=1-x^2} -\frac{1}{2}\int u^{-\frac{1}{2}}du$$

$$=-\frac{1}{2}\times 2\sqrt{u}+C=-\sqrt{1-x^2}+C.$$

所以
$$\int \arcsin x\,dx = x\arcsin x+\sqrt{1-x^2}+C.$$

注意 一般地，使用分部积分法所求积分的被积函数是两个函数乘积的形式，即$\int uv'dx$.但本例的被积函数乍看并不是这样，不过我们可以把它看成是 $1\cdot\arcsin x$，即 $u=\arcsin x$，$v'=1$.

例6 求$\int x\arctan x\,dx$.

解 令 $u=\arctan x$，$v'=x$，则 $u'=\dfrac{1}{1+x^2}$，$v=\dfrac{1}{2}x^2$，代入分部积分公式，得

$$\int x\arctan x\,dx = \frac{1}{2}x^2\arctan x - \frac{1}{2}\int \frac{x^2}{1+x^2}dx$$

$$=\frac{1}{2}x^2\arctan x - \frac{1}{2}\int\left(1-\frac{1}{1+x^2}\right)dx$$

$$=\frac{1}{2}x^2\arctan x - \frac{x}{2}+\frac{1}{2}\arctan x+C.$$

4.形如$\int x^m\ln x\,dx$ 的不定积分

例7 求$\int \ln x\,dx$.

解 令 $u=\ln x$，$v'=1$，则 $u'=\dfrac{1}{x}$，$v=x$，代入分部积分公式，得

$$\int \ln x\,dx = x\ln x - \int x\cdot\frac{1}{x}dx = x\ln x-\int dx$$

$$=x\ln x - x+C.$$

例 8　求$\int x\ln x\mathrm{d}x$.

解　令 $u=\ln x$，$v'=x$，则 $u'=\frac{1}{x}$，$v=\frac{1}{2}x^2$，代入分部积分公式，得

$$\int x\ln x\mathrm{d}x=\frac{1}{2}x^2\ln x-\frac{1}{2}\int x^2\cdot\frac{1}{x}\mathrm{d}x=\frac{1}{2}x^2\ln x-\frac{1}{2}\int x\mathrm{d}x$$

$$=\frac{1}{2}x^2\ln x-\frac{1}{4}x^2+C.$$

注意　分部积分法的使用是相当灵活的，例如本题还可以这样来做.令 $u=x\ln x$，$v=1$，则 $u'=1+\ln x$，$v=x$，代入分部积分公式，得

$$\int x\ln x\mathrm{d}x=x^2\ln x-\int x(1+\ln x)\mathrm{d}x=x^2\ln x-\int x\mathrm{d}x-\int x\ln x\mathrm{d}x,$$

移项，得

$$2\int x\ln x\mathrm{d}x=x^2\ln x-\int x\mathrm{d}x=x^2\ln x-\frac{1}{2}x^2+2C,$$

即

$$\int x\ln x\mathrm{d}x=\frac{1}{2}x^2\ln x-\frac{1}{4}x^2+C.$$

5.形如$\int \mathrm{e}^x\sin x\mathrm{d}x$，$\int \mathrm{e}^x\cos x\mathrm{d}x$ 的不定积分

例 9　求$\int \mathrm{e}^x\sin x\mathrm{d}x$.

解　令 $u=\sin x$，$v'=\mathrm{e}^x$，则 $u'=\cos x$，$v=\mathrm{e}^x$，代入分部积分公式，得

$$\int \mathrm{e}^x\sin x\mathrm{d}x=\mathrm{e}^x\sin x-\int \mathrm{e}^x\cos x\mathrm{d}x. \qquad ①$$

对于$\int \mathrm{e}^x\cos x\mathrm{d}x$，再令 $u=\cos x$，$v'=\mathrm{e}^x$，则 $u'=-\sin x$，$v=\mathrm{e}^x$，代入分部积分公式，得

$$\int \mathrm{e}^x\cos x\mathrm{d}x=\mathrm{e}^x\cos x-\int(-\mathrm{e}^x\sin x)\mathrm{d}x.$$

把它代入 ① 式，得

$$\int \mathrm{e}^x\sin x\mathrm{d}x=\mathrm{e}^x(\sin x-\cos x)-\int \mathrm{e}^x\sin x\mathrm{d}x,$$

化简，得

$$\int \mathrm{e}^x\sin x\mathrm{d}x=\frac{1}{2}\mathrm{e}^x(\sin x-\cos x)+C.$$

注意　本题使用了两次分部积分法.

小结　对于可以使用分部积分法来求的积分，为了简单起见，假设被积函数是两个基本初等函数乘积的形式.一般地，我们都是按照对数函数、反三角函数、幂函数、三角函数、指数函数的顺序来选择为 u，而另一个为 v'.

6.其他情形

例 10 求$\int e^{\sqrt{2x+1}}dx$.

解 令$\sqrt{2x+1}=t$，则 $x=\dfrac{t^2-1}{2}$，$dx=t\,dt$.

$$\int e^{\sqrt{2x+1}}dx=\int e^t\cdot t\,dt=e^t(t-1)+C$$

$$=e^{\sqrt{2x+1}}(\sqrt{2x+1}-1)+C.$$

注意 本题的计算过程当中有一步直接套用了例 1 的结果，而且同时使用了换元积分法和分部积分法.

例 11 求$\int \sin(\ln x)dx$.

解 令 $\ln x=t$，则 $x=e^t$，且 $dx=e^t dt$.

$$\int \sin(\ln x)dx=\int e^t \sin t\,dt=\frac{1}{2}e^t(\sin t-\cos t)+C$$

$$=\frac{1}{2}x[\sin(\ln x)-\cos(\ln x)]+C.$$

习题 4.3

1.填空：

(1) 若$\int f(x)dx=xf(x)-\int \dfrac{x}{\sqrt{1-x^2}}dx$，则 $f(x)=$________.

(2) 若$\int xf(x)dx=x\cos x-\int \cos x\,dx$，则 $f(x)=$________.

2.求下列不定积分：

(1)$\int x\sin x\,dx$；

(2)$\int xe^{-x}dx$；

(3)$\int x\arccos x\,dx$；

(4)$\int \dfrac{\ln x}{\sqrt{x}}dx$；

(5)$\int x^2e^{2x}dx$；

(6)$\int \ln(1+x^2)dx$；

(7)$\int x\sin x\cos x\,dx$；

(8)$\int x\tan^2 x\,dx$；

(9)$\int \ln(x+\sqrt{1+x^2})dx$；

(10)$\int (\ln x)^2dx$；

(11)$\int (\arcsin x)^2dx$；

(12)$\int e^{-x}\cos x\,dx$；

(13)$\int \cos(\ln x)dx$；

(14)$\int e^{\sqrt{x}}dx$.

3.设函数 $f(x)$ 的一个原函数为 $\dfrac{\sin x}{x}$，试求 $\int x f'(x)\mathrm{d}x$.

第四节　积分表的使用

前面学习了一些求积分的方法，有了这些方法，一些简单的积分我们已经能计算了，对于较为复杂的积分就需要使用积分表(附录一).这样我们在一些繁杂的计算上，可以避免花费过多的精力.

例 1　求 $\int \dfrac{1}{4+9x^2}\mathrm{d}x$.

解　被积函数中含有 $ax^2+b(a>0)$ 的形式，在积分表中，查得有关积分公式

$$\int \frac{1}{ax^2+b}\mathrm{d}x=\frac{1}{\sqrt{ab}}\arctan\sqrt{\frac{a}{b}}x+C(b>0),$$

所以，令 $a=9,b=4$，直接代入上面的公式，得

$$\int \frac{1}{4+9x^2}\mathrm{d}x=\frac{1}{6}\arctan\frac{3}{2}x+C.$$

例 2　求 $\int \dfrac{1}{5+6\sin x\cos x}\mathrm{d}x$.

解　积分表中无此积分，需要对被积函数变形.

因为 $\int \dfrac{1}{5+6\sin x\cos x}\mathrm{d}x=\int \dfrac{\mathrm{d}x}{5+3\sin 2x}\xlongequal{u=2x}\int \dfrac{1}{10+6\sin u}\mathrm{d}u$，

被积函数中含有三角函数的形式，在积分表中，查得有关积分公式

$$\int \frac{1}{a+b\sin x}\mathrm{d}x=\frac{2}{\sqrt{a^2-b^2}}\arctan\frac{a\tan\frac{x}{2}+b}{\sqrt{a^2-b^2}}+C(a^2>b^2).$$

所以，令 $a=10,b=6$，直接代入上面的公式，得

$$\int \frac{1}{10+6\sin u}\mathrm{d}u=\frac{1}{4}\arctan\frac{10\tan\frac{u}{2}+6}{8}+C.$$

从而 $\int \dfrac{1}{5+6\sin x\cos x}\mathrm{d}x=\dfrac{1}{4}\arctan\dfrac{10\tan x+6}{8}+C=\dfrac{1}{4}\arctan\left(\dfrac{5\tan x}{4}+\dfrac{3}{4}\right)+C.$

习题 4.4

用积分表求下列不定积分：

(1) $\int \dfrac{x^2}{2+3x}\mathrm{d}x$；　　(2) $\int \dfrac{\mathrm{d}x}{\sqrt{(x^2+a^2)^3}}(a\neq 0)$；

(3) $\int \frac{dx}{x\sqrt{4x^2+9}}$；　　　　(4) $\int \frac{dx}{3+5\sin x}$.

数学思想与文化

一、微积分发展历史(一)

微积分真正成为一门数学学科，是在17世纪，然而在此之前微积分已经一步一步地跟随人类历史的脚步缓慢发展.着眼于微积分的整个发展历史，可以分为四个时期：早期萌芽时期、建立成形时期、成熟完善时期和现代发展时期.下面主要介绍前两个时期，后两个时期将在下一章的数学思想与文化部分介绍.

1.早期萌芽时期

公元前7世纪，泰勒斯对图形的面积、体积与长度的研究就含有早期微积分的思想，尽管不是很明显.公元前3世纪，古希腊科学家阿基米德利用穷竭法推算出了抛物线弓形、螺线、圆的面积以及椭球体、抛物面体等各种复杂几何体的表面积和体积的公式，其穷竭法就类似于现在的微积分中的求极限.此外，他还计算出π的近似值，阿基米德对于微积分的发展起到了一定的引导作用.

我国魏晋时期刘徽发明了著名的“割圆术”，即把圆周用内接或外切正多边形穷竭的一种求圆周长及面积的方法.“割之弥细，所失弥少，割之又割，以至于不可割，则与圆周合体而无所失矣.”不断地增加正多边形的边数，进而使正多边形的面积更加接近圆的面积，在我国数学史上算是伟大创举.另外，南朝时期杰出的祖冲之父子更是将圆周率计算到小数点后七位数，他们的精神值得我们学习.此外祖暅提出了祖暅原理：“幂势即同，则积不容异”，即介于两个平行平面之间的两个几何体，被任一平行于这两个平面的平面所截，如果两个截面的面积相等，则这两个几何体的体积相等，比欧洲的卡瓦列利原理早10个世纪.祖暅利用牟合方盖（牟合方盖与其内切球的体积比为4∶π）计算出了球的体积，纠正了刘徽的《九章算术注》中错误的球体积公式.

2.建立成形时期

17世纪上半叶，几乎所有的科学大师都致力于解决速率、极值、切线、面积问题，特别是描述运动与变化的无限小算法，并且在相当短的时间内取得了极大的发展.

天文学家开普勒发现行星运动三大定律，并利用无穷小求和的思想，求得曲边形的面积及旋转体的体积.意大利数学家卡瓦列利发现卡瓦列利原理（祖暅原理），利用不可分量方法求幂函数定积分公式，此外，他还证明了吉尔丁定理（一个平面图形绕某一轴旋转所得立体图形体积等于该平面图形的重心所形成的圆的周长与平面图形面积的乘积），对于微积分的雏形的形成影响深远.

此外解析几何创始人 —— 法国数学家笛卡儿的代数方法，对于微积分的发展起了极大的推动.法国大数学家费马在求曲线的切线及函数的极值方面贡献巨大.

17 世纪下半叶，英国科学家牛顿开始关于微积分的研究，他受沃利斯的《无穷算术》的启发，第一次把代数学扩展到分析学.1665 年牛顿发明正流数术(微分)，次年发明反流数术.之后他将流数术总结，写出了《流数简述》，这标志着微积分的诞生.接着，牛顿研究变量流动生成法，认为变量是由点、线或面的连续运动产生的，因此，他把变量叫作流量，把变量的变化率叫作流数.在创立微积分后期，牛顿否定了以前自己认为的变量是无穷小元素的静止集合，不再强调数学量是由不可分割的最小单元构成，而认为它是由几何元素经过连续运动生成的，不再认为流数是两个实无限小量的比，而是初生量的最初比或消失量的最后比，这就从原先的实无限小量观点进到量的无限分割过程即潜无限观点上.

同一时期，德国数学家莱布尼茨也独立创立了微积分学，他于 1684 年发表第一篇微分论文，定义了微分概念，采用了微分符号 dx，dy.1686 年他又发表了积分论文，讨论了微分与积分，使用了积分符号 $\int$，符号的发明使得微积分的表达更加简便.此外他还发现了求高阶导数的莱布尼茨公式，还有微积分基本公式(也称为牛顿 - 莱布尼茨公式)，将微分与积分运算联系在一起，他在微积分方面的贡献与牛顿旗鼓相当.牛顿与莱布尼茨对于微积分学的创立起了举足轻重的作用.

二、中国数学家陈景润

陈景润(1933 — 1996)，出生于福建福州，父亲陈元俊是一名邮政局职员，母亲于 1947 年即过世.陈景润的父亲收入低微，加之家庭人口较多，故家境贫寒.

1948 年 2 月，入读于福州英华中学.1950 年，考入厦门大学数理系.1953 年，从厦门大学毕业，分配至北京四中任教.1954 年，任厦门大学资料员.1957 年，任中国科学院数学研究所实习研究员.1977 年，任中国科学院数学研究所研究员.1979 年，赴美国普林斯顿高等研究院交流学习.1980 年，当选为中国科学院学部委员(院士).

哥德巴赫 1742 年在给欧拉的信中提出了以下猜想：任一大于 2 的整数都可写成三个素数之和.但是哥德巴赫无法证明它，于是就写信请教赫赫有名的大数学家欧拉，但是也无法证明.欧拉在回信中也提出另一等价版本，即任一大于 2 的偶数都可写成两个质数之和.常见的哥德巴赫猜想陈述为欧拉的版本.把命题“任一充分大的偶数都可以表示成为一个素因子个数不超过 a 个的数与另一个素因子不超过 b 个的数之和”记作“$a + b$”.

1966 年陈景润证明了“1 + 2”成立，即“任一充分大的偶数都可以表示成两个素数的和，或是一个素数和一个半素数的和”.

陈景润于 1973 年发表的“1+2”的详细证明，被国际数学界称为“陈氏定理”.他关于哥德巴赫猜想的许多研究结果在当时是国际上最好的.陈景润提出并且实现了一种新的加权筛法.在他的加权筛法中出现一个和式 Ω，通常的邦别里－维诺格拉多夫均值定理无法对 Ω 中出现的余项给出合适的估计.在和式 Ω 的估计中，陈景润把估计某种集合中元素个数的问题转化为计算另一种集合中元素个数的问题.这个思想加强了筛法的威力，被国际数学界称为转换原理（switching principle）.陈景润在圆内整点问题、华林问题、三维除数及三素数定理中的常数估计等研究中，都改进了中外数学家的结果.

1999 年 10 月，国际小天体命名委员会把中国科学院北京天文观测中心发现的国际永久编号为“7681”的小行星（第一颗编号为素数的小行星）命名为“陈景润星”.

陈景润为我国数学事业的发展打下了坚实基础，为中国数学发展作出了突出贡献.我们要学习陈景润先生自强不息、顽强拼搏的敬业精神，继承和发扬陈景润甘为人梯、求真探索的高尚情操，进一步增强立德树人、创新强国的责任感、使命感和紧迫感.

知识要点

一、原函数与不定积分

1.函数的原函数与不定积分

（1）$f(x)$ 的一个原函数：设 $f(x)$ 在区间 I 内有定义，若存在函数 $F(x)$，使得 $\forall x \in I$，都有 $F'(x)=f(x)$ 或 $\mathrm{d}F(x)=f(x)\mathrm{d}x$，则称函数 $F(x)$ 为 $f(x)$ 在区间 I 内的一个原函数.

（2）$f(x)$ 的原函数：如果函数 $f(x)$ 在区间 I 上有原函数 $F(x)$，则

$$F(x)+C(C\ \text{为任意常数})$$

也是 $f(x)$ 在 I 上的原函数，且 $f(x)$ 的任一原函数均可表示成 $F(x)+C$ 的形式.

（3）不定积分：在区间 I 内，函数 $f(x)$ 带有任意常数项的原函数 $F(x)+C$ 称为 $f(x)$ 在区间 I 内的不定积分，记作 $\int f(x)\mathrm{d}x$，即

$$\int f(x)\mathrm{d}x=F(x)+C.$$

其中 x 称为积分变量，$f(x)$ 称为被积函数，$f(x)\mathrm{d}x$ 称为积分表达式，C 称为积分常数，$\int$ 称为积分号.

2.基本积分公式

（1）$\int k\mathrm{d}x=kx+C(k,C\ \text{是常数})$；　　（2）$\int x^{\alpha}\mathrm{d}x=\dfrac{x^{\alpha+1}}{\alpha+1}+C(\alpha\neq-1)$；

（3）$\int \dfrac{1}{x}\mathrm{d}x=\ln|x|+C$；　　（4）$\int \mathrm{e}^{x}\mathrm{d}x=\mathrm{e}^{x}+C$；

（5）$\int a^{x}\mathrm{d}x=\dfrac{a^{x}}{\ln a}+C$；　　（6）$\int \cos x\mathrm{d}x=\sin x+C$；

(7) $\int \sin x\,dx = -\cos x + C$；　　(8) $\int \sec^2 x\,dx = \tan x + C$；

(9) $\int \csc^2 x\,dx = -\cot x + C$；　　(10) $\int \sec x \tan x\,dx = \sec x + C$；

(11) $\int \csc x \cot x\,dx = -\csc x + C$；

(12) $\int \frac{1}{\sqrt{1-x^2}}dx = \arcsin x + C = -\arccos x + C$；

(13) $\int \frac{1}{1+x^2}dx = \arctan x + C = -\operatorname{arccot} x + C$.

3.不定积分的性质

(1) $\left(\int f(x)dx\right)' = f(x)$；

(2) $\int f'(x)dx = f(x) + C$；

(3) $\int [f(x) \pm g(x)]dx = \int f(x)dx \pm \int g(x)dx$；

(4) $\int kf(x)dx = k\int f(x)dx$（$k$ 是常数，$k \neq 0$）.

4.直接积分法

直接用积分基本公式与运算性质求不定积分，或者对被积函数进行适当的恒等变形，再利用积分基本公式与运算性质求不定积分的方法.

二、换元积分法

1.第一类换元积分法

若 $\int f(u)du = F(u) + C$，且 $u = \varphi(x)$ 可导，则

$$\int f[\varphi(x)]\varphi'(x)dx = \int f[\varphi(x)]d[\varphi(x)] = F[\varphi(x)] + C.$$

2.第二类换元积分法

设 $x = \varphi(t)$ 是单调可微函数，并且 $\varphi'(t) \neq 0$，若

$$\int f[\varphi(t)]\varphi'(t)dt = F(t) + C,$$

则

$$\int f(x)dx = \int f[\varphi(t)]\varphi'(t)dt = F[\varphi^{-1}(x)] + C.$$

其中 $t = \varphi^{-1}(x)$ 是 $x = \varphi(t)$ 的反函数.

三、分部积分法

设 $u = u(x)$，$v = v(x)$ 都是具有连续导数的函数，则

$$\int u\mathrm{d}v = uv - \int v\mathrm{d}u \text{ 或} \int uv'\mathrm{d}x = uv - \int vu'\mathrm{d}x.$$

四、积分表的使用

对于较为复杂的积分，需要通过把被积函数变形，化为积分公式的形式，再使用积分表计算.这样，我们在一些繁杂的计算上，可以避免花费过多精力.

复习题四

一、填空题

1.若 $F_1(x)$，$F_2(x)$ 都是 $f(x)$ 的原函数，则 $F_1(x)$ 与 $F_2(x)$ 的关系是________.

2.设 $\int f(x)\mathrm{d}x = \frac{1}{x^2} + C$，则 $\int \frac{f(\mathrm{e}^{-x})}{\mathrm{e}^x}\mathrm{d}x =$________.

3.函数 $f(x) = \frac{1}{\sqrt{4 - x^2}}$ 的一个原函数是________.

4.设 $a \neq 0$，则 $\int \frac{1}{a^2 - x^2}\mathrm{d}x =$________.

5.设 $f(x)$ 的一个原函数是 $x\mathrm{e}^{-x}$，则 $\int xf'(x)\mathrm{d}x =$________.

6.设 $f'(\sqrt{x}) = \frac{1}{x}$，且 $f(1) = 0$，则 $f(x) =$________.

二、选择题

1.如果函数 $f(x)$ 在区间 I 内连续，则在 I 内 $f(x)$ 的原函数(　　).

A.有唯一的一个　　B.有有限多个

C.有无穷多个　　D.不一定存在

2.若 $F(x)$ 是 $f(x)$ 的一个原函数，C 为常数，则下列函数中仍是 $f(x)$ 的原函数的是(　　).

A.$F(x + C)$　　B.$F(Cx)$　　C.$CF(x)$　　D.$F(x) + C$

3.若 $f'(x) = \varphi(x)$，则(　　).

A.$f(x)$ 为 $\varphi(x)$ 的一个原函数　　B.$\varphi(x)$ 为 $f(x)$ 的一个原函数

C.$f(x)$ 为 $\varphi(x)$ 的不定积分　　D.$\int \varphi(x)\mathrm{d}x = f(x)$

4.设 $f(x) = x\mathrm{e}^{-x^2}$，则 $\int f'(x)\mathrm{d}x =$(　　).

A.$-\frac{1}{2}\mathrm{e}^{-x^2} + C$　　B.$x\mathrm{e}^{-x^2} + C$　　C.$\frac{1}{2}\mathrm{e}^{-x^2} + C$　　D.$-2\mathrm{e}^{-x^2} + C$

5.若$\int f(x)dx = e^{-x}\cos x + C$,则 $f(x)=($　　$)$.

A. $-e^{-x}\cos x$　　B. $-e^{-x}\sin x$

C. $-e^{-x}(\cos x+\sin x)$　　D. $-e^{-x}(\cos x-\sin x)$

三、解答题

1.计算下列不定积分:

(1)$\int \frac{1}{x(x^3+1)}dx$;　　(2)$\int \cot^2 x\,dx$;

(3)$\int \frac{1}{\cos^4 x\,\sin^2 x}dx$;　　(4)$\int \frac{x^4}{1-x^2}dx$;

(5)$\int \frac{\sqrt{3+2\tan x}}{\cos^2 x}dx$;　　(6)$\int \frac{x+\arccos x}{\sqrt{1-x^2}}dx$;

(7)$\int \frac{2}{e^x+e^{-x}}dx$;　　(8)$\int \frac{a-x}{\sqrt{a^2-x^2}}dx\ (a>0)$;

(9)$\int \frac{x^2}{9+4x^2}dx$;　　(10)$\int \frac{x+2}{x^2-4x+6}dx$.

2.已知某曲线上每点的切线斜率 $k=\frac{1}{2}(e^x-e^{-x})$,又知曲线经过点 $M(0,1)$,求曲线的方程.

3.物体由静止开始运动,在任意时刻 t 的速度为 $v=5t^2$ m/s,求在第 3 s 末时,物体离开出发点的距离.又问需要多少时间,物体才能离开出发点 360 m?

第五章 定积分及其应用

在几何中计算平面上曲边梯形的面积是促进定积分概念形成的典型问题之一.这个问题相当古老,可以追溯到古希腊数学家阿基米德的“穷竭法”,他用此法算出了圆、弓形与抛物线弓形的面积.后来,中国古代数学家刘徽创造了“割圆术”,用来求圆的面积.不过,到了17世纪,牛顿(Newton)和莱布尼茨(Leibniz)才明确地提出了面积计算的普遍方法,将分割、求和与取极限相结合来计算不规则几何图形的面积.

促进定积分概念形成的另一个问题是物理学方面求变化过程中的积累量.例如,变速直线运动的物体在时间 $[T_1,T_2]$ 内经过的路程;变力使物体运动一段路程 $[s_1,s_2]$ 所做的功;等等.

第一节 定积分的概念与性质

一、两个实例

引例 1 求曲边梯形(由三条直线与一条连续曲线所围成的封闭图形,其中这三条直线有两条互相平行且与第三条垂直)的面积 A.

设在区间 $[a,b]$ 上,函数 $y=f(x)$ $[f(x)\geqslant 0]$ 连续,求由直线 $x=a$, $x=b$, $y=0$ 以及曲线 $y=f(x)$ 所围成的曲边梯形的面积 A(见图5-1).其具体计算方法是:

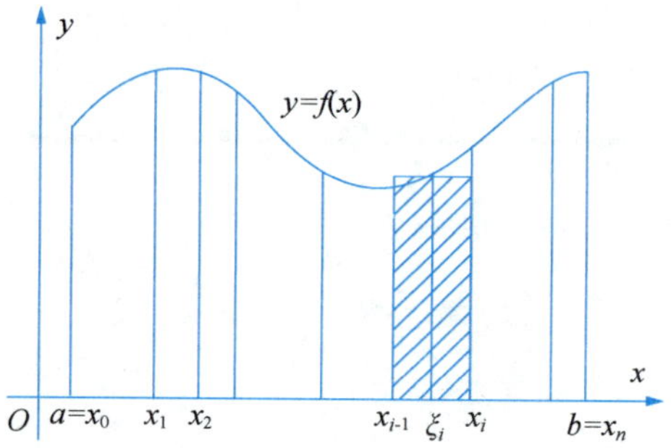

图 5-1

(1) 分割:在区间 $[a,b]$ 上插入 $n-1$ 个点,即用点

$$a=x_0<x_1<x_2<\cdots<x_i<\cdots<x_{n-1}<x_n=b$$

把区间$[a,b]$分成 n 个小区间

$$[x_0,x_1],[x_1,x_2],\cdots,[x_{n-1},x_n],$$

第 i 个小区间的长度记为 $\Delta x_i(i=1,2,\cdots,n)$，即

$$\Delta x_i=x_i-x_{i-1}(i=1,2,\cdots,n).$$

过各个分点作垂直于 x 轴的直线，把曲边梯形分成 n 个小的曲边梯形.第 i 个曲边梯形的面积记为 $\Delta A_i(i=1,2,\cdots,n)$，则

$$A=\Delta A_1+\Delta A_2+\cdots+\Delta A_n=\sum_{i=1}^{n}\Delta A_i.$$

(2) 近似代替(或做乘积)：在第 i 个小区间$[x_{i-1},x_i](i=1,2,\cdots,n)$上任取一点 $\xi_i(x_{i-1}\leqslant\xi_i\leqslant x_i)$，用以 Δx_i 为宽，$f(\xi_i)$ 为高的小矩形的面积 $f(\xi_i)\Delta x_i$ 近似代替相应的小曲边梯形的面积 ΔA_i，即

$$\Delta A_i\approx f(\xi_i)\Delta x_i(i=1,2,\cdots,n).$$

(3) 求和：将每个小矩形的面积相加，所得的和就是整个曲边梯形面积的近似值，即

$$A=\sum_{i=1}^{n}\Delta A_i\approx\sum_{i=1}^{n}f(\xi_i)\Delta x_i.$$

(4) 取极限：当分点个数 n 无限增大，且使得这些小区间长度的最大值 $\lambda=\max\limits_{1\leqslant i\leqslant n}\{\Delta x_i\}$ 趋向于零时，和式 $\sum\limits_{i=1}^{n}f(\xi_i)\Delta x_i$ 的极限就是曲边梯形的面积，即

$$A=\lim_{\substack{\lambda\to 0\\ n\to\infty}}\sum_{i=1}^{n}f(\xi_i)\Delta x_i.$$

引例 2　求变速直线运动物体的路程 s.

设一物体做直线运动，已知速度 $v=v(t)$ 是时间 t 的连续函数，求在时间间隔$[a,b]$上物体所经过的路程 s.

(1) 分割：在区间$[a,b]$上插入 $n-1$ 个点，用分点

$$a=t_0<t_1<t_2<\cdots<t_i<\cdots<t_{n-1}<t_n=b$$

把区间$[a,b]$分成 n 个小区间

$$[t_0,t_1],[t_1,t_2],\cdots,[t_{n-1},t_n],$$

第 i 个小区间的长度记为 $\Delta t_i=t_i-t_{i-1}(i=1,2,\cdots,n)$，物体在第 i 个小区间$[t_{i-1},t_i]$走过的路程记为 $\Delta s_i(i=1,2,\cdots,n)$，则 $s=\sum\limits_{i=1}^{n}\Delta s_i$.

(2) 近似代替(或做乘积)：在第 i 个小区间$[t_{i-1},t_i]$上任取一点 ξ_i，将这段时间内的运动近似地看成是以速度为 $v(\xi_i)$ 的匀速直线运动，从而得到 Δs_i 的近似值，即

$$\Delta s_i\approx v(\xi_i)\Delta t_i(i=1,2,\cdots,n).$$

(3) 求和：把 n 个小区间内的路程相加，得到整个区间上路程 s 的近似值，即

$$s=\sum_{i=1}^{n}\Delta s_i \approx \sum_{i=1}^{n}v(\xi_i)\Delta t_i.$$

（4）取极限：当分点个数 n 无限增大，且使得这些小区间长度的最大值 $\lambda=\max\limits_{1\leqslant i\leqslant n}\{\Delta t_i\}$ 趋向于零时，和式 $\sum\limits_{i=1}^{n}v(\xi_i)\Delta t_i$ 的极限就是所走过的路程，即

$$s=\lim_{\substack{\lambda\to 0\\ n\to\infty}}\sum_{i=1}^{n}v(\xi_i)\Delta t_i.$$

上面两个例子，一个是几何问题，一个是物理问题，它们有着完全不同的实际背景，但是解决问题的方法却是相同的，即采用“分割－近似代替－求和－取极限”的方法，最后都归结为同一种结构的和式极限问题.类似这样的实际问题还有很多，我们抛开实际问题的具体意义，抓住它们在数量关系上共同的本质特征，从数学的结构加以研究，就引出了定积分的概念.

二、定积分的概念

定义 5.1 设函数 $f(x)$ 是定义在闭区间 $[a,b]$ 上的有界函数，用分点

$$a=x_0<x_1<x_2<\cdots<x_i<\cdots<x_{n-1}<x_n=b$$

把区间 $[a,b]$ 分成 n 个小区间

$$[x_0,x_1],[x_1,x_2],\cdots,[x_{n-1},x_n],$$

第 i 个小区间的长度记为 $\Delta x_i(i=1,2,\cdots,n)$，即

$$\Delta x_i=x_i-x_{i-1}(i=1,2,\cdots,n).$$

在每个小区间 $[x_{i-1},x_i](i=1,2,\cdots,n)$ 上任取一点 $\xi_i(x_{i-1}\leqslant\xi_i\leqslant x_i)$，做乘积 $f(\xi_i)\Delta x_i(i=1,2,\cdots,n)$，并做和式（称为积分和式）

$$\sum_{i=1}^{n}f(\xi_i)\Delta x_i.$$

记 $\lambda=\max\limits_{1\leqslant i\leqslant n}\{\Delta x_i\}$，如果当 $\lambda\to 0$ 时，和式的极限

$$\lim_{\lambda\to 0}\sum_{i=1}^{n}f(\xi_i)\Delta x_i$$

存在，且极限值与对区间 $[a,b]$ 的分法和点 ξ_i 在 $[x_{i-1},x_i]$ 上的取法无关，则称函数 $f(x)$ 在区间 $[a,b]$ 上可积，并称此极限为函数 $f(x)$ 在区间 $[a,b]$ 上的定积分，记作 $\int_a^b f(x)\mathrm{d}x$，即

$$\int_a^b f(x)\mathrm{d}x=\lim_{\substack{\lambda\to 0\\ n\to\infty}}\sum_{i=1}^{n}f(\xi_i)\Delta x_i.$$

其中 $f(x)$ 称为被积函数，$f(x)\mathrm{d}x$ 称为被积表达式，x 称为积分变量，区间 $[a,b]$ 称为积分区间，a 与 b 分别称为积分下限与积分上限，符号 $\int_a^b f(x)\mathrm{d}x$ 读作函数 $f(x)$ 从 a 到 b 的定积分.

根据定积分的定义，引例 1 和引例 2 可分别表述为：

(1) 由连续函数 $y=f(x)[f(x)>0]$ 与直线 $x=a,x=b,y=0$ 所围曲边梯形的面积等于函数 $f(x)$ 在区间 $[a,b]$ 上的定积分，即

$$A=\int_a^b f(x)\mathrm{d}x.$$

(2) 物体以变速 $v=v(t)[v(t)>0]$ 做直线运动，从时刻 a 到时刻 b 所走过的路程 s 等于其速度函数 $v=v(t)$ 在时间 $[a,b]$ 上的定积分，即

$$s=\int_a^b v(t)\mathrm{d}t.$$

因此，平面图形的面积是定积分生动的几何直观描述，直线上作变速直线运动物体的路程是定积分绝妙的物理模型.

关于定积分定义的几点说明：

(1) 定积分 $\int_a^b f(x)\mathrm{d}x$ 是一个和式的极限，它是一个确定的数值，它只与积分区间和被积函数有关，与区间的分法以及每个小区间 $[x_{i-1},x_i](i=1,2,\cdots,n)$ 上点 ξ_i 的取法无关；

(2) 定积分与积分变量无关，即

$$\int_a^b f(x)\mathrm{d}x=\int_a^b f(t)\mathrm{d}t=\int_a^b f(u)\mathrm{d}u;$$

(3) 改变积分的上、下限，则积分反号，即

$$\int_a^b f(x)\mathrm{d}x=-\int_b^a f(x)\mathrm{d}x;$$

特别地，当 $a=b$ 时，我们规定：$\int_a^a f(x)\mathrm{d}x=0$.

定理 5.1　设函数 $f(x)$ 在区间 $[a,b]$ 上连续，则 $f(x)$ 在区间 $[a,b]$ 上可积.

一切初等函数在其定义域内都连续，故初等函数在其定义域内的任一闭子区间上都是可积的.

定理 5.2　设函数 $f(x)$ 在区间 $[a,b]$ 上只有有限个第一类间断点，则 $f(x)$ 在 $[a,b]$ 上可积.

三、定积分的几何意义

设函数 $f(x)$ 在 $[a,b]$ 上连续，则

(1) 当 $f(x)\geqslant 0$ 时，根据引例 1 可知定积分 $\int_a^b f(x)\mathrm{d}x$ 表示由曲线 $y=f(x)$ 与直线 $x=a,x=b,y=0$ 所围成的曲边梯形的面积（见图 5-1）；

(2) 当 $f(x)\leqslant 0$ 时，我们有 $-f(x)\geqslant 0$，根据对称性可知，由曲线 $y=f(x)$ 与直线 $x=a,x=b,y=0$ 所围成的曲边梯形的面积等于由曲线 $y=-f(x)$ 与这三条直线所围成的曲边梯形的面积.根据(1)，我们有

$$A=\lim_{\lambda\to 0}\sum_{i=1}^{n}[-f(\xi_i)]\Delta x_i=-\lim_{\lambda\to 0}\sum_{i=1}^{n}f(\xi_i)\Delta x_i=-\int_a^b f(x)\mathrm{d}x.$$

因此，定积分$\int_a^b f(x)\mathrm{d}x$表示由曲线$y=f(x)$与直线$x=a,x=b,y=0$所围成的曲边梯形面积的负值（见图 5-2）.

（3）当$f(x)$有正有负时，根据（1）和（2）可知，定积分$\int_a^b f(x)\mathrm{d}x$表示几个曲边梯形的面积的代数和.在x轴上方的曲边梯形的面积取正，在x轴下方的取负（见图 5-3）.

$$\int_a^b f(x)\mathrm{d}x=A_1-A_2+A_3.$$

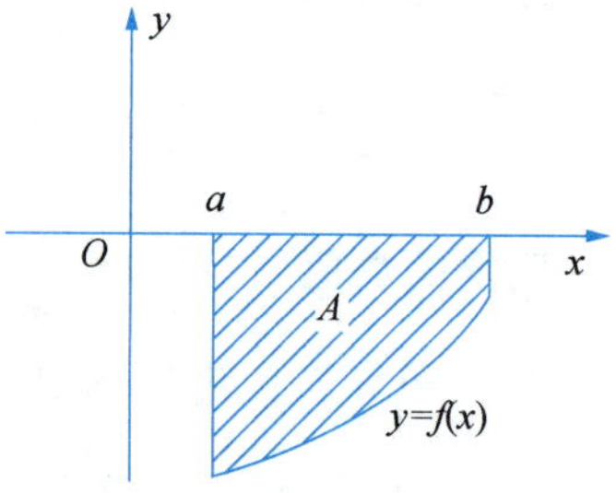

图 5-2

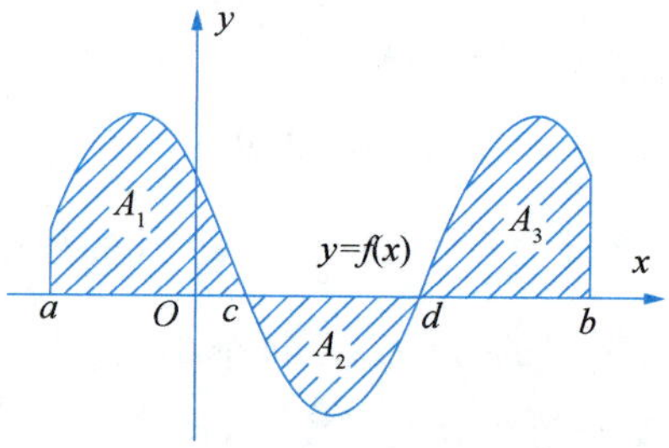

图 5-3

例 1　用定积分表示图 5-4 中阴影部分的面积，并根据定积分的几何意义求出其值.

解　在图 5-4 中，被积函数$f(x)=x$在区间$[1,2]$上连续，且$f(x)>0$，根据定积分的几何意义，阴影部分的面积为

$$A=\int_1^2 x\,\mathrm{d}x=\frac{(1+2)\times 1}{2}=\frac{3}{2}.$$

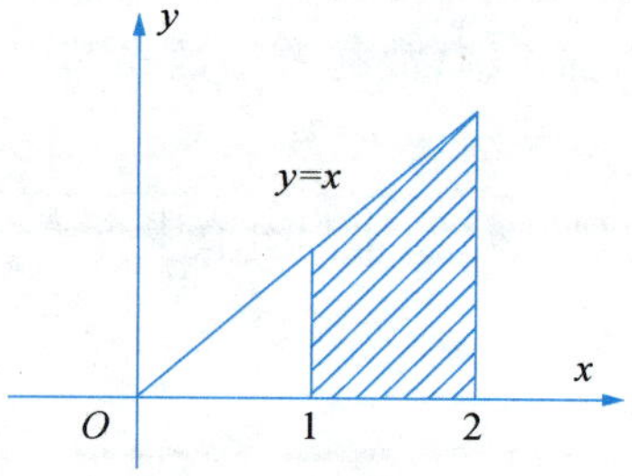

图 5-4

四、定积分的简单性质

下面，假设函数$f(x),g(x)$在所讨论的区间上都是可积的.

性质 5.1　两个函数代数和的定积分等于各个函数定积分的代数和，即

$$\int_a^b[f(x)\pm g(x)]\mathrm{d}x=\int_a^b f(x)\mathrm{d}x\pm\int_a^b g(x)\mathrm{d}x.$$

性质 5.1 可以推广到有限多个函数的代数和的情形.

性质 5.2　被积函数中的常数因子可以提到积分号外面，即

$$\int_a^b kf(x)\mathrm{d}x = k\int_a^b f(x)\mathrm{d}x.$$

性质 5.3(定积分的可加性)　对任意的点 c，有

$$\int_a^b f(x)\mathrm{d}x = \int_a^c f(x)\mathrm{d}x + \int_c^b f(x)\mathrm{d}x$$

注意　c 的任意性意味着不论 c 是在 $[a,b]$ 之内，还是在 $[a,b]$ 之外，这一性质均成立.

例 2　已知 $\int_0^1 x^3\mathrm{d}x = \frac{1}{4}$，$\int_0^4 x^3\mathrm{d}x = 64$，求 $\int_1^4 x^3\mathrm{d}x$.

解　根据性质 5.3，我们有

$$\int_0^4 x^3\mathrm{d}x = \int_0^1 x^3\mathrm{d}x + \int_1^4 x^3\mathrm{d}x.$$

即

$$\int_1^4 x^3\mathrm{d}x = \int_0^4 x^3\mathrm{d}x - \int_0^1 x^3\mathrm{d}x = 64 - \frac{1}{4} = 63\frac{3}{4}.$$

性质 5.4(保号性)　如果在区间 $[a,b]$ 上 $f(x) \geqslant 0$，则 $\int_a^b f(x)\mathrm{d}x \geqslant 0$.

性质 5.5　如果在区间 $[a,b]$ 上有 $f(x) \geqslant g(x)$，那么

$$\int_a^b f(x)\mathrm{d}x \geqslant \int_a^b g(x)\mathrm{d}x.$$

性质 5.6(估值定理)　如果存在两个数 M，m，使得函数 $f(x)$ 在闭区间 $[a,b]$ 上有 $m \leqslant f(x) \leqslant M$，那么

$$m(b-a) \leqslant \int_a^b f(x)\mathrm{d}x \leqslant M(b-a).$$

性质 5.7(积分中值定理)　如果函数 $f(x)$ 在闭区间 $[a,b]$ 上连续，那么在闭区间 $[a,b]$ 内至少存在一点 ξ，使得下式成立

$$\int_a^b f(x)\mathrm{d}x = f(\xi)(b-a).$$

几何意义：假设 $f(x) \geqslant 0(a \leqslant x \leqslant b)$，由曲线 $y = f(x)$ 与直线 $x=a$，$x=b$，$y=0$ 所围成的曲边梯形的面积，等于以区间 $[a,b]$ 为底，以该区间上某一点处的函数值 $f(\xi)$ 为高的矩形的面积，如图 5-5 所示.

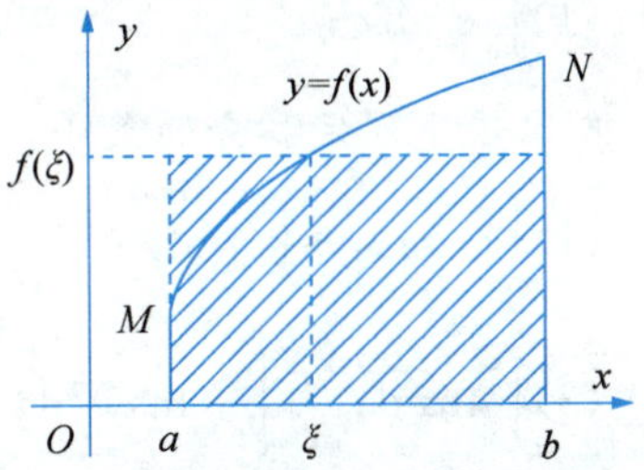

图 5-5

通常我们称

$$f(\xi) = \frac{1}{b-a}\int_a^b f(x)\mathrm{d}x$$

为函数 $y=f(x)$ 在 $[a,b]$ 上的平均值.

例 3 比较下列各对积分值的大小：

(1) $\int_0^1 \sqrt[3]{x}\,dx$ 与 $\int_0^1 x^3\,dx$； (2) $\int_0^1 2^x\,dx$ 与 $\int_0^1 \left(\frac{1}{2}\right)^x dx$.

解 (1) 因为在区间 $[0,1]$ 上，$\sqrt[3]{x} \geqslant x^3$，所以由性质 5.5 有

$$\int_0^1 \sqrt[3]{x}\,dx \geqslant \int_0^1 x^3\,dx.$$

(2) 因为在 $[0,1]$ 上 $2^x \geqslant \left(\frac{1}{2}\right)^x$，所以 $\int_0^1 2^x\,dx \geqslant \int_0^1 \left(\frac{1}{2}\right)^x dx$.

例 4 估计定积分 $\int_{-1}^1 e^{-x^2}\,dx$ 的值.

解 被积函数 $f(x)=e^{-x^2}$ 是偶函数，有唯一的极值点 $x=0$，且 $f(0)=1$.再比较它在端点 $x=\pm 1$ 的取值，可得 $e^{-1} \leqslant e^{-x^2} \leqslant 1$.从而根据性质 5.6 有

$$2e^{-1} \leqslant \int_{-1}^1 e^{-x^2}\,dx \leqslant 2.$$

习题 5.1

1.将区间 $[0,1]$ 上和式的极限 $\lim\limits_{\lambda\to 0}\sum\limits_{i=1}^{n}\frac{1}{1+\xi_i^2}\Delta x_i$ 表示成定积分的形式.

2.用定积分表示由曲线 $y=\cos x+1$，$x=\frac{\pi}{2}$ 及两坐标轴所围成的曲边梯形的面积.

3.用定积分的几何意义计算下列定积分：

(1) $\int_{-2}^3 4\,dx$； (2) $\int_0^2 3x\,dx$；

(3) $\int_{-2\pi}^{2\pi} \sin x\,dx$； (4) $\int_0^4 (x+1)\,dx$.

4.已知 $\int_{-1}^0 x^2\,dx=\frac{1}{3}$，$\int_{-1}^0 x\,dx=-\frac{1}{2}$，求 $\int_{-1}^0 (2x^2-3x)\,dx$ 的值.

5.利用定积分的性质，判断下列定积分值的正负：

(1) $\int_0^2 e^{-x}\,dx$； (2) $\int_{\frac{\pi}{2}}^{\pi} \cos x\,dx$.

6.比较下列定积分的大小：

(1) $\int_0^1 x^2\,dx$ 与 $\int_0^1 x^3\,dx$； (2) $\int_0^1 e^x\,dx$ 与 $\int_0^1 x\,dx$；

(3) $\int_1^e \ln x\,dx$ 与 $\int_1^e (\ln x)^2\,dx$； (4) $\int_0^{\frac{\pi}{2}} \sin x\,dx$ 与 $\int_0^{\frac{\pi}{2}} x\,dx$.

7.估计下列定积分的大小：

(1) $\int_0^1 \frac{1}{1+x^2}\,dx$； (2) $\int_1^e \ln x\,dx$.

第二节 微积分的基本公式

表面看来，不定积分与定积分是两个不同的概念，本节将介绍牛顿－莱布尼茨公式，把两者有机地结合起来，利用不定积分来计算定积分.

一、积分上限的函数及其导数

设函数 $f(x)$ 在区间$[a,b]$上连续，x 为区间$[a,b]$上的任意一点，则 $f(x)$ 在子区间$[a,x]$上也连续，所以定积分

$$\int_a^x f(x)\mathrm{d}x$$

存在.注意，这里积分上限是 x，但它与积分变量 x 的意义是不同的.由于定积分的值与积分变量无关，为避免混淆，将上式积分改写成

$$\int_a^x f(t)\mathrm{d}t.$$

若固定积分下限 a 不变，则对于任一个 $x\in[a,b]$，定积分$\int_a^x f(t)\mathrm{d}t$ 都有唯一确定的值与 x 对应，所以定积分$\int_a^x f(t)\mathrm{d}t$ 是 x 的函数，称它为积分上限的函数，记作 $\Phi(x)$（见图 5-6），即

$$\Phi(x)=\int_a^x f(t)\mathrm{d}t.$$

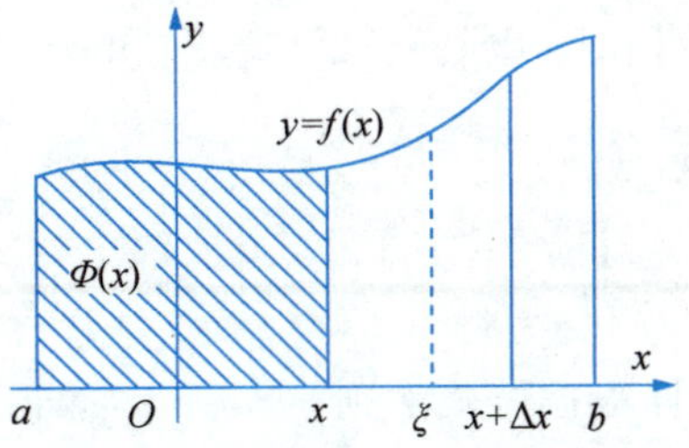

图 5-6

定理 5.3 若函数 $f(x)$ 在区间$[a,b]$上连续，则积分上限的函数

$$\Phi(x)=\int_a^x f(t)\mathrm{d}t$$

在区间$[a,b]$上可导，且其导数等于被积函数 $f(x)$，即

$$\Phi'(x)=\left[\int_a^x f(t)\mathrm{d}t\right]'=f(x).$$

定理 5.3 说明了闭区间上的连续函数一定存在原函数，因为其积分上限的函数就是它的

一个原函数，从而我们有下面的定理.

定理 5.4(原函数存在定理) 如果函数 $f(x)$ 在闭区间$[a,b]$上连续，则 $f(x)$ 在闭区间$[a,b]$上的原函数一定存在，且函数

$$\Phi(x)=\int_a^x f(t)\mathrm{d}t$$

就是 $f(x)$ 在$[a,b]$上的一个原函数.

例 1 设 $\Phi(x)=\int_{\frac{\pi}{2}}^x t\cos t\,\mathrm{d}t$，求 $\Phi'(x)$，$\Phi'(0)$，$\Phi'(\pi)$.

解 根据定理 5.3，有

$$\Phi'(x)=x\cos x.$$

从而 $\Phi'(0)=x\cos x\big|_{x=0}=0$，$\Phi'(\pi)=x\cos x\big|_{x=\pi}=-\pi$.

例 2 求下列函数的导数：

(1) $F(x)=\int_x^1\cos^2 t\,\mathrm{d}t$；　　(2) $F(x)=\int_1^{x^2}\ln t\,\mathrm{d}t\ (x>0)$；

(3) $y=\int_x^{x^2}\sqrt{1+t^3}\,\mathrm{d}t$.

解 (1) 由于 $F(x)=-\int_1^x\cos^2 t\,\mathrm{d}t$，所以

$$F'(x)=\left(-\int_1^x\cos^2 t\,\mathrm{d}t\right)'=-\left(\int_1^x\cos^2 t\,\mathrm{d}t\right)'=-\cos^2 x.$$

(2) 我们把 $F(x)=\int_1^{x^2}\ln t\,\mathrm{d}t$ 看成是 x 的复合函数，其中中间变量是 $u=x^2$，利用链式法则，可得

$$F'(x)=\left(\int_1^u\ln t\,\mathrm{d}t\right)'_u\cdot(x^2)'_x=2x\ln u=2x\ln(x^2).$$

(3) 根据定积分的可加性，有

$$y=\int_0^{x^2}\sqrt{1+t^3}\,\mathrm{d}t-\int_0^x\sqrt{1+t^3}\,\mathrm{d}t.$$

对于 $\int_0^{x^2}\sqrt{1+t^3}\,\mathrm{d}t$ 的求导，同样根据链式法则，令 $u=x^2$，即

$$\begin{aligned}y'&=\left(\int_0^u\sqrt{1+t^3}\,\mathrm{d}t\right)'_u\cdot(x^2)'_x-\sqrt{1+x^3}\\&=2x\sqrt{1+u^3}-\sqrt{1+x^3}=2x\sqrt{1+x^6}-\sqrt{1+x^3}.\end{aligned}$$

二、微积分的基本公式

定理 5.5 设函数 $f(x)$ 在区间$[a,b]$上连续，$F(x)$ 是 $f(x)$ 在区间$[a,b]$上一个原函数，则

$$\int_a^b f(x)\mathrm{d}x=F(b)-F(a).$$

上式称为牛顿(Newton)－莱布尼兹(Leibniz)公式,也称为微积分基本公式.今后为了更方便地使用该公式,把它右端的 $F(b)-F(a)$ 记为 $F(x)\Big|_a^b$,这样微积分基本公式就可以写成如下形式:

$$\int_a^b f(x)\mathrm{d}x=F(x)\Big|_a^b=F(b)-F(a).$$

该公式充分表达了定积分与原函数之间的内在联系,它把定积分的计算问题转化为求原函数(不定积分)的问题,从而给定积分的计算提供了一个简便而有效的途径.

例 3　计算下列定积分:

(1) $\int_0^1 \frac{1}{1+x^2}\mathrm{d}x$;　　　(2) $\int_{-4}^{-2} \frac{1}{x}\mathrm{d}x$.

解　(1) $\int_0^1 \frac{1}{1+x^2}\mathrm{d}x=\arctan x\Big|_0^1=\frac{\pi}{4}-0=\frac{\pi}{4}$.

(2) $\int_{-4}^{-2} \frac{1}{x}\mathrm{d}x=\ln|x|\Big|_{-4}^{-2}=\ln 2-\ln 4=-\ln 2$.

例 4　计算 $\int_0^2 |x-1|\mathrm{d}x$.

解　因为被积函数在积分区间上是分段函数,从而根据性质 5.3(定积分的可加性),有

$$\begin{aligned}\int_0^2|x-1|\mathrm{d}x&=\int_0^1|x-1|\mathrm{d}x+\int_1^2|x-1|\mathrm{d}x=\int_0^1(1-x)\mathrm{d}x+\int_1^2(x-1)\mathrm{d}x\\&=\left(x-\frac{x^2}{2}\right)\Big|_0^1+\left(\frac{x^2}{2}-x\right)\Big|_1^2\\&=\left(1-\frac{1}{2}\right)-0+\left(\frac{2^2}{2}-2\right)-\left(\frac{1}{2}-1\right)=1.\end{aligned}$$

例 5　设函数 $f(x)=\begin{cases}x, & 0\leqslant x\leqslant 1,\\ 2-x, & 1<x\leqslant 2.\end{cases}$ 求 $\int_0^2 f(x)\mathrm{d}x$.

解　$$\begin{aligned}\int_0^2 f(x)\mathrm{d}x&=\int_0^1 f(x)\mathrm{d}x+\int_1^2 f(x)\mathrm{d}x=\int_0^1 x\mathrm{d}x+\int_1^2(2-x)\mathrm{d}x\\&=\frac{x^2}{2}\Big|_0^1+\left(2x-\frac{x^2}{2}\right)\Big|_1^2=\frac{1}{2}+\left[(4-2)-\left(2-\frac{1}{2}\right)\right]\\&=\frac{1}{2}+\frac{1}{2}=1.\end{aligned}$$

习题 5.2

1.设 $y=f(x)$ 在 $[a,b]$ 上连续,则 $\int_a^x f(t)\mathrm{d}t$ 与 $\int_x^b f(u)\mathrm{d}u$ 是 x 的函数还是 t 与 u 的函数?它们的导数存在吗?如果存在,分别等于什么?

2.求下列函数的导数:

(1) $y=\int_0^x e^{t^2}\mathrm{d}t$；

(2) $y=\int_x^1 t\arctan t\,\mathrm{d}t$；

(3) $y=\int_0^{x^2}\dfrac{t\sin t}{1+\cos^2 t}\mathrm{d}t$；

(4) $y=\int_{\sin x}^{\cos x} t\,\mathrm{d}t$.

3.计算下列定积分：

(1) $\int_0^1 (x^3+3x-2)\mathrm{d}x$；

(2) $\int_0^2 (e^x-x)\mathrm{d}x$；

(3) $\int_0^{\frac{\pi}{4}}\tan^2 x\,\mathrm{d}x$；

(4) $\int_0^{\pi}\sin^2\dfrac{x}{2}\mathrm{d}x$；

(5) $\int_1^2\left(x+\dfrac{1}{x^4}\right)\mathrm{d}x$；

(6) $\int_0^1\sqrt{1+x}\,\mathrm{d}x$；

(7) $\int_4^9\sqrt{x}(\sqrt{x}+1)\mathrm{d}x$；

(8) $\int_{-1}^0\dfrac{3x^4+3x^2+1}{x^2+1}\mathrm{d}x$；

(9) $\int_0^{\pi}|\cos x|\mathrm{d}x$；

(10) $\int_0^4|2-x|\mathrm{d}x$.

4.设 $f(x)=\begin{cases}x^2+2, & x\leqslant 1,\\ 4-x, & x>1,\end{cases}$ 求 $\int_0^3 f(x)\mathrm{d}x$.

5.求极限 $\lim\limits_{x\to 0}\dfrac{\int_0^x \cos t^2\,\mathrm{d}t}{x}$.

第三节　定积分的换元积分法与分部积分法

由牛顿－莱布尼茨公式，定积分的计算只需找出被积函数的一个原函数，代入上下限，再用上限的函数值减去下限的函数值即可.本节将在不定积分的换元积分法与分部积分法的基础上，讨论定积分的换元积分法与分部积分法.

一、定积分的换元积分法

定理 5.6　设函数 $f(x)$ 在区间 $[a,b]$ 上连续，令 $x=\varphi(t)$，且满足

(1) $\varphi(\alpha)=a$，$\varphi(\beta)=b$；

(2) 当 t 从 α 变化到 β 时，$\varphi(t)$ 单调地从 a 变化到 b；

(3) $\varphi'(t)$ 在 $[\alpha,\beta]$（或 $[\beta,\alpha]$）上连续，则有

$$\int_a^b f(x)\mathrm{d}x=\int_\alpha^\beta f[\varphi(t)]\varphi'(t)\mathrm{d}t.$$

上式称为定积分的换元积分公式.

例 1　计算 $\int_0^3\dfrac{x}{\sqrt{1+x}}\mathrm{d}x$.

解　令$\sqrt{1+x}=t$，则$x=t^2-1$，$dx=2t\,dt$，且当$x=0$时，$t=1$；当$x=3$时，$t=2$.于是

$$\int_0^3 \frac{x}{\sqrt{1+x}}dx=\int_1^2 \frac{t^2-1}{t}2t\,dt=2\int_1^2 (t^2-1)dt=2\left(\frac{t^3}{3}-t\right)\Bigg|_1^2=\frac{8}{3}.$$

例 2　计算$\int_0^a \sqrt{a^2-x^2}\,dx\ (a>0)$.

解　令$x=a\sin t$，则$dx=a\cos t\,dt$，且当$x=0$时，$t=0$；当$x=a$时，$t=\frac{\pi}{2}$.

于是

$$\int_0^a \sqrt{a^2-x^2}\,dx=\int_0^{\frac{\pi}{2}} \sqrt{a^2-a^2\sin^2 t}\cdot a\cos t\,dt=a^2\int_0^{\frac{\pi}{2}} \cos^2 t\,dt$$

$$=\frac{a^2}{2}\int_0^{\frac{\pi}{2}}(1+\cos 2t)dt=\frac{a^2}{4}(2t+\sin 2t)\Bigg|_0^{\frac{\pi}{2}}=\frac{1}{4}\pi a^2.$$

注意　本题是否可以令$x=a\sin t$，当$x=0$时，$t=\pi$；当$x=a$时，$t=\frac{\pi}{2}$呢？还有别的做法吗？（提示：利用定积分的几何意义）

例 3　计算$\int_0^{\ln 2} \sqrt{e^x-1}\,dx$.

解　令$\sqrt{e^x-1}=t$，则$x=\ln(t^2+1)$，$dx=\frac{2t}{t^2+1}dt$，且当$x=0$时，$t=0$；当$x=\ln 2$时，$t=1$.于是

$$\int_0^{\ln 2} \sqrt{e^x-1}\,dx=\int_0^1 \frac{2t^2}{t^2+1}dt=2\int_0^1\left(1-\frac{1}{t^2+1}\right)dt$$

$$=2(t-\arctan t)\Big|_0^1=2-\frac{\pi}{2}.$$

定积分的换元公式也可以反过来用，即

$$\int_\alpha^\beta f[\varphi(t)]\varphi'(t)dt=\int_a^b f(x)dx.$$

例 4　求定积分$\int_0^1 x e^{-\frac{x^2}{2}}dx$.

解　因为$x\,dx=-d\left(-\frac{x^2}{2}\right)$，所以令$u=-\frac{x^2}{2}$.当$x=0$时，$u=0$；当$x=1$时，$u=-\frac{1}{2}$.

于是

$$\int_0^1 x e^{-\frac{x^2}{2}}dx=-\int_0^1 e^{-\frac{x^2}{2}}d\left(-\frac{x^2}{2}\right)=-\int_0^{-\frac{1}{2}} e^u du=-e^u\Big|_0^{-\frac{1}{2}}=1-e^{-\frac{1}{2}}.$$

若我们在定积分的计算过程中引入了新的变量，就必须同时更换积分的上下限，即所谓的“换元必换限”.

例 5 证明：$\int_0^{\frac{\pi}{2}} f(\sin x)\mathrm{d}x = \int_0^{\frac{\pi}{2}} f(\cos x)\mathrm{d}x$.

证 $$\int_0^{\frac{\pi}{2}} f(\sin x)\mathrm{d}x \xlongequal{x=\frac{\pi}{2}-t} \int_{\frac{\pi}{2}}^0 f\left[\sin\left(\frac{\pi}{2}-t\right)\right]\mathrm{d}\left(\frac{\pi}{2}-t\right)$$
$$= -\int_{\frac{\pi}{2}}^0 f(\cos t)\mathrm{d}t = \int_0^{\frac{\pi}{2}} f(\cos t)\mathrm{d}t.$$

例 6 求定积分$\int_0^{\pi} \sqrt{\sin^3 x - \sin^5 x}\,\mathrm{d}x$.

解 根据性质 5.3(定积分的可加性)，有

$$\begin{aligned}\int_0^{\pi} \sqrt{\sin^3 x - \sin^5 x}\,\mathrm{d}x &= \int_0^{\pi} \sqrt{\sin^3 x \cos^2 x}\,\mathrm{d}x \\ &= \int_0^{\frac{\pi}{2}} \sqrt{\sin^3 x \cos^2 x}\,\mathrm{d}x + \int_{\frac{\pi}{2}}^{\pi} \sqrt{\sin^3 x \cos^2 x}\,\mathrm{d}x \\ &= \int_0^{\frac{\pi}{2}} \sqrt{\sin^3 x}\cos x\,\mathrm{d}x - \int_{\frac{\pi}{2}}^{\pi} \sqrt{\sin^3 x}\cos x\,\mathrm{d}x \\ &= \int_0^{\frac{\pi}{2}} \sqrt{\sin^3 x}\,\mathrm{d}(\sin x) - \int_{\frac{\pi}{2}}^{\pi} \sqrt{\sin^3 x}\,\mathrm{d}(\sin x) \\ &= \frac{2}{5}(\sin x)^{\frac{5}{2}}\Big|_0^{\frac{\pi}{2}} - \frac{2}{5}(\sin x)^{\frac{5}{2}}\Big|_{\frac{\pi}{2}}^{\pi} = \frac{4}{5}.\end{aligned}$$

有时候为了简便起见也可以不写出所引入的新变量.如例 6 最后，本来应该令 $u=\sin x$ 的，而我们把 $\sin x$ 作为整体看成是一个积分变量，这里就不用更换积分的上下限了.

例 7 设函数 $f(x)$ 在对称区间$[-a,a]$上连续，求证：

(1)$\int_{-a}^{a} f(x)\mathrm{d}x = \int_0^{a}[f(x)+f(-x)]\mathrm{d}x$；

(2) 当 $f(x)$ 为偶函数时，$\int_{-a}^{a} f(x)\mathrm{d}x = 2\int_0^{a} f(x)\mathrm{d}x$；

(3) 当 $f(x)$ 为奇函数时，$\int_{-a}^{a} f(x)\mathrm{d}x = 0$.

证 (1) 根据定积分的可加性，有

$$\int_{-a}^{a} f(x)\mathrm{d}x = \int_{-a}^{0} f(x)\mathrm{d}x + \int_0^{a} f(x)\mathrm{d}x,$$

对于积分$\int_{-a}^{0} f(x)\mathrm{d}x$，令 $x=-t$，则 $\mathrm{d}x=-\mathrm{d}t$.当 $x=-a$ 时，$t=a$；当 $x=0$ 时，$t=0$. 于是

$$\int_{-a}^{0} f(x)\mathrm{d}x = -\int_a^{0} f(-t)\mathrm{d}t = \int_0^{a} f(-t)\mathrm{d}t = \int_0^{a} f(-x)\mathrm{d}x,$$

把上式代入之前的等式就得所证的结果.

(2)$f(x)=f(-x)$，由(1) 的结果直接推得.

(3) $f(x)=-f(-x)$，由(1)的结果直接推得.

例 8 计算$\int_{-\sqrt{3}}^{\sqrt{3}}\frac{x^5\sin^2 x}{1+x^2+x^4}\mathrm{d}x$.

解 因为被积函数是在对称区间$[-\sqrt{3},\sqrt{3}]$上的奇函数，所以根据例 7(3)，有

$$\int_{-\sqrt{3}}^{\sqrt{3}}\frac{x^5\sin^2 x}{1+x^2+x^4}\mathrm{d}x=0.$$

二、定积分的分部积分法

定理 5.7 设函数 $u=u(x)$ 与 $v=v(x)$ 在区间$[a,b]$上有连续的导数，则

$$\int_a^b u(x)v'(x)\mathrm{d}x=u(x)v(x)\Big|_a^b-\int_a^b v(x)u'(x)\mathrm{d}x,$$

或简写成

$$\int_a^b u\mathrm{d}v=uv\Big|_a^b-\int_a^b v\mathrm{d}u.$$

上述公式称为定积分的分部积分公式.

例 9 计算$\int_1^{\mathrm{e}} x\ln x\mathrm{d}x$.

解 根据定积分的分部积分公式，有

$$\begin{aligned}\int_1^{\mathrm{e}} x\ln x\mathrm{d}x&=\int_1^{\mathrm{e}}\ln x\mathrm{d}\left(\frac{x^2}{2}\right)=\frac{x^2\ln x}{2}\Big|_1^{\mathrm{e}}-\int_1^{\mathrm{e}}\frac{x^2}{2}\mathrm{d}(\ln x)\\&=\left(\frac{\mathrm{e}^2}{2}-0\right)-\int_1^{\mathrm{e}}\frac{x^2}{2}\cdot\frac{1}{x}\mathrm{d}x=\frac{\mathrm{e}^2}{2}-\frac{1}{2}\int_1^{\mathrm{e}}x\mathrm{d}x\\&=\frac{\mathrm{e}^2}{2}-\frac{1}{4}x^2\Big|_1^{\mathrm{e}}=\frac{\mathrm{e}^2+1}{4}.\end{aligned}$$

例 10 计算$\int_0^{\pi}x^2\cos x\mathrm{d}x$.

解
$$\begin{aligned}\int_0^{\pi}x^2\cos x\mathrm{d}x&=\int_0^{\pi}x^2\mathrm{d}(\sin x)=x^2\sin x\Big|_0^{\pi}-2\int_0^{\pi}x\sin x\mathrm{d}x\\&=0+2\int_0^{\pi}x\mathrm{d}(\cos x)=2x\cos x\Big|_0^{\pi}-2\int_0^{\pi}\cos x\mathrm{d}x\\&=-2\sin x\Big|_0^{\pi}-2\pi=-2\pi.\end{aligned}$$

例 11 计算$\int_0^{\frac{\pi}{2}}\mathrm{e}^x\sin x\mathrm{d}x$.

解
$$\begin{aligned}\int_0^{\frac{\pi}{2}}\mathrm{e}^x\sin x\mathrm{d}x&=\int_0^{\frac{\pi}{2}}\sin x\mathrm{d}\mathrm{e}^x=\mathrm{e}^x\sin x\Big|_0^{\frac{\pi}{2}}-\int_0^{\frac{\pi}{2}}\mathrm{e}^x\cos x\mathrm{d}x\\&=\mathrm{e}^{\frac{\pi}{2}}-\int_0^{\frac{\pi}{2}}\cos x\mathrm{d}\mathrm{e}^x=\mathrm{e}^{\frac{\pi}{2}}-\mathrm{e}^x\cos x\Big|_0^{\frac{\pi}{2}}-\int_0^{\frac{\pi}{2}}\mathrm{e}^x\sin x\mathrm{d}x.\end{aligned}$$

移项，合并得

$$\int_0^{\frac{\pi}{2}} e^x \sin x \, dx = \frac{1}{2}\left(e^{\frac{\pi}{2}} - e^x \cos x \Big|_0^{\frac{\pi}{2}}\right) = \frac{e^{\frac{\pi}{2}} + 1}{2}.$$

例 12 计算 $\int_0^4 e^{\sqrt{x}} dx$.

解 令 $\sqrt{x} = t$，则 $x = t^2$，$dx = 2t\,dt$.当 $x = 0$ 时，$t = 0$；当 $x = 4$ 时，$t = 2$.于是

$$\int_0^4 e^{\sqrt{x}} dx = 2\int_0^2 e^t t \, dt = 2\int_0^2 t \, de^t = 2te^t \Big|_0^2 - 2\int_0^2 e^t dt$$

$$= 4e^2 - 2e^t \Big|_0^2 = 2e^2 + 2.$$

习题 5.3

1.用换元积分法计算下列定积分：

(1) $\int_0^1 e^{2x-3} dx$；

(2) $\int_0^{\frac{\pi}{2}} \cos^4 x \sin x \, dx$；

(3) $\int_0^1 \frac{1}{e^x + e^{-x}} dx$；

(4) $\int_1^4 \frac{1}{1+\sqrt{x}} dx$；

(5) $\int_e^{e^2} \frac{1}{x \ln x} dx$；

(6) $\int_3^8 \frac{x-1}{\sqrt{1+x}} dx$；

(7) $\int_0^4 \frac{\sqrt{x}}{\sqrt{x}+1} dx$；

(8) $\int_1^{\sqrt{3}} \frac{1}{x^2\sqrt{1+x^2}} dx$.

2.用分部积分法计算下列定积分：

(1) $\int_0^1 \arctan x \, dx$；

(2) $\int_0^1 x e^{-x} dx$；

(3) $\int_{\frac{\pi}{4}}^{\frac{\pi}{3}} \frac{x}{\cos^2 x} dx$；

(4) $\int_0^{\frac{\pi}{2}} x \sin \frac{x}{2} dx$；

(5) $\int_0^1 x \arcsin x \, dx$；

(6) $\int_0^{\frac{\pi}{2}} e^x \sin x \cos x \, dx$；

(7) $\int_1^4 \frac{\ln x}{\sqrt{x}} dx$；

(8) $\int_{\frac{1}{e}}^{e} |\ln x| \, dx$.

3.利用函数的奇偶性计算下列定积分：

(1) $\int_{-1}^1 \frac{x^2 \sin x}{x^4 + 6} dx$；

(2) $\int_{-1}^1 \ln \frac{2-x}{2+x} dx$；

(3) $\int_{-1}^1 x e^{|x|} dx$；

(4) $\int_{-\frac{\pi}{4}}^{\frac{\pi}{4}} |\tan x| \, dx$.

4.证明：$\int_0^1 x^m (1-x)^n dx = \int_0^1 x^n (1-x)^m dx$.

第四节　广义积分

前面我们所讨论的定积分，其积分区间是有限的闭区间，被积函数是有界函数，这样的积分又称为常义积分.但在实际问题中，经常会遇到积分区间是无限区间或被积函数是无界函数的情形，这两类积分都叫作广义积分(或反常积分).

一、无限区间上的广义积分

由于共有三种无限区间，从而对应的广义积分也有三种形式.

定义 5.2　设函数 $f(x)$ 在区间 $[a,+\infty)$ 上连续，取实数 $b>a$，则称极限

$$\lim_{b\to+\infty}\int_a^b f(x)\mathrm{d}x$$

为函数 $f(x)$ 在区间 $[a,+\infty)$ 上的广义积分，记作 $\int_a^{+\infty} f(x)\mathrm{d}x$，即

$$\int_a^{+\infty} f(x)\mathrm{d}x=\lim_{b\to+\infty}\int_a^b f(x)\mathrm{d}x.$$

若此极限存在，则称广义积分 $\int_a^{+\infty} f(x)\mathrm{d}x$ 收敛，否则称广义积分 $\int_a^{+\infty} f(x)\mathrm{d}x$ 发散.

类似地，设函数 $f(x)$ 在 $(-\infty,b]$ 上连续，取实数 $a<b$，称极限

$$\lim_{a\to-\infty}\int_a^b f(x)\mathrm{d}x$$

为函数 $f(x)$ 在 $(-\infty,b]$ 上的广义积分，记作 $\int_{-\infty}^b f(x)\mathrm{d}x$，即

$$\int_{-\infty}^b f(x)\mathrm{d}x=\lim_{a\to-\infty}\int_a^b f(x)\mathrm{d}x.$$

若此极限存在，则称广义积分 $\int_{-\infty}^b f(x)\mathrm{d}x$ 收敛，否则称广义积分 $\int_{-\infty}^b f(x)\mathrm{d}x$ 发散.

设函数 $f(x)$ 在 $(-\infty,+\infty)$ 内连续，对任意实数 c，如果广义积分

$$\int_{-\infty}^c f(x)\mathrm{d}x \text{ 和} \int_c^{+\infty} f(x)\mathrm{d}x$$

都收敛，则称广义积分 $\int_{-\infty}^{+\infty} f(x)\mathrm{d}x$ 收敛，且其积分值

$$\int_{-\infty}^{+\infty} f(x)\mathrm{d}x=\int_{-\infty}^c f(x)\mathrm{d}x+\int_c^{+\infty} f(x)\mathrm{d}x;$$

否则称广义积分 $\int_{-\infty}^{+\infty} f(x)\mathrm{d}x$ 发散.

若 $F(x)$ 是 $f(x)$ 的一个原函数，并记

$$F(+\infty)=\lim_{x\to+\infty}F(x),F(-\infty)=\lim_{x\to-\infty}F(x),$$

则以上广义积分可分别记为

$$\int_a^{+\infty} f(x)\mathrm{d}x = F(x)\Big|_a^{+\infty} = F(+\infty) - F(a),$$

$$\int_{-\infty}^{b} f(x)\mathrm{d}x = F(x)\Big|_{-\infty}^{b} = F(b) - F(-\infty),$$

$$\int_{-\infty}^{+\infty} f(x)\mathrm{d}x = F(x)\Big|_{-\infty}^{+\infty} = F(+\infty) - F(-\infty).$$

此时，广义积分收敛或发散取决于 $F(+\infty)$，$F(-\infty)$ 是否存在.如果存在则收敛，如果不存在就发散.

例 1　求$\int_0^{+\infty} \frac{1}{1+x^2}\mathrm{d}x$.

解　$\int_0^{+\infty} \frac{1}{1+x^2}\mathrm{d}x = \arctan x\Big|_0^{+\infty} = \frac{\pi}{2}$.

例 2　计算$\int_{-\infty}^{0} x\mathrm{e}^x\mathrm{d}x$.

解　因为$\int x\mathrm{e}^x\mathrm{d}x = \int x\mathrm{d}\mathrm{e}^x = x\mathrm{e}^x - \int \mathrm{e}^x\mathrm{d}x = x\mathrm{e}^x - \mathrm{e}^x + C$，所以 $\mathrm{e}^x(x-1)$ 是 $x\mathrm{e}^x$ 的一个原函数.又根据洛必达法则，有

$$\lim_{x\to-\infty} \mathrm{e}^x(x-1) = \lim_{x\to-\infty} \frac{x-1}{\mathrm{e}^{-x}} \overset{\frac{\infty}{\infty}}{=\!=} \lim_{x\to-\infty} \frac{1}{-\mathrm{e}^{-x}} = 0.$$

于是

$$\int_{-\infty}^{0} x\mathrm{e}^x\mathrm{d}x = \mathrm{e}^x(x-1)\Big|_{-\infty}^{0} = -1.$$

例 3　判断$\int_{\mathrm{e}}^{+\infty} \frac{\mathrm{d}x}{x\ln x}$ 的敛散性.

解　因为被积函数的原函数 $F(x) = \ln|\ln x|$，又

$$F(+\infty) = \lim_{x\to+\infty} \ln|\ln x| = +\infty,$$

所以广义积分$\int_{\mathrm{e}}^{+\infty} \frac{\mathrm{d}x}{x\ln x}$ 发散.

例 4　讨论广义积分$\int_a^{+\infty} \frac{1}{x^p}\mathrm{d}x\,(a>0)$ 的敛散性.

解　当 $p=1$ 时，$\int_a^{+\infty} \frac{1}{x^p}\mathrm{d}x = \int_a^{+\infty} \frac{1}{x}\mathrm{d}x = \ln x\Big|_a^{+\infty} = +\infty$（发散）.

当 $p \neq 1$ 时，$\int_a^{+\infty} \frac{1}{x^p}\mathrm{d}x = \frac{x^{1-p}}{1-p}\Big|_a^{+\infty} = \begin{cases} +\infty, & p<1, \\ \frac{a^{1-p}}{p-1}, & p>1. \end{cases}$

故 $p>1$ 时，该广义积分收敛，其值为$\frac{a^{1-p}}{p-1}$；当 $p \leqslant 1$ 时，该广义积分发散.

此广义积分称为 p 积分，牢记它的敛散性，后续计算中可以直接运用.

二、无界函数的广义积分

定义 5.3　设函数 $f(x)$ 在区间 $(a,b]$ 上连续，且 $\lim\limits_{x\to a^+} f(x)=\infty$，取 $\varepsilon>0$，则称极限

$$\lim_{\varepsilon\to 0^+}\int_{a+\varepsilon}^{b} f(x)\mathrm{d}x$$

为函数 $f(x)$ 在区间 $(a,b]$ 上的广义积分，记作 $\int_a^b f(x)\mathrm{d}x$，即

$$\int_a^b f(x)\mathrm{d}x=\lim_{\varepsilon\to 0^+}\int_{a+\varepsilon}^{b} f(x)\mathrm{d}x.$$

若此极限存在，则称广义积分 $\int_a^b f(x)\mathrm{d}x$ 收敛，否则称广义积分 $\int_a^b f(x)\mathrm{d}x$ 发散.

这里，点 $x=a$ 又称为函数 $f(x)$ 的瑕点.

类似地，设函数 $f(x)$ 在区间 $[a,b)$ 上连续，且 $\lim\limits_{x\to b^-} f(x)=\infty$，取 $\varepsilon>0$，则称极限

$$\lim_{\varepsilon\to 0^+}\int_{a}^{b-\varepsilon} f(x)\mathrm{d}x$$

为函数 $f(x)$ 在区间 $[a,b)$ 上的广义积分，记作 $\int_a^b f(x)\mathrm{d}x$，即

$$\int_a^b f(x)\mathrm{d}x=\lim_{\varepsilon\to 0^+}\int_{a}^{b-\varepsilon} f(x)\mathrm{d}x.$$

若此极限存在，则称广义积分 $\int_a^b f(x)\mathrm{d}x$ 收敛，否则称广义积分 $\int_a^b f(x)\mathrm{d}x$ 发散.

设函数 $f(x)$ 在区间 $[a,c)\cup(c,b]$ 内连续，且 $\lim\limits_{x\to c} f(x)=\infty$，如果两个广义积分

$$\int_a^c f(x)\mathrm{d}x \text{ 与 } \int_c^b f(x)\mathrm{d}x$$

都收敛，则称广义积分 $\int_a^b f(x)\mathrm{d}x$ 收敛，且其积分值

$$\int_a^b f(x)\mathrm{d}x=\int_a^c f(x)\mathrm{d}x+\int_c^b f(x)\mathrm{d}x;$$

否则称广义积分 $\int_a^b f(x)\mathrm{d}x$ 发散.

若 $F(x)$ 是 $f(x)$ 的一个原函数，并记

$$F(a+0)=\lim_{x\to a^+}F(x),F(b-0)=\lim_{x\to b^-}F(x),$$

则上述定义的广义积分可分别表示为

$$\int_a^b f(x)\mathrm{d}x=F(x)\Big|_a^b=F(b)-F(a+0),$$

$$\int_a^b f(x)\mathrm{d}x=F(x)\Big|_a^b=F(b-0)-F(a),$$

$$\int_a^b f(x)\mathrm{d}x=\int_a^c f(x)\mathrm{d}x+\int_c^b f(x)\mathrm{d}x=F(c-0)-F(a)+F(b)-F(c+0).$$

例 5　判断$\int_0^1 \frac{\mathrm{d}x}{\sqrt{1-x}}$的收敛性.

解　显然 $x=1$ 是被积函数的瑕点，于是

$$\int_0^1 \frac{\mathrm{d}x}{\sqrt{1-x}} = -2\sqrt{1-x}\Big|_0^1 = \lim_{x\to1^-}(-2\sqrt{1-x})+2=2.$$

例 6　判断$\int_0^1 \frac{\mathrm{d}x}{\sqrt{1-x^2}}$的收敛性.

解　显然 $x=1$ 是被积函数的瑕点，于是

$$\int_0^1 \frac{\mathrm{d}x}{\sqrt{1-x^2}} = \arcsin x\Big|_0^1 = \lim_{x\to1^-}\arcsin x - \arcsin 0 = \frac{\pi}{2}.$$

例 7　讨论广义积分$\int_0^1 \frac{1}{x^q}\mathrm{d}x$ 的敛散性.

解　当 $q=1$ 时，$\int_0^1 \frac{1}{x^q}\mathrm{d}x = \int_0^1 \frac{1}{x}\mathrm{d}x = \ln x\Big|_{0+}^1 = +\infty$，发散.

当 $q\neq1$ 时，$\int_0^1 \frac{1}{x^q}\mathrm{d}x = \frac{x^{1-q}}{1-q}\Big|_{0+}^1 = \begin{cases}\frac{1}{1-q}, & q<1,\\ +\infty, & q>1.\end{cases}$

故 $q<1$ 时，该广义积分收敛，其值为$\frac{1}{1-q}$；当 $q\geqslant1$ 时，该广义积分发散.

此广义积分称为 q 积分，牢记它的敛散性，后续计算中可以直接运用.

习题 5.4

讨论下列广义积分的收敛性：

(1) $\int_0^{+\infty} \mathrm{e}^{-x}\mathrm{d}x$；

(2) $\int_0^{+\infty} \sin x\,\mathrm{d}x$；

(3) $\int_1^{+\infty} \frac{1}{x+1}\mathrm{d}x$；

(4) $\int_{-\infty}^{-1} \frac{1}{x^2(x^2+1)}\mathrm{d}x$；

(5) $\int_{-\infty}^{+\infty} \frac{1}{x^2+1}\mathrm{d}x$；

(6) $\int_3^{+\infty} \frac{1}{\sqrt{x}(1+x)}\mathrm{d}x$；

(7) $\int_0^{+\infty} x^2\mathrm{e}^{-x}\mathrm{d}x$；

(8) $\int_0^1 \ln x\,\mathrm{d}x$；

(9) $\int_0^1 \frac{1}{\sqrt{x}}\mathrm{d}x$；

(10) $\int_0^1 \frac{1}{x^2}\arctan\frac{1}{x}\mathrm{d}x$；

(11) $\int_0^{+\infty} x^p\mathrm{d}x$；

(12) $\int_0^2 \frac{1}{(x-1)^2}\mathrm{d}x$.

第五节　定积分的应用

定积分的应用非常广泛，在几何、物理等自然科学和生产实践中，有许多问题最后都可归结为计算某个定积分.本节通过介绍“微元法”，利用前面所学的定积分知识来分析解决一些实际中的问题.

一、微元法

我们首先回顾一下前面讨论过的计算曲边梯形面积的问题.

设在区间$[a,b]$上，函数$y=f(x)[f(x)\geqslant 0]$连续，求由直线$x=a,x=b,y=0$以及曲线$y=f(x)$所围成的曲边梯形的面积A.把A表示为定积分$\int_a^b f(x)\mathrm{d}x$的步骤如下：

(1) 分割：在区间$[a,b]$上插入$n-1$个点，把它分成长度为$\Delta x_i(i=1,2,\cdots,n)$的$n$个小区间，相应地把曲边梯形分成$n$个小的曲边梯形.第$i$个曲边梯形的面积记为$\Delta A_i(i=1,2,\cdots,n)$，于是

$$A=\Delta A_1+\Delta A_2+\cdots+\Delta A_n=\sum_{i=1}^{n}\Delta A_i.$$

(2) 近似代替(或做乘积)：用以Δx_i为宽，$f(\xi_i)$为高的小矩形的面积$f(\xi_i)\Delta x_i$近似代替相应的小曲边梯形的面积ΔA_i，即

$$\Delta A_i\approx f(\xi_i)\Delta x_i(i=1,2,\cdots,n).$$

(3) 求和：将每个小矩形的面积相加，得近似值$A\approx\sum_{i=1}^{n}f(\xi_i)\Delta x_i$.

(4) 取极限：令$\lambda=\max\limits_{1\leqslant i\leqslant n}\{\Delta x_i\}$趋向于零，求极限得面积$A=\lim\limits_{\lambda\to 0}\sum_{i=1}^{n}f(\xi_i)\Delta x_i$.

我们可以将上述步骤简化一下，对比(2)和(4)中的两个式子，可以看到(2)中的式子就是(4)中的式子的雏形，即有了(2)中的式子，积分表达式中的主要部分已经形成.因此做如下的简化：把(2)中的ξ_i写成x，Δx_i写成$\mathrm{d}x$，这样对(2)中的式子求和取极限就可得(4)中的式子.具体做法如下：

设所求量为Q，则

(1) 在区间$[a,b]$内任取一点x，给x以微小的增量$\mathrm{d}x(x+\mathrm{d}x\in[a,b])$，在$[x,x+\mathrm{d}x]$上函数$f(x)$的增量$\Delta Q\approx f(x)\mathrm{d}x$，$\Delta Q$与$f(x)\mathrm{d}x$之差是$\mathrm{d}x$的高阶无穷小，令$\mathrm{d}Q=\Delta Q$即可构造所求量的微元$\mathrm{d}Q=f(x)\mathrm{d}x$.

(2) 求和、取极限，即把上述微元“累积”起来，得$Q=\int_a^b f(x)\mathrm{d}x$.

这个简化的方法称为微元法.

二、定积分在几何中的应用

1.求平面图形的面积

(1) 求由连续曲线 $y=f(x)$ 以及直线 $x=a, x=b, y=0$ 所围成的平面图形的面积 A.

根据定积分的几何意义可知：

当 $f(x)\geqslant 0$ 时，$\int_a^b f(x)\mathrm{d}x=A$，这时显然有 $\int_a^b |f(x)|\mathrm{d}x=\int_a^b f(x)\mathrm{d}x=A$；

当 $f(x)\leqslant 0$ 时，$\int_a^b f(x)\mathrm{d}x=-A$，这时也有 $\int_a^b |f(x)|\mathrm{d}x=-\int_a^b f(x)\mathrm{d}x=A$；

当 $f(x)$ 有正有负时，由连续曲线 $y=|f(x)|$ 以及直线 $x=a, x=b, y=0$ 所围成的平面图形的面积同样是 A，从而 $\int_a^b |f(x)|\mathrm{d}x=A$（如图 5-7 和 5-8 所示）.

综上所述，无论哪种情形，我们始终有 $A=\int_a^b |f(x)|\mathrm{d}x$.

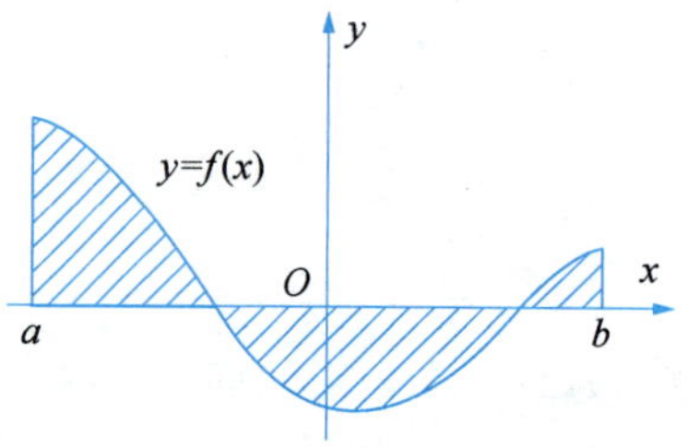

图 5-7

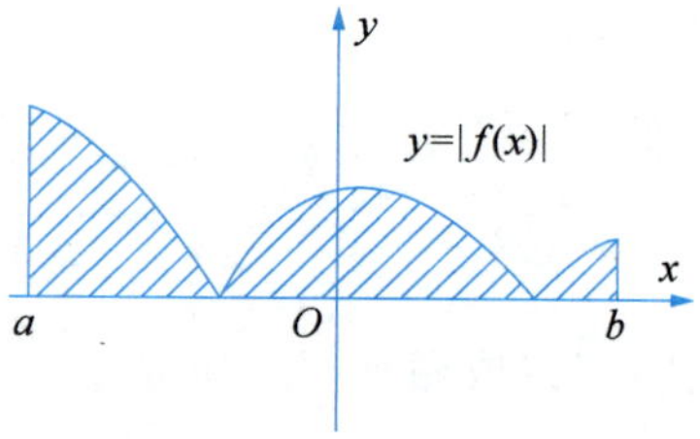

图 5-8

(2) 求由连续曲线 $y=f(x)$，$y=g(x)$ 和直线 $x=a, x=b$ 所围成的平面图形的面积 A.

首先讨论 $f(x)\geqslant g(x)$ 的情形（见图 5-9），在 $[a,b]$ 内任取一点 x，给 x 以微小的增量 $\mathrm{d}x$，得面积微元 $\mathrm{d}A=[f(x)-g(x)]\mathrm{d}x$，从而 $A=\int_a^b [f(x)-g(x)]\mathrm{d}x$.

对于 $f(x)$ 可能大于，也可能小于 $g(x)$ 的情形，如当 $a\leqslant x\leqslant c$ 时，$f(x)\geqslant g(x)$；当 $c\leqslant x\leqslant b$ 时，$f(x)\leqslant g(x)$（见图 5-10）.根据上面讨论的结果有 $A_1=\int_a^c [f(x)-g(x)]\mathrm{d}x$，$A_2=\int_c^b [g(x)-f(x)]\mathrm{d}x$，从而

$$A=A_1+A_2=\int_a^b |f(x)-g(x)|\mathrm{d}x.$$

对于一般的情形也同样有这样的结果.

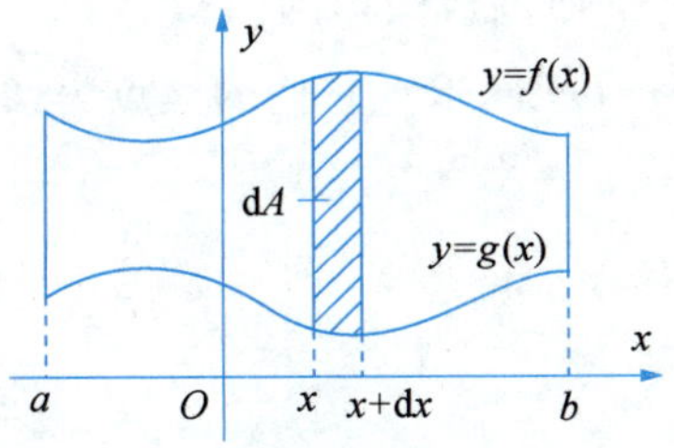

图 5-9

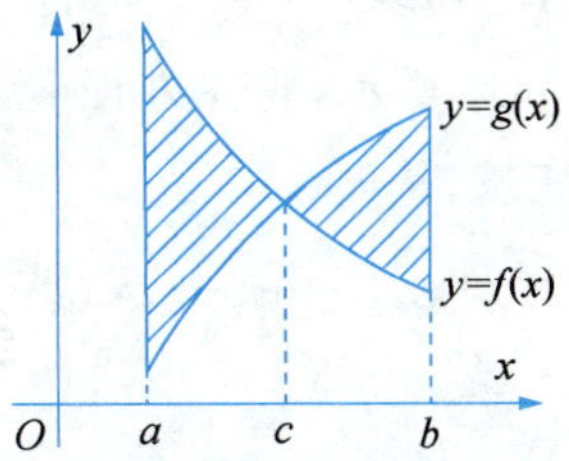

图 5-10

(3) 求由连续曲线 $x=\varphi(y)$ 以及直线 $y=c$, $y=d$, $x=0$ 所围成的平面图形的面积 A. 类似(1) 的讨论,把 y 作为积分变量,有 $A=\int_c^d|\varphi(y)|\mathrm{d}y$(见图 5-11).

(4) 求由连续曲线 $x=\varphi(y)$, $x=\psi(y)$ 和直线 $y=c$, $y=d$ 所围成的平面图形的面积 A. 类似(2) 的讨论,有 $A=\int_c^d|\varphi(y)-\psi(y)|\mathrm{d}y$(见图 5-12).

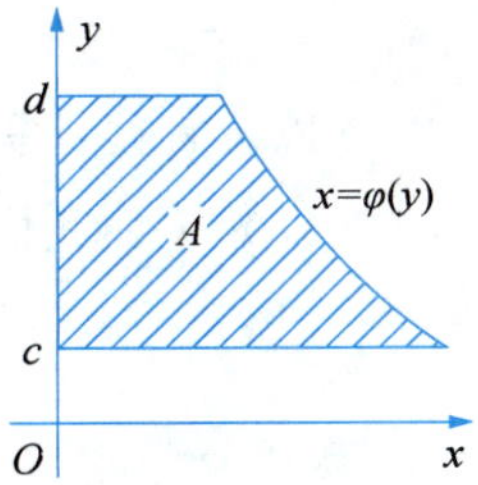

图 5-11

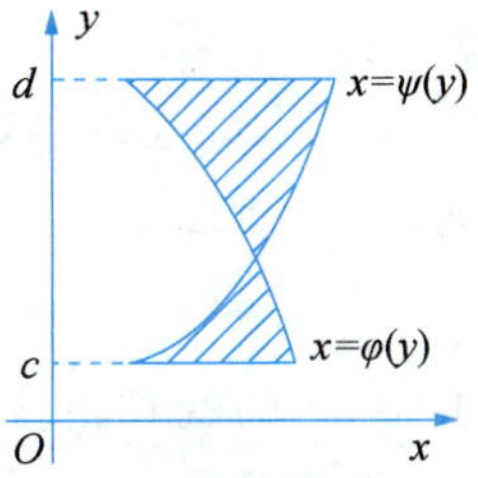

图 5-12

例 1 求由抛物线 $y=x^2$ 与直线 $x=1$, $x=2$, $y=0$ 所围成图形的面积.

解 如图 5-13 所示,所求图形的面积为 $A=\int_1^2 x^2\mathrm{d}x=\left.\frac{1}{3}x^3\right|_1^2=\frac{7}{3}$.

例 2 求由抛物线 $y=x^2$ 与 $y^2=x$ 在第一象限所围成图形的面积.

解 如图 5-14,联立方程 $y=x^2$ 与 $y^2=x$,求得它们的交点为(0,0) 和(1,1),从而

$$A=\int_0^1(\sqrt{x}-x^2)\mathrm{d}x=\left.\left(\frac{2}{3}x^{\frac{3}{2}}-\frac{1}{3}x^3\right)\right|_0^1=\frac{1}{3}.$$

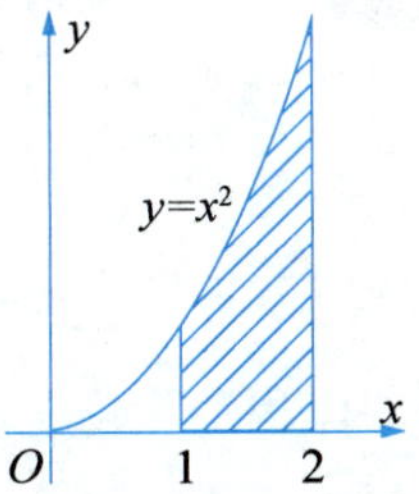

图 5-13

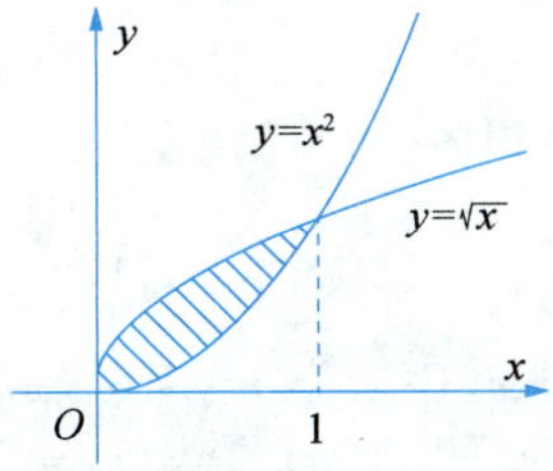

图 5-14

例 3 求由抛物线 $y^2=2x$ 与直线 $y=4-x$ 所围成图形的面积.

解 如图5-15所示，联立方程 $y^2=2x$ 与 $y=4-x$，求得它们的交点为(2,2)和(8,−4). 选择 y 为积分变量，从而

$$A=\int_{-4}^{2}\left(4-y-\frac{y^2}{2}\right)dy=\left(4y-\frac{y^2}{2}-\frac{y^3}{6}\right)\Bigg|_{-4}^{2}=18.$$

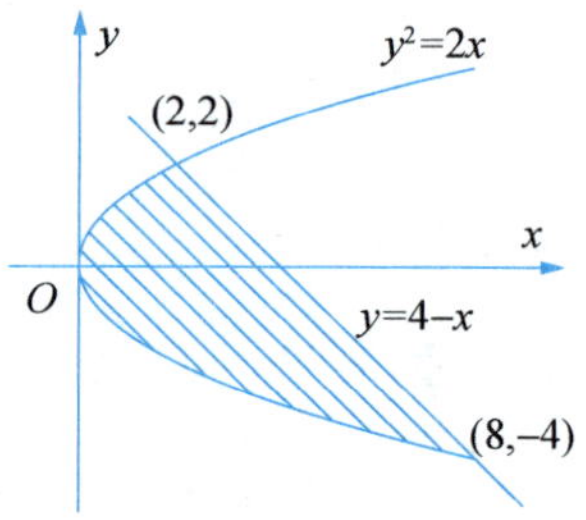

图 5-15

如果选择 x 为积分变量，应该怎样计算？

2.求旋转体的体积

设 $y=f(x)$ 是$[a,b]$上的连续函数，由曲线 $y=f(x)$ 以及直线 $x=a$，$x=b$，$y=0$ 所围成的曲边梯形绕 x 轴旋转一周，得到一个的旋转体（见图 5-16），下面我们用微元法来求它的体积.

选定 x 为积分变量，x 的变化范围为$[a,b]$，给 x 一个很小的增量 dx，过点 x 作垂直于 x 轴的平面，其截面是一个以 $|f(x)|$ 为半径的圆，圆的面积是 $\pi[f(x)]^2$，再过点 $x+dx$ 作垂直于 x 轴的平面，得到另一个截面.由于 dx 很小，所以夹在两个截面之间的“小薄片”可以近似地看作一个以 $|f(x)|$ 为底面半径，dx 为高的圆柱体.其体积为

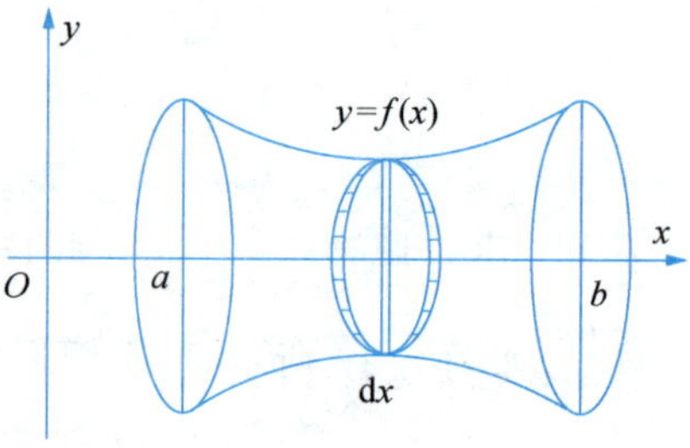

图 5-16

$$dV=\pi[f(x)]^2dx,$$

其中 dV 叫作体积微元.求它在$[a,b]$上的定积分就是所求旋转体的体积，为

$$V=\int_a^b\pi[f(x)]^2dx.$$

类似地，由曲线 $x=\varphi(y)$ 以及直线 $y=c$，$y=d$，$x=0$ 所围成的曲边梯形绕 y 轴旋转一周得到的旋转体体积为

$$V=\int_c^d\pi[\varphi(y)]^2dy.$$

例 4 求由圆 $x^2+y^2=r^2$ 绕 x 轴旋转所得到的球的体积.

解 选 x 作为积分变量，球的体积为

$$V=\int_{-r}^{r}\pi y^2\mathrm{d}x=\int_{-r}^{r}\pi(r^2-x^2)\mathrm{d}x=\pi\left(r^2x-\frac{x^3}{3}\right)\Big|_{-r}^{r}=\frac{4}{3}\pi r^3.$$

例 5　求由椭圆$\frac{x^2}{a^2}+\frac{y^2}{b^2}=1$绕 y 轴旋转所得到的旋转椭球体的体积.

解　选 y 作为积分变量,旋转椭球体的体积为

$$V=\int_{-b}^{b}\pi x^2\mathrm{d}y=\int_{-b}^{b}\pi a^2\left(1-\frac{y^2}{b^2}\right)\mathrm{d}y=\pi a^2\left(y-\frac{y^3}{3b^2}\right)\Big|_{-b}^{b}=\frac{4}{3}\pi a^2 b.$$

3.求平面曲线的弧长

如果函数 $f(x)$ 有连续导数(曲线上每一点处都具有切线,且切线随切点的移动而连续转动),这样的曲线称为光滑曲线,光滑曲线是可以求长度的.

如图 5-17,设曲线 $y=f(x)$ 是光滑的,则对应于小区间$[x,x+\mathrm{d}x]$的一小段弧长 Δs,可以用该曲线在点$(x,f(x))$处的切线上相应的一小段线段的长来近似代替,这小段直线段的长度为

$$\sqrt{(\mathrm{d}x)^2+(\mathrm{d}y)^2}=\sqrt{(\mathrm{d}x)^2+(y'\mathrm{d}x)^2}=\sqrt{1+(y')^2}\,\mathrm{d}x.$$

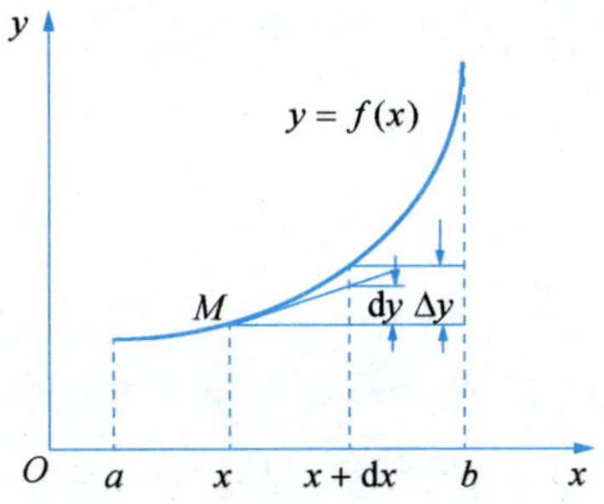

图 5-17

从而得到弧长微元的表达式

$$\Delta s\approx \mathrm{d}s=\sqrt{1+(y')^2}\,\mathrm{d}x.$$

所以弧长为

$$s=\int_a^b\sqrt{1+(y')^2}\,\mathrm{d}x.$$

若曲线由参数方程$\begin{cases}x=\varphi(t),\\ y=\psi(t)\end{cases}$$(\alpha\leqslant t\leqslant\beta)$给出,$\varphi(t)$,$\psi(t)$在$[\alpha,\beta]$上有连续的导数,则弧长微元的表达式为

$$\mathrm{d}s=\sqrt{(\mathrm{d}x)^2+(\mathrm{d}y)^2}=\sqrt{[\varphi'(t)]^2+[\psi'(t)]^2}\,\mathrm{d}t=\sqrt{(x')^2+(y')^2}\,\mathrm{d}t,$$

所以弧长为

$$s=\int_\alpha^\beta\sqrt{[\varphi'(t)]^2+[\psi'(t)]^2}\,\mathrm{d}t\quad(\alpha\leqslant\beta).$$

例 6 求曲线 $y=\frac{2}{3}x^{\frac{3}{2}}$ 上相应于 x 从 a 到 b 的一段弧的长度.

解 $y'=x^{\frac{1}{2}}$，从而弧长微元为

$$ds=\sqrt{1+(x^{\frac{1}{2}})^2}\,dx=\sqrt{1+x}\,dx.$$

所以所求弧长为

$$s=\int_a^b\sqrt{1+x}\,dx=\frac{2}{3}(1+x)^{\frac{3}{2}}\Big|_a^b=\frac{2}{3}[(1+b)^{\frac{3}{2}}-(1+a)^{\frac{3}{2}}].$$

例 7 计算摆线 $\begin{cases}x=a(t-\sin t),\\ y=a(1-\cos t)\end{cases}$ $(a>0)$ 一拱 $(0\leqslant t\leqslant 2\pi)$ 的弧长.

解 $x'=a(1-\cos t)$，$y'=a\sin t$，从而弧长微元为

$$ds=\sqrt{(x')^2+(y')^2}\,dt=\sqrt{a^2(1-\cos t)^2+a^2\sin^2 t}\,dt$$

$$=a\sqrt{2(1-\cos t)}\,dt=2a\sin\frac{t}{2}dt,$$

所以所求弧长为

$$s=\int_0^{2\pi}2a\sin\frac{t}{2}dt=2a\left(-2\cos\frac{t}{2}\right)\Big|_0^{2\pi}=8a.$$

三、经济应用问题举例

1.变化率问题

例 8 设在时刻 t（单位：小时）某产品总产量 $P(t)$ 的变化率为

$$f(t)=100+12t-0.6t^2,$$

求从 $t=2$ 到 $t=4$ 这两个小时的总产量.

解 根据微元法，在 $[t,t+dt]$（$[t,t+dt]\subset[2,4]$），产量微元为 $dP=f(t)dt$，从 $t=2$ 到 $t=4$ 这两个小时的总产量为

$$P=\int_2^4 f(t)dt=\int_2^4(100+12t-0.6t^2)dt=(100t+6t^2-0.2t^3)\Big|_2^4=260.8\ (\text{单位}).$$

2.由边际函数求有关量

例 9 某商品的边际产量是时间 t 的连续函数 $Q'=Q'(t)$，试求第 t_1 年到第 t_2 年的总产量.

解 由微元法，微元为

$$dQ=Q'(t)dt,$$

求积分得总产量为 $Q=\int_{t_1}^{t_2}dQ=\int_{t_1}^{t_2}Q'(t)dt$.

例 10 已知某工厂生产某产品，当产量为 x 单位时，总成本的变化率（即边际成本）为 $f(x)=7+\frac{25}{\sqrt{x}}$（单位：元 / 单位），且开工准备费为 8 000 元，问当产量为 10 000 单位时，总成

本为多少？

解　设总成本函数为 $C(x)$，由已知 $C(0)=8\ 000$.因为总成本是边际成本的原函数，即

$$C(x)=\int_0^x f(t)\mathrm{d}t+C(0),$$

则当日产量为 10 000 单位时，总成本为

$$C(10\ 000)=\int_0^{10\ 000} f(x)\mathrm{d}x+C(0)=\int_0^{10\ 000}\left(7+\frac{25}{\sqrt{x}}\right)\mathrm{d}x+8\ 000$$

$$=(7x+50\sqrt{x})\Big|_0^{10\ 000}+8\ 000=83\ 000\ (\text{元}).$$

例 11　设某种商品每天生产 x 单位时固定成本为 20 元，边际成本函数为 $C'(x)=0.4x+2$(单位：元/单位)，求总成本函数 $C(x)$.如果这种商品规定的销售单价为 18 元，且产品可以全部售出，求总利润函数 $L(x)$，问每天生产多少单位时，能获得最大利润？

解　根据题意，可求得成本函数为

$$C(x)=\int_0^x(0.4t+2)\mathrm{d}t+C(0)=(0.2t^2+2t)\Big|_0^x+20=0.2x^2+2x+20.$$

设销售 x 单位商品得到的总收益为 $R(x)$，根据题意有

$$R(x)=18x,$$

进而得到

$$L(x)=R(x)-C(x)=-0.2x^2+16x-20.$$

令 $L'(x)=-0.4x+16=0$，得 $x=40$.又

$$L''(x)=-0.4<0,$$

所以每天生产 40 单位时能获得最大利润，最大利润为

$$L(40)=-0.2\times 40^2+16\times 40-20=300(\text{元}).$$

习题 5.5

1.求由下列曲线所围成图形的面积：

(1)$y=\sin x, y=0(0\leqslant x\leqslant 2\pi)$；　(2)$y=1-x^2, y=0$；

(3)$y=x^3, y=x$；　(4)$y=x^2-1, y=1-x^2$；

(5)$y=\ln x, y=\ln 2, y=\ln 7, x=0$；　(6)$y=\mathrm{e}^x, y=\mathrm{e}^{-x}, x=1$.

2.求由下列曲线和直线所围成的平面图形绕坐标轴旋转所得的旋转体体积：

(1)$y=\sqrt{x}, y=0, x=1$，绕 x 轴旋转；

(2)$y=x^2, y^2=x$，绕 y 轴旋转；

(3)$y=\cos x, y=0\left(-\frac{\pi}{2}\leqslant x\leqslant\frac{\pi}{2}\right)$，绕 x 轴旋转；

(4)$y=2x, y=0, x=1, x=2$，绕 x 轴旋转.

3.已知某产品总产量的变化率是时间 t（单位:年）的函数:

$$f(t)=2t+5(t\geqslant 0),$$

第一个五年和第二个五年的总产量各为多少?

4.生产某产品 x 个单位时,边际成本为 $C'(x)=20$ 元 / 单位,固定成本为 10 000 元,试求生产该产品 100 个单位时的总成本和平均成本.

5.已知某产品生产 x 个单位时,收益 R 的变化率(边际收益)为

$$R'(x)=200-\frac{x}{100}.$$

(1) 求生产了 50 个单位时的总收益;

(2) 如果已经生产了 100 个单位,求再生产 100 个单位时的总收益.

6.某产品的边际成本为 $C'(x)=1$(万元 / 百台),边际收益为产量 x（单位:百台）的函数:

$$R'(x)=5-x.$$

(1) 产量为多少时,利润最大?

(2) 达到利润最大的生产量后又生产了 1 百台,总利润减少了多少?

数学思想与文化

一、微积分发展历史(二)

1.成熟完善时期

第二次数学危机的开始:微积分学在牛顿与莱布尼茨的时代逐渐建立成型.由于早期微积分的建立不严谨,有人提出质疑,其中最著名的是英国主教贝克莱针对求导过程中的无穷小(Δx 既是 0,又不是 0) 展开对微积分学的质疑,由此引起了第二次数学危机.

第二次数学危机出现之后,许多数学家意识到了微积分的理论基础不够严谨.捷克数学家布尔查诺对于函数性质做了细致研究,首次给出了连续性和导数的恰当的定义,对序列和级数的收敛性提出了正确的概念,并且提出了著名的布尔查诺 - 柯西收敛原理(整序变量 X 有有限极限的充要条件是:对于每一个 $\varepsilon>0$ 总存在 $N>0$,使当 $n>N$ 及 $m>N$ 时,有 $|X_n-X_m|<\varepsilon$).

柯西建立了接近现代形式的极限,把无穷小定义为趋近于 0 的变量,从而结束了百年的争论,并定义了函数的连续性、导数、连续函数的积分和级数的收敛性(与布尔查诺同期进行).柯西在微积分学(数学分析) 的贡献是巨大的:柯西中值定理、柯西不等式、柯西收敛准则、柯西公式、柯西积分判别法等,其一生发表的论文总数仅次于欧拉.另外阿贝尔(其最大贡献是首先想到倒过来思想,开拓了椭圆积分的广阔天地) 指出要严格限制滥用级数展开及

求和，狄利克雷给出了函数的现代定义.

在危机后期，数学家魏尔斯特拉斯提出了病态函数(处处连续但处处不可微的函数)，后续又有人发现了处处不连续但处处可积的函数，使人们重新认识了连续与可微可积的关系，他在连续闭区间内提出了第一、第二定理，并引进了极限的 $\varepsilon \sim \delta$ 定义，基本上实现了分析的算术化，使分析从几何直观的极限中得到了“解放”，从而驱散了 17 ～ 18 世纪笼罩在微积分外面的神秘云雾.继而在此基础上，黎曼于 1854 年和达布于 1875 年对有界函数建立了严密的积分理论.19 世纪后半叶，戴金德等人创立了严格的实数理论.

至此，数学分析(包含整个微积分学)的理论和方法完全建立在牢固的基础上，基本上形成了一个完整的体系，也为 20 世纪的现代分析铺平了道路.

2.现代发展时期

20 世纪的序幕：1900 年，德国数学家希尔伯特在第二届国际数学大会上提出了 23 个问题，这些问题涉及现代数学的许多领域，它们的提出极大地促进了整个 20 世纪的数学的发展.数学分析就此进入了现代分析阶段.随着微积分的不断发展，数学分析不断完善，我们现在所说的微积分发展史，后来就演变成了数学分析的发展史，而整个数学分析又为现代分析提供了理论基础.

19 世纪末，人们对微积分学中一些基本概念及其关系，以及许多拥有奇特函数性质的病态函数进行了深入研究，打破了对原有数学分析基本概念完美的设想，促使人们研究一般点集上的函数，并推广导数和积分的概念.1902 年，勒贝格提出了新的积分理论，成为古典分析过渡到现代分析的转折点，因此，实变函数是微积分学的发展与提高，又是现代分析的基础与起源，在分析数学中居于承上启下的地位.

在微分与积分这两大分析运算的关系方面，实变函数论不同于微积分学，它以测度论、集合论作为工具，建立了不同于黎曼积分的勒贝格积分框架，推广了积分的应用.泛函分析是分析、代数与几何三大数学的分支，经 18、19 世纪的发展，相互交叉与渗透，于 20 世纪 30 年代形成了具有高度综合性的一门学科，或者说泛函分析是用代数与几何的概念和方法研究分析课题的一门学科.

至此，微积分得到了前所未有的发展，但是数学家对于微积分的研究仍未止步，相信将来还会有更多的内容出现.

二、中国数学家华罗庚

华罗庚(1910 — 1985)，出生于江苏省金坛县一个小商人家庭，其父开一间小杂货铺.他初中毕业后，曾因家境贫寒，两次辍学，回到金坛县帮助父亲料理杂货铺.在单调的站柜台生活中，他开始自学数学.华罗庚是世界著名数学家，是中国解析数论、矩阵几何学、典型群、自守函数论等多方面研究的创始人和开拓者.

在国际上以华氏命名的数学科研成果有“华氏定理”“怀依 — 华不等式”“华氏不等

式”“普劳威尔－加当华定理”“华氏算子”“华－王方法”等.他为中国数学的发展作出了举世瞩目的贡献.美国著名学者贝特曼著文称:“华罗庚是中国的爱因斯坦,足够成为全世界著名科学院院士.”被列为芝加哥科学技术博物馆中当今世界 88 位数学家之一.

1929 年,华罗庚受雇为金坛中学庶务员,并开始在上海《科学》等杂志上发表论文.1930 年春,他的论文《苏家驹之代数的五次方程式解法不能成立的理由》在上海《科学》杂志上发表,当时清华大学数学系主任熊庆来教授看到后对这篇文章很重视,并因此把华罗庚请到了清华大学.

1936 年,华罗庚经清华大学推荐,被派到英国剑桥大学留学.在剑桥大学的两年中,他把全部精力用于研究数学理论中的难题,不愿为申请学位浪费时间.他的研究成果引起了国际数学界的注意.1938 年华罗庚回国,受聘为西南联合大学教授.从 1939 年到 1941 年,他在极端困难的条件下,写了 20 多篇论文,完成了他的第一部数学专著《堆垒素数论》.在闻一多先生的影响下,他还积极参与到当时如火如荼的抗日民主爱国运动之中.

回国后短短的几年中,他在数学领域里的研究硕果累累:他写成的论文《典型域上的多元复变函数论》于 1957 年 1 月获国家发明一等奖,并先后出版了中文、俄文、英文版专著;1957 年出版《数论导引》;1963 年他和他的学生万哲先合作的《典型群》一书出版.他为培养青少年学习数学的热情,在北京发起组织了中学生数学竞赛活动,从出题、监考、阅卷,都亲自参加,并多次到外地去推广这一活动.

1983 年 10 月,他应美国加州理工学院邀请,赴美做为期一年的讲学活动.在美期间,他赴意大利里亚利特市出席第三世界科学院成立大会,并被选为院士;1984 年 4 月,他在华盛顿出席了美国科学院授予他外籍院士的仪式,他是第一位获此殊荣的中国人.

科学无国界,科学家有祖国.爱国是科学家精神之魂,也是立德之源、立功之本.在中华民族伟大复兴的征程上,一代又一代科学家心系祖国和人民,不畏艰难,无私奉献,为科学技术进步、人民生活改善、中华民族发展作出了重大贡献.新时代需要继承发扬以国家民族命运为己任的爱国主义精神,更需要继续发扬以爱国主义为底色的科学家精神.2020 年 9 月 11 日,习近平总书记在科学家座谈会上指出:“科学成就离不开精神支撑.科学家精神是科技工作者在长期科学实践中积累的宝贵精神财富.”因此,我们应大力弘扬科学家精神,有信心、有意志、有能力登上科学高峰,为实现民族复兴作出应有贡献.

知识要点

一、定积分的概念与性质

1.定积分的定义

$$\int_a^b f(x)\mathrm{d}x=\lim_{\substack{\lambda\to 0\\ n\to\infty}}\sum_{i=1}^{n}f(\xi_i)\Delta x_i.$$

其中 $f(x)$ 称为被积函数，$f(x)\mathrm{d}x$ 称为被积表达式，x 称为积分变量，区间 $[a,b]$ 称为积分区间，a 与 b 分别称为积分下限与积分上限，符号 $\int_a^b f(x)\mathrm{d}x$ 读作函数 $f(x)$ 从 a 到 b 的定积分.

2.定积分的几何意义

设函数 $f(x)$ 在 $[a,b]$ 上连续.

(1) 当 $f(x)\geqslant 0$ 时，定积分 $\int_a^b f(x)\mathrm{d}x$ 表示由曲线 $y=f(x)$ 与直线 $x=a$，$x=b$，$y=0$ 所围成的曲边梯形的面积.

(2) 当 $f(x)\leqslant 0$ 时，定积分 $\int_a^b f(x)\mathrm{d}x$ 表示由曲线 $y=f(x)$ 与直线 $x=a$，$x=b$，$y=0$ 所围成的曲边梯形面积的负值.

(3) 当 $f(x)$ 有正有负时，定积分 $\int_a^b f(x)\mathrm{d}x$ 表示几个曲边梯形的面积的代数和.在 x 轴上方的曲边梯形的面积取正，在 x 轴下方的取负.

3.定积分的简单性质

(1) 两个函数代数和的定积分等于各个函数定积分的代数和，即

$$\int_a^b [f(x)\pm g(x)]\mathrm{d}x=\int_a^b f(x)\mathrm{d}x\pm\int_a^b g(x)\mathrm{d}x.$$

(2) 被积函数中的常数因子可以提到积分号外面，即

$$\int_a^b kf(x)\mathrm{d}x=k\int_a^b f(x)\mathrm{d}x.$$

(3) 定积分的可加性：如果积分区间 $[a,b]$ 被点 c 分成两个区间 $[a,c]$ 和 $[c,b]$，那么

$$\int_a^b f(x)\mathrm{d}x=\int_a^c f(x)\mathrm{d}x+\int_c^b f(x)\mathrm{d}x.$$

(4) 保号性：如果在区间 $[a,b]$ 上 $f(x)\geqslant 0$，则 $\int_a^b f(x)\mathrm{d}x\geqslant 0$.

(5) 如果在区间 $[a,b]$ 上有 $f(x)\geqslant g(x)$，那么

$$\int_a^b f(x)\mathrm{d}x\geqslant\int_a^b g(x)\mathrm{d}x.$$

(6) 估值定理：如果存在两个数 M，m，使得函数 $f(x)$ 在闭区间 $[a,b]$ 上有 $m\leqslant f(x)\leqslant M$，那么

$$m(b-a)\leqslant\int_a^b f(x)\mathrm{d}x\leqslant M(b-a).$$

(7) 积分中值定理：如果函数 $f(x)$ 在闭区间 $[a,b]$ 上连续，那么在闭区间 $[a,b]$ 内至少存在一点 ξ，使得下式成立

$$\int_a^b f(x)\mathrm{d}x=f(\xi)(b-a).$$

二、微积分的基本公式

1.积分上限的函数及其导数

积分上限的函数：

$$\Phi(x)=\int_a^x f(t)\mathrm{d}t$$

在区间$[a,b]$上可导，且其导数等于被积函数 $f(x)$，即

$$\Phi'(x)=\left[\int_a^x f(t)\mathrm{d}t\right]'=f(x).$$

2.微积分基本公式

牛顿(Newton)—莱布尼兹(Leibniz)公式：设函数 $f(x)$ 在区间$[a,b]$上连续，$F(x)$ 是 $f(x)$ 在区间$[a,b]$上一个原函数，则

$$\int_a^b f(x)\mathrm{d}x=F(b)-F(a).$$

三、定积分的换元积分法与分部积分法

1.定积分的换元积分法

设函数 $f(x)$ 在区间$[a,b]$上连续，令 $x=\varphi(t)$，且满足

(1)$\varphi(\alpha)=a,\varphi(\beta)=b$；

(2) 当 t 从 α 变化到 β 时，$\varphi(t)$ 单调地从 a 变化到 b；

(3)$\varphi'(t)$ 在$[\alpha,\beta]$上连续，则

$$\int_a^b f(x)\mathrm{d}x=\int_\alpha^\beta f[\varphi(t)]\varphi'(t)\mathrm{d}t.$$

上式称为定积分的换元积分公式.

2.定积分的分部积分法

设函数 $u=u(x)$ 与 $v=v(x)$ 在区间$[a,b]$上有连续的导数，则

$$\int_a^b u(x)v'(x)\mathrm{d}x=u(x)v(x)\Big|_a^b-\int_a^b v(x)u'(x)\mathrm{d}x,$$

或简写成

$$\int_a^b u\mathrm{d}v=uv\Big|_a^b-\int_a^b v\mathrm{d}u.$$

上述公式称为定积分的分部积分公式.

四、广义积分

1.无限区间上的广义积分

$$\int_a^{+\infty} f(x)\mathrm{d}x=\lim_{b\to+\infty}\int_a^b f(x)\mathrm{d}x;$$

$$\int_{-\infty}^{b} f(x)\mathrm{d}x = \lim_{a\to-\infty}\int_{a}^{b} f(x)\mathrm{d}x;$$

$$\int_{-\infty}^{+\infty} f(x)\mathrm{d}x = \int_{-\infty}^{c} f(x)\mathrm{d}x + \int_{c}^{+\infty} f(x)\mathrm{d}x.$$

2.无界函数的广义积分

(1) 设函数 $f(x)$ 在区间 $(a,b]$ 上连续，且 $\lim\limits_{x\to a^+} f(x)=\infty$，取 $\varepsilon>0$，则

$$\int_{a}^{b} f(x)\mathrm{d}x = \lim_{\varepsilon\to 0^+}\int_{a+\varepsilon}^{b} f(x)\mathrm{d}x.$$

若此极限存在，则称广义积分 $\int_{a}^{b} f(x)\mathrm{d}x$ 收敛，否则称广义积分 $\int_{a}^{b} f(x)\mathrm{d}x$ 发散.

(2) 设函数 $f(x)$ 在区间 $[a,b)$ 上连续，且 $\lim\limits_{x\to b^-} f(x)=\infty$，取 $\varepsilon>0$，则

$$\int_{a}^{b} f(x)\mathrm{d}x = \lim_{\varepsilon\to 0^+}\int_{a}^{b-\varepsilon} f(x)\mathrm{d}x.$$

若此极限存在，则称广义积分 $\int_{a}^{b} f(x)\mathrm{d}x$ 收敛，否则称广义积分 $\int_{a}^{b} f(x)\mathrm{d}x$ 发散.

(3) 设函数 $f(x)$ 在区间 $[a,c)\cup(c,b]$ 内连续，且 $\lim\limits_{x\to c} f(x)=\infty$，如果下面两个广义积分

$$\int_{a}^{c} f(x)\mathrm{d}x \text{ 与 } \int_{c}^{b} f(x)\mathrm{d}x$$

都收敛，则称广义积分 $\int_{a}^{b} f(x)\mathrm{d}x$ 收敛，且其积分值

$$\int_{a}^{b} f(x)\mathrm{d}x = \int_{a}^{c} f(x)\mathrm{d}x + \int_{c}^{b} f(x)\mathrm{d}x;$$

否则称广义积分 $\int_{a}^{b} f(x)\mathrm{d}x$ 发散.

五、定积分的应用

微元法：设所求量为 Q，则

(1) 在区间 $[a,b]$ 内任取一点 x，给 x 以微小的增量 $\mathrm{d}x$ $(x+\mathrm{d}x\in[a,b])$，在 $[x,x+\mathrm{d}x]$ 上函数 $f(x)$ 的增量 $\Delta Q\approx f(x)\mathrm{d}x$，$\Delta Q$ 与 $f(x)\mathrm{d}x$ 之差是 $\mathrm{d}x$ 的高阶无穷小，令 $\mathrm{d}Q=\Delta Q$ 即可构造所求量的微元 $\mathrm{d}Q=f(x)\mathrm{d}x$.

(2) 求和、取极限，即把上述微元“累积”起来，得 $Q=\int_{a}^{b} f(x)\mathrm{d}x$.

复习题五

一、填空题

1.若 $f(x)$ 在 $[a,b]$ 上连续，则 $\int_{a}^{b} f(x)\mathrm{d}x + \int_{b}^{a} f(t)\mathrm{d}t=$________.

2.$\dfrac{d}{dx}\int_x^a \cos t^2 dt =$ ________.

3.设 $f(x)=x^2-\int_0^1 f(x)dx$，则$\int_0^1 f(x)dx=$ ________.

4.设$\int_0^x f(t)dt = x^2+\cos x$，则 $f(x)=$ ________.

5.$\int_0^1 \dfrac{1}{\sqrt{x}(2-\sqrt{x})}dx$（反常积分）$=$ ________.

二、选择题

1.设 $I_1=\int_3^4 \ln^2 x dx$，$I_2=\int_3^4 \ln^4 x dx$，则（　　）.

A.$I_1>I_2$　　B.$I_1<I_2$　　C.$I_2=I_1^2$　　D.$I_2=2I_1$

2.设 $I=\int_0^1 \dfrac{1}{\sqrt{2+x-x^2}}dx$，由定积分的估值定理，则（　　）.

A.$\dfrac{2}{3}<I<\dfrac{1}{\sqrt{2}}$　　B.$I>1$　　C.$\dfrac{1}{\sqrt{2}}<I<1$　　D.$\dfrac{1}{3}<I<\dfrac{1}{2}$

3.设 $f(x)=\int_1^{x^2} \dfrac{\ln(1+t)}{t}dt$，则 $f'(2)=$（　　）.

A.0　　B.ln5　　C.2ln3　　D.$\dfrac{1}{2}\ln 5$

4.设 $f(x)=\int_1^x \ln(tx)dt$，$x>0$，则 $f'(x)=$（　　）.

A.$2\ln x$　　B.$\ln(x^2)-\ln x$　　C.$1+2\ln x-\dfrac{1}{x}$　　D.$1+2\ln x$

5.$\lim\limits_{x\to 0}\dfrac{\int_0^{x^2}\sin\sqrt{t}\,dt}{x^3}=$（　　）.

A.$\dfrac{2}{3}$　　B.$-\dfrac{2}{3}$　　C.$\dfrac{1}{3}$　　D.$-\dfrac{1}{3}$

三、解答题

1.计算下列定积分：

(1)$\int_{\frac{\pi}{4}}^{\frac{\pi}{2}} \dfrac{1}{1-\cos x}dx$；　　(2)$\int_{-2}^{-1} \dfrac{1}{(11+5x)^2}dx$；

(3)$\int_1^{e^2} \dfrac{3+2\ln x}{x}dx$；　　(4)$\int_0^1 \dfrac{x^2}{1+x^6}dx$；

(5)$\int_{-\frac{\pi}{4}}^{\frac{\pi}{4}} (x^3+3)|\sin 2x|dx$；　　(6)$\int_0^1 x^2\sqrt{1-x^2}dx$；

(7)$\int_1^{\sqrt{3}} \dfrac{1}{x^2\sqrt{1+x^2}}dx$；　　(8)$\int_0^{\ln 2} \sqrt{e^{2x}-1}dx$.

2.设 $f(3x+2)=2x\mathrm{e}^{-3x}$,求$\int_{2}^{5}f(x)\mathrm{d}x$.

3.已知$\int_{0}^{\ln a}\mathrm{e}^{x}\sqrt{3-2\mathrm{e}^{x}}\,\mathrm{d}x=-\frac{7}{3}$,求 a 的值.

4.设 $f(x)=\begin{cases}1+x^{2}, & x>0,\\ \mathrm{e}^{-x}, & x\leqslant 0,\end{cases}$求$\int_{1}^{3}f(x-2)\mathrm{d}x$.

5.设 $f(x)=\int_{0}^{\frac{x}{2}}t(\mathrm{e}^{2t}-x)\mathrm{d}t$,求 $f'(1)$.

6.设 $f(x)$ 为连续函数,证明:$\int_{0}^{2a}f(x)\mathrm{d}x=\int_{0}^{a}[f(x)+f(2a-x)]\mathrm{d}x$.

7.求由抛物线 $y=3-x^{2}$ 与直线 $y=2x$ 所围成的平面图形的面积.

8.由曲线 $xy=1$ 与直线 $y=2,x=3$ 围成一平面图形,求:

(1) 此平面图形的面积;

(2) 该平面图形绕 x 轴旋转所成的旋转体的体积.

9.已知某产品的边际成本函数和边际收益函数分别为 $C'(x)=36-18x+3x^{2}$ 与 $R'(x)=33-8x$,且固定成本为 6,x 表示产量,试求:

(1) 使总利润最大的产量;

(2) 产量由 2 个单位减少到 1 个单位时,总成本与总收益的各自改变量.

第六章 常微分方程

前面我们学过几种类型的方程，比如以一个数或一组数为未知量的代数方程和方程组；以函数为未知量的函数方程.在生产实践和科学技术问题中，还有一类函数方程，它不仅以未知函数作为未知量，还包含有未知函数的导数和微分，我们称这类方程为微分方程.微分方程是描述客观事物的数量关系的一种重要的数学模型.本章主要讨论微分方程的概念以及几种常见类型的微分方程的解法.

第一节 微分方程的基本概念

微分方程是与微积分一起形成并发展起来的重要数学分支，也是数学联系实际问题的重要渠道之一，在物理、化学、工程学、经济学等领域有着广泛的应用.

一、两个实例

例 1 设有曲线 $y=f(x)$，其上任一点 (x,y) 处的切线斜率为 $4x^3$，且曲线过点 $(1,2)$，求此曲线的方程.

解 由导数的几何意义知在点 (x,y) 处，有

$$\frac{\mathrm{d}y}{\mathrm{d}x}=4x^3,$$

此曲线满足条件 $y|_{x=1}=2$，

对 $\frac{\mathrm{d}y}{\mathrm{d}x}=4x^3$ 两边积分，得

$$y=\int 4x^3\mathrm{d}x=x^4+C\text{（其中 }C\text{ 为任意常数）}.$$

将条件 $y|_{x=1}=2$ 代入 $y=x^4+C$，得 $C=1$.

故所求曲线的方程为 $y=x^4+1$.

而 $y=x^4+C$ 从几何学上表示无穷多条曲线，通常称之为积分曲线族，是将曲线 $y=x^4+1$ 沿着 y 轴上下平移而得到的.

例 2　质量为 m 的物体自由落下，$t=0$ 时，初始位移和初始速度分别为 S_0,v_0，求物体的运动规律.

解　设物体运动方程为 $S=S(t)$，则 $S''(t)=g$（其中 g 为重力加速度常数），且满足

$$S\big|_{t=0}=S_0,S'\big|_{t=0}=v_0,$$

两次分别积分得出

$$S'(t)=gt+C_1,\quad S(t)=\frac{1}{2}gt^2+C_1t+C_2,$$

代入条件得 $C_1=v_0,C_2=S_0$，

故 $S(t)=\dfrac{1}{2}gt^2+v_0t+S_0$.

以上仅以几何学、物理学引出关于变量之间微分方程的关系，其实在化学、生物学、自动控制、电子技术等学科中都提出了许多有关微分方程的问题.下面探讨解决这些问题的方法.

二、微分方程的基本概念

定义 6.1　含有未知函数的导数或微分的方程叫微分方程.未知函数为一元函数的微分方程叫常微分方程.未知函数为多元函数的微分方程就叫偏微分方程.

本章只介绍常微分方程，所以凡不特别说明，后面常微分方程就简称为微分方程或方程.例如：

$$\frac{dy}{dx}=2x+1,$$

$$\frac{d^2y}{dx^2}+x\frac{dy}{dx}-y=x^2,$$

$$x^2y'''+3xy''=6x^3,$$

$$y^{(4)}-3y''+7y=5\cos x$$

都是常微分方程.

定义 6.2　微分方程中所出现的未知函数的最高阶导数的阶数叫作微分方程的阶.

例如，上面列出的四个微分方程分别是一阶、二阶、三阶、四阶微分方程.

一般地，n 阶微分方程的形式是

$$F(x,y,y',\cdots,y^{(n)})=0,$$

其中 y 是未知函数，x 是自变量.上述方程中，必定含有 $y^{(n)}$，而其余的 $x,y,y',\cdots,y^{(n-1)}$ 不一定出现.例如，五阶微分方程

$$3y^{(5)}-6=0$$

中，除 $y^{(5)}$ 外，其他变量都没有出现.

有时，在建立一个微分方程的过程中，即在找出自变量、未知函数、未知函数的导数之间的关系式时，往往会同时找出这些量之间需要满足的伴随条件，我们将这些条件称为初始条件，通常与微分方程放在一起，并用以下形式表达：

$$\begin{cases} F(x,y,y',\cdots,y^{(n)})=0, \\ y(x_0)=y_0, \\ y'(x_0)=y'_0, \\ \vdots \\ y^{(n-1)}(x_0)=y_0^{(n-1)}. \end{cases}$$

定义 6.3 若把一个函数代入微分方程后，能使方程成为恒等式，这个函数就叫作微分方程的解.

在例 1 中，因为函数 $y=x^4+C$（C 为任意常数）和 $y=x^4+1$ 的导数都等于 $4x^3$，所以都是微分方程 $\frac{dy}{dx}=4x^3$ 的解.

求微分方程的解的过程叫作解微分方程.

定义 6.4 如果微分方程的解中含有任意常数，且独立的任意常数的个数与微分方程的阶数相同，则这样的解叫作微分方程的通解.

在例 1 中，函数 $y=x^4+C$（C 为任意常数）是 $\frac{dy}{dx}=4x^3$ 的通解.

在微分方程通解中，利用初始条件确定的任意常数的数值代入通解后，所得到的解叫作微分方程的特解.

注意 如果没有特别声明，也没有给出初始条件，解微分方程就是求微分方程的通解.

例 3 解微分方程 $y''=3x^2+2x+1$.

解 对方程两端积分，得

$$\int y''dx=\int(3x^2+2x+1)dx,$$

即

$$y'=x^3+x^2+x+C_1.$$

对上式再积分，得

$$\int y'dx=\int(x^3+x^2+x+C_1)dx,$$

即

$$y=\frac{1}{4}x^4+\frac{1}{3}x^3+\frac{1}{2}x^2+C_1x+C_2.$$

例 4 解微分方程 $dy=(x^3+\cos x)dx$，$y|_{x=0}=1$.

解 对方程两端积分，得

$$\int dy = \int (x^3 + \cos x) dx,$$

$$y = \frac{1}{4}x^4 + \sin x + C.$$

将初始条件 $y|_{x=0} = 1$ 代入上述通解中，得 $C = 1$.所以满足初始条件的特解为

$$y = \frac{1}{4}x^4 + \sin x + 1.$$

例 3 表明，形如 $y^{(n)} = f(x)$ 的微分方程，可以通过直接积分求解.但由于微分方程的形式众多，解法各异，所以求微分方程的解常常是比较困难的，每一种特定类型的微分方程都有其特定的解法.下面两节只介绍几种常见的微分方程及其解法.

习题 6.1

1.指出下列微分方程的阶：

(1) $x(y')^2 - 3yy' + xy - 1 = 0$；　(2) $y''' + 2xy^4 - 5 = 0$；

(3) $xy^{(4)} + 4y'' + 6x^5 - xy = 0$；　(4) $5x\frac{d^2y}{dx^2} + 3xy - 6x = 0$.

2.指出下列各题中的函数是否为所给微分方程的解：

(1) $xy' = 2y, y = 5x^2$；

(2) $y'' + \omega^2 y = 0, y = C_1\cos\omega x + C_2\sin\omega x$；

(3) $y'' - (\omega_1 + \omega_2)y' + \omega_1\omega_2 y = 0, y = C_1e^{\omega_1 x} + C_2e^{\omega_2 x}$.

3.解下列微分方程：

(1) $\frac{dy}{dx} = \frac{1}{x}$；　(2) $y'' = e^x$；

(3) $xdy = (1 - 2x)dx, y|_{x=1} = -1$；　(4) $\frac{d^2y}{dx^2} = 2\sin 3x, y|_{x=0} = 0, y'|_{x=0} = 1$.

4.验证函数 $x = C_1\cos kt + C_2\sin kt$ 是微分方程 $\frac{d^2x}{dt^2} + k^2x = 0 (k \neq 0)$ 的通解.

5.已知曲线上任意点 $M(x, y)$ 处的切线的斜率为 $3x^2$，求该曲线的方程.

第二节　一阶微分方程

一阶微分方程的一般形式为

$$F(x, y, y') = 0.$$

此方程需根据方程的不同特点分别求解.

一、可分离变量的微分方程

形如

$$\frac{\mathrm{d}y}{\mathrm{d}x}=f(x)g(y) \tag{6-1}$$

的一阶微分方程叫作可分离变量的方程.其中 $f(x)$，$g(y)$ 都是连续函数.

此方程的特点是一阶导数是只含 x 的函数与只含 y 的函数的积.

求解可分离变量的微分方程的步骤如下：

(1) 分离变量得

$$\frac{\mathrm{d}y}{g(y)}=f(x)\mathrm{d}x \quad [g(y)\neq 0].$$

(2) 两端同时求积分得

$$\int\frac{\mathrm{d}y}{g(y)}=\int f(x)\mathrm{d}x.$$

(3) 求出积分得

$$G(y)=F(x)+C,$$

其中 $G(y)$，$F(x)$ 分别是 $\frac{1}{g(y)}$，$f(x)$ 的原函数，C 为任意常数.

(4) 如果有初始条件，将其代入通解，确定常数 C，得到特解.

我们把这种求解可分离变量方程的方法叫分离变量法.

例 1 解微分方程 $y'=-xy$.

解 原方程可改写为

$$\frac{\mathrm{d}y}{\mathrm{d}x}=-xy,$$

分离变量得

$$\frac{\mathrm{d}y}{y}=-x\mathrm{d}x(y\neq 0),$$

两边积分得

$$\int\frac{\mathrm{d}y}{y}=-\int x\mathrm{d}x,$$

$$\ln|y|=-\frac{1}{2}x^2+C_1.$$

即

$$|y|=\mathrm{e}^{-\frac{1}{2}x^2+C_1}=\mathrm{e}^{C_1}\mathrm{e}^{-\frac{1}{2}x^2},$$

$$y=\pm\mathrm{e}^{C_1}\mathrm{e}^{-\frac{1}{2}x^2}=C\mathrm{e}^{-\frac{1}{2}x^2}(C=\pm\mathrm{e}^{C_1}).$$

故所求微分方程的通解为

$$y=Ce^{-\frac{1}{2}x^2}.$$

注意　由于 $C=0$ 时，$y=0$ 也是方程的解，故 C 为任意常数.

例 2　求微分方程 $xy^2\mathrm{d}x+(1+x^2)\mathrm{d}y=0$ 满足初始条件 $y|_{x=0}=1$ 的特解.

解　原方程可改写为

$$(1+x^2)\mathrm{d}y=-xy^2\mathrm{d}x,$$

分离变量得

$$\frac{\mathrm{d}y}{y^2}=-\frac{x}{1+x^2}\mathrm{d}x,$$

两边积分得

$$\int\frac{\mathrm{d}y}{y^2}=-\int\frac{x}{1+x^2}\mathrm{d}x,$$

$$\frac{1}{y}=\frac{1}{2}\ln(1+x^2)+C.$$

把初始条件 $y|_{x=0}=1$ 代入上式，求得 $C=1$，故所求微分方程的特解为

$$\frac{1}{y}=\frac{1}{2}\ln(1+x^2)+1,$$

即

$$y=\frac{2}{\ln(1+x^2)+2}.$$

二、齐次方程

如果一阶微分方程

$$\frac{\mathrm{d}y}{\mathrm{d}x}=f(x,y)\tag{6-2}$$

中函数 $f(x,y)$ 可写成 $\frac{y}{x}$ 的函数，即 $f(x,y)=g\left(\frac{y}{x}\right)$，则称这种方程为齐次方程.

齐次方程(6-2)式也可写成

$$\frac{\mathrm{d}y}{\mathrm{d}x}=g\left(\frac{y}{x}\right)$$

的形式.

解此类方程可令 $y=ux$，两边对 x 求导得 $y'=u+xu'$，代入齐次方程，得

$$u+xu'=g(u),$$

移项得

$$xu'=g(u)-u,$$

分离变量得

$$\frac{\mathrm{d}u}{g(u)-u}=\frac{\mathrm{d}x}{x},$$

两边积分得

$$\int \frac{\mathrm{d}u}{g(u)-u}=\int \frac{\mathrm{d}x}{x}=\ln|x|-\ln|C_1|=\ln\left|\frac{x}{C_1}\right|,$$

由 $\left|\frac{x}{C_1}\right|=\mathrm{e}^{\int \frac{\mathrm{d}u}{g(u)-u}}$，可得

$$x=C\mathrm{e}^{\int \frac{\mathrm{d}u}{g(u)-u}} \quad (C=\pm C_1).$$

求出积分后再回代 $u=\frac{y}{x}$ 即可得通解.

例 3 求解 $\frac{\mathrm{d}y}{\mathrm{d}x}=\frac{y}{x}+\frac{x}{2y}$.

解 做变换 $y=xu$，则 $y'=u+xu'$，代入原方程得

$$u+xu'=u+\frac{1}{2u},$$

分离变量得

$$2u\,\mathrm{d}u=\frac{\mathrm{d}x}{x},$$

积分得

$$u^2=\ln|x|+\ln|C|.$$

再将 $u=\frac{y}{x}$ 代入上式，得通解为

$$y^2=x^2\ln|Cx|.$$

例 4 求解 $y^2+x^2\frac{\mathrm{d}y}{\mathrm{d}x}=xy\frac{\mathrm{d}y}{\mathrm{d}x}$.

解 原方程可写成

$$\frac{\mathrm{d}y}{\mathrm{d}x}=\frac{y^2}{xy-x^2}=\frac{\left(\frac{y}{x}\right)^2}{\frac{y}{x}-1},$$

做变换 $y=xu$，则 $y'=u+xu'$，代入原方程得

$$u+xu'=\frac{u^2}{u-1},$$

即

$$xu'=\frac{u}{u-1},$$

分离变量得

$$\left(1-\frac{1}{u}\right)\mathrm{d}u=\frac{\mathrm{d}x}{x},$$

两端积分得

$$\ln|xu|=u+C,$$

再将 $u=\frac{y}{x}$ 代入上式，得通解为

$$\ln|y|=\frac{y}{x}+C.$$

例 5 求解微分方程 $\frac{\mathrm{d}y}{\mathrm{d}x}=\frac{2x}{3x+2y}$.

解 原方程可化为

$$\frac{\mathrm{d}x}{\mathrm{d}y}=\frac{3x+2y}{2x}=\frac{3\frac{x}{y}+2}{2\frac{x}{y}}.$$

令 $x=yu$，两边对 y 求导得 $x'=u+yu'$，代入方程得

$$u+yu'=\frac{3u+2}{2u},$$

分离变量得

$$\frac{2u\mathrm{d}u}{-(2u+1)(u-2)}=\frac{\mathrm{d}y}{y},$$

分解方程左边的分式，并两边积分得

$$\int\frac{2\mathrm{d}u}{5(2u+1)}+\int\frac{4\mathrm{d}u}{5(u-2)}=-\int\frac{\mathrm{d}y}{y},$$

$$\frac{1}{5}\ln|2u+1|+\frac{4}{5}\ln|u-2|+\ln|y|=\ln|C_1|,$$

所以

$$(2u+1)\cdot(u-2)^4\cdot y^5=C \quad (C=\pm C_1^5)$$

再将 $u=\frac{x}{y}$ 代入上式，得方程通解为

$$(2x+y)\cdot(x-2y)^4=C.$$

三、一阶线性微分方程

形如

$$\frac{\mathrm{d}y}{\mathrm{d}x}+p(x)y=q(x) \tag{6-3}$$

的方程，称为一阶线性微分方程，简称线性方程，其中 $p(x)$，$q(x)$ 都是 x 的连续函数.

当 $q(x)\equiv 0$ 时，方程(6-3) 化为

$$\frac{\mathrm{d}y}{\mathrm{d}x}+p(x)y=0, \tag{6-4}$$

称为一阶线性齐次微分方程；当 $q(x)\neq 0$ 时，方程(6-3) 称为一阶线性非齐次微分方程.

一阶线性微分方程的特点是：它所含的未知函数 y 和未知函数的导数 y' 都是一次的.

下面我们来讨论一阶线性微分方程的解法.

先求一阶线性齐次微分方程(6-4) 的通解，将方程(6-4) 的变量分离得

$$\frac{dy}{y}=-p(x)dx,$$

两边积分得

$$\ln|y|=-\int p(x)dx+C_1,$$

即

$$y=\pm e^{C_1}e^{-\int p(x)dx}.$$

令 $C=\pm e^{C_1}$，又由于 $y=0$ 也是线性齐次方程(6-4) 的解，所以线性齐次方程(6-4) 的通解为

$$y=Ce^{-\int p(x)dx},$$

其中 C 为任意常数.

例 6　求方程 $y'+(\sin x)y=0$ 的通解.

解　方程是一阶线性齐次微分方程，且 $p(x)=\sin x$，所以方程的通解为

$$y=Ce^{-\int p(x)dx}=Ce^{-\int \sin x dx},$$

即

$$y=Ce^{\cos x}.$$

例 7　求方程 $(y-2xy)dx+x^2dy=0$ 满足初始条件 $y(1)=e$ 的特解.

解　将方程变形为

$$\frac{dy}{dx}+\frac{1-2x}{x^2}y=0,$$

此方程为一阶线性齐次方程，且 $p(x)=\dfrac{1-2x}{x^2}$，所以方程的通解为

$$y=Ce^{-\int p(x)dx}=Ce^{-\int \frac{1-2x}{x^2}dx}$$
$$=Cx^2e^{\frac{1}{x}},$$

将初始条件 $y(1)=e$ 代入通解得 $C=1$，故所求特解为

$$y=x^2e^{\frac{1}{x}}.$$

下面利用常数变易法求一阶线性非齐次微分方程(6-3) 的通解.

一阶线性非齐次微分方程(6-3) 与其对应的一阶线性齐次方程(6-4) 之间的差异，在于 $q(x)$ 不恒等于零，因此我们设想它们的通解之间存在某种联系.设 $y=y_1(x)$ 是一阶线性齐次方程的解，则当 C 为常数时，$y=Cy_1(x)$（简记为 $y=Cy_1$）仍是该方程的解，但它不可能是一阶线性非齐次方程的解.如果我们把 C 看作是 x 的函数 $C(x)$，并将 $y=C(x)y_1$ 代入一阶线性非齐次方程，即将 $y=C(x)y_1$ 及其导数 $y'=C'(x)y_1+C(x)y'_1$ 代入方程(6-3)，得

$$[C'(x)y_1+C(x)y'_1]+p(x)C(x)y_1=q(x),$$

整理得

$$C'(x)y_1+C(x)[y'_1+p(x)y_1]=q(x),$$

因为 y_1 是一阶线性齐次方程(6-4) 的解,即有 $y'_1+p(x)y_1=0$,得

$$C(x)=\int\frac{q(x)}{y_1}\mathrm{d}x+C,$$

将上式代入 $y=C(x)y_1$,得

$$y=Cy_1+y_1\int\frac{q(x)}{y_1}\mathrm{d}x.$$

容易验证上式是一阶线性非齐次微分方程(6-3) 的解,且含有一个任意常数,所以它是一阶线性非齐次微分方程(6-3) 的通解.由于 y_1 是一阶线性齐次方程(6-4) 的解,取

$$y_1=\mathrm{e}^{-\int p(x)\mathrm{d}x},$$

故一阶线性非齐次微分方程(6-3) 的通解公式可以写为

$$y=\mathrm{e}^{-\int p(x)\mathrm{d}x}\left[\int q(x)\mathrm{e}^{\int p(x)\mathrm{d}x}\mathrm{d}x+C\right].$$

在上面的讨论中,我们将常数 C 变为待定函数 $C(x)$,再通过确定 $C(x)$ 而求得方程解的方法,称为常数变易法.

用常数变易法求解一阶线性非齐次微分方程 $y'+p(x)y=q(x)$ 的过程如下:

(1) 先求与其对应的一阶线性齐次微分方程 $y'+p(x)y=0$ 的通解

$$y=C\mathrm{e}^{-\int p(x)\mathrm{d}x}. \tag{6-5}$$

(2) 设一阶线性非齐次方程的解为 $y=C(x)\mathrm{e}^{-\int p(x)\mathrm{d}x}$,则其导数

$$y'=C'(x)\mathrm{e}^{-\int p(x)\mathrm{d}x}-C(x)p(x)\mathrm{e}^{-\int p(x)\mathrm{d}x}, \tag{6-6}$$

将式(6-5) 和式(6-6) 代入一阶线性非齐次微分方程 $y'+p(x)y=q(x)$,得

$$C'(x)\mathrm{e}^{-\int p(x)\mathrm{d}x}-p(x)C(x)\mathrm{e}^{-\int p(x)\mathrm{d}x}+p(x)C(x)\mathrm{e}^{-\int p(x)\mathrm{d}x}=q(x).$$

化简得

$$C'(x)\mathrm{e}^{-\int p(x)\mathrm{d}x}=q(x),$$

即

$$C'(x)=q(x)\mathrm{e}^{\int p(x)\mathrm{d}x}.$$

(3) 对上式积分得

$$C(x)=\int q(x)\mathrm{e}^{\int p(x)\mathrm{d}x}\mathrm{d}x+C,$$

这里 C 表示等式右边积分求出后加上的任意常数.

(4) 将积分结果代入 $y=C\mathrm{e}^{-\int p(x)\mathrm{d}x}$,得通解为

$$y=\mathrm{e}^{-\int p(x)\mathrm{d}x}\left[\int q(x)\mathrm{e}^{\int p(x)\mathrm{d}x}\mathrm{d}x+C\right]. \tag{6-7}$$

这就是一阶线性非齐次方程(6-3) 的通解公式.

从上述通解公式可看出，一阶线性非齐次微分方程的通解是由齐次方程的通解与非齐次方程的一个特解之和组成的.

例 8　求方程 $2y'-y=e^x$ 的通解.

解法一　用常数变易法求解：

将所给的方程改写成下列形式：

$$y'-\frac{1}{2}y=\frac{1}{2}e^x,$$

这是一个线性非齐次方程，其中 $p(x)=-\frac{1}{2}$，则与其对应的齐次微分方程的通解为

$$y=Ce^{-\int\left(-\frac{1}{2}\right)dx}=Ce^{\frac{1}{2}x}.$$

于是将 C 看成 x 的函数，令 $C=C(x)$，设非齐次微分方程的解为 $y=C(x)e^{\frac{1}{2}x}$，则

$$y=C(x)e^{-\int-\frac{1}{2}dx}=C(x)e^{\frac{1}{2}x},$$

于是

$$y'=C'(x)e^{\frac{1}{2}x}+\frac{1}{2}C(x)e^{\frac{1}{2}x},$$

将 y 及 y' 代入原方程，得

$$C'(x)e^{\frac{x}{2}}=\frac{1}{2}e^x,$$

于是，有

$$C(x)=\int\frac{1}{2}e^{\frac{x}{2}}dx=e^{\frac{x}{2}}+C,$$

因此，原方程的通解为

$$y=C(x)e^{\frac{x}{2}}=Ce^{\frac{x}{2}}+e^x.$$

解法二　将所给方程改写成下列形式：

$$y'-\frac{1}{2}y=\frac{1}{2}e^x,$$

它是一阶线性非齐次方程，这里

$$p(x)=-\frac{1}{2},q(x)=\frac{1}{2}e^x,$$

把它们代入公式(6-7)，得所给线性非齐次方程的通解为

$$y=e^{\int\frac{1}{2}dx}\left[\int\frac{1}{2}e^x e^{\int-\frac{1}{2}dx}dx\right]=e^{\frac{x}{2}}\left[e^{\frac{x}{2}}+C\right]=Ce^{\frac{x}{2}}+e^x.$$

例 9　求微分方程 $xy'-y=1+x^3$ 满足条件 $y|_{x=1}=0$ 的特解.

解　原方程可改写为

$$y'-\frac{1}{x}y=\frac{1}{x}+x^2.$$

它是一阶线性非齐次微分方程，这里

$$p(x)=-\frac{1}{x},q(x)=\frac{1}{x}+x^2.$$

把它们代入公式(6-7)，得

$$\begin{aligned}y&=e^{\int\frac{1}{x}dx}\left[\int\left(\frac{1}{x}+x^2\right)e^{-\int\frac{1}{x}dx}dx+C\right]\\&=x\left[\int\left(\frac{1}{x}+x^2\right)\frac{1}{x}dx+C\right]\\&=x\left(-\frac{1}{x}+\frac{1}{2}x^2+C\right)\\&=\frac{1}{2}x^3+Cx-1.\end{aligned}$$

所以，原方程的通解为

$$y=\frac{1}{2}x^3+Cx-1.$$

把初始条件$y|_{x=1}=0$代入上式，求得$C=\frac{1}{2}$.于是，所求微分方程的特解为

$$y=\frac{1}{2}x^3+\frac{1}{2}x-1.$$

例 10 求方程$y^2dx+(x-2xy-y^2)dy=0$的通解.

解 所给方程中含有y^2，因此，如果我们仍把y看作未知函数，则它不是线性方程.对于这样的一阶微分方程，我们可以试着把x看作是y的函数，然后再分析.

将原方程改写为

$$\frac{dx}{dy}+\frac{1-2y}{y^2}x=1,$$

这是一个关于未知函数$x=x(y)$的一阶线性非齐次方程，其中

$$p(y)=\frac{1-2y}{y^2},q(y)=1.$$

代入一阶线性非齐次方程的通解公式，有

$$\begin{aligned}x&=e^{-\int\frac{1-2y}{y2}dy}\left[\int 1\times e^{\int\frac{1-2y}{y2}dy}dy\right]\\&=y^2e^{\frac{1}{y}}\left(e^{-\frac{1}{y}}+C\right)=y^2\left(1+Ce^{\frac{1}{y}}\right).\end{aligned}$$

即所求通解为

$$x=y^2(1+Ce^{\frac{1}{y}}).$$

现将一阶微分方程的几种常见类型及其解法归纳如表 6-1.

表 6-1　一阶微分方程的几种常见类型及其解法归纳

方程类型		方程形式	解法
可分离变量的微分方程		$\frac{dy}{dx}=f(x)g(y)$	将不同变量分离到方程两边，再两边积分 $\int\frac{dy}{g(y)}=\int f(x)dx$
齐次微分方程		$\frac{dy}{dx}=\varphi\left(\frac{y}{x}\right)$	引进新的变量 $u=\frac{y}{x}$，则 $y=ux,\frac{dy}{dx}=u+x\frac{du}{dx}$，原方程化为可分离变量的微分方程
一阶线性微分方程	齐次方程	$\frac{dy}{dx}+p(x)y=0$	分离变量，两边积分或用公式 $y=Ce^{-\int p(x)dx}$
	非齐次方程	$\frac{dy}{dx}+p(x)y=q(x)$	用常数变易法或公式法 $y=e^{-\int p(x)dx}\left[\int q(x)e^{\int p(x)dx}dx+C\right]$

习题 6.2

1.求下列微分方程的通解：

(1) $xy'-y\ln y=0$；　(2) $x(y^2-1)dx+y(x^2-1)dy=0$；

(3) $xdy+dx=e^x dx$；　(4) $\tan x\frac{dy}{dx}=1+y$；

(5) $y'+\frac{y}{x}-\sin x=0$；　(6) $\frac{dy}{dx}-\frac{1}{x}y=2x^2$；

(7) $(x^2+1)y'+2xy=4x^2$；　(8) $y'+y=x^2e^x$；

(9) $(y^2-6x)y'+2y=0$；　(10) $xydy-y^2dx=(x+y)dy$.

2.求下列方程的特解：

(1) $xdy+2ydx=0,y|_{x=2}=1$；　(2) $\frac{x}{1+y}dx-\frac{y}{1+x}dy=0,y|_{x=0}=0$；

(3) $\frac{dy}{dx}+\frac{y}{x}=\frac{\sin x}{x},y|_{x=\pi}=1$；　(4) $\frac{dy}{dx}+5y=-4e^{-3x},y|_{x=0}=-4$.

3.某林区现有木材 10 万米^3，如果在每一瞬时木材的变化率与当时木材数成正比，假使 10 年内该林区能有木材 20 万米^3，试确定木材数 p 与时间 t 的关系.

4.设物体运动的速度与物体到原点的距离成正比，已知物体在 10 s 时与原点相距 100 m，在 15 s 时与原点相距 200 m，求物体的运动规律.

第三节　二阶微分方程

二阶及二阶以上的微分方程称为高阶微分方程.本节我们将研究二阶微分方程.

二阶微分方程的一般形式为

$$y''=f(x,y,y'). \tag{6-8}$$

一、二阶线性微分方程解的结构

形如

$$y''+p(x)y'+q(x)y=f(x) \tag{6-9}$$

的微分方程称为二阶线性微分方程.

当 $f(x)\equiv 0$ 时,

$$y''+p(x)y'+q(x)y=0 \tag{6-10}$$

称为二阶线性齐次微分方程.当 $f(x)$ 不恒为零时,方程(6-9) 称为二阶线性非齐次方程.

先介绍预备知识:线性相关和线性无关.

设函数 $y_1(x)$ 和 $y_2(x)$ 是定义在区间 I 上的两个函数,如果存在两个不全为零的常数 k_1,k_2,使得

$$k_1y_1(x)+k_2y_2(x)=0 \tag{6-11}$$

在区间 I 上恒成立,则称函数 $y_1(x)$ 和 $y_2(x)$ 在区间 I 上是线性相关的,否则称为线性无关.

通俗地讲,两个非零函数 $y_1(x)$ 和 $y_2(x)$ 线性相关,表明它们之间的比为常数;而它们线性无关,表明它们之间的比不恒为常数.

例如:$y_1=x^3$ 与 $y_2=2x^3$ 是线性相关的,而 $y_1=x^4$ 与 $y_2=2x^2$ 是线性无关的.

下面讨论二阶线性微分方程解的结构.

定理 6.1　如果 y_1,y_2 是二阶线性齐次微分方程(6-10) 的两个特解,则 $C_1y_1+C_2y_2$ 也是方程(6-10) 的解,其中 C_1,C_2 为任意常数.

定理 6.2　如果 y_1,y_2 是二阶线性齐次微分方程(6-10) 的两个线性无关的特解,则 $C_1y_1+C_2y_2$ 是方程(6-10) 的通解,其中 C_1,C_2 为任意常数.

例 1　已知 $y''+y=0$ 的两个解为 $y_1=\cos x,y_2=\sin x$,求它的通解.

解　只需验证 $\cos x,\sin x$ 线性无关即可.因为

$$\frac{\cos x}{\sin x}=\cot x\neq C,$$

所以 $\cos x,\sin x$ 线性无关,故

$$y=C_1\cos x+C_2\sin x\ (C_1,C_2\text{ 为任意常数})$$

是方程的通解.

定理 6.3 如果 $\overline{y}$ 是二阶线性非齐次微分方程(6-9)的一个特解，Y 是方程(6-9)对应的二阶线性齐次方程(6-10)的通解，则 $y=Y+\overline{y}$ 是二阶线性非齐次方程(6-9)的通解.

例 2 已知 $y_1=-\dfrac{1}{3}x\cos2x+\dfrac{4}{9}\sin2x$ 是二阶线性非齐次方程 $y''+y=x\cos2x$ 的一个特解，求它的通解.

解 由例 1 可知，齐次方程 $y''+y=0$ 的通解是 $Y=C_1\cos x+C_2\sin x$；而非齐次方程 $y''+y=x\cos2x$ 的一个特解是 $y_1=-\dfrac{1}{3}x\cos2x+\dfrac{4}{9}\sin2x$，所以它的通解为

$$y=C_1\cos x+C_2\sin x-\frac{1}{3}x\cos2x+\frac{4}{9}\sin2x\ (C_1,C_2\text{ 为任意常数}).$$

二、二阶常系数线性齐次微分方程

当二阶线性齐次微分方程(6-10)中 y',y 的系数 $p(x),q(x)$ 都为常数 p,q 时，方程

$$y''+py'+qy=0 \tag{6-12}$$

称为二阶常系数线性齐次微分方程.

由定理 6.2，解此方程只需求出方程 $y''+py'+qy=0$ 的两个线性无关的特解 y_1 与 y_2，则 $y=C_1y_1+C_2y_2$ 就是它的通解.

由函数 $y=e^{-px}$ 是一阶常系数线性齐次方程 $y'+py=0$ 的解，我们设想函数 $y=e^{\lambda x}$（λ 是待定的常数）有可能是方程 $y''+py'+qy=0$ 的解.

由此，将 $y=e^{\lambda x}$ 代入方程(6-12)中得

$$(e^{\lambda x})''+p\cdot(e^{\lambda x})'+q\cdot e^{\lambda x}=0,$$

$$\lambda^2e^{\lambda x}+p\lambda e^{\lambda x}+qe^{\lambda x}=0.$$

由于 $e^{\lambda x}\neq0$，两边同除以 $e^{\lambda x}$，方程简化为

$$\lambda^2+p\lambda+q=0. \tag{6-13}$$

这是一个关于 λ 的一元二次方程，将其称为方程(6-12)的特征方程，特征方程的根 λ 的值，叫作特征方程的特征根.

特征方程 $\lambda^2+p\lambda+q=0$ 是一元二次方程，其中 λ^2,λ 的系数及常数项恰好依次是微分方程 $y''+py'+qy=0$ 中 y'',y' 及 y 的系数.因此，我们只要将微分方程中的 y'' 换成 λ^2，y' 换成 λ，y 换成 1，即可得对应的特征方程.

如果从特征方程(6-13)中解出特征根 λ 代入 $y=e^{\lambda x}$ 中，那么 $y=e^{\lambda x}$ 就是二阶常系数线性齐次方程(6-12)的解.

特征方程的两个根可用公式

$$\lambda_{1,2}=\frac{-p\pm\sqrt{p^2-4q}}{2}$$

求出.

下面，分别讨论特征方程 $\lambda^2+p\lambda+q=0$ 的判别式 $\Delta=p^2-4q$ 在大于0、等于0、小于0三种情况下，对应的二阶常系数线性齐次方程(6-12)的通解.

(1) 当 $\Delta=p^2-4q>0$ 时，特征方程 $\lambda^2+p\lambda+q=0$ 有两个不相等的实根 λ_1,λ_2，那么 $e^{\lambda_1 x},e^{\lambda_2 x}$ 是方程(6-12)的两个线性无关的特解，从而

$$y=C_1e^{\lambda_1 x}+C_2e^{\lambda_2 x}\quad (C_1,C_2\text{ 为任意常数})$$

是二阶常系数线性齐次方程(6-12)的通解.

(2) 当 $\Delta=p^2-4q=0$ 时，特征方程 $\lambda^2+p\lambda+q=0$ 有两个相等的实根 λ_0（重根），可以验证 $xe^{\lambda_0 x}$ 也是方程(6-12)的一个解，而且 $e^{\lambda_0 x}$ 和 $xe^{\lambda_0 x}$ 是两个线性无关的特解，从而

$$y=C_1e^{\lambda_0 x}+C_2xe^{\lambda_0 x}(C_1,C_2\text{ 为任意常数})$$

是二阶常系数线性齐次方程(6-12)的通解.

(3) 当 $\Delta=p^2-4q<0$ 时，特征方程 $\lambda^2+p\lambda+q=0$ 有两个共轭复根 $\lambda_{1,2}=\alpha\pm i\beta$ ($\beta\neq 0$，α,β 都是实数)，由于

$$y_1=e^{(\alpha+i\beta)x}=e^{\alpha x}e^{i\beta x}=e^{\alpha x}(\cos\beta x+i\sin\beta x),$$
$$y_2=e^{(\alpha-i\beta)x}=e^{\alpha x}e^{-i\beta x}=e^{\alpha x}(\cos\beta x-i\sin\beta x)$$

都是方程(6-12)的解，所以

$$\frac{y_1+y_2}{2}=e^{\alpha x}\cos\beta x,$$
$$\frac{y_1-y_2}{2i}=e^{\alpha x}\sin\beta x$$

也是方程(6-12)的解，而且线性无关，因而

$$y=C_1e^{\alpha x}\cos\beta x+C_2e^{\alpha x}\sin\beta x$$
$$=e^{\alpha x}(C_1\cos\beta x+C_2\sin\beta x)\ (C_1,C_2\text{ 为任意常数})$$

是二阶常系数线性齐次方程(6-12)的通解.

以上是特征方程 $\lambda^2+p\lambda+q=0$ 的判别式 $\Delta=p^2-4q$ 在不同情况下，对二阶常系数线性齐次方程(6-12)通解的讨论.

例3　求方程 $y''+5y'-6y=0$ 的通解.

解　所给方程的特征方程为

$$\lambda^2+5\lambda-6=0,$$

即

$$(\lambda-1)(\lambda+6)=0.$$

因此，特征根为 $\lambda_1=1,\lambda_2=-6$ ($\lambda_1\neq\lambda_2$). 所以，方程的通解为

$$y=C_1e^{-6x}+C_2e^{x}(C_1,C_2\text{ 为任意常数}).$$

例4　求方程 $y''-4y'+4y=0$ 的通解.

解　所给方程的特征方程为

$$\lambda^2-4\lambda+4=0,$$

即

$$(\lambda-2)^2=0,$$

因此，特征根为 $\lambda_{1,2}=2$（重根），所以方程 $y''-4y'+4y=0$ 的通解为

$$y=C_1e^{2x}+C_2xe^{2x}\ (C_1,C_2\text{ 为任意常数}).$$

例 5 求方程 $2y''+2y'+3y=0$ 的通解.

解 所给方程的特征方程为

$$2\lambda^2+2\lambda+3=0$$

它有两个共轭复根

$$\lambda_{1,2}=\frac{-2\pm\sqrt{4-24}}{4}=-\frac{1}{2}\pm\frac{\sqrt{5}}{2}i,$$

所以，$2y''+2y'+3y=0$ 的通解为

$$y=e^{-\frac{1}{2}x}\left(C_1\cos\frac{\sqrt{5}}{2}x+C_2\sin\frac{\sqrt{5}}{2}x\right)\ (C_1,C_2\text{ 为任意常数}).$$

归纳以上讨论和例题的求解过程，得到二阶常系数线性齐次方程(6-12)求通解的步骤如下：

(1) 写出二阶常系数齐次线性方程(6-12)的特征方程：

$$\lambda^2+p\lambda+q=0;$$

(2) 求出特征方程的特征根 λ_1 和 λ_2；

(3) 按判别式或特征根的三种不同情况依表 6-2 写出通解：

表 6-2 二阶常系数线性齐次方程通解

判别式 $\Delta=p^2-4q$	$\Delta>0$	$\Delta=0$	$\Delta<0$
特征根 λ_1,λ_2	$\lambda_1\neq\lambda_2$ 是不同实根	只有一个实根 $\lambda_1=\lambda_2=\lambda_0$	两个共轭复根 $\lambda_{1,2}=\alpha\pm i\beta(\beta\neq0)$
通解 y	$C_1e^{\lambda_1x}+C_2e^{\lambda_2x}$	$C_1e^{\lambda_0x}+C_2xe^{\lambda_0x}$	$e^{\alpha x}(C_1\cos\beta x+C_2\sin\beta x)$

三、二阶常系数线性非齐次微分方程

二阶常系数线性非齐次微分方程的一般形式是

$$y''+p\cdot y'+q\cdot y=f(x), \tag{6-14}$$

其中 p 和 q 是常数.方程(6-14)是方程(6-9)的特殊形式.

根据二阶线性微分方程解的结构定理可知，方程(6-14)的通解是由它的一个特解 $\overline{y}$ 与对应的齐次方程

$$y''+p\cdot y'+q\cdot y=0$$

的通解 Y 之和构成，即 $y=Y+\overline{y}$.

前面已经讨论了二阶常系数线性齐次微分方程(6-12)的通解求法，这里只需找出非齐次方程(6-14)的一个特解即可.以下讨论当 $f(x)$ 取两种特殊形式的函数时，方程(6-14)的特解.

1.$f(x)=f_n(x)e^{rx}$ 的情形

$f(x)=f_n(x)e^{rx}$，其中 $f_n(x)$ 是关于 x 的 n 次多项式，r 为实数，方程(6-14)可写为

$$y''+p\cdot y'+q\cdot y=f_n(x)e^{rx}. \tag{6-15}$$

下面，我们直接给出方程(6-15)的特解的形式.

(1) 当 r 不是特征方程 $\lambda^2+p\lambda+q=0$ 的根时，其特解可设为

$$\overline{y}=g_n(x)e^{rx};$$

(2) 当 r 是特征方程 $\lambda^2+p\lambda+q=0$ 的根，但不是重根时，其特解可设为

$$\overline{y}=xg_n(x)e^{rx};$$

(3) 当 r 是特征方程 $\lambda^2+p\lambda+q=0$ 的根，且是重根时，其特解可设为

$$\overline{y}=x^2g_n(x)e^{rx}.$$

上面三式中，$g_n(x)$ 是一个关于 x 的待定 n 次多项式.

例 6 求方程 $y''-2y'+y=x^2$ 的一个特解，并写出通解.

解 微分方程中，$f(x)=x^2e^{0\cdot x}$，而特征方程为 $\lambda^2-2\lambda+1=0$，显然 $r=0$ 不是特征方程的根，所以方程的特解可设为

$$\overline{y}=Ax^2+Bx+C,$$

A,B,C 是待定系数，将 $\overline{y}'',\overline{y}',\overline{y}$ 代入微分方程，得

$$2A-4Ax-2B+Ax^2+Bx+C=x^2,$$

整理得

$$Ax^2+(-4A+B)x+(2A-2B+C)=x^2,$$

比较等式两边关于 x 同次幂的系数，得

$$\begin{cases}A=1,\\-4A+B=0,\\2A-2B+C=0,\end{cases}$$

解得

$$A=1,B=4,C=6.$$

故所求特解为

$$\overline{y}=x^2+4x+6.$$

由于特征方程 $\lambda^2-2\lambda+1=0$ 中，$\lambda=1$ 为重根，所以其通解为

$$y=e^x(C_1+xC_2)+x^2+4x+6\ (C_1,C_2\text{ 为任意常数}).$$

例 7 求方程 $y''+2y'-3y=e^x$ 的一个特解.

解 微分方程中，$f(x)=1\cdot e^x$，而特征方程为$\lambda^2+2\lambda-3=0$，$r=1$是特征方程的根，但不是重根，因此微分方程方程的特解可设为

$$\overline{y}=Axe^x,$$

则

$$\overline{y}'=Ae^x+Axe^x,$$
$$\overline{y}''=2Ae^x+Axe^x,$$

将$\overline{y}''$，$\overline{y}'$，$\overline{y}$代入微分方程，得

$$(2Ae^x+Axe^x)+2(Ae^x+Axe^x)-3Axe^x=e^x,$$

消去e^x，并比较等式两边关于x同次幂的系数，得$A=\frac{1}{4}$，故原方程的一个特解为

$$\overline{y}=\frac{1}{4}xe^x.$$

例 8 求微分方程$y''+4y'+4y=e^{-2x}$的通解.

解 微分方程中，$f(x)=1\cdot e^{-2x}$，而特征方程为$\lambda^2+4\lambda+4=0$，$r=-2$是特征方程的根，且为重根，因此微分方程的特解可设为

$$\overline{y}=Ax^2e^{-2x}.$$

则

$$\overline{y}'=2Axe^{-2x}-2Ax^2e^{-2x},$$
$$\overline{y}''=2Ae^{-2x}-8Axe^{-2x}+4Ax^2e^{-2x}.$$

将$\overline{y}''$，$\overline{y}'$，$\overline{y}$代入微分方程，得

$$2Ae^{-2x}=e^{-2x},$$

所以$A=\frac{1}{2}$，故特解为

$$\overline{y}=\frac{1}{2}x^2e^{-2x}.$$

由此可得通解为

$$y=e^{-2x}(C_1+C_2x)+\frac{1}{2}x^2e^{-2x}\ (C_1,C_2\text{ 为任意常数}).$$

2.$f(x)=f_n(x)e^{rx}\cos\omega x$ 或 $f(x)=f_n(x)e^{rx}\sin\omega x$ 的情形

$f(x)=f_n(x)e^{rx}\cos\omega x$或$f(x)=f_n(x)e^{rx}\sin\omega x$，其中$f_n(x)$是关于$x$的$n$次多项式，$r$，$\omega$为实数，方程(6-14)可写为

$$y''+p\cdot y'+q\cdot y=f_n(x)e^{rx}\cos\omega x,\tag{6-16}$$

或

$$y''+p\cdot y'+q\cdot y=f_n(x)e^{rx}\sin\omega x.\tag{6-17}$$

方程(6-16)和(6-17)的特解具有相同形式.

(1) 当 $r\pm\omega i$ 不是特征方程 $\lambda^2+p\lambda+q=0$ 的根时,其特解可设为

$$\overline{y}=e^{rx}[A_n(x)\cos\omega x+B_n(x)\sin\omega x];$$

(2) 当 $r\pm\omega i$ 是特征方程 $\lambda^2+p\lambda+q=0$ 的根时,其特解可设为

$$\overline{y}=xe^{rx}[A_n(x)\cos\omega x+B_n(x)\sin\omega x].$$

上面两式中,$A_n(x)$,$B_n(x)$ 均是关于 x 的待定 n 次多项式.

注意　当二阶微分方程的特征方程有虚根时,绝不会出现重根,因此特解 $\overline{y}$ 中 x 的次数不可能等于 2.

例 9　求方程 $y''+2y'-3y=4\sin x$ 的一个特解.

解　方程中,$f(x)=4\cdot e^{0\cdot x}\cdot\sin x$. $r+\omega i=0+i$ 不是特征方程 $\lambda^2+2\lambda-3=0$ 的根,且 $f_n(x)=4$,因此可设方程的特解为

$$\overline{y}=A\cos x+B\sin x.$$

求导得

$$\overline{y}'=-A\sin x+B\cos x,$$

$$\overline{y}''=-A\cos x-B\sin x.$$

将 $\overline{y}''$,$\overline{y}'$,$\overline{y}$ 代入微分方程,得

$$(-4A+2B)\cos x+(-2A-4B)\sin x=4\sin x.$$

比较等式两边同类项的系数得

$$\begin{cases}-4A+2B=0,\\-2A-4B=4.\end{cases}$$

解得 $A=-\frac{2}{5}$,$B=-\frac{4}{5}$.于是,原方程的一个特解为

$$\overline{y}=-\frac{2}{5}\cos x-\frac{4}{5}\sin x.$$

例 10　求方程 $y''+9y=\cos 3x$ 的一个特解.

解　方程中,$f(x)=1\cdot e^{0\cdot x}\cdot\cos 3x$. $r+\omega i=0+3i$ 是特征方程 $\lambda^2+9=0$ 的根,且 $f_n(x)=1$,因此可设方程的特解为

$$\overline{y}=x(A\cos 3x+B\sin 3x).$$

求导得

$$\overline{y}'=A\cos 3x+B\sin 3x+x(-3A\sin 3x+3B\cos 3x),$$

$$\overline{y}''=-6A\sin 3x+6B\cos 3x+x(-9A\cos 3x-9B\sin 3x).$$

将 $\overline{y}''$,$\overline{y}$ 代入微分方程,得

$$-6A\sin 3x+6B\cos 3x=\cos 3x.$$

比较等式两边同类项的系数,得 $A=0$,$B=\frac{1}{6}$,所以方程的特解为

$$\bar{y}=\frac{1}{6}x\sin 3x.$$

例 11 求微分方程 $y''+4y=x+1+\sin x$ 的通解.

解 因为 $f(x)=x+1+\sin x$ 可以看成 $f_1(x)=x+1$ 和 $f_2(x)=\sin x$ 之和，所以分别求方程

$$y''+4y=x+1,$$

$$y''+4y=\sin x$$

的特解.方程 $y''+4y=x+1$ 的特解求得为

$$\overline{y_1}=\frac{1}{4}x+\frac{1}{4};$$

方程 $y''+4y=\sin x$ 的特解求得为

$$\overline{y_2}=\frac{1}{3}\sin x.$$

所以方程的特解为

$$\bar{y}=\overline{y_1}+\overline{y_2}=\frac{1}{4}x+\frac{1}{4}+\frac{1}{3}\sin x.$$

又方程所对应的线性齐次方程为 $y''+4y=0$，其通解为

$$Y=C_1\cos 2x+C_2\sin 2x.$$

所以原方程的通解为

$$y=Y+\bar{y}=\frac{1}{4}x+\frac{1}{4}+\frac{1}{3}\sin x+C_1\cos 2x+C_2\sin 2x \ (C_1,C_2 \text{ 为任意常数}).$$

例 12 有一弹性系数 $C=8$(单位:N/m) 的弹簧上挂有质量为 2 kg 的物体.一外力 $f(t)=16\cos 4t$(单位:N) 作用在物体上，假定物体原来在平衡位置有向上的初始速度 2 m/s，如果阻力忽略不计，求物体的运动规律 $s(t)$.

解 由物理知识可知，物体的运动方程为

$$\frac{\mathrm{d}^2 s}{\mathrm{d}t^2}+4s=8\cos 4t,$$

且初始条件为

$$s|_{t=0}=0, s'|_{t=0}=-2.$$

方程所对应的齐次方程为

$$\frac{\mathrm{d}^2 s}{\mathrm{d}t^2}+4s=0.$$

方程的特解可设为

$$\bar{s}=A\cos 4t+B\sin 4t.$$

求导数得

$$\bar{s}'=4B\cos 4t-4A\sin 4t,$$

$$\bar{s}'' = -16A\cos4t - 16B\sin4t.$$

把 $\bar{s}, \bar{s}''$ 代入原方程得

$$-12A\cos4t - 12B\sin4t = 8\cos4t.$$

比较上式两边的系数，得 $A = -\dfrac{2}{3}, B = 0$.因此有

$$\bar{s} = -\frac{2}{3}\cos4t.$$

于是，原方程的通解为

$$s = C_1\cos2t + C_2\sin2t - \frac{2}{3}\cos4t.$$

为了求得满足初始条件的方程的特解，对上式求导数得

$$s' = -2C_1\sin2t + 2C_2\cos2t + \frac{8}{3}\sin4t.$$

将初始条件代入，得 $C_1 = \dfrac{2}{3}, C_2 = -1$.把它们代入方程的通解，就得到物体的运动规律为

$$s = \frac{2}{3}\cos2t - \sin2t - \frac{2}{3}\cos4t.$$

注意　现将求解二阶常系数非齐次线性微分方程

$$y'' + p\cdot y' + q\cdot y = f(x)$$

的步骤归纳如下：

第一步：求 $y'' + p\cdot y' + q\cdot y = 0$ 的通解 Y；

第二步：求 $y'' + p\cdot y' + q\cdot y = f(x)$ 的特解 $\bar{y}$，$\bar{y}$ 的形式见表 6-3：

表 6-3　二阶常系数非齐次线性微分方程的特解

$f(x)$ 的形式	特解 $\bar{y}$ 的形式
$f(x) = f_n(x)e^{rx}$	$\bar{y} = x^k g_n(x)e^{rx}$： 当 r 不是特征根时，$k = 0$； 当 r 是特征根，但不是重根时，$k = 1$； 当 r 是特征根，且为重根时，$k = 2$
$f(x) = f_n(x)e^{rx}\cos\omega x$， $f(x) = f_n(x)e^{rx}\sin\omega x$	$\bar{y} = x^k e^{rx}[A_n(x)\cos\omega x + B_n(x)\sin\omega x]$： 当 $r\pm\omega i$ 不是特征根时，$k = 0$； 当 $r\pm\omega i$ 是特征根时，$k = 1$

按上表规定的 $\bar{y}$ 形式，用待定系数法确定表中的待定 n 次多项式 $g_n(x)$ 的系数及 $A_n(x), B_n(x)$；

第三步：写出 $y'' + p\cdot y' + q\cdot y = f(x)$ 的通解 $y = Y + \bar{y}$.

习题 6.3

1. 求下列微分方程的通解：

(1) $y''-y'-2y=0$；　　(2) $y''+y'=0$；

(3) $y''+8y'+25y=0$；　　(4) $y''-6y'+9y=0$.

2. 求下列微分方程的一个特解：

(1) $y''+2y'-15y=5x+2$；　　(2) $2y''+y'-y=2e^x$；

(3) $y''+9y=4\sin 3x$；　　(4) $y''-3y'+2y=3xe^{2x}$.

3. 求下列微分方程的通解：

(1) $y''+y'+2y=x^2-3$；　　(2) $y''+a^2y=e^x$；

(3) $y''+y'=2x^2e^x$；　　(4) $y''-2y'+5y=\sin x$.

4. 一曲线过点(0,1)，在这一点与直线 $y=1$ 相切，且曲线的方程 $y=f(x)$ 满足微分方程 $y''+4y=\sin x$，试求该曲线的方程.

数学思想与文化

一、微分方程的发展

微分方程是伴随着微积分学一起发展起来的，微积分学的奠基人牛顿和莱布尼茨在其著作中都处理过与微分方程有关的问题. 微分方程的应用十分广泛，在运动学、动力学、化学、生物学、工程学、经济学和人口统计等领域都有广泛的应用.微分方程分为常微分方程和偏微分方程.常微分方程是指微分方程的自变量只有一个的方程，且方程式中含有未知函数及其导数.偏微分方程是指微分方程的自变量有两个或两个以上，且方程式中有未知数对自变量的偏微分.

17 世纪，力学、天文学、几何学等领域的许多问题都促进了微分方程的发展. 20 世纪以来，随着大量的边缘科学诸如电磁流体力学、化学流体力学、动力气象学、海洋动力学、地下水动力学等的产生和发展，也出现不少新型的微分方程.在当代，甚至许多社会科学的问题也会用到微分方程，如人口发展模型、交通流模型等方面.因此，微分方程的研究是与人类社会密切相关的.

最初，数学家们把精力集中放在求微分方程的通解上，后来证明这一般不可能，于是逐步放弃了这一奢望，而转向特解问题、初值问题、边值问题、混合问题等.一个常微分方程是不是有特解呢？如果有，又有几个呢？这是微分方程论中一个基本的问题，数学家把它归纳成基本定理，叫作存在和唯一性定理.存在和唯一性定理对于微分方程的求解是十分重要的，大部分的常微分方程求不出十分精确的解，而只能得到近似解.当然，这个近似解的精确程度是比较高的.另外还应该指出，用来描述物理过程的微分方程，以及由试验测定的初始条件也是近似的，这种近似之间的影响和变化还必须在理论上加以解决. 通常微分方程在很多学科领域内都有着重要的应用，例如自动控制、各种电子学装置的设计、弹道的计算、飞机和导弹飞行稳定性的研究、化学反应过程稳定性的研究等.这些问题都可以化为求常微分方程的解，或者化为研究解的性质的问题，应该说应用常微分方程理论已经取得了很大的成就，但是它的现有理论也还远远不能满足需要，还有待于进一步发展，使这门学科的理论更加完善.

二、中国数学家苏步青

苏步青(1902－2003)，出生在浙江省平阳县的一个山村里，父亲靠种地为生，童年时代放牛喂猪，干过割草等农活，虽然家境清贫，但父母依然省吃俭用供他上学. 1911 年，到一百多里外的平阳县第一小学当了插班生；1914 年，以优秀成绩考进旧四年制的浙江省立第十中学；1919 年 7 月，刚满 17 岁，就在中学校长洪先生的资助下到日本留学；1924 年在日本东京高等工业专科学校电机系毕业；1927 年毕业于日本东北帝国大学数学系.

1928 年，苏步青在一般曲面研究中发现了四次(三阶)代数锥面，论文发表后，在日本和国际数学界引起很大反响，人称“苏锥面”. 1931 年，与陈建功先生有约在先：学成后一起到浙江大学去，花上 20 年时间，把浙江大学数学系办成世界第一流水准，为国家培养人才.怀着对祖国和故乡的深深怀念，苏步青回到阔别已久的故土，到浙江大学数学系任教.当时国内教学条件很差，工资都发不出，苏步青克服困难，坚持教学和科研工作，和陈建功先生开创数学讨论班，用严格的要求，培养自己的学生，即使在抗日战争期间，学校西迁贵州，被迫在山洞里还为学生举办讨论班.

1933 年，他晋升为教授并担任数学系主任.他和陈建功教授一起设计了一套现代化的教学计划，重视数学的基础训练，对学生要求严格，各门课程都有习题课，学生要上黑板算题，算不出就不得下去，称为“挂黑板”.1937 年，浙江大学的数学系在培养人才方面已显示出雄厚的实力，并开始招收研究生.日本侵华时期，苏步青在躲避空袭时，还带着文献在防空洞里坚持研究.在湄潭，苏步青带着他的几位早期学生熊全治、张素诚、白正国等人，坚持射影微分几何的研究，获得了一系列的重要成果，许多论文都在国际上很有影响的杂志上发表，在国际几何学界享有崇高的声誉，以苏步青为核心的浙江大学微分几何学派已开始形成.1945 年出版《射影曲线概论》，1946 年出版专著《射影曲面概论》.1952 年 10 月，因全国高校院系调整，苏步青来到复旦大学数学系任教授、系主任，后任复旦大学教务长、副校长和校长，1956 年，获得新中国第一次颁发的国家自然科学奖，嘉奖他在“K 展空间微分几何学”方面的研究成果，同时也奖励多年来在“一般量度空间几何学”和“射影空间曲线微分几何学”上的成果. 1978 年，苏步青担任复旦大学校长，他在上海市数学会年会上作了题为《几何外形设计理论及应用》的大会报告，计算几何这一新的学科方向从此在国内兴起.他开设了微分几何五讲课程，并主持了计算几何讨论班.1982 年 1 月，在苏步青教授领导下，成立了全国计算几何协作组，由浙江大学、山东大学、中国科技大学、中国科学院数学所和复旦大学等单位组成.从此每两年举行一次计算几何的学术会议和学习班，为中国计算机辅助设计和制造方面的高科技项目提供了理论和方法，并培养了一批理论和实际相结合的人才.苏步青将自己的毕生精力无私地奉献给了人民的教育事业，坚持科研与教学相结合，为祖国培养了一大批优秀的数学人才.我们要继承苏步青先生的远大志向，更好地发展他开创的科学和教育事业，传承他恪守的精神品格，弘扬他的学术传统，为中国的数学学科百尺竿头更进一步而努力奋斗.

知识要点

一、微分方程的基本概念

1.常微分方程：含有一元未知函数导数或微分的方程称为常微分方程.

2.微分方程的阶：微分方程中所含导数的最高阶数称为微分方程的阶.

3.微分方程的解：如果将一个函数代入常微分方程中，使方程成为恒等式，则称这个函数是该微分方程的解.如果微分方程的解中含有任意常数，且独立的任意常数的个数与微分方程的阶数相同，称这样的解为微分方程的通解.如果微分方程的一个解中不含任意常数，则称这个解为微分方程在某一初始条件下的特解，简称为特解.

二、一阶微分方程

1.可分离变量的微分方程：$\frac{dy}{dx}=f(x)g(y)$

求解过程：$\frac{1}{g(y)}dy=f(x)dx \Rightarrow \int \frac{1}{g(y)}dy=\int f(x)dx$.

2.齐次方程：$\frac{dy}{dx}=f\left(\frac{y}{x}\right)$

做变换 $z=\frac{y}{x}$，$y'=z+xz'$，化为可分离变量微分方程求解.

3.一阶线性微分方程：$y'+p(x)y=q(x)$

通解公式：$y=e^{-\int p(x)dx}\left[\int q(x)e^{\int p(x)dx}dx+C\right]$.

三、二阶线性常微分方程

1.二阶线性微分方程解的结构

$$y''+p(x)y'+q(x)y=f(x)$$

的通解为 $y=Y+\bar{y}$,其中 $\bar{y}$ 是非齐次方程的一个特解,Y 是非齐次方程对应的齐次方程的通解.

2.二阶常系数齐次线性微分方程的通解

$$y''+py'+qy=0(p,q\text{ 为常数})$$

特征方程:$\lambda^2+p\lambda+q=0$,根据特征根的不同情形,按表 6-4 写出方程的通解:

表 6-4　二阶常系数齐次线性微分方程通解

特征方程的两个特征根 λ_1 与 λ_2	微分方程 $y''+py'+qy=0$ 的通解
两个不相等的实根 $\lambda_1 \neq \lambda_2$	$y=C_1e^{\lambda_1 x}+C_2e^{\lambda_2 x}$
两个相等的实根 $\lambda_1=\lambda_2=\lambda$	$y=(C_1+C_2x)e^{\lambda x}$
一对共轭复根 $\lambda_{1,2}=\alpha\pm i\beta$	$y=e^{\alpha x}(C_1\cos\beta x+C_2\sin\beta x)$

3.二阶常系数非齐次线性微分方程的通解和特解

(1) 二阶常系数非齐次线性微分方程的一般形式为:$y''+py'+qy=f(x)$.

要求它的通解可以先求出它对应的齐次方程 $y''+py'+qy=0$ 的通解 Y,再求出 $y''+py'+qy=f(x)$ 的一个特解 $\bar{y}$,然后把它们相加就得到非齐次方程的通解.

(2)$y''+p\cdot y'+q\cdot y=f_n(x)e^{rx}$,其中 $f_n(x)$ 是一个 n 次多项式,r 是常数.

当 r 不是特征方程 $\lambda^2+p\lambda+q=0$ 的根时,其特解可设为

$$\bar{y}=g_n(x)e^{rx};$$

当 r 是特征方程 $\lambda^2+p\lambda+q=0$ 的根,但不是重根时,其特解可设为

$$\bar{y}=xg_n(x)e^{rx};$$

当 r 是特征方程 $\lambda^2+p\lambda+q=0$ 的根,且是重根时,其特解可设为

$$\bar{y}=x^2g_n(x)e^{rx}.$$

上面三式中,$g_n(x)$ 是一个关于 x 的待定 n 次多项式.

根据这一结论,我们只要用待定系数法,就可以求得方程 $y''+p\cdot y'+q\cdot y=f_n(x)e^{rx}$ 的一个特解.

(3)$y''+py'+qy=f_n(x)e^{rx}\cos\omega x$ 或 $y''+py'+qy=f_n(x)e^{rx}\sin\omega x$,其中 $f_n(x)$ 是关于 x 的 n 次多项式,r,ω 为实数,以上两方程的特解具有相同形式:

当 $r\pm\omega i$ 不是特征方程 $\lambda^2+p\lambda+q=0$ 的根时,其特解可设为

$$\bar{y}=e^{rx}[A_n(x)\cos\omega x+B_n(x)\sin\omega x];$$

当 $r\pm\omega i$ 是特征方程 $\lambda^2+p\lambda+q=0$ 的根时,其特解可设为

$$\overline{y}=x\mathrm{e}^{rx}[A_n(x)\cos\omega x+B_n(x)\sin\omega x].$$

上面两式中，$A_n(x)$，$B_n(x)$ 均是关于 x 的待定 n 次多项式.

复习题六

一、填空题

1. 方程 $y''-9y'-10y=0$ 的通解为________.

2. 已知曲线 $y=f(x)$ 过点 $\left(0,-\dfrac{1}{2}\right)$，且其上任一点 (x,y) 处的切线斜率为 $x\ln(1+x^2)$，则 $f(x)=$________.

3. 方程 $y'+y=\sin x$ 的通解是________.

4. 微分方程 $xy'+y=3$ 满足 $y|_{x=1}=0$ 的特解为________.

5. 方程 $y''-2y'+2y=\mathrm{e}^x$ 的通解是________.

二、选择题

1. 微分方程 $(y')^2+y'(y'')^3-xy^4=0$ 的阶数是（　　）.

A.1　　B. 2　　C.3　　D. 4

2. 方程 $y'+2y=4x$ 的通解是（　　）.

A.$2x+C$　　B.$2x-C$　　C.$2x+\mathrm{e}^{-2x}+C$　　D.$2x+C\mathrm{e}^{-2x}-1$

3. 微分方程 $y'''+x^3y''+x^4=1$ 的通解中应含独立的任意常数的个数为（　　）.

A.2　　B.3　　C.4　　D.5

4. 方程 $y''-4y'=0$ 的特征根是（　　）.

A.$\lambda_1=1,\lambda_2=4$　　B.$\lambda_1=0,\lambda_2=4$　　C.$\lambda_1=0,\lambda_2=1$　　D.$\lambda_1=2,\lambda_2=4$

5. 下列方程中是线性微分方程的是（　　）.

A.$\left(\dfrac{\mathrm{d}y}{\mathrm{d}x}\right)^2+xy=3$　　B.$\dfrac{\mathrm{d}y}{\mathrm{d}x}+xy^2=1$

C.$y''-y'y^2+3\mathrm{e}^x+\cos x=5$　　D.$y^{(4)}-ax^2y'-3x-\mathrm{e}^x=0$

6. 微分方程 $y''+4y'+4y=0$ 的两个线性无关的特解是（　　）.

A.e^{2x} 与 e^{-2x}　　B.$3\mathrm{e}^{2x}$ 与 e^{-2x}　　C.e^{2x} 与 $3\mathrm{e}^{2x}$　　D.e^{-2x} 与 $x\mathrm{e}^{-2x}$

7. 方程 $y''+2y=\sin\sqrt{2x}$ 的一个特解是（　　）.

A.$x\cos\sqrt{2}x$　　B.$-x\cos\sqrt{2}x$　　C.$\dfrac{\sqrt{2}}{2}x\cos\sqrt{2}x$　　D.$\dfrac{\sqrt{2}}{4}x\cos\sqrt{2}x$

三、解答题

1.求下列微分方程的通解：

(1)$xy'-y=0$；　　(2)$y'=1+x+y+xy$；

(3)$y'=x+y+1$；　　(4)$(x+1)y'=-2xy+2x$；

(5) $y''-2y'-3y=3x+1$;　　(6) $y''+2y'+y=xe^{x}$;

(7) $y''-2y'+2y=\cos x$.

2.求微分方程 $y''+y'+2=0$ 满足 $y(0)=0, y'(0)=1$ 的特解.

3.求微分方程 $y''-2y'-e^{2x}=0$ 满足条件 $y(0)=1, y'(0)=1$ 的特解.

4.求微分方程 $y''+y=x\cos 2x$ 的特解.

5.设 $f(x)$ 为连续函数,且满足 $\int_0^x f(t)\mathrm{d}t=e^{x}-f(x)$,求 $f(x)$.

第七章 线性代数初步

线性代数是数学的重要分支，主要研究变量间的线性关系问题.17 世纪，费马和笛卡儿的工作标志着现代意义的线性代数的开始. 经过不断发展，直到 20 世纪线性代数才形成独立的分支.随着科学的不断进步，尤其是计算机的发展，线性代数在自然科学和社会科学领域内的重要作用日益突出.

线性方程组是线性代数的核心，线性代数的许多重要概念都可以由线性方程组引入，线性方程组的求解也是最古老的数学问题之一. 在中学我们学习了二元、三元线性方程组的求解，为了能解出更一般的线性方程组，本章先学习、研究三个解线性方程组的有力工具——行列式、矩阵、向量，然后讨论线性方程组解的结构.

第一节 行列式的定义

一、二阶和三阶行列式的定义

设二元线性方程组

$$\begin{cases} a_{11}x_1 + a_{12}x_2 = b_1 \\ a_{21}x_1 + a_{22}x_2 = b_2 \end{cases}, \tag{7-1}$$

用消元法，当 $a_{11}a_{22} - a_{12}a_{21} \neq 0$ 时，解得

$$x_1 = \frac{a_{22}b_1 - a_{12}b_2}{a_{11}a_{22} - a_{12}a_{21}}, x_2 = \frac{a_{11}b_2 - a_{21}b_1}{a_{11}a_{22} - a_{12}a_{21}}. \tag{7-2}$$

上式给出了二元线性方程组(7-1) 的一个求解公式，但很难记忆.为了便于理解和记忆，我们引入二阶行列式的定义.

定义 7.1 由 2×2 个元素 $a_{ij}(i,j=1,2)$ 排成 2 行 2 列(横排称行，竖排称列)，两边各加一条竖线，得到的记号

$$\begin{vmatrix} a_{11} & a_{12} \\ a_{21} & a_{22} \end{vmatrix}$$

称为**二阶行列式**. 二阶行列式中，元素 a_{ij} $(i,j=1,2)$ 称为行列式第 i 行、第 j 列的元素.如元素 a_{21} 为行列式第 2 行、第 1 列的元素.二阶行列式的值为 $a_{11}a_{22}-a_{12}a_{21}$，即

$$\begin{vmatrix} a_{11} & a_{12} \\ a_{21} & a_{22} \end{vmatrix}=a_{11}a_{22}-a_{12}a_{21}.$$

参看图 7-1，把左上角 a_{11} 到右下角 a_{22} 的实连线称为**主对角线**，从右上角 a_{12} 到左下角 a_{21} 的虚连线称为**次对角线**，于是二阶行列式等于它的主对角线上两个元素的乘积减去次对角线上两元素的乘积.

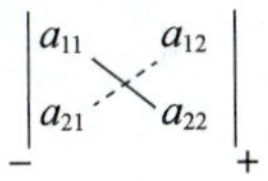

图 7-1

以上方法称为**二阶行列式的对角线法则**.

根据以上二阶行列式的定义，线性方程组(7-1) 的解可用二阶行列式表示为

$$x_1=\frac{\begin{vmatrix} b_1 & a_{12} \\ b_2 & a_{22} \end{vmatrix}}{\begin{vmatrix} a_{11} & a_{12} \\ a_{21} & a_{22} \end{vmatrix}},x_2=\frac{\begin{vmatrix} a_{11} & b_1 \\ a_{21} & b_2 \end{vmatrix}}{\begin{vmatrix} a_{11} & a_{12} \\ a_{21} & a_{22} \end{vmatrix}}.$$

若记

$$D=\begin{vmatrix} a_{11} & a_{12} \\ a_{21} & a_{22} \end{vmatrix},\quad D_1=\begin{vmatrix} b_1 & a_{12} \\ b_2 & a_{22} \end{vmatrix},\quad D_2=\begin{vmatrix} a_{11} & b_1 \\ a_{21} & b_2 \end{vmatrix},$$

则线性方程组(7-1) 的解可简记为

$$\begin{cases} x_1=\dfrac{D_1}{D} \\ x_2=\dfrac{D_2}{D} \end{cases}\quad (D\neq 0).$$

显然，行列式 D 是方程组中未知量的系数按原来的位置顺序构成的，我们把它称为这个方程组的**系数行列式**；D_j $(j=1,2)$ 是把系数行列式 D 中第 j 列的元素用方程组右端的常数项代替所得的行列式.

例 1　解方程组 $\begin{cases} 3x_1+2x_2=7 \\ 4x_1-x_2=2 \end{cases}$.

解　$D=\begin{vmatrix} 3 & 2 \\ 4 & -1 \end{vmatrix}=3\times(-1)-2\times 4=-11\neq 0$,

$$D_1=\begin{vmatrix} 7 & 2 \\ 2 & -1 \end{vmatrix}=7\times(-1)-2\times 2=-11,\quad D_2=\begin{vmatrix} 3 & 7 \\ 4 & 2 \end{vmatrix}=3\times 2-7\times 4=-22.$$

故所给方程组有唯一解

$$x_1=\frac{D_1}{D}=\frac{-11}{-11}=1,x_2=\frac{D_2}{D}=\frac{-22}{-11}=2.$$

下面我们来讨论三元线性方程组

$$\begin{cases} a_{11}x_1+a_{12}x_2+a_{13}x_3=b_1 \\ a_{21}x_1+a_{22}x_2+a_{23}x_3=b_2, \\ a_{31}x_1+a_{32}x_2+a_{33}x_3=b_3 \end{cases} \tag{7-3}$$

的解法.类似二元线性方程组的解法，应用加减消元法，不难得出它的求解公式：

$$\begin{cases} x_1=\dfrac{b_1a_{22}a_{33}+a_{12}a_{23}b_3+a_{13}a_{32}b_2-a_{13}a_{22}b_3-a_{12}b_2a_{33}-b_1a_{23}a_{32}}{a_{11}a_{22}a_{33}+a_{12}a_{23}a_{31}+a_{13}a_{21}a_{32}-a_{13}a_{22}a_{31}-a_{11}a_{23}a_{32}-a_{12}a_{21}a_{33}} \\ x_2=\dfrac{a_{11}b_2a_{33}+b_1a_{23}a_{31}+a_{13}a_{21}b_3-a_{13}b_2a_{31}-a_{11}a_{23}b_3-b_1a_{21}a_{33}}{a_{11}a_{22}a_{33}+a_{12}a_{23}a_{31}+a_{13}a_{21}a_{32}-a_{13}a_{22}a_{31}-a_{11}a_{23}a_{32}-a_{12}a_{21}a_{33}} \\ x_3=\dfrac{a_{11}a_{22}b_3+a_{12}b_2a_{31}+b_1a_{21}a_{32}-b_1a_{22}a_{31}-a_{12}a_{21}b_3-a_{11}b_2a_{32}}{a_{11}a_{22}a_{33}+a_{12}a_{23}a_{31}+a_{13}a_{21}a_{32}-a_{13}a_{22}a_{31}-a_{11}a_{23}a_{32}-a_{12}a_{21}a_{33}} \end{cases}$$

显然，上述求解公式烦琐难记，仿照二阶行列式的记法，引入三阶行列式.

定义 7.2 由 3×3 个元素 $a_{ij}(i,j=1,2,3)$ 排成 3 行 3 列，两边各加一条竖线，得到的记号

$$\begin{vmatrix} a_{11} & a_{12} & a_{13} \\ a_{21} & a_{22} & a_{23} \\ a_{31} & a_{32} & a_{33} \end{vmatrix}$$

称为**三阶行列式**，三阶行列式的值为

$$a_{11}a_{22}a_{33}+a_{12}a_{23}a_{31}+a_{13}a_{21}a_{32}-a_{11}a_{23}a_{32}-a_{12}a_{21}a_{33}-a_{13}a_{22}a_{31},$$

即

$$\begin{vmatrix} a_{11} & a_{12} & a_{13} \\ a_{21} & a_{22} & a_{23} \\ a_{31} & a_{32} & a_{33} \end{vmatrix}=a_{11}a_{22}a_{33}+a_{12}a_{23}a_{31}+a_{13}a_{21}a_{32}-a_{11}a_{23}a_{32}-a_{12}a_{21}a_{33}-a_{13}a_{22}a_{31}.$$

三阶行列式也可用**对角线法则**（或**沙路法则**）来记忆，如图 7-2 所示，将三阶行列式的第一、第二两列依次写在行列式的右侧，其中各实线连接的三个元素的乘积是代数和中的正项，各虚线连接的三个元素的乘积是代数和中的负项.

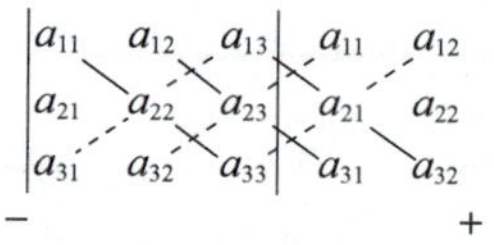

图 7-2

记

$$D=\begin{vmatrix} a_{11} & a_{12} & a_{13} \\ a_{21} & a_{22} & a_{23} \\ a_{31} & a_{32} & a_{33} \end{vmatrix},\quad D_1=\begin{vmatrix} b_1 & a_{12} & a_{13} \\ b_2 & a_{22} & a_{23} \\ b_3 & a_{32} & a_{33} \end{vmatrix},$$

$$D_2=\begin{vmatrix} a_{11} & b_1 & a_{13} \\ a_{21} & b_2 & a_{23} \\ a_{31} & b_3 & a_{33} \end{vmatrix},\quad D_3=\begin{vmatrix} a_{11} & a_{12} & b_1 \\ a_{21} & a_{22} & b_2 \\ a_{31} & a_{32} & b_3 \end{vmatrix}$$

若系数行列式 $D\neq 0$，则该方程组(7-3)有唯一解：

$$x_1=\frac{D_1}{D},\quad x_2=\frac{D_2}{D},\quad x_3=\frac{D_3}{D}.$$

例 2 计算行列式：(1) $\begin{vmatrix} 1 & 2 & 3 \\ 4 & 1 & 5 \\ -1 & 0 & 6 \end{vmatrix}$；(2) $\begin{vmatrix} 2 & 1 & 1 \\ 1 & 2 & 1 \\ 1 & 1 & 2 \end{vmatrix}$；(3) $\begin{vmatrix} a_{11} & 0 & 0 \\ a_{21} & a_{22} & 0 \\ a_{31} & a_{32} & a_{33} \end{vmatrix}$.

解 (1) $\begin{vmatrix} 1 & 2 & 3 \\ 4 & 1 & 5 \\ -1 & 0 & 6 \end{vmatrix}=1\times1\times6+2\times5\times(-1)+3\times4\times0-$

$3\times1\times(-1)-2\times4\times6-1\times5\times0$

$=-49$；

(2) $\begin{vmatrix} 2 & 1 & 1 \\ 1 & 2 & 1 \\ 1 & 1 & 2 \end{vmatrix}=2\times2\times2+1\times1\times1+1\times1\times1-1\times2\times1-2\times1\times1-1\times1\times2=4$；

(3) $\begin{vmatrix} a_{11} & 0 & 0 \\ a_{21} & a_{22} & 0 \\ a_{31} & a_{32} & a_{33} \end{vmatrix}=a_{11}a_{22}a_{33}+0+0-0-0-0=a_{11}a_{22}a_{33}$.

例 3 解三元线性方程组 $\begin{cases} x_1-2x_2+x_3=-2 \\ 2x_1+x_2-3x_3=1 \\ -x_1+x_2-x_3=0 \end{cases}$.

解 由于方程组的系数行列式

$$D=\begin{vmatrix} 1 & -2 & 1 \\ 2 & 1 & -3 \\ -1 & 1 & -1 \end{vmatrix}$$

$=1\times1\times(-1)+(-2)\times(-3)\times(-1)+1\times2\times1-(-1)\times1\times1-1\times(-3)\times1-$

$(-2)\times2\times(-1)$

$=-5\neq0$，

$$D_1=\begin{vmatrix} -2 & -2 & 1 \\ 1 & 1 & -3 \\ 0 & 1 & -1 \end{vmatrix}=-5,\ D_2=\begin{vmatrix} 1 & -2 & 1 \\ 2 & 1 & -3 \\ -1 & 0 & -1 \end{vmatrix}=-10,\ D_3=\begin{vmatrix} 1 & -2 & -2 \\ 2 & 1 & 1 \\ -1 & 1 & 0 \end{vmatrix}=-5,$$

故所求方程组的解为

$$x_1=\frac{D_1}{D}=1,\quad x_2=\frac{D_2}{D}=2,\quad x_3=\frac{D_3}{D}=1.$$

二、n 阶行列式的定义

定义 7.3 由 $n\times n$ 个元素 $a_{ij}(i,j=1,2,\cdots,n)$ 组成的记号：

$$D_n=\begin{vmatrix} a_{11} & a_{12} & \cdots & a_{1n} \\ a_{21} & a_{22} & \cdots & a_{2n} \\ \vdots & \vdots & & \vdots \\ a_{n1} & a_{n2} & \cdots & a_{nn} \end{vmatrix}$$

称为 n **阶行列式**，其中横排称为**行**，竖排称为**列**.

特殊地，当 $n=2,3$ 时，就是前面的二、三阶行列式.

$$\text{当 } n>2 \text{ 时，}\quad D_n=a_{11}A_{11}+a_{12}A_{12}+a_{13}A_{13}\cdots+a_{1n}A_{1n}=\sum_{j=1}^{n}a_{1j}A_{1j},$$

其中数 a_{ij} 称为第 i 行和第 j 列的元素，$A_{ij}=(-1)^{i+j}M_{ij}$ 称为元素 a_{ij} 的代数余子式.其中 M_{ij} 为行列式 D_n 中划去元素 a_{ij} 所在的第 i 行和第 j 列后，剩下 $(n-1)^2$ 个元素，按原来的相对位置，构成一个 $n-1$ 阶行列式，称为元素 a_{ij} 的余子式.

从定义可知一个 n 阶行列式就是一个数值，并且这个数值等于第 1 行所有元素与其相应的代数余子式乘积之和，简称为 n 阶行列式按第 1 行展开.

下面通过实例研究行列式的余子式、代数余子式以及行列式的计算.

例 4 对四阶行列式

$$D_4=\begin{vmatrix} 0 & -1 & 3 & 5 \\ 1 & 2 & -2 & 0 \\ -3 & 0 & 1 & 4 \\ 3 & 1 & -4 & 7 \end{vmatrix},$$

写出元素 $a_{12}=-1$ 和 $a_{24}=0$ 的余子式和代数余子式，并求代数余子式的值.

解 在四阶行列式 D_4 中，划去元素 $a_{12}=-1$ 所在的第一行、第二列，得其余子式为

$$M_{12}=\begin{vmatrix} 1 & -2 & 0 \\ -3 & 1 & 4 \\ 3 & -4 & 7 \end{vmatrix}$$

其代数余子式为

$$A_{12}=(-1)^{1+2}M_{12}=(-1)^{1+2}\begin{vmatrix} 1 & -2 & 0 \\ -3 & 1 & 4 \\ 3 & -4 & 7 \end{vmatrix}=43.$$

同样可得，元素 $a_{24}=0$ 的余子式和代数余子式为

$$M_{24}=\begin{vmatrix}0 & -1 & 3\\ -3 & 0 & 1\\ 3 & 1 & -4\end{vmatrix},$$

$$A_{24}=(-1)^{2+4}M_{24}=(-1)^{2+4}\begin{vmatrix}0 & -1 & 3\\ -3 & 0 & 1\\ 3 & 1 & -4\end{vmatrix}=0.$$

例 5　试按第三列展开计算行列式 $D=\begin{vmatrix}1 & 2 & 3 & 4\\ 1 & 0 & 1 & 2\\ 3 & -1 & -1 & 0\\ 1 & 2 & 0 & -5\end{vmatrix}$.

解　将 D 按第三列展开，则有

$D=a_{13}A_{13}+a_{23}A_{23}+a_{33}A_{33}+a_{43}A_{43}$，其中 $a_{13}=3, a_{23}=1, a_{33}=-1, a_{43}=0$，

$$A_{13}=(-1)^{1+3}\begin{vmatrix}1 & 0 & 2\\ 3 & -1 & 0\\ 1 & 2 & -5\end{vmatrix}=19,\quad A_{23}=(-1)^{2+3}\begin{vmatrix}1 & 2 & 4\\ 3 & -1 & 0\\ 1 & 2 & -5\end{vmatrix}=-63,$$

$$A_{33}=(-1)^{3+3}\begin{vmatrix}1 & 2 & 4\\ 1 & 0 & 2\\ 1 & 2 & -5\end{vmatrix}=18,\quad A_{43}=(-1)^{4+3}\begin{vmatrix}1 & 2 & 4\\ 1 & 0 & 2\\ 3 & -1 & 0\end{vmatrix}=-10.$$

所以

$$D=3\times19+1\times(-63)+(-1)\times18+0\times(-10)=-24.$$

三、几种特殊的行列式

(1) 只有对角线上有非零元素的行列式称为对角行列式，有以下两种情形：

$$①D_n=\begin{vmatrix}\lambda_1 & 0 & 0 & \cdots & 0 & 0\\ 0 & \lambda_2 & 0 & \cdots & 0 & 0\\ \vdots & \vdots & \vdots & & \vdots & 0\\ 0 & 0 & 0 & \cdots & \lambda_{n-1} & 0\\ 0 & 0 & 0 & \cdots & 0 & \lambda_n\end{vmatrix}=\lambda_1\lambda_2\cdots\lambda_{n-1}\lambda_n;$$

$$②D_n=\begin{vmatrix}0 & 0 & 0 & \cdots & 0 & \lambda_1\\ 0 & 0 & 0 & \cdots & \lambda_2 & 0\\ \vdots & \vdots & \vdots & & \vdots & 0\\ 0 & \lambda_{n-1} & 0 & \cdots & 0 & 0\\ \lambda_n & 0 & 0 & \cdots & 0 & 0\end{vmatrix}=(-1)^{\frac{n(n-1)}{2}}\lambda_1\lambda_2\cdots\lambda_{n-1}\lambda_n.$$

(2) 主对角线以上(下)的元素全为零的行列式成为下(上)三角行列式，即

$$①D_n=\begin{vmatrix} a_{11} & 0 & \cdots & 0 \\ a_{21} & a_{22} & \cdots & 0 \\ \vdots & \vdots & & \vdots \\ a_{n1} & a_{n2} & \cdots & a_{nn} \end{vmatrix}=a_{11}a_{22}\cdots a_{nn};$$

$$②D_n=\begin{vmatrix} a_{11} & a_{12} & \cdots & a_{1n} \\ 0 & a_{22} & \cdots & a_{2n} \\ \vdots & \vdots & & \vdots \\ 0 & 0 & \cdots & a_{nn} \end{vmatrix}=a_{11}a_{22}\cdots a_{nn}.$$

习题 7.1

1.计算下列行列式.

(1) $\begin{vmatrix} 1 & 2 \\ -2 & 6 \end{vmatrix}$；　(2) $\begin{vmatrix} 2 & 0 & 1 \\ 1 & -4 & -1 \\ -1 & 8 & 3 \end{vmatrix}$；　(3) $\begin{vmatrix} x & y & 0 \\ -y & 0 & -1 \\ 0 & -z & -x \end{vmatrix}$；

2.解方程组 $\begin{cases} bx_1-ax_2=-2ab \\ -2cx_2+3bx_3=bc \\ cx_1+ax_3=0 \end{cases}$，其中 a,b,c 不全为零.

3.写出下列行列式中 a_{12}，a_{33} 的余子式和代数余子式.

$$\begin{vmatrix} 0 & 1 & -2 & 5 \\ 1 & 0 & 3 & -5 \\ 0 & 2 & 4 & -1 \\ 2 & 1 & 0 & 0 \end{vmatrix}.$$

第二节　行列式的计算与克莱姆法则

一、n 阶行列式的性质

若按照行列式的定义去计算一个 n 阶行列式，一般要计算 $n!$ 项的代数和，而每一项都是 n 个元素的乘积，显然是非常麻烦的.本节我们将学习行列式的一些基本性质，利用这些性质可以使行列式的计算大大简化.

记 $$D=\begin{vmatrix} a_{11} & a_{12} & \cdots & a_{1n} \\ a_{21} & a_{22} & \cdots & a_{2n} \\ \vdots & \vdots & & \vdots \\ a_{n1} & a_{n2} & \cdots & a_{nn} \end{vmatrix}, D^{\mathrm{T}}=\begin{vmatrix} a_{11} & a_{21} & \cdots & a_{n1} \\ a_{12} & a_{22} & \cdots & a_{n2} \\ \vdots & \vdots & & \vdots \\ a_{1n} & a_{2n} & \cdots & a_{nn} \end{vmatrix} \quad (D'),$$

行列式 D^{T} 称为行列式 D 的转置行列式(依次将行换成列).

性质 7.1　行列式与它的转置行列式相等.

由此可知,行与列具有同等地位.关于行的性质,对列也同样成立,反之亦然.

如:$D=\begin{vmatrix} a & b \\ c & d \end{vmatrix}, D^{\mathrm{T}}=\begin{vmatrix} a & c \\ b & d \end{vmatrix}$

以 r_i 表示第 i 行,c_j 表示第 j 列.交换 i,j 两行记为 $r_i \leftrightarrow r_j$,交换 i,j 两列记作 $c_i \leftrightarrow c_j$.

性质 7.2　互换行列式两行(列),行列式变号.

例如,二阶行列式

$$\begin{vmatrix} a_{11} & a_{12} \\ a_{21} & a_{22} \end{vmatrix} = -\begin{vmatrix} a_{21} & a_{22} \\ a_{11} & a_{12} \end{vmatrix}.$$

例 1　设 $D=\begin{vmatrix} a_1 & a_2 & a_3 \\ b_1 & b_2 & b_3 \\ c_1 & c_2 & c_3 \end{vmatrix}=5$,求 $D_1=\begin{vmatrix} c_1 & c_2 & c_3 \\ b_1 & b_2 & b_3 \\ a_1 & a_2 & a_3 \end{vmatrix}$.

解　因 D_1 是行列式 D 的第一行与第三行对应元素互换而成的,所以

$$D_1=-D=-5.$$

推论 7.1　行列式有两行(列)相同,则此行列式为零.

性质 7.3　用数 k 乘以行列式 D 中某一行(列)的所有元素,等于以数 k 乘以此行列式. 即

$$D_1=\begin{vmatrix} a_{11} & a_{12} & \cdots & a_{1n} \\ \vdots & \vdots & & \vdots \\ ka_{i1} & ka_{i2} & \cdots & ka_{in} \\ \vdots & \vdots & & \vdots \\ a_{n1} & a_{n2} & \cdots & a_{nn} \end{vmatrix} = k\begin{vmatrix} a_{11} & a_{12} & \cdots & a_{1n} \\ \vdots & \vdots & & \vdots \\ a_{i1} & a_{i2} & \cdots & a_{in} \\ \vdots & \vdots & & \vdots \\ a_{n1} & a_{n2} & \cdots & a_{nn} \end{vmatrix} = kD.$$

推论 7.2　行列式的某一行(列)中所有元素的公因子可以提到行列式符号的外面. 即

$$\begin{vmatrix} a_{11} & a_{12} & \cdots & a_{1n} \\ \vdots & \vdots & & \vdots \\ ka_{i1} & ka_{i2} & \cdots & ka_{in} \\ \vdots & \vdots & & \vdots \\ a_{n1} & a_{n2} & \cdots & a_{nn} \end{vmatrix} = k\begin{vmatrix} a_{11} & a_{12} & \cdots & a_{1n} \\ \vdots & \vdots & & \vdots \\ a_{i1} & a_{i2} & \cdots & a_{in} \\ \vdots & \vdots & & \vdots \\ a_{n1} & a_{n2} & \cdots & a_{nn} \end{vmatrix}.$$

例 2 设 $\begin{vmatrix} a_{11} & a_{12} & a_{13} \\ a_{21} & a_{22} & a_{23} \\ a_{31} & a_{32} & a_{33} \end{vmatrix}=1$，求 $\begin{vmatrix} 6a_{11} & -2a_{12} & -10a_{13} \\ -3a_{21} & a_{22} & 5a_{23} \\ -3a_{31} & a_{32} & 5a_{33} \end{vmatrix}$.

解

$$\begin{vmatrix} 6a_{11} & -2a_{12} & -10a_{13} \\ -3a_{21} & a_{22} & 5a_{23} \\ -3a_{31} & a_{32} & 5a_{33} \end{vmatrix} = -2\begin{vmatrix} -3a_{11} & a_{12} & 5a_{13} \\ -3a_{21} & a_{22} & 5a_{23} \\ -3a_{31} & a_{32} & 5a_{33} \end{vmatrix}$$

$$= -2\times(-3)\times 5\begin{vmatrix} a_{11} & a_{12} & a_{13} \\ a_{21} & a_{22} & a_{23} \\ a_{31} & a_{32} & a_{33} \end{vmatrix}=30.$$

推论 7.3 若行列式中有两行(列)的元素对应成比例，则此行列式的值为零.

例如，$D=\begin{vmatrix} 2 & -4 & 1 \\ 3 & -6 & 3 \\ -5 & 10 & 4 \end{vmatrix}=0$，

因为第一列与第二列对应元素成比例，根据推论 7.3，行列式的值为零.

推论 7.4 若行列式中某一行(列)的元素全为零，则此行列式的值为零.

性质 7.4 若行列式的某一行(列)的元素都是两数之和，则这个行列式等于两个行列式的和.例如

$$D=\begin{vmatrix} a_{11} & a_{12} & \cdots & a_{1n} \\ \vdots & \vdots & & \vdots \\ b_{i1}+c_{i1} & b_{i2}+c_{i2} & \cdots & b_{in}+c_{in} \\ \vdots & \vdots & & \vdots \\ a_{n1} & a_{n2} & \cdots & a_{nn} \end{vmatrix},$$

则

$$D=\begin{vmatrix} a_{11} & a_{12} & \cdots & a_{1n} \\ \vdots & \vdots & & \vdots \\ b_{i1} & b_{i2} & \cdots & b_{in} \\ \vdots & \vdots & & \vdots \\ a_{n1} & a_{n2} & \cdots & a_{nn} \end{vmatrix}+\begin{vmatrix} a_{11} & a_{12} & \cdots & a_{1n} \\ \vdots & \vdots & & \vdots \\ c_{i1} & c_{i2} & \cdots & c_{in} \\ \vdots & \vdots & & \vdots \\ a_{n1} & a_{n2} & \cdots & a_{nn} \end{vmatrix}.$$

例 3 计算 $D=\begin{vmatrix} 2 & -1 & 7 & 5 \\ 0 & 1 & 8 & -3 \\ 4 & -2 & 17 & 12 \\ 0 & 0 & 0 & -1 \end{vmatrix}$.

解

$$D=\begin{vmatrix}2&-1&7&5\\0&1&8&-3\\4+0&-2+0&14+3&10+2\\0&0&0&-1\end{vmatrix}=\begin{vmatrix}2&-1&7&5\\0&1&8&-3\\4&-2&14&10\\0&0&0&-1\end{vmatrix}+\begin{vmatrix}2&-1&7&5\\0&1&8&-3\\0&0&3&2\\0&0&0&-1\end{vmatrix}$$

$$=0+\begin{vmatrix}2&-1&7&5\\0&1&8&-3\\0&0&3&2\\0&0&0&-1\end{vmatrix}=-6.$$

性质 7.5 把行列式 D 的某一行(列)的所有元素都乘以同一个数 k 以后加到另一行(列)的对应元素上去,所得的行列式的值不变. 例如

$$\begin{vmatrix}a_{11}&a_{12}&a_{13}\\a_{21}&a_{22}&a_{23}\\a_{31}&a_{32}&a_{33}\end{vmatrix}=\begin{vmatrix}a_{11}+ka_{21}&a_{12}+ka_{22}&a_{13}+ka_{23}\\a_{21}&a_{22}&a_{23}\\a_{31}&a_{32}&a_{33}\end{vmatrix}.$$

性质 7.6 n 阶行列式的值等于任一行(列)的各元素与其对应的代数余子式乘积的代数和,即

$$D_n=a_{i1}A_{i1}+a_{i2}A_{i2}+\cdots+a_{in}A_{in}\quad(i=1,2,\cdots,n)\qquad(\text{按行展开})$$

或

$$D_n=a_{1j}A_{1j}+a_{2j}A_{2j}+\cdots+a_{nj}A_{nj}\quad(j=1,2,\cdots,n)\qquad(\text{按列展开})$$

这个性质叫做**行列式的展开定理**.利用该性质,可将高阶行列式化为较低阶的行列式,从而简化计算.

推论 7.5 行列式某一行(列)的元素与另一行(列)的对应元素的代数余子式乘积之和等于零,即

$$a_{i1}A_{j1}+a_{i2}A_{j2}+\cdots+a_{in}A_{jn}=0, i\neq j,$$

或

$$a_{1i}A_{1j}+a_{2i}A_{2j}+\cdots+a_{ni}A_{nj}=0, i\neq j.$$

综合性质 7.6 及推论得关于代数余子式的重要性质:

$$\sum_{k=1}^{n}a_{ki}A_{kj}=\begin{cases}D, i=j\\0, i\neq j\end{cases}\quad\text{或}\quad\sum_{k=1}^{n}a_{ik}A_{jk}=\begin{cases}D, i=j\\0, i\neq j\end{cases}.$$

二、n 阶行列式的计算

二阶和三阶行列式可以用对角线法则进行计算,而 n 阶行列式的计算则复杂很多,因此,要学好行列式,除了要掌握它的定义、性质等基本理论外,还要熟练掌握行列式的计算方法. 在本小节,将根据行列式的结构特点,介绍几种典型的行列式计算方法:化三角法、降阶法、递推法等.

为了简明起见，在行列式的计算过程中，我们约定下面记号：

(1) 记号“$r_i \leftrightarrow r_j (c_i \leftrightarrow c_j)$”表示将行列式的第 i 行(列)与第 j 行(列)对应元素互换；

(2) 记号“$kr_i(kc_i)$”表示将行列式的第 i 行(列)各元素乘以常数 $k(k \neq 0)$；

(3) 记号“$r_i + kr_j (c_i + kc_j)$”表示将行列式的第 j 行(列)各元素乘以常数 k 后加到第 i 行(列)的对应元素上.

由第一节知，上三角(或下三角)行列式的值等于其主对角线上元素的乘积，所以我们只要设法利用行列式的性质将行列式化为上三角(或下三角)行列式即可.化为上三角行列式的思路是：

(1) 把 a_{11} 变换为 1(或 -1)，要尽量避免将元素化为分数；

(2) 依次把第 1 列 a_{11} 以下的元素：$a_{21}, a_{31}, \cdots, a_{n1}$ 全部化为零；

(3) 从第 2 行依次利用行列式的性质，把主对角线的元素 $a_{22}, a_{33}, \cdots, a_{n-1,n-1}$ 以下的元素全部化为零，即可得上三角行列式.

上述方法称为 —— **化三角形法.**

例 4 计算 $D = \begin{vmatrix} 1 & 1 & 1 & 1 \\ 1 & 2 & 3 & 4 \\ 1 & 3 & 6 & 10 \\ 1 & 4 & 10 & 20 \end{vmatrix}$.

解 $$D \xlongequal[\substack{r_3 - r_1 \\ r_4 - r_1}]{r_2 - r_1} \begin{vmatrix} 1 & 1 & 1 & 1 \\ 0 & 1 & 2 & 3 \\ 0 & 2 & 5 & 9 \\ 0 & 3 & 9 & 19 \end{vmatrix} \xlongequal[r_4 - 3r_2]{r_3 - 2r_2} \begin{vmatrix} 1 & 1 & 1 & 1 \\ 0 & 1 & 2 & 3 \\ 0 & 0 & 1 & 3 \\ 0 & 0 & 3 & 10 \end{vmatrix} \xlongequal{r_4 - 3r_3} \begin{vmatrix} 1 & 1 & 1 & 1 \\ 0 & 1 & 2 & 3 \\ 0 & 0 & 1 & 3 \\ 0 & 0 & 0 & 1 \end{vmatrix} = 1.$$

例 5 计算 $D = \begin{vmatrix} 2 & 1 & 1 & 2 \\ -3 & 4 & 0 & 3 \\ 1 & 6 & -5 & -2 \\ 4 & 2 & 1 & 2 \end{vmatrix}$.

解 $$D = \begin{vmatrix} 2 & 1 & 1 & 2 \\ -3 & 4 & 0 & 3 \\ 1 & 6 & -5 & -2 \\ 4 & 2 & 1 & 2 \end{vmatrix} \xlongequal{r_1 \leftrightarrow r_3} - \begin{vmatrix} 1 & 6 & -5 & -2 \\ -3 & 4 & 0 & 3 \\ 2 & 1 & 1 & 2 \\ 4 & 2 & 1 & 2 \end{vmatrix} \xlongequal[r_2 + 3r_1]{} - \begin{vmatrix} 1 & 6 & -5 & -2 \\ 0 & 22 & -15 & -3 \\ 0 & -11 & 11 & 6 \\ 0 & -22 & 21 & 10 \end{vmatrix}$$

$$\xlongequal[r_4 - 2r_3]{r_2 + 2r_3} - \begin{vmatrix} 1 & 6 & -5 & -2 \\ 0 & 0 & 7 & 9 \\ 0 & -11 & 11 & 6 \\ 0 & 0 & -1 & -2 \end{vmatrix} \xlongequal{r_3 \leftrightarrow r_2} \begin{vmatrix} 1 & 6 & -5 & -2 \\ 0 & -11 & 11 & 6 \\ 0 & 0 & 7 & 9 \\ 0 & 0 & -1 & -2 \end{vmatrix} \xlongequal{r_3 + 7r_4} \begin{vmatrix} 1 & 6 & -5 & -2 \\ 0 & -11 & 11 & 6 \\ 0 & 0 & 0 & -5 \\ 0 & 0 & -1 & -2 \end{vmatrix}$$

$$\xlongequal{r_3 \leftrightarrow r_4} -\begin{vmatrix} 1 & 6 & -5 & -2 \\ 0 & -11 & 11 & 6 \\ 0 & 0 & -1 & -2 \\ 0 & 0 & 0 & -5 \end{vmatrix} = 55.$$

例 6　计算

$$D = \begin{vmatrix} 3 & 1 & 1 & 1 \\ 1 & 3 & 1 & 1 \\ 1 & 1 & 3 & 1 \\ 1 & 1 & 1 & 3 \end{vmatrix}$$

解　注意到行列式各行(列)4 个数之和为 6,故可把 2,3,4 行同时加到第一行,提出公因子 6,然后各行减去第一行化为上三角行列式来计算:

$$D = \begin{vmatrix} 3 & 1 & 1 & 1 \\ 1 & 3 & 1 & 1 \\ 1 & 1 & 3 & 1 \\ 1 & 1 & 1 & 3 \end{vmatrix} \xlongequal{r_1+r_2+r_3+r_4} \begin{vmatrix} 6 & 6 & 6 & 6 \\ 1 & 3 & 1 & 1 \\ 1 & 1 & 3 & 1 \\ 1 & 1 & 1 & 3 \end{vmatrix} \xlongequal{\frac{1}{6}r_1} 6\begin{vmatrix} 1 & 1 & 1 & 1 \\ 1 & 3 & 1 & 1 \\ 1 & 1 & 3 & 1 \\ 1 & 1 & 1 & 3 \end{vmatrix}$$

$$\xlongequal[r_4-r_1]{r_2-r_1,\ r_3-r_1} 6\begin{vmatrix} 1 & 1 & 1 & 1 \\ 0 & 2 & 0 & 0 \\ 0 & 0 & 2 & 0 \\ 0 & 0 & 0 & 2 \end{vmatrix} = 48.$$

例 7　计算 $D_n = \begin{vmatrix} a & b & b & \cdots & b \\ b & a & b & \cdots & b \\ \vdots & \vdots & \vdots & & \vdots \\ b & b & b & \cdots & a \end{vmatrix}$

解　由于 D_n 各行(列)的元素之和均等于 $a+(n-1)b$,因而从第二行起把各行都加到第一行上,然后由第一行提出公因子 $a+(n-1)b$,得

$$D_n \xlongequal[i=2,3,\cdots,n]{r_1+r_i} [a+(n-1)b]\begin{vmatrix} 1 & 1 & 1 & \cdots & 1 \\ b & a & b & \cdots & b \\ \vdots & \vdots & \vdots & & \vdots \\ b & b & b & \cdots & a \end{vmatrix}$$

$$\xlongequal[i=2,3,\cdots,n]{r_i-br_1} [a+(n-1)b]\begin{vmatrix} 1 & 1 & 1 & \cdots & 1 \\ 0 & a-b & 0 & \cdots & 0 \\ \vdots & \vdots & \vdots & & \vdots \\ 0 & 0 & 0 & \cdots & a-b \end{vmatrix}$$

$$=[a+(n-1)b](a-b)^{n-1}.$$

例 8 计算

$$D=\begin{vmatrix} -2 & 1 & 3 & 1 \\ 1 & 0 & -1 & 2 \\ 1 & 3 & 4 & -2 \\ 0 & 1 & 0 & -1 \end{vmatrix}.$$

分析： D 中第四行有两个零元素，若能再增加一个零元素，便可按该行展开，从而达到降阶的目的.

解

$$D=\begin{vmatrix} -2 & 1 & 3 & 1 \\ 1 & 0 & -1 & 2 \\ 1 & 3 & 4 & -2 \\ 0 & 1 & 0 & -1 \end{vmatrix} \xlongequal{c_4+c_2} \begin{vmatrix} -2 & 1 & 3 & 2 \\ 1 & 0 & -1 & 2 \\ 1 & 3 & 4 & 1 \\ 0 & 1 & 0 & 0 \end{vmatrix} = (-1)^{4+2}\begin{vmatrix} -2 & 3 & 2 \\ 1 & -1 & 2 \\ 1 & 4 & 1 \end{vmatrix}$$

$$\xlongequal[r_3-r_2]{r_1+2r_2} \begin{vmatrix} 0 & 1 & 6 \\ 1 & -1 & 2 \\ 0 & 5 & 1 \end{vmatrix} = (-1)^{2+1}\begin{vmatrix} 1 & 6 \\ 5 & -1 \end{vmatrix} = 31.$$

计算行列式时，一般可以先用行列式的性质将行列式中某一行（列）化为仅含有一个非零元素，再按此行（列）展开，化为低一阶的行列式，如此继续下去，直到化为三阶或二阶行列式，这种方法称为——**降阶法**.

注意 降阶法一般可通过两种方式实现：

(1) 选元素“0”，即从行列式中选取“0”元素较多的行（列），利用行列式性质，除一个元素外，将其余元素化为“0”，再按照该行（列）展开；

(2) 选元素“1”，即行列式中若存在元素“1”，利用行列式的性质，将“1”所在行（列）其余元素化为零，再将行列式按照该行（列）展开.

例 9 计算

$$D_5=\begin{vmatrix} 2 & 1 & 0 & 0 & 0 \\ 1 & 2 & 1 & 0 & 0 \\ 0 & 1 & 2 & 1 & 0 \\ 0 & 0 & 1 & 2 & 1 \\ 0 & 0 & 0 & 1 & 2 \end{vmatrix}$$

分析： D_5 的特点是除主对角线以及与主对角线平行且相邻的两条对角线上的元素外，其余元素全为零，且三条对角线上的元素分别相同，可用递推公式计算.

解 按第一列展开得：

$$D_5=2\begin{vmatrix}2&1&0&0\\1&2&1&0\\0&1&2&1\\0&0&1&2\end{vmatrix}-\begin{vmatrix}1&0&0&0\\1&2&1&0\\0&1&2&1\\0&0&1&2\end{vmatrix}=2D_4-D_3,$$

同理可得：$D_4=2D_3-D_2$，$D_3=2D_2-D_1$，

又 $D_2=\begin{vmatrix}2&1\\1&2\end{vmatrix}=3$，$D_1=2$，

即 $D_5=2(2D_3-D_2)-D_3=3D_3-2D_2=3(2D_2-D_1)-2D_2$

$=4D_2-3D_1=4\times3-3\times2=6.$

一般地，由数学归纳法可以证明：

$$D_n=\begin{vmatrix}2&1&0&\cdots&0&0\\1&2&1&\cdots&0&0\\0&1&2&\cdots&0&0\\\vdots&\vdots&\vdots&&\vdots&\vdots\\0&0&0&\cdots&2&1\\0&0&0&\cdots&1&2\end{vmatrix}=n+1.$$

三、克莱姆法则

在第一节中我们介绍了利用行列式求二元与三元线性方程组解的方法，在求解有 n 个未知量的线性方程组时，能否像解二元、三元线性方程组那样，用行列式表示其解呢？本小节我们来讨论这个问题.学习了 n 阶行列式的计算方法后，同样也可以借助 n 阶行列式来解 n 元线性方程组.

考虑由 n 个未知数，n 个方程构成的线性方程组，即

$$\begin{cases}a_{11}x_1+a_{12}x_2+\cdots+a_{1n}x_n=b_1,\\a_{21}x_1+a_{22}x_2+\cdots+a_{2n}x_n=b_2,\\\vdots\\a_{n1}x_1+a_{n2}x_2+\cdots+a_{nn}x_n=b_n.\end{cases}\tag{7-4}$$

其系数构成的 n 阶行列式

$$D=\begin{vmatrix}a_{11}&a_{12}&\cdots&a_{1n}\\a_{21}&a_{22}&\cdots&a_{2n}\\\vdots&\vdots&&\vdots\\a_{n1}&a_{n2}&\cdots&a_{nn}\end{vmatrix}$$

称为方程组(7-4)的**系数行列式**.

定理 7.1(克莱姆(Gramer)法则) 若线性方程组(7-3)的系数行列式 $D\neq0$，则方程组

(7-4) 有唯一解，且解为

$$x_1=\frac{D_1}{D},\ x_2=\frac{D_2}{D},\cdots,\ x_n=\frac{D_n}{D}.$$

其中

$$D_j=\begin{vmatrix} a_{11} & \cdots & a_{1,j-1} & b_1 & a_{1,j+1} & \cdots & a_{1n} \\ a_{21} & \cdots & a_{2,j-1} & b_2 & a_{2,j+1} & \cdots & a_{2n} \\ \vdots & & \vdots & \vdots & \vdots & & \vdots \\ a_{n1} & \cdots & a_{n,j-1} & b_n & a_{n,j+1} & \cdots & a_{nn} \end{vmatrix}\quad (j=1,2,\cdots,n),$$

即将系数行列式 D 中第 j 列元素 $a_{1j},a_{2j},\cdots,a_{nj}$ 对应地换为方程组的常数项 $b_1,b_2,\cdots,b_n$，得到行列式 D_j.

例 10　解线性方程组

$$\begin{cases} 2x_1+x_2-5x_3+x_4=8, \\ x_1-3x_2-6x_4=9, \\ 2x_2-x_3+2x_4=-5, \\ x_1+4x_2-7x_3+6x_4=0. \end{cases}$$

解　方程组的系数行列式为

$$D=\begin{vmatrix} 2 & 1 & -5 & 1 \\ 1 & -3 & 0 & -6 \\ 0 & 2 & -1 & 2 \\ 1 & 4 & -7 & 6 \end{vmatrix}=27\neq 0,$$

根据克莱姆法则，此方程组有唯一解.类似地可以计算得

$$D_1=\begin{vmatrix} 8 & 1 & -5 & 1 \\ 9 & -3 & 0 & -6 \\ -5 & 2 & -1 & 2 \\ 0 & 4 & -7 & 6 \end{vmatrix}=81,\quad D_2=\begin{vmatrix} 2 & 8 & -5 & 1 \\ 1 & 9 & 0 & -6 \\ 0 & -5 & -1 & 2 \\ 1 & 0 & -7 & 6 \end{vmatrix}=-108,$$

$$D_3=\begin{vmatrix} 2 & 1 & 8 & 1 \\ 1 & -3 & 9 & -6 \\ 0 & 2 & -5 & 2 \\ 1 & 4 & 0 & 6 \end{vmatrix}=-27,\quad D_4=\begin{vmatrix} 2 & 1 & -5 & 8 \\ 1 & -3 & 0 & 9 \\ 0 & 2 & -1 & -5 \\ 1 & 4 & -7 & 0 \end{vmatrix}=27,$$

于是，方程组的解为

$$x_1=\frac{D_1}{D}=3,x_2=\frac{D_2}{D}=-4,x_3=\frac{D_3}{D}=-1,x_4=\frac{D_4}{D}=1.$$

注意　克莱姆法则有两个条件：(1) 线性方程组的未知量的个数等于方程的个数；(2) 系数行列式不等于零.

若不满足上述两个条件,则不能直接应用克莱姆法则求解.

下面讨论方程组(7-4)的特殊情形:

如果方程组(7-4)中的常数项 $b_1,b_2,\cdots,b_n$ 均为零,即

$$\begin{cases}a_{11}x_1+a_{12}x_2+\cdots+a_{1n}x_n=0,\\ a_{21}x_1+a_{22}x_2+\cdots+a_{2n}x_n=0,\\ \vdots\\ a_{n1}x_1+a_{n2}x_2+\cdots+a_{nn}x_n=0.\end{cases}\tag{7-5}$$

则称方程组(7-5)称为**齐次线性方程组**.

当 $b_1,b_2,\cdots,b_n$ 不全为零时,方程组(7-3)称为**非齐次线性方程组**.

显然,$x_1=x_2=\cdots=x_n=0$ 是齐次线性方程组(7-5)的解,这个解称为齐次线性方程组(7-5)的**零解**.如果一组不全为零的数是齐次线性方程组(7-5)的解,则将这组解称为齐次线性方程组(7-5)的**非零解**.由此可见,齐次线性方程组一定有零解,又由克莱姆法则,得下面的定理.

定理 7.2 如果齐次线性方程组(7-5)的系数行列式 $D\neq 0$,则(7-5)只有零解.

推论 7.6 如果齐次线性方程组(7-5)有非零解,则(7-5)的系数行列式等于零.

事实上,当齐次线性方程组的系数行列式等于零时,它必有无穷多个非零解.因此,n 个方程 n 个未知量的齐次线性方程组只有零解当且仅当它的系数行列式不等于零;它有非零解(齐次线性方程组仍有零解)当且仅当它的系数行列式等于零.

例 11 当 k 为何值时,方程组

$$\begin{cases}x_1+kx_2-x_3=0,\\ 2x_1+4x_2+kx_3=0,\\ x_1+2x_2+3x_3=0.\end{cases}$$

有非零解?

解 所给齐次线性方程组的系数行列式为

$$D=\begin{vmatrix}1 & k & -1\\ 2 & 4 & k\\ 1 & 2 & 3\end{vmatrix}=k^2-8k+12.$$

由推论 7.6 可知,要使原方程有非零解,必满足系数行列式 $D=0$,即

$$k^2-8k+12=0,$$

解得 $k=2$ 或 $k=6$.容易验证,当 $k=2$ 或 $k=6$ 时,原齐次线性方程组有非零解.

习题 7.2

1.计算下列各行列式：

(1) $\begin{vmatrix} 1 & 2 & 3 & -1 \\ 1 & -1 & 0 & 2 \\ 0 & 1 & 0 & 1 \\ 0 & 0 & -1 & 2 \end{vmatrix}$；

(2) $\begin{vmatrix} 1 & 2 & 3 & 4 \\ 2 & 3 & 4 & 1 \\ 3 & 4 & 1 & 2 \\ 4 & 1 & 2 & 3 \end{vmatrix}$；

(3) $\begin{vmatrix} 1 & 1 & 1 & 1 \\ -1 & 1 & 1 & 1 \\ -1 & -1 & 1 & 1 \\ -1 & -1 & -1 & 1 \end{vmatrix}$；

(4) $\begin{vmatrix} 1 & 0 & a & 1 \\ 0 & -1 & b & -1 \\ -1 & -1 & c & -1 \\ -1 & 1 & d & 0 \end{vmatrix}$；

(5) $\begin{vmatrix} 1+x & 1 & 1 & 1 \\ 1 & 1-x & 1 & 1 \\ 1 & 1 & 1+y & 1 \\ 1 & 1 & 1 & 1-y \end{vmatrix}$.

2.用克莱姆法则解下列方程组：

(1) $\begin{cases} x_2+2x_3=1, \\ x_1+x_2+4x_3=1, \\ 2x_1-x_2=2. \end{cases}$

(2) $\begin{cases} x_1+x_2+x_3+x_4=5, \\ x_1+2x_2-x_3+4x_4=-2, \\ 2x_1-3x_2-x_3-5x_4=-2, \\ 3x_1+x_2+2x_3+11x_4=0. \end{cases}$

3. 判断齐次线性方程组

$$\begin{cases} x_1+2x_2+x_4=0, \\ x_1+3x_2+5x_3=0, \\ x_2+5x_3+6x_4=0, \\ x_1+2x_2+3x_3+4x_4=0. \end{cases}$$

是否仅有零解？

第三节　矩阵的概念与运算

一、引例

引例1　某银行进行年度成本核算，根据收集到的各分理处直接费用的资料，列出明细表 7-1 如下.

表 7-1　各分理处直接费用　　单位:万元

项　目	第一分理处	第二分理处	第三分理处
人工成本	37	31	38
设备成本	29	25	23
公务成本	42	36	29

如果取出表 7-1 中的费用资料数据并保持原来的相对位置,则可得到一个 3 行 3 列的数表:

$$\begin{pmatrix} 37 & 31 & 38 \\ 29 & 25 & 23 \\ 42 & 36 & 29 \end{pmatrix}.$$

引例 2　线性方程组

$$\begin{cases} 3x_1 - x_2 + 2x_3 + 3x_4 = 2, \\ 3x_1 + 4x_2 + 2x_3 - 3x_4 = 1, \\ 2x_1 + 3x_3 = 3 \end{cases}$$

的未知量的系数和右端常数按原来的相对位置,可以排成一个 3 行 5 列的数表:

$$\left(\begin{array}{cccc:c} 3 & -1 & 2 & 3 & 2 \\ 3 & 4 & 2 & -3 & 1 \\ 2 & 0 & 3 & 0 & 3 \end{array}\right),$$

从求解的角度来看,线性方程组的特性完全由该数表决定.

数学上将上述矩形数表称为矩阵.

二、矩阵的概念

定义 7.4　由 $m \times n$ 个数 $a_{ij}(i=1,2,\cdots,m;j=1,2,\cdots,n)$ 排成的 m 行、n 列的矩形数表,称为 m 行 n 列矩阵,简称 $m \times n$ 矩阵.矩阵用大写字母 $\boldsymbol{A},\boldsymbol{B},\cdots$ 表示.如:

$$\boldsymbol{A} = \begin{pmatrix} a_{11} & a_{12} & \cdots & a_{1n} \\ a_{21} & a_{22} & \cdots & a_{2n} \\ \vdots & \vdots & & \vdots \\ a_{m1} & a_{m2} & \cdots & a_{mn} \end{pmatrix}.$$

这 $m \times n$ 个数称为矩阵 $\boldsymbol{A}$ 的元素,a_{ij} 表示矩阵 $\boldsymbol{A}$ 的第 i 行第 j 列元素.矩阵 $\boldsymbol{A}$ 也可简记为

$$\boldsymbol{A} = (a_{ij})_{m\times n} \quad 或 \quad \boldsymbol{A} = (a_{ij}) \quad 或 \quad \boldsymbol{A}_{m\times n}.$$

对于两个矩阵 $\boldsymbol{A} = (a_{ij})_{m\times n}$ 和 $\boldsymbol{B} = (b_{ij})_{s\times t}$,若 $m=s,n=t$,则称 $\boldsymbol{A}$ 与 $\boldsymbol{B}$ 是同型矩阵.

设 $\boldsymbol{A}=(a_{ij})$ 与 $\boldsymbol{B}=(b_{ij})$ 是同型矩阵,且 $a_{ij}=b_{ij}(i=1,2,\cdots,m;j=1,2,\cdots,n)$,则称矩阵 $\boldsymbol{A}$ 与 $\boldsymbol{B}$ 相等,记为 $\boldsymbol{A}=\boldsymbol{B}$.

例 1 设矩阵 $\boldsymbol{A}=\begin{pmatrix}1 & -1 & 2\\ 0 & a & -2\\ -5 & 5 & b\end{pmatrix}$，$\boldsymbol{B}=\begin{pmatrix}c & -1 & 2\\ 0 & 4 & -2\\ -5 & d & -3\end{pmatrix}$，且 $\boldsymbol{A}=\boldsymbol{B}$，求 a,b,c,d.

解 因为 $\boldsymbol{A}=\boldsymbol{B}$，所以得 $a=4,b=-3,c=1,d=5$.

三、几种特殊矩阵

1.零矩阵

所有元素都是零的矩阵称为零矩阵，记作 $\boldsymbol{O}$ 或 $\boldsymbol{O}_{m\times n}$.

$$\boldsymbol{O}=\begin{pmatrix}0 & 0 & \cdots & 0\\ 0 & 0 & \cdots & 0\\ \vdots & \vdots & & \vdots\\ 0 & 0 & \cdots & 0\end{pmatrix}_{m\times n}.$$

2.行矩阵、列矩阵

$1\times n$ 矩阵 $\boldsymbol{A}=(a_1 \quad a_2 \quad \cdots \quad a_n)(n>1)$ 称为行矩阵；

$m\times 1$ 矩阵 $\boldsymbol{B}=\begin{pmatrix}b_1\\ b_2\\ \vdots\\ b_m\end{pmatrix}(m>1)$ 称为列矩阵.

3.负矩阵

由矩阵 $\boldsymbol{A}=(a_{ij})_{m\times n}$ 的每一个元素的相反数所构成的矩阵 $(-a_{ij})_{m\times n}$ 称为矩阵 $\boldsymbol{A}$ 的负矩阵，记为 $-\boldsymbol{A}=(-a_{ij})_{m\times n}$.

4.*n* 阶方阵

当矩阵 $\boldsymbol{A}$ 的行数和列数相等时，即 $m=n$ 时，称为 n 阶矩阵或 n 阶方阵，记作 $\boldsymbol{A}_n$.

$$\boldsymbol{A}=\begin{pmatrix}a_{11} & a_{12} & \cdots & a_{1n}\\ a_{21} & a_{22} & \cdots & a_{2n}\\ \vdots & \vdots & & \vdots\\ a_{n1} & a_{n2} & \cdots & a_{nn}\end{pmatrix}.$$

矩阵中元素 $a_{11},a_{22},\cdots,a_{nn}$ 称为主对角线元素.

特别地，规定一阶方阵就是一个数，即 $\boldsymbol{A}=(a)=a$.

方阵在矩阵的理论及应用中有着重要的意义，下面介绍几种特殊的方阵.

(1) 上三角矩阵：当 $i>j$ 时，$a_{ij}=0$，即

$$\boldsymbol{A}=\begin{pmatrix}a_{11} & a_{12} & \cdots & a_{1n}\\ 0 & a_{22} & \cdots & a_{2n}\\ \vdots & \vdots & & \vdots\\ 0 & 0 & \cdots & a_{mn}\end{pmatrix}.$$

(2) 下三角矩阵：当 $i<j$ 时，$a_{ij}=0$，即

$$A=\begin{pmatrix} a_{11} & 0 & \cdots & 0 \\ a_{21} & a_{22} & \cdots & 0 \\ \vdots & \vdots & & \vdots \\ a_{n1} & a_{n2} & \cdots & a_{nn} \end{pmatrix}.$$

(3) 对角矩阵：主对角线以外的元素都是零，即

$$A=\begin{pmatrix} a_{11} & 0 & \cdots & 0 \\ 0 & a_{22} & \cdots & 0 \\ \vdots & \vdots & & \vdots \\ 0 & 0 & \cdots & a_{nn} \end{pmatrix}.$$

有时为了简便，也记作

$$A=\mathrm{diag}(a_{11},a_{22},\cdots,a_{nn}).$$

(4) 数量矩阵：主对角线上的元素都相等的对角矩阵，即

$$A=\begin{pmatrix} \lambda & 0 & \cdots & 0 \\ 0 & \lambda & \cdots & 0 \\ \vdots & \vdots & & \vdots \\ 0 & 0 & \cdots & \lambda \end{pmatrix}(\lambda \neq 0).$$

(5) 单位矩阵：主对角线上的元素都是 1 的数量矩阵.记作 E，即

$$E=\begin{pmatrix} 1 & 0 & \cdots & 0 \\ 0 & 1 & \cdots & 0 \\ \vdots & \vdots & & \vdots \\ 0 & 0 & \cdots & 1 \end{pmatrix}.$$

四、矩阵的运算

1.矩阵的代数和运算

定义 7.5　设有两个同型矩阵 $A=(a_{ij})_{m\times n}$，$B=(b_{ij})_{m\times n}$，规定 A 与 B 的和为

$$A+B=(a_{ij}+b_{ij})_{m\times n}=\begin{pmatrix} a_{11}+b_{11} & a_{12}+b_{12} & \cdots & a_{1n}+b_{1n} \\ a_{21}+b_{21} & a_{22}+b_{22} & \cdots & a_{2n}+b_{2n} \\ \vdots & \vdots & & \vdots \\ a_{m1}+b_{m1} & a_{m2}+b_{m2} & \cdots & a_{mn}+b_{mn} \end{pmatrix};$$

A 与 B 的差为

$$A-B=A+(-B)=(a_{ij}-b_{ij})_{m\times n}=\begin{pmatrix}a_{11}-b_{11} & a_{12}-b_{12} & \cdots & a_{1n}-b_{1n}\\ a_{21}-b_{21} & a_{22}-b_{22} & \cdots & a_{2n}-b_{2n}\\ \vdots & \vdots & & \vdots\\ a_{m1}-b_{m1} & a_{m2}-b_{m2} & \cdots & a_{mn}-b_{mn}\end{pmatrix}.$$

注意　只有两个同型的矩阵才能进行代数和运算.两个同型的 $m\times n$ 矩阵的代数和仍为 $m\times n$ 矩阵.

例 2　设 $A=\begin{pmatrix}1 & 3 & 2 & 4\\ 1 & 0 & -1 & 2\end{pmatrix}$，$B=\begin{pmatrix}-1 & 0 & 2 & 4\\ 2 & 3 & 4 & -2\end{pmatrix}$，求 $A+B$ 和 $A-B$.

解　由定义有

$$A+B=\begin{pmatrix}1+(-1) & 3+0 & 2+2 & 4+4\\ 1+2 & 0+3 & -1+4 & 2+(-2)\end{pmatrix}=\begin{pmatrix}0 & 3 & 4 & 8\\ 3 & 3 & 3 & 0\end{pmatrix};$$

$$A-B=\begin{pmatrix}1-(-1) & 3-0 & 2-2 & 4-4\\ 1-2 & 0-3 & -1-4 & 2-(-2)\end{pmatrix}=\begin{pmatrix}2 & 3 & 0 & 0\\ -1 & -3 & -5 & 4\end{pmatrix}.$$

2.矩阵的数乘运算

定义 7.6　规定数 k 与矩阵 $A=(a_{ij})_{m\times n}$ 的乘积为

$$kA=(ka_{ij})_{m\times n}=\begin{pmatrix}ka_{11} & ka_{12} & \cdots & ka_{1n}\\ ka_{21} & ka_{22} & \cdots & ka_{2n}\\ \vdots & \vdots & & \vdots\\ ka_{m1} & ka_{m2} & \cdots & ka_{mn}\end{pmatrix}.$$

注意　当矩阵的所有元素都有公因子 k 时，可将公因子提到矩阵之外.

易证，矩阵的加法、数乘运算满足以下运算律：

设 A,B,C,O 均为同型矩阵，k,l 为常数，则

(1) 交换律：$A+B=B+A$；

(2) 结合律：$A+(B+C)=(A+B)+C$；$k(lA)=(kl)A$；

(3) 分配律：$(k+l)A=kA+lA$；$k(A+B)=kA+kB$；

(4) $1\cdot A=A$，$0\cdot A=O$，$A+O=A$，$k\cdot O=O$.

例 3　设 $A=\begin{pmatrix}1 & -2 & 0\\ 4 & 3 & 5\end{pmatrix}$，$B=\begin{pmatrix}8 & 2 & 6\\ 5 & 3 & 4\end{pmatrix}$满足 $2A+X=B-2X$，求 X.

解　由 $2A+X=B-2X$，得 $X=\dfrac{1}{3}(B-2A)=\begin{pmatrix}2 & 2 & 2\\ -1 & -1 & -2\end{pmatrix}$.

3.矩阵的乘法

例 4　设甲、乙两家银行给 Ⅰ、Ⅱ、Ⅲ 三个企业提供贷款，每年的贷款数额（单位：万元）用矩阵 A 表示，各家银行的贷款年利率（单位：%）及单位贷款的本利和（单位：万元）用矩阵 B 表示，矩阵 C 表示三个企业一年内各付两家银行的利息和总款.

$$A=\begin{pmatrix}50 & 60\\45 & 50\\40 & 55\end{pmatrix}\begin{matrix}\text{Ⅰ}\\\text{Ⅱ}\\\text{Ⅲ}\end{matrix},\qquad B=\begin{pmatrix}0.15 & 1.15\\0.2 & 1.20\end{pmatrix}\begin{matrix}\text{甲}\\\text{乙}\end{matrix}$$

甲　乙　　　　　　　　　　　年利率　本利和

$$C=\begin{pmatrix}50\times0.15+60\times0.2 & 50\times1.15+60\times1.2\\45\times0.15+50\times0.2 & 45\times1.15+50\times1.2\\40\times0.15+55\times0.2 & 40\times1.15+55\times1.2\end{pmatrix}\begin{matrix}\text{Ⅰ}\\\text{Ⅱ}\\\text{Ⅲ}\end{matrix}=\begin{pmatrix}19.5 & 129.5\\16.75 & 111.75\\17 & 112\end{pmatrix}.$$

付年息(万元)　　　　付总额(万元)

用字母表示各矩阵的元素,即

$$A=\begin{pmatrix}a_{11} & a_{12}\\a_{21} & a_{22}\\a_{31} & a_{32}\end{pmatrix},B=\begin{pmatrix}b_{11} & b_{12}\\b_{21} & b_{22}\end{pmatrix},C=\begin{pmatrix}a_{11}b_{11}+a_{12}b_{21} & a_{11}b_{12}+a_{12}b_{22}\\a_{21}b_{11}+a_{22}b_{21} & a_{21}b_{12}+a_{22}b_{22}\\a_{31}b_{11}+a_{32}b_{21} & a_{31}b_{12}+a_{32}b_{22}\end{pmatrix}=\begin{pmatrix}c_{11} & c_{12}\\c_{21} & c_{22}\\c_{31} & c_{32}\end{pmatrix}.$$

其中 $c_{ij}=a_{i1}b_{1j}+a_{i2}b_{2j}(i=1,2,3;j=1,2)$,即矩阵 $\boldsymbol{C}$ 中的第 i 行第 j 列的元素等于矩阵 $\boldsymbol{A}$ 的第 i 行元素与矩阵 $\boldsymbol{B}$ 的第 j 列对应元素乘积之和.

我们将矩阵之间的这种运算定义为矩阵的乘法.

定义 7.7　设矩阵 $\boldsymbol{A}=(a_{ij})_{m\times s}$ 和 $\boldsymbol{B}=(b_{ij})_{s\times n}$,则规定矩阵 $\boldsymbol{A}$ 与 $\boldsymbol{B}$ 的乘积是一个 $m\times n$ 矩阵 $\boldsymbol{C}=(c_{ij})_{m\times n}$,其中

$c_{ij}=a_{i1}b_{1j}+a_{i2}b_{2j}+\cdots+a_{is}b_{sj}=\sum\limits_{k=1}^{s}a_{ik}b_{kj}(i=1,2,\cdots m;j=1,2,\cdots n)$,并把该乘积记作 $\boldsymbol{C}=\boldsymbol{AB}$.

例如,要计算 c_{23} 这个元素(即 $i=2,j=3$)就是用 $\boldsymbol{A}$ 的第 2 行各元素分别乘以 $\boldsymbol{B}$ 的第 3 列相应的元素乘积之和,表示如下:

$$\begin{pmatrix}c_{11} & c_{12} & c_{13} & \cdots & c_{1n}\\c_{21} & c_{21} & \underline{c_{23}} & \cdots & c_{2n}\\\vdots & \vdots & \vdots & & \vdots\\c_{m1} & c_{m2} & c_{m3} & \cdots & c_{mn}\end{pmatrix}=\begin{pmatrix}a_{11} & a_{12} & a_{13} & \cdots & a_{1s}\\a_{21} & a_{22} & a_{23} & \cdots & a_{2s}\\\vdots & \vdots & \vdots & & \vdots\\a_{m1} & a_{m2} & a_{m3} & \cdots & a_{ms}\end{pmatrix}\begin{pmatrix}b_{11} & b_{12} & b_{13} & \cdots & b_{1n}\\b_{21} & b_{22} & b_{23} & \cdots & b_{2n}\\\vdots & \vdots & \vdots & & \vdots\\b_{s1} & b_{s2} & b_{s3} & \cdots & b_{sn}\end{pmatrix},$$

即 $c_{23}=a_{21}b_{13}+a_{22}b_{23}+\cdots+a_{2s}b_{s3}$.

注意　只有当矩阵 $\boldsymbol{A}$(左矩阵)的列数等于矩阵 $\boldsymbol{B}$(右矩阵)的行数时,两个矩阵才能相乘;矩阵 $\boldsymbol{C}=\boldsymbol{AB}$ 的行数等于 $\boldsymbol{A}$ 的行数 m,列数等于矩阵 $\boldsymbol{B}$ 的列数 n.

例 5　设 $\boldsymbol{A}=\begin{pmatrix}1 & 2\\-1 & 0\\3 & 4\end{pmatrix},\boldsymbol{B}=\begin{pmatrix}1 & 2\\-3 & 4\end{pmatrix}$,求 $\boldsymbol{AB}$ 和 $\boldsymbol{BA}$.

解　$\boldsymbol{AB}=\begin{pmatrix}1 & 2\\-1 & 0\\3 & 4\end{pmatrix}\begin{pmatrix}1 & 2\\-3 & 4\end{pmatrix}$

$$=\begin{pmatrix} 1\times1+2\times(-3) & 1\times2+2\times4 \\ (-1)\times1+0\times(-3) & (-1)\times2+0\times4 \\ 3\times1+4\times(-3) & 3\times2+4\times4 \end{pmatrix}=\begin{pmatrix} -5 & 10 \\ -1 & -2 \\ -9 & 22 \end{pmatrix};$$

$\boldsymbol{BA}$ 无意义.

例 6　设 $\boldsymbol{A}=\begin{pmatrix}1\\2\\3\end{pmatrix}$，$\boldsymbol{B}=(1\quad 2\quad 3)$，求 $\boldsymbol{AB}$ 和 $\boldsymbol{BA}$.

解　$\boldsymbol{AB}=\begin{pmatrix}1\\2\\3\end{pmatrix}(1\quad 2\quad 3)=\begin{pmatrix}1&2&3\\2&4&6\\3&6&9\end{pmatrix}$；

$\boldsymbol{BA}=(1\quad 2\quad 3)\begin{pmatrix}1\\2\\3\end{pmatrix}=(14)=14.$

例 7　设 $\boldsymbol{A}=\begin{pmatrix}2&4\\-3&-6\end{pmatrix}$，$\boldsymbol{B}=\begin{pmatrix}-2&4\\1&-2\end{pmatrix}$，$\boldsymbol{C}=\begin{pmatrix}2&6\\-1&-3\end{pmatrix}$，求 $\boldsymbol{BA}$，$\boldsymbol{AB}$ 和 $\boldsymbol{AC}$.

解　$\boldsymbol{BA}=\begin{pmatrix}-2&4\\1&-2\end{pmatrix}\begin{pmatrix}2&4\\-3&-6\end{pmatrix}=\begin{pmatrix}-16&-32\\8&16\end{pmatrix}$；

$\boldsymbol{AB}=\begin{pmatrix}2&4\\-3&-6\end{pmatrix}\begin{pmatrix}-2&4\\1&-2\end{pmatrix}=\begin{pmatrix}0&0\\0&0\end{pmatrix}$；

$\boldsymbol{AC}=\begin{pmatrix}2&4\\-3&-6\end{pmatrix}\begin{pmatrix}2&6\\-1&-3\end{pmatrix}=\begin{pmatrix}0&0\\0&0\end{pmatrix}$.

注意　(1) 乘积 $\boldsymbol{AB}$ 有意义但 $\boldsymbol{BA}$ 不一定有意义，因此在矩阵乘法中必须注意矩阵相乘的顺序；

(2) 矩阵乘法一般情况下不满足交换律，当 $\boldsymbol{AB}=\boldsymbol{BA}$ 时，称同阶方阵 $\boldsymbol{A}$ 与 $\boldsymbol{B}$ 可交换；

如：$\boldsymbol{A}=\begin{pmatrix}0&3\\2&0\end{pmatrix}$，$\boldsymbol{B}=\begin{pmatrix}-9&6\\4&-9\end{pmatrix}$，则有 $\boldsymbol{AB}=\boldsymbol{BA}=\begin{pmatrix}12&-27\\-18&12\end{pmatrix}$；

(3) 两个非零矩阵的乘积可能为零矩阵，即当 $\boldsymbol{AB}=\boldsymbol{O}$ 时，不能推出 $\boldsymbol{A}=\boldsymbol{O}$ 或 $\boldsymbol{B}=\boldsymbol{O}$；

(4) 矩阵乘法不满足消去律，即当 $\boldsymbol{A}\neq\boldsymbol{O}$ 时，由 $\boldsymbol{AB}=\boldsymbol{AC}$，不一定能推出 $\boldsymbol{B}=\boldsymbol{C}$.

矩阵乘法满足以下运算律：

(1) 结合律：$(\boldsymbol{AB})\boldsymbol{C}=\boldsymbol{A}(\boldsymbol{BC})$；

(2) 分配律：$\boldsymbol{A}(\boldsymbol{B}+\boldsymbol{C})=\boldsymbol{AB}+\boldsymbol{AC}$，$(\boldsymbol{B}+\boldsymbol{C})\boldsymbol{A}=\boldsymbol{BA}+\boldsymbol{CA}$；

(3) $k(\boldsymbol{AB})=(k\boldsymbol{A})\boldsymbol{B}=\boldsymbol{A}(k\boldsymbol{B})$（$k$ 为常数）；

(4) $\boldsymbol{EA}=\boldsymbol{AE}=\boldsymbol{A}$（$\boldsymbol{A}$ 与 $\boldsymbol{E}$ 是同阶方阵）.

4.矩阵的转置

定义 7.8　将矩阵 $\boldsymbol{A}$ 的行依次换成列得到的矩阵，称为矩阵 $\boldsymbol{A}$ 的转置矩阵，记作 $\boldsymbol{A}^{\mathrm{T}}$.即

若 $\boldsymbol{A}=\begin{pmatrix} a_{11} & a_{12} & \cdots & a_{1n} \\ a_{21} & a_{22} & \cdots & a_{2n} \\ \vdots & \vdots & & \vdots \\ a_{m1} & a_{m2} & \cdots & a_{mn} \end{pmatrix}$，则 $\boldsymbol{A}^{\mathrm{T}}=\begin{pmatrix} a_{11} & a_{21} & \cdots & a_{m1} \\ a_{12} & a_{22} & \cdots & a_{m2} \\ \vdots & \vdots & & \vdots \\ a_{1n} & a_{2n} & \cdots & a_{mn} \end{pmatrix}$.

$\boldsymbol{A}$ 是 $m\times n$ 矩阵，$\boldsymbol{A}^{\mathrm{T}}$ 是 $n\times m$ 矩阵.

如 $\boldsymbol{A}=\begin{pmatrix} 1 & 3 & 0 & 4 \\ 2 & 1 & -1 & -2 \\ 3 & 2 & 3 & 1 \end{pmatrix}$，则 $\boldsymbol{A}^{\mathrm{T}}=\begin{pmatrix} 1 & 2 & 3 \\ 3 & 1 & 2 \\ 0 & -1 & 3 \\ 4 & -2 & 1 \end{pmatrix}$.

转置矩阵有如下运算性质：

(1) $(\boldsymbol{A}+\boldsymbol{B})^{\mathrm{T}}=\boldsymbol{A}^{\mathrm{T}}+\boldsymbol{B}^{\mathrm{T}}$；

(2) $(\boldsymbol{A}^{\mathrm{T}})^{\mathrm{T}}=\boldsymbol{A}$；

(3) $(k\boldsymbol{A})^{\mathrm{T}}=k\boldsymbol{A}^{\mathrm{T}}$（$k$ 为常数）；

(4) $(\boldsymbol{AB})^{\mathrm{T}}=\boldsymbol{B}^{\mathrm{T}}\boldsymbol{A}^{\mathrm{T}}$.

例 8　已知 $\boldsymbol{A}=(2,1,-1)$，$\boldsymbol{B}=\begin{pmatrix} 0 & 3 \\ 4 & 5 \\ 2 & 7 \end{pmatrix}$，求 $(\boldsymbol{AB})^{\mathrm{T}}$.

解　因为 $\boldsymbol{AB}=(2,1,-1)\begin{pmatrix} 0 & 3 \\ 4 & 5 \\ 2 & 7 \end{pmatrix}=(2,4)$，

所以 $(\boldsymbol{AB})^{\mathrm{T}}=(2,4)^{\mathrm{T}}=\begin{pmatrix} 2 \\ 4 \end{pmatrix}$；

或者 $$(\boldsymbol{AB})^{\mathrm{T}}=\boldsymbol{B}^{\mathrm{T}}\boldsymbol{A}^{\mathrm{T}}=\begin{pmatrix} 0 & 4 & 2 \\ 3 & 5 & 7 \end{pmatrix}\begin{pmatrix} 2 \\ 1 \\ -1 \end{pmatrix}=\begin{pmatrix} 2 \\ 4 \end{pmatrix}.$$

如果 $\boldsymbol{A}$ 是一个 n 阶方阵，且 $\boldsymbol{A}^{\mathrm{T}}=\boldsymbol{A}$，则称 $\boldsymbol{A}$ 是 n 阶对称方阵.如果 $\boldsymbol{A}=(a_{ij})$ 是一个 n 阶对称方阵，则必有 $a_{ij}=a_{ji}(i,j=1,2,\cdots,n)$.

例如：$\boldsymbol{A}=\begin{pmatrix} 1 & 3 & 7 \\ 3 & -1 & 2 \\ 7 & 2 & 5 \end{pmatrix}$，满足 $\boldsymbol{A}^{\mathrm{T}}=\boldsymbol{A}$，是对称矩阵.

五、方阵的行列式

定义 7.9　由 n 阶方阵 $\boldsymbol{A}$ 的元素所构成的行列式（各元素的位置不变），称为**方阵 $\boldsymbol{A}$ 的行列式**，记作 $|\boldsymbol{A}|$ 或 $\det\boldsymbol{A}$.即若

$$A=\begin{pmatrix}a_{11}&a_{12}&\cdots&a_{1n}\\a_{21}&a_{22}&\cdots&a_{2n}\\\vdots&\vdots&&\vdots\\a_{n1}&a_{n2}&\cdots&a_{nn}\end{pmatrix}_{n\times n},$$

则

$$|A|=\begin{vmatrix}a_{11}&a_{12}&\cdots&a_{1n}\\a_{21}&a_{22}&\cdots&a_{2n}\\\vdots&\vdots&&\vdots\\a_{n1}&a_{n2}&\cdots&a_{nn}\end{vmatrix}$$

注意　方阵与行列式是两个不同的概念，n 阶方阵是 n^2 个数按一定方式排成的数表，而 n 阶行列式则是这些数按一定的运算法则所确定的一个数值(实数或复数).

例如　设 $A=\begin{pmatrix}1&1&2\\3&1&-1\\2&-4&0\end{pmatrix}$，

则 A 的行列式为 $|A|=\begin{vmatrix}1&1&2\\3&1&-1\\2&-4&0\end{vmatrix}\xlongequal[r_3-2r_1]{r_2-3r_1}\begin{vmatrix}1&1&2\\0&-2&-7\\0&-6&-4\end{vmatrix}=-34.$

方阵 A 的行列式 $|A|$ 满足以下运算规律(设 A,B 为 n 阶方阵,k 为常数)：

(1) $|A^{T}|=|A|$；

(2) $|kA|=k^n|A|$；

(3) $|AB|=|A||B|$.进一步 $|A||B|=|AB|=|B||A|$.

例 9　设 $A=\begin{vmatrix}1&0&-1\\2&1&0\\3&2&-1\end{vmatrix}$,$B=\begin{vmatrix}-2&1&0\\0&3&1\\0&0&2\end{vmatrix}$,试验证 $|AB|=|A||B|$.

解　因为 $AB=\begin{pmatrix}-2&1&-2\\-4&5&1\\-6&9&0\end{pmatrix}$，

所以 $|AB|=\begin{vmatrix}-2&1&-2\\-4&5&1\\-6&9&0\end{vmatrix}=24$；

又 $|A|=\begin{vmatrix}1&0&-1\\2&1&0\\3&2&-1\end{vmatrix}=-2$，　$|B|=\begin{vmatrix}-2&1&0\\0&3&1\\0&0&2\end{vmatrix}=-12$，

所以 $|A||B|=24$.

因此 $|AB|=24=(-2)\times(-12)=|A||B|$.

例 10　设 $A=\begin{pmatrix}2&3&4\\0&1&2\\0&0&-3\end{pmatrix}$, $B=\begin{pmatrix}1&10&-5\\0&2&3\\0&0&4\end{pmatrix}$,

求 $|AB|$, $|A+B|$, $|A|+|B|$, $|3A|$, $3|A|$.

解　由方阵行列式有：$|AB|=|A|\cdot|B|$,

又 $|A|=-6$, $|B|=8$,

所以 $|AB|=-48$.

$$|A+B|=\begin{vmatrix}3&13&-1\\0&3&5\\0&0&1\end{vmatrix}=9,\ |A|+|B|=-6+8=2,$$

$$|3A|=\begin{vmatrix}6&9&12\\0&3&6\\0&0&-9\end{vmatrix}=-162,\ 3|A|=-18.$$

习题 7.3

1. 设 $A=\begin{pmatrix}20&a+b&30\\0&55&a-b\end{pmatrix}$, $B=\begin{pmatrix}x&-20&c-25\\c+d&c&20\end{pmatrix}$, 且 $A=B$, 求 a,b,c,d,x.

2. 设 $A=\begin{pmatrix}-2&0\\1&-1\\0&4\end{pmatrix}$, $B=\begin{pmatrix}0&-3\\-1&5\\2&0\end{pmatrix}$, 求：(1) $2A+B$；(2) $A-3B$.

3. 设 $A=\begin{pmatrix}1&2&6\\-2&0&1\end{pmatrix}$, $B=\begin{pmatrix}2&1&3\\0&-1&-2\end{pmatrix}$, 求：(1) $A+3X=O$；(2) $2A-3X=B$.

4. 计算下列矩阵的乘积：

(1) $(1,2,3,4)\begin{pmatrix}1\\2\\3\\4\end{pmatrix}$；　　(2) $\begin{pmatrix}1\\2\\3\\4\end{pmatrix}(1,2,3,4)$；

(3) $\begin{pmatrix}3&2\\-1&1\end{pmatrix}\begin{pmatrix}0&1\\1&0\end{pmatrix}$；　　(4) $\begin{pmatrix}5&-1\\-1&0\\3&2\end{pmatrix}\begin{pmatrix}1&2\\-7&4\end{pmatrix}$；

(5) $\begin{pmatrix}0&0&3\\0&-1&0\\2&0&0\end{pmatrix}\begin{pmatrix}0&0\\0&b\\c&0\end{pmatrix}$；　　(6) $\begin{pmatrix}-1&1&2\\2&0&1\\4&3&0\end{pmatrix}\begin{pmatrix}-1\\2\\5\end{pmatrix}$.

5. 设 $\boldsymbol{A}=\begin{pmatrix}0 & -1 & 3\\ 2 & 5 & -6\end{pmatrix}$，$\boldsymbol{B}=\begin{pmatrix}1 & -2\\ 3 & 0\\ -4 & 2\end{pmatrix}$，求：(1)$\boldsymbol{A}^{\mathrm{T}}+\boldsymbol{B}$；(2)$2\boldsymbol{A}-\boldsymbol{B}^{\mathrm{T}}$；(3)$\boldsymbol{AB}$；(4)$\boldsymbol{BA}$；(5)$\boldsymbol{A}^{\mathrm{T}}\boldsymbol{B}^{\mathrm{T}}$.

6. 已知 $(a,b,c,d)\begin{pmatrix}1 & 0 & 2 & 0\\ 0 & 0 & 1 & 1\\ 0 & 1 & 0 & 0\\ 0 & 0 & 1 & 0\end{pmatrix}=(1,0,6,6)$，求 a,b,c,d.

7. 设乘积 $\boldsymbol{AB}$ 有意义，且 $\boldsymbol{A}$ 为对称矩阵，试证：$\boldsymbol{B}^{\mathrm{T}}\boldsymbol{AB}$ 也是对称矩阵.

8. 某种物资（单位：吨）从三个产地运往四个城市销售，2024 年第一、第二季度的供应方案分别由矩阵 $\boldsymbol{A}$ 和矩阵 $\boldsymbol{B}$ 给出：

第一季度

$$\boldsymbol{A}=\begin{pmatrix}20 & 10 & 15 & 10\\ 15 & 20 & 25 & 15\\ 10 & 35 & 25 & 12\end{pmatrix}\begin{matrix}\text{产地 }1\\ \text{产地 }2\\ \text{产地 }3\end{matrix}$$

城市：1　2　3　4

第二季度

$$\boldsymbol{B}=\begin{pmatrix}15 & 75 & 10 & 15\\ 20 & 15 & 75 & 50\\ 10 & 20 & 20 & 45\end{pmatrix}\begin{matrix}\text{产地 }1\\ \text{产地 }2\\ \text{产地 }3\end{matrix}$$

城市：1　2　3　4.

问这两个季度从三个产地运往四个城市的供应量各是多少？

9. 某公司在甲、乙两厂生产两种产品 Ⅰ 和 Ⅱ，每种产品所需材料的数量如表 7-2：

表 7-2　产品 Ⅰ 和 Ⅱ 所需材料　　单位：千克

材料	钢铁	玻璃	橡胶
产品 Ⅰ	3	1	2
产品 Ⅱ	4	0.5	3

各厂所在地的材料单价如表 7-3：

表 7-3　各厂所在地材料单价　　单位：元

产地	甲厂所在地	乙厂所在地
钢铁	10	9
玻璃	2	3
橡胶	3	4

问：各厂生产一个单位的每种产品所需要的材料成本是多少？

第四节　矩阵的初等行变换

矩阵的初等行变换是矩阵的一种十分重要的运算，它在解线性方程组、求矩阵的秩和求矩阵的逆等方面起着重要的作用.

一、矩阵的初等行变换

对矩阵的行施行以下三种变换,称为矩阵的初等行变换:

(1) 交换矩阵某两行的位置(交换第 i,j 两行,记作 $r_i \leftrightarrow r_j$);

(2) 以非零常数 k 乘以矩阵的某一行的所有元素(k 乘以第 i 行,记作 kr_i);

(3) 把矩阵某一行所有元素的 k 倍加到另一行的对应元素上(第 i 行的 k 倍加到第 j 行上,记作 $r_j + kr_i$).

例如,设 $\boldsymbol{A}=\begin{pmatrix}0&1\\2&4\end{pmatrix}\xrightarrow{r_1\leftrightarrow r_2}\begin{pmatrix}2&4\\0&1\end{pmatrix}\xrightarrow{\frac{1}{2}r_1}\begin{pmatrix}1&2\\0&1\end{pmatrix}\xrightarrow{r_1-2r_2}\begin{pmatrix}1&0\\0&1\end{pmatrix}=\boldsymbol{E}_2$.

利用矩阵的初等行变换可以将矩阵化简,我们常化成阶梯形矩阵.

二、阶梯形矩阵

定义 7.10　满足以下条件的矩阵称为行阶梯形矩阵,简称阶梯形矩阵:

(1) 矩阵的零行(若存在) 在矩阵的最下方;

(2) 各个非零行的第一个非零元素的列标随着行标的增大而严格增大.

观察下列矩阵:

$$\boldsymbol{A}=\begin{pmatrix}1&-2&1&5\\0&3&2&-2\\0&0&4&2\\0&0&0&0\end{pmatrix};\boldsymbol{B}=\begin{pmatrix}1&4&0&1\\0&0&1&3\\0&0&0&0\end{pmatrix};\boldsymbol{C}=\begin{pmatrix}1&0&3\\0&1&2\\0&0&1\end{pmatrix};$$

$$\boldsymbol{D}=\begin{pmatrix}3&4&2&1\\0&0&2&3\\0&2&0&0\end{pmatrix};\boldsymbol{E}=\begin{pmatrix}1&0&0\\0&1&0\\0&0&1\end{pmatrix};\boldsymbol{F}=\begin{pmatrix}1&3&2&-1\\0&0&0&0\end{pmatrix}.$$

其中矩阵 $\boldsymbol{A}$,$\boldsymbol{B}$,$\boldsymbol{C}$,$\boldsymbol{E}$,$\boldsymbol{F}$ 均为阶梯形矩阵,矩阵 $\boldsymbol{D}$ 不是阶梯形矩阵.

定义 7.11　如果行阶梯形矩阵还满足以下条件,则称为行简化阶梯形矩阵:

(1) 各非零行的第一个非零元素都是 1;

(2) 所有第一个非零元素所在列的其余元素都是 0.

所以矩阵 $\boldsymbol{B}$,$\boldsymbol{E}$,$\boldsymbol{F}$ 是行简化的阶梯形矩阵.

例 1　设矩阵 $\boldsymbol{A}=\begin{pmatrix}2&-1&-1&1&2\\1&1&-2&1&4\\4&-6&2&-2&4\\3&6&-9&7&9\end{pmatrix}$,利用矩阵的初等行变换将 $\boldsymbol{A}$ 化为:(1) 阶梯形矩阵;(2) 行简化的阶梯形矩阵.

解 (1)$A=\begin{pmatrix}2&-1&-1&1&2\\1&1&-2&1&4\\4&-6&2&-2&4\\3&6&-9&7&9\end{pmatrix}\xrightarrow{r_1\leftrightarrow r_2;\frac{1}{2}r_3}\begin{pmatrix}1&1&-2&1&4\\2&-1&-1&1&2\\2&-3&1&-1&2\\3&6&-9&7&9\end{pmatrix}$

$$\xrightarrow[r_4-3r_1]{\substack{r_2-r_3\\r_3-2r_1}}\begin{pmatrix}1&1&-2&1&4\\0&2&-2&2&0\\0&-5&5&-3&-6\\0&3&-3&4&-3\end{pmatrix}\xrightarrow[r_4-3r_2]{\substack{\frac{1}{2}r_2\\r_3+5r_2}}\begin{pmatrix}1&1&-2&1&4\\0&1&-1&1&0\\0&0&0&2&-6\\0&0&0&1&-3\end{pmatrix}$$

$$\xrightarrow{\frac{1}{2}r_3;r_4-r_3}\begin{pmatrix}1&1&-2&1&4\\0&1&-1&1&0\\0&0&0&1&-3\\0&0&0&0&0\end{pmatrix};$$

(2)$A\to\begin{pmatrix}1&1&-2&1&4\\0&1&-1&1&0\\0&0&0&1&-3\\0&0&0&0&0\end{pmatrix}\xrightarrow{r_1-r_2}\begin{pmatrix}1&0&-1&0&4\\0&1&-1&1&0\\0&0&0&1&-3\\0&0&0&0&0\end{pmatrix}$

$$\xrightarrow{r_2-r_3}\begin{pmatrix}1&0&-1&0&4\\0&1&-1&0&3\\0&0&0&1&-3\\0&0&0&0&0\end{pmatrix}.$$

在此需指出，矩阵 A 的阶梯形矩阵不是唯一的，但阶梯形矩阵中非零行的个数却是唯一的，矩阵的这一特征体现了矩阵重要的数字特征.

三、矩阵的秩

定义 7.12 矩阵 A 的阶梯形矩阵中非零行的个数，称为矩阵 A 的秩，记作秩 A 或 $r(A)$.

例如，矩阵 $A=\begin{pmatrix}1&3\\0&0\end{pmatrix}$，有 $r(A)=1$；$B=\begin{pmatrix}1&3&-7&0\\0&0&0&4\\0&0&0&0\end{pmatrix}$，有 $r(B)=2$.

由定义 7.12 可知，求矩阵 A 的秩，只需把 A 化为阶梯形矩阵，阶梯形矩阵中非零行的个数，就是矩阵 A 的秩.

例 2 设 $A=\begin{pmatrix}3&-1&2&0\\1&1&-4&2\\0&-2&3&1\end{pmatrix}$，求 $r(A)$ 与 $r(A^{T})$.

解 $\boldsymbol{A}=\begin{pmatrix}3&-1&2&0\\1&1&-4&2\\0&-2&3&1\end{pmatrix}\xrightarrow{r_1\leftrightarrow r_2}\begin{pmatrix}1&1&-4&2\\3&-1&2&0\\0&-2&3&1\end{pmatrix}\xrightarrow{r_2-3r_1}\begin{pmatrix}1&1&-4&2\\0&-4&14&-6\\0&-2&3&1\end{pmatrix}$

$\xrightarrow{r_2\leftrightarrow r_3}\begin{pmatrix}1&1&-4&2\\0&-2&3&1\\0&-4&14&-6\end{pmatrix}\xrightarrow{r_3-2r_2}\begin{pmatrix}1&1&-4&2\\0&-2&3&1\\0&0&8&-8\end{pmatrix}$，所以 $r(\boldsymbol{A})=3$.

$\boldsymbol{A}^{\mathrm{T}}=\begin{pmatrix}3&1&0\\-1&1&-2\\2&-4&3\\0&2&1\end{pmatrix}\xrightarrow{r_1\leftrightarrow -r_2}\begin{pmatrix}1&-1&2\\3&1&0\\2&-4&3\\0&2&1\end{pmatrix}\xrightarrow[r_3-2r_1]{r_2-3r_1}\begin{pmatrix}1&-1&2\\0&4&-6\\0&-2&-1\\0&2&1\end{pmatrix}$

$\xrightarrow[\substack{r_2+2r_3\\r_3\leftrightarrow r_4}]{r_4+r_3}\begin{pmatrix}1&-1&2\\0&-2&-1\\0&0&-8\\0&0&0\end{pmatrix}$.因此 $r(\boldsymbol{A}^{\mathrm{T}})=r(\boldsymbol{A})=3$.

事实上，对于任意矩阵 $\boldsymbol{A}$ 都有 $r(\boldsymbol{A}^{\mathrm{T}})=r(\boldsymbol{A})$.

设 $\boldsymbol{A}$ 是一个 n 阶方阵，如果 $r(\boldsymbol{A})=n$，那么称 $\boldsymbol{A}$ 为满秩矩阵，或称非奇异的矩阵.

例如：$\boldsymbol{A}=\begin{pmatrix}1&2&3\\0&2&4\\0&0&3\end{pmatrix}$，$\boldsymbol{E}_n=\begin{pmatrix}1&0&\cdots&0\\0&1&\cdots&0\\\vdots&\vdots&&\vdots\\0&0&\cdots&1\end{pmatrix}$，

都是满秩矩阵，或非奇异的矩阵.

规定：零矩阵的秩为零，即 $r(\boldsymbol{O})=0$.

四、逆矩阵

1.逆矩阵的概念

在代数运算中，当 $a\neq 0$ 且 $b\neq 0$ 时，若 $ab=1$，则 $b=a^{-1}$ 即 $a\cdot a^{-1}=a^{-1}a=1$.将这一运算推广到矩阵中，有如下定义.

定义 7.13 对于矩阵 $\boldsymbol{A}$，如果存在矩阵 $\boldsymbol{B}$，使得 $\boldsymbol{AB}=\boldsymbol{BA}=\boldsymbol{E}$，则称 $\boldsymbol{A}$ 可逆，称矩阵 $\boldsymbol{B}$ 为 $\boldsymbol{A}$ 的逆矩阵，简称逆，记作 $\boldsymbol{A}^{-1}$，即 $\boldsymbol{A}^{-1}=\boldsymbol{B}$.

注意 (1) 单位矩阵 $\boldsymbol{E}$ 可逆，$\boldsymbol{E}^{-1}=\boldsymbol{E}$；

(2) 矩阵 $\boldsymbol{A}$ 与 $\boldsymbol{B}$ 互为逆矩阵，即 $\boldsymbol{B}=\boldsymbol{A}^{-1}$，$\boldsymbol{A}=\boldsymbol{B}^{-1}$；

(3) 可逆矩阵一定是方阵，可逆矩阵的逆 $\boldsymbol{A}^{-1}$ 是唯一的.

例如，设 $\boldsymbol{A}=\begin{pmatrix}1&-2\\0&1\end{pmatrix}$，$\boldsymbol{B}=\begin{pmatrix}1&2\\0&1\end{pmatrix}$，容易验证 $\boldsymbol{AB}=\begin{pmatrix}1&0\\0&1\end{pmatrix}$，$\boldsymbol{BA}=\begin{pmatrix}1&0\\0&1\end{pmatrix}$，则由定义知

$\boldsymbol{A}$ 与 $\boldsymbol{B}$ 互为逆矩阵.

设 $\boldsymbol{A},\boldsymbol{B}$ 为同阶方阵，且可逆，数 $k\neq 0$，逆矩阵有下列性质：

(1) $(\boldsymbol{A}^{-1})^{-1}=\boldsymbol{A}$；

(2) $(k\boldsymbol{A})^{-1}=\dfrac{1}{k}\boldsymbol{A}^{-1}$；

(3) $(\boldsymbol{AB})^{-1}=\boldsymbol{B}^{-1}\boldsymbol{A}^{-1}$.

2.矩阵可逆的条件及其求法

矩阵 $\boldsymbol{A}$ 满足什么条件时，$\boldsymbol{A}$ 一定可逆？而 $\boldsymbol{A}$ 可逆时，又如何求 $\boldsymbol{A}$ 的逆矩阵呢？为此，我们引入伴随矩阵的概念.

定义 7.14 由 $\boldsymbol{A}=(a_{ij})_{n\times n}$ 的行列式

$$|\boldsymbol{A}|=\begin{vmatrix} a_{11} & a_{12} & \cdots & a_{1n} \\ a_{21} & a_{22} & \cdots & a_{2n} \\ \vdots & \vdots & & \vdots \\ a_{n1} & a_{n2} & \cdots & a_{nn} \end{vmatrix}$$

中元素 a_{ij} 的代数余子式 $A_{ij}(i,j=1,2,\cdots,n)$ 构成的 n 阶方阵，记作 $\boldsymbol{A}^*$，即

$$\boldsymbol{A}^*=\begin{pmatrix} A_{11} & A_{21} & \cdots & A_{n1} \\ A_{12} & A_{22} & \cdots & A_{n2} \\ \vdots & \vdots & & \vdots \\ A_{1n} & A_{2n} & \cdots & A_{nn} \end{pmatrix}$$ 称为 $\boldsymbol{A}$ 的伴随矩阵.

例 3 设 $\boldsymbol{A}=\begin{pmatrix} 3 & 2 & 1 \\ 1 & 2 & 2 \\ 3 & 4 & 3 \end{pmatrix}$，求 $\boldsymbol{A}^*$.

解 因为

$$A_{11}=-2,A_{12}=3,A_{13}=-2,$$
$$A_{21}=-2,A_{22}=6,A_{23}=-6,$$
$$A_{31}=2,A_{32}=-5,A_{33}=4,$$

所以
$$\boldsymbol{A}^*=\begin{pmatrix} -2 & -2 & 2 \\ 3 & 6 & -5 \\ -2 & -6 & 4 \end{pmatrix}.$$

定理 7.3 n 阶方阵 $\boldsymbol{A}=(a_{ij})_{n\times n}$ 可逆的充要条件是 $|\boldsymbol{A}|\neq 0$ 且 $\boldsymbol{A}^{-1}=\dfrac{\boldsymbol{A}^*}{|\boldsymbol{A}|}$.

证明略.

这个定理不仅给出了一个矩阵可逆的条件，而且给出了求逆矩阵的方法.当 $|\boldsymbol{A}|\neq 0$ 时，我们称 $\boldsymbol{A}$ 是非奇异的，否则称 $\boldsymbol{A}$ 是奇异的.

推论 7.7 设 $\boldsymbol{A}$ 为 n 阶方阵，若存在 n 阶方阵 $\boldsymbol{B}$，使得 $\boldsymbol{AB}=\boldsymbol{E}$（或 $\boldsymbol{BA}=\boldsymbol{E}$），则 $\boldsymbol{B}=\boldsymbol{A}^{-1}$.

证明 $\because |\boldsymbol{AB}|=|\boldsymbol{A}||\boldsymbol{B}|=|\boldsymbol{E}|=1$，$\therefore |\boldsymbol{A}|\neq 0$，故 $\boldsymbol{A}^{-1}$ 存在.

于是 $\boldsymbol{B}=\boldsymbol{EB}=(\boldsymbol{A}^{-1}\boldsymbol{A})\boldsymbol{B}=\boldsymbol{A}^{-1}(\boldsymbol{AB})=\boldsymbol{A}^{-1}\boldsymbol{E}=\boldsymbol{A}^{-1}$.

注意 求 $\boldsymbol{A}^{-1}$ 时，只需要验算 $\boldsymbol{AB}=\boldsymbol{E}$，计算量减半.

例 4 判断下列方阵 $\boldsymbol{A}=\begin{pmatrix}3&2&1\\1&2&2\\3&4&3\end{pmatrix}$，$\boldsymbol{B}=\begin{pmatrix}-1&3&2\\-11&15&1\\-3&3&-1\end{pmatrix}$ 是否可逆？若可逆，求其逆阵.

解 $\because |\boldsymbol{A}|=-2\neq 0$，$|\boldsymbol{B}|=0$，所以 $\boldsymbol{B}$ 不可逆，$\boldsymbol{A}$ 可逆，并且

$$\boldsymbol{A}^{-1}=\frac{\boldsymbol{A}^*}{|\boldsymbol{A}|}=-\frac{1}{2}\begin{pmatrix}-2&-2&2\\3&6&-5\\-2&-6&4\end{pmatrix}.$$

有了逆矩阵的概念，我们就可以求解矩阵方程 $\boldsymbol{AX}=\boldsymbol{C}$ 和线性方程组了.只要方阵 $\boldsymbol{A}$ 可逆且矩阵 $\boldsymbol{C}$ 的行数等于方阵 $\boldsymbol{A}$ 的阶数，就一定存在 $\boldsymbol{X}$ 使得 $\boldsymbol{AX}=\boldsymbol{C}$，那么矩阵 $\boldsymbol{X}$ 怎么求呢？很显然，$\boldsymbol{X}=\boldsymbol{A}^{-1}\boldsymbol{C}$. 同样地，对于矩阵 $\boldsymbol{XA}=\boldsymbol{C}$，有 $\boldsymbol{X}=\boldsymbol{CA}^{-1}$.

例 5 解线性方程组

$$\begin{cases}3x_1+2x_2+x_3=1,\\x_1+2x_2+2x_3=2,\\3x_1+4x_2+3x_3=3.\end{cases}$$

解 其矩阵形式为 $\begin{pmatrix}3&2&1\\1&2&2\\3&4&3\end{pmatrix}\begin{pmatrix}x_1\\x_2\\x_3\end{pmatrix}=\begin{pmatrix}1\\2\\3\end{pmatrix}$，

因为 $\begin{vmatrix}3&2&1\\1&2&2\\3&4&3\end{vmatrix}=-2$，

所以 $\begin{pmatrix}x_1\\x_2\\x_3\end{pmatrix}=\begin{pmatrix}3&2&1\\1&2&2\\3&4&3\end{pmatrix}^{-1}\begin{pmatrix}1\\2\\3\end{pmatrix}=-\frac{1}{2}\begin{pmatrix}-2&-2&2\\3&6&-5\\-2&-6&4\end{pmatrix}\begin{pmatrix}1\\2\\3\end{pmatrix}=\begin{pmatrix}0\\0\\1\end{pmatrix}$.

所以其解为 $x_1=0$，$x_2=0$，$x_3=1$.

定理 7.4（可逆的充要条件） n 阶方阵 $\boldsymbol{A}$ 可逆的充要条件是 $\boldsymbol{A}$ 为满秩矩阵，即 $r(\boldsymbol{A})=n$.

例 6 判断下列矩阵是否可逆：

$$\boldsymbol{A}=\begin{pmatrix}1&1&3\\2&3&7\\3&4&9\end{pmatrix},\boldsymbol{B}=\begin{pmatrix}1&2&3\\0&2&9\\2&4&6\end{pmatrix}.$$

解 $A=\begin{pmatrix}1&1&3\\2&3&7\\3&4&9\end{pmatrix}\xrightarrow[r_3-3r_1]{r_2-2r_1}\begin{pmatrix}1&1&3\\0&1&1\\0&1&0\end{pmatrix}\xrightarrow{r_3-r_2}\begin{pmatrix}1&1&3\\0&1&1\\0&0&-1\end{pmatrix}$，

则 $r(A)=3$，A 为满秩矩阵，则矩阵 A 是可逆的.

$B=\begin{pmatrix}1&2&3\\0&2&9\\2&4&6\end{pmatrix}\xrightarrow{r_3-2r_1}\begin{pmatrix}1&2&3\\0&2&9\\0&0&0\end{pmatrix}$，$r(B)=2$，则矩阵 B 不可逆.

由定理 7.4 可得以下推论：

推论 7.8 可逆矩阵 A 经过一系列的初等行变换可化为单位矩阵 E.

定理 7.5 若一系列初等行变换将矩阵 A 化为单位矩阵 E，则用同样的初等行变换作用于 E，就可将 E 化为 A 的逆矩阵 A^{-1}.

由以上的推论和定理可以得到利用矩阵的初等行变换求方阵 A 的逆矩阵 A^{-1} 的方法：

(1) 将 n 阶方阵 A 与 n 阶单位矩阵 E 并列，构成一个 $n\times 2n$ 矩阵 $(A\,\vdots\,E)$，即

$$(A\,\vdots\,E)=\left(\begin{array}{cccc:cccc}a_{11}&a_{12}&\cdots&a_{1n}&1&0&\cdots&0\\a_{21}&a_{22}&\cdots&a_{2n}&0&1&\cdots&0\\\vdots&\vdots&&\vdots&\vdots&\vdots&&\vdots\\a_{n1}&a_{n2}&\cdots&a_{nn}&0&0&\cdots&1\end{array}\right).$$

(2) 对 $n\times 2n$ 矩阵 $(A\,\vdots\,E)$ 施以初等行变换，就相当于对矩阵 A 和 E 施行相同的初等行变换，当将 A 化成单位矩阵 E 时，原来的 E 就化成了 A^{-1}，即

$$(A\,\vdots\,E)\xrightarrow{\text{初等行变换}}(E\,\vdots\,A^{-1}).$$

例 7 已知矩阵 $A=\begin{pmatrix}1&1&-2\\2&1&-4\\-1&-1&3\end{pmatrix}$，求 A^{-1}.

解 作 3×6 矩阵 $(A\,\vdots\,E)$

$$(A\,\vdots\,E)=\left(\begin{array}{ccc:ccc}1&1&-2&1&0&0\\2&1&-4&0&1&0\\-1&-1&3&0&0&1\end{array}\right)\xrightarrow[r_3+r_1]{r_2-2r_1}\left(\begin{array}{ccc:ccc}1&1&-2&1&0&0\\0&-1&0&-2&1&0\\0&0&1&1&0&1\end{array}\right)$$

$$\xrightarrow{r_1+r_2}\left(\begin{array}{ccc:ccc}1&0&-2&-1&1&0\\0&-1&0&-2&1&0\\0&0&1&1&0&1\end{array}\right)\xrightarrow[r_1+2r_3]{(-1)\cdot r_2}\left(\begin{array}{ccc:ccc}1&0&0&1&1&2\\0&1&0&2&-1&0\\0&0&1&1&0&1\end{array}\right)=(E\,\vdots\,A^{-1}),$$

所以 $A^{-1}=\begin{pmatrix}1&1&2\\2&-1&0\\1&0&1\end{pmatrix}$.

例 8 解矩阵方程 $\boldsymbol{AX}=\boldsymbol{B}$，其中 $\boldsymbol{A}=\begin{pmatrix}2 & 2 & 3\\ 1 & -1 & 0\\ -1 & 2 & 1\end{pmatrix}$，$\boldsymbol{B}=\begin{pmatrix}1 & 1\\ 3 & -2\\ -4 & 2\end{pmatrix}$.

解法一 因为 $\boldsymbol{AX}=\boldsymbol{B}$，若矩阵 $\boldsymbol{A}$ 可逆，将方程两边同时左乘 $\boldsymbol{A}^{-1}$，即 $\boldsymbol{A}^{-1}\boldsymbol{AX}=\boldsymbol{A}^{-1}\boldsymbol{B}$，得 $\boldsymbol{X}=\boldsymbol{A}^{-1}\boldsymbol{B}$，可先求出 $\boldsymbol{A}^{-1}$.

$$(\boldsymbol{A}\,\vdots\,\boldsymbol{E})=\left(\begin{array}{ccc:ccc}2 & 2 & 3 & 1 & 0 & 0\\ 1 & -1 & 0 & 0 & 1 & 0\\ -1 & 2 & 1 & 0 & 0 & 1\end{array}\right)\xrightarrow[r_1\leftrightarrow r_2]{\substack{r_1-2r_2\\ r_3+r_2}}\left(\begin{array}{ccc:ccc}1 & -1 & 0 & 0 & 1 & 0\\ 0 & 4 & 3 & 1 & -2 & 0\\ 0 & 1 & 1 & 0 & 1 & 1\end{array}\right)$$

$$\xrightarrow[r_2\leftrightarrow r_3]{\substack{r_1+r_3\\ r_2-4r_3}}\left(\begin{array}{ccc:ccc}1 & 0 & 1 & 0 & 2 & 1\\ 0 & 1 & 1 & 0 & 1 & 1\\ 0 & 0 & -1 & 1 & -6 & -4\end{array}\right)\xrightarrow[(-1)\cdot r_3]{\substack{r_1+r_3\\ r_2+r_3}}\left(\begin{array}{ccc:ccc}1 & 0 & 0 & 1 & -4 & -3\\ 0 & 1 & 0 & 1 & -5 & -3\\ 0 & 0 & 1 & -1 & 6 & 4\end{array}\right)=(\boldsymbol{E}\,\vdots\,\boldsymbol{A}^{-1}).$$

所以，$\boldsymbol{X}=\boldsymbol{A}^{-1}\boldsymbol{B}=\begin{pmatrix}1 & -4 & -3\\ 1 & -5 & -3\\ -1 & 6 & 4\end{pmatrix}\begin{pmatrix}1 & 1\\ 3 & -2\\ -4 & 2\end{pmatrix}=\begin{pmatrix}1 & 3\\ -2 & 5\\ 1 & -5\end{pmatrix}$.

解法二 在 $\boldsymbol{AX}=\boldsymbol{B}$ 中，若 $\boldsymbol{A}$ 是方阵且可逆，则可以证明：

$$(\boldsymbol{A}\,\vdots\,\boldsymbol{B})\xrightarrow{\text{初等行变换}}(\boldsymbol{E}\,\vdots\,\boldsymbol{A}^{-1}\boldsymbol{B})=(\boldsymbol{E}\,\vdots\,\boldsymbol{X}).$$

因为 $(\boldsymbol{A}\,\vdots\,\boldsymbol{B})=\left(\begin{array}{ccc:cc}2 & 2 & 3 & 1 & 1\\ 1 & -1 & 0 & 3 & -2\\ -1 & 2 & 1 & -4 & 2\end{array}\right)\xrightarrow[r_1\leftrightarrow r_2]{\substack{r_1-2r_2\\ r_3+r_2}}\left(\begin{array}{ccc:cc}1 & -1 & 0 & 3 & -2\\ 0 & 4 & 3 & -5 & 5\\ 0 & 1 & 1 & -1 & 0\end{array}\right)$

$$\xrightarrow[r_2\leftrightarrow r_3]{\substack{r_1+r_3\\ r_2-4r_3}}\left(\begin{array}{ccc:cc}1 & 0 & 1 & 2 & -2\\ 0 & 1 & 1 & -1 & 0\\ 0 & 0 & -1 & -1 & 5\end{array}\right)\xrightarrow[(-1)\cdot r_3]{\substack{r_1+r_3\\ r_2+r_3}}\left(\begin{array}{ccc:cc}1 & 0 & 0 & 1 & 3\\ 0 & 1 & 0 & -2 & 5\\ 0 & 0 & 1 & 1 & -5\end{array}\right)$$

$=(\boldsymbol{E}\,\vdots\,\boldsymbol{A}^{-1}\boldsymbol{B})=(\boldsymbol{E}\,\vdots\,\boldsymbol{X})$，

于是 $\boldsymbol{X}=\boldsymbol{A}^{-1}\boldsymbol{B}=\begin{pmatrix}1 & 3\\ -2 & 5\\ 1 & -5\end{pmatrix}$.

习题 7.4

1. 将下列矩阵化为行简化的阶梯形矩阵：

(1) $\begin{pmatrix}1 & 0 & 2 & -1\\ 2 & 0 & 3 & 1\\ 3 & 0 & 4 & 3\end{pmatrix}$；　　(2) $\begin{pmatrix}2 & -1 & -1 & 1 & 2\\ 1 & 1 & -2 & 1 & 4\\ 4 & -6 & 2 & -2 & 4\\ 3 & 6 & -9 & 7 & 9\end{pmatrix}$；

(3) $\begin{pmatrix} 0 & 2 & -3 & 1 \\ 0 & 3 & -4 & 3 \\ 0 & 4 & -7 & -1 \end{pmatrix}$;

(4) $\begin{pmatrix} 1 & -1 & 3 & -4 & 3 \\ 3 & -3 & 5 & 4 & 1 \\ 2 & -2 & 3 & -2 & 0 \\ 3 & -3 & 4 & -2 & -1 \end{pmatrix}$.

2.用初等行变换求下列矩阵的逆矩阵：

(1) $\begin{pmatrix} 1 & 2 & 3 \\ 2 & 2 & 1 \\ 3 & 4 & 3 \end{pmatrix}$;

(2) $\begin{pmatrix} 1 & 3 & 3 \\ 1 & 4 & 3 \\ 1 & 3 & 4 \end{pmatrix}$;

(3) $\begin{pmatrix} 1 & 1 & -3 \\ 2 & 3 & -8 \\ 1 & 1 & -4 \end{pmatrix}$;

(4) $\begin{pmatrix} -1 & 5 & -2 \\ -1 & 5 & -1 \\ 1 & -4 & 1 \end{pmatrix}$;

(5) $\begin{pmatrix} 1 & 2 & 3 & 4 \\ 0 & 1 & 2 & 3 \\ 0 & 0 & 1 & 2 \\ 1 & 0 & 0 & 1 \end{pmatrix}$;

(6) $\begin{pmatrix} 1 & 2 & 2 & 2 \\ 1 & 1 & 2 & 2 \\ 1 & 1 & 1 & 2 \\ 1 & 1 & 1 & 1 \end{pmatrix}$.

3.用初等行变换求矩阵的秩：

(1) $\begin{pmatrix} 1 & 1 & 2 \\ 1 & 2 & 3 \\ 0 & 1 & 1 \end{pmatrix}$;

(2) $\begin{pmatrix} 1 & -1 & 2 & 1 & 0 \\ 2 & -2 & 4 & -2 & 0 \\ 3 & 0 & 6 & -1 & 1 \\ 2 & 1 & 4 & 2 & 1 \end{pmatrix}$;

(3) $\begin{pmatrix} 2 & -1 & 3 & 1 \\ 4 & -2 & 5 & 4 \\ -4 & 2 & -6 & -2 \\ 2 & -1 & 4 & 0 \end{pmatrix}$;

(4) $\begin{pmatrix} 1 & 1 & 1 & -1 \\ -1 & -1 & 2 & 3 \\ 2 & 2 & 5 & 0 \end{pmatrix}$.

4.解矩阵方程：

(1) $\begin{pmatrix} 1 & -2 & 0 \\ 4 & -2 & -1 \\ -3 & 1 & 2 \end{pmatrix}\boldsymbol{X}=\begin{pmatrix} -1 & 4 \\ 2 & 5 \\ 1 & -3 \end{pmatrix}$;

(2) $\begin{pmatrix} 2 & 1 \\ 3 & 2 \end{pmatrix}\boldsymbol{X}\begin{pmatrix} -3 & 2 \\ 5 & -3 \end{pmatrix}=\begin{pmatrix} -2 & 4 \\ 3 & -1 \end{pmatrix}$.

第五节 线性方程组的消元法

一、线性方程组的一般形式

由 n 个未知量、m 个方程构成的线性方程组

$$\begin{cases} a_{11}x_1 + a_{12}x_2 + \cdots + a_{1n}x_n = b_1, \\ a_{21}x_1 + a_{22}x_2 + \cdots + a_{2n}x_n = b_2, \\ \qquad\vdots \\ a_{m1}x_1 + a_{m2}x_2 + \cdots + a_{mn}x_n = b_m, \end{cases} \tag{7-6}$$

其中系数 $a_{ij}(i=1,2,\cdots,m;j=1,2,\cdots,n)$，常数 $b_i(i=1,2,\cdots,m)$，已知 $x_j(j=1,2,\cdots,n)$ 是未知量，当 $b_i(i=1,2,\cdots,m)$ 不全为零时，称方程组(7-6)为非齐次线性方程组.

当 $b_i(i=1,2,\cdots,m)$ 全为零时，即

$$\begin{cases} a_{11}x_1 + a_{12}x_2 + \cdots + a_{1n}x_n = 0, \\ a_{21}x_1 + a_{22}x_2 + \cdots + a_{2n}x_n = 0, \\ \qquad\vdots \\ a_{m1}x_1 + a_{m2}x_2 + \cdots + a_{mn}x_n = 0, \end{cases} \tag{7-7}$$

称方程组(7-7)为齐次线性方程组.

称 $\boldsymbol{A} = \begin{pmatrix} a_{11} & a_{12} & \cdots & a_{1n} \\ a_{21} & a_{22} & \cdots & a_{2n} \\ \vdots & \vdots & & \vdots \\ a_{m1} & a_{m2} & \cdots & a_{mn} \end{pmatrix}$ 为线性方程组的系数矩阵；$\boldsymbol{X} = \begin{pmatrix} x_1 \\ x_2 \\ \vdots \\ x_n \end{pmatrix}$ 为线性方程组的未知量矩阵；$\boldsymbol{B} = \begin{pmatrix} b_1 \\ b_2 \\ \vdots \\ b_m \end{pmatrix}$ 为线性方程组的常数项矩阵.

于是，非齐次线性方程组的矩阵表达式为 $\boldsymbol{AX}=\boldsymbol{B}$，齐次线性方程组的矩阵表达式为 $\boldsymbol{AX}=\boldsymbol{0}$.

将 $(\boldsymbol{A} \vdots \boldsymbol{B}) = \left(\begin{array}{cccc:c} a_{11} & a_{12} & \cdots & a_{1n} & b_1 \\ a_{21} & a_{22} & \cdots & a_{2n} & b_2 \\ \vdots & \vdots & & \vdots & \vdots \\ a_{m1} & a_{m2} & \cdots & a_{mn} & b_m \end{array}\right)$ 称为线性方程组(7-6)的增广矩阵，记作 $\overline{\boldsymbol{A}}$.

二、非齐次线性方程组

1.线性方程组的消元解法

例 1 用消元法解线性方程组 $\begin{cases}3x_1+2x_2+6x_3=5,\\2x_1-x_2+3x_3=3,\\x_1-x_2+x_3=2.\end{cases}$

解 观察线性方程组的消元法与线性方程组的增广矩阵的初等行变换的关系：

方程组　　　　　　　　　　增广矩阵

$$\begin{cases}3x_1+2x_2+6x_3=5, & ①\\2x_1-x_2+3x_3=3, & ②\\x_1-x_2+x_3=2. & ③\end{cases} \qquad \bar{\boldsymbol{A}}=\left(\begin{array}{ccc:c}3&2&6&5\\2&-1&3&3\\1&-1&1&2\end{array}\right)$$

$$\begin{array}{l}-2\times③+②\\-3\times③+①\\①与③交换\end{array}\begin{cases}x_1-x_2+x_3=2, & ④\\x_2+x_3=-1, & ⑤\\5x_2+3x_3=-1. & ⑥\end{cases} \qquad \xrightarrow[r_1\leftrightarrow r_3]{\substack{r_2-2r_3\\r_1-3r_3}}\left(\begin{array}{ccc:c}1&-1&1&2\\0&1&1&-1\\0&5&3&-1\end{array}\right)$$

$$-5\times⑤+⑥\begin{cases}x_1-x_2+x_3=2, & ⑦\\x_2+x_3=-1, & ⑧\\-2x_3=4, & ⑨\end{cases} \qquad \xrightarrow{r_3-5r_2}\left(\begin{array}{ccc:c}1&-1&1&2\\0&1&1&-1\\0&0&-2&4\end{array}\right)=\bar{\boldsymbol{A}}_1.$$

方程组的消元过程结束，下面进一步求解.

$$\begin{array}{l}\frac{1}{2}\times⑨+⑧\\\frac{1}{2}\times⑨+⑦\\-\frac{1}{2}\times⑨\end{array}\begin{cases}x_1-x_2=4, & ⑩\\x_2=1, & ⑪\\x_3=-2, & ⑫\end{cases} \qquad \xrightarrow{\substack{r_2+\frac{1}{2}r_3\\r_1+\frac{1}{2}r_3\\-\frac{1}{2}\cdot r_3}}\left(\begin{array}{ccc:c}1&-1&0&4\\0&1&0&1\\0&0&1&-2\end{array}\right)$$

$$⑪+⑩\begin{cases}x_1=5,\\x_2=1,\\x_3=-2.\end{cases} \qquad \xrightarrow{r_1+r_2}\left(\begin{array}{ccc:c}1&0&0&5\\0&1&0&1\\0&0&1&-2\end{array}\right).$$

线性方程组的解为 $\begin{cases}x_1=5,\\x_2=1,\\x_3=-2.\end{cases}$

线性方程组的解为 $\begin{cases}x_1=5,\\x_2=1,\\x_3=-2.\end{cases}$

求解的过程称为回代过程.

通过上面的观察比较得到:消元法求解线性方程组解的过程,实质上就是对原方程组的增广矩阵 $\overline{\mathbf{A}}$ 进行初等行变换的过程.

首先是消元过程:用矩阵的初等行变换将 $\overline{\mathbf{A}}$ 化为阶梯形矩阵 $\overline{\mathbf{A}}_1$;

其次是回代过程:用矩阵的初等行变换将 $\overline{\mathbf{A}}_1$ 化为行简化的阶梯形矩阵,由行简化的阶梯形矩阵得出原方程组的解.

例 2 解下列线性方程组:

(1) $\begin{cases} x_1+2x_2+3x_3=-7, \\ 2x_1-x_2+2x_3=-8, \\ x_1+3x_2=7; \end{cases}$　　(2) $\begin{cases} x_1+2x_2+3x_3=-7, \\ 2x_1-x_2+2x_3=-8, \\ -3x_1-6x_2-9x_3=21; \end{cases}$

(3) $\begin{cases} x_1+2x_2+3x_3=-7, \\ 2x_1-x_2+2x_3=-8, \\ -3x_1-6x_2-9x_3=22. \end{cases}$

解 (1) $\overline{\mathbf{A}}=\left(\begin{array}{ccc:c} 1 & 2 & 3 & -7 \\ 2 & -1 & 2 & -8 \\ 1 & 3 & 0 & 7 \end{array}\right) \xrightarrow[r_3-r_1]{r_2-2r_1} \left(\begin{array}{ccc:c} 1 & 2 & 3 & -7 \\ 0 & -5 & -4 & 6 \\ 0 & 1 & -3 & 14 \end{array}\right)$

$\xrightarrow[r_2\leftrightarrow r_3]{\substack{r_2+5r_3 \\ r_1-2r_3}} \left(\begin{array}{ccc:c} 1 & 0 & 9 & -35 \\ 0 & 1 & -3 & 14 \\ 0 & 0 & -19 & 76 \end{array}\right) \xrightarrow{-\frac{1}{19}\cdot r_3} \left(\begin{array}{ccc:c} 1 & 0 & 9 & -35 \\ 0 & 1 & -3 & 14 \\ 0 & 0 & 1 & -4 \end{array}\right)$

$\xrightarrow[r_1-9r_3]{r_2+3r_3} \left(\begin{array}{ccc:c} 1 & 0 & 0 & 1 \\ 0 & 1 & 0 & 2 \\ 0 & 0 & 1 & -4 \end{array}\right).$

所以方程组的解为 $\begin{cases} x_1=1, \\ x_2=2, \\ x_3=-4. \end{cases}$

注意 此时 $r(\mathbf{A})=r(\overline{\mathbf{A}})=3$,并与方程组未知量的个数 $n=3$ 相同,原方程组有解,且有唯一一组解.

(2) $\overline{\mathbf{A}}=\left(\begin{array}{ccc:c} 1 & 2 & 3 & -7 \\ 2 & -1 & 2 & -8 \\ -3 & -6 & -9 & 21 \end{array}\right) \xrightarrow[r_3+3r_1]{r_2-2r_1} \left(\begin{array}{ccc:c} 1 & 2 & 3 & -7 \\ 0 & -5 & -4 & 6 \\ 0 & 0 & 0 & 0 \end{array}\right)$

$\xrightarrow{-\frac{1}{5}\cdot r_2} \left(\begin{array}{ccc:c} 1 & 2 & 3 & -7 \\ 0 & 1 & \frac{4}{5} & -\frac{6}{5} \\ 0 & 0 & 0 & 0 \end{array}\right) \xrightarrow{r_1-2r_2} \left(\begin{array}{ccc:c} 1 & 0 & \frac{7}{5} & -\frac{23}{5} \\ 0 & 1 & \frac{4}{5} & -\frac{6}{5} \\ 0 & 0 & 0 & 0 \end{array}\right).$

所以方程组的解为
$$\begin{cases} x_1=-\dfrac{23}{5}-\dfrac{7}{5}x_3, \\ x_2=-\dfrac{6}{5}-\dfrac{4}{5}x_3, \\ x_3\in \mathbf{R}(\text{自由未知量}). \end{cases}$$

注意　此时 $r(\mathbf{A})=r(\overline{\mathbf{A}})=2$，但小于方程组未知量的个数 $n=3$，原方程组有解，且有无穷多组解.

$$(3)\overline{\mathbf{A}}=\left(\begin{array}{ccc:c} 1 & 2 & 3 & -7 \\ 2 & -1 & 2 & -8 \\ -3 & -6 & -9 & 22 \end{array}\right)\xrightarrow[r_3+3r_1]{r_2-2r_1}\left(\begin{array}{ccc:c} 1 & 2 & 3 & -7 \\ 0 & -5 & -4 & 6 \\ 0 & 0 & 0 & 1 \end{array}\right).$$

不论 x_1,x_2,x_3 取哪一组值，都不能使方程 $0=1$ 成立，所以方程组无解.

注意　此时 $r(\mathbf{A})=2\neq r(\overline{\mathbf{A}})=3$，原方程组无解.

2.线性方程组解的判定

定理 7.6（非齐次线性方程组解的判定）　非齐次线性方程组（7-6）有解的充分必要条件是系数矩阵 $\mathbf{A}$ 的秩与增广矩阵 $\overline{\mathbf{A}}$ 的秩相等，即 $r(\mathbf{A})=r(\overline{\mathbf{A}})=r$.

（1）当 $r=n$（未知量个数）时，有唯一解；

（2）当 $r<n$（未知量个数）时，有无穷多个解，自由未知量个数为 $n-r$.

例 3　设线性方程组
$$\begin{cases} x_1+x_2+\lambda x_3=\lambda, \\ x_1+\lambda x_2+x_3=\lambda^2, \\ \lambda x_1+x_2+x_3=1. \end{cases}$$
求 λ 为何值时，方程组无解；有唯一解；有无穷多个解.

解
$$\overline{\mathbf{A}}=\left(\begin{array}{ccc:c} 1 & 1 & \lambda & \lambda \\ 1 & \lambda & 1 & \lambda^2 \\ \lambda & 1 & 1 & 1 \end{array}\right)\xrightarrow[r_3-\lambda r_1]{r_2-r_1}\left(\begin{array}{ccc:c} 1 & 1 & \lambda & \lambda \\ 0 & \lambda-1 & 1-\lambda & \lambda^2-\lambda \\ 0 & 1-\lambda & 1-\lambda^2 & 1-\lambda^2 \end{array}\right),$$

当 $\lambda=1$ 时，有 $\overline{\mathbf{A}}\longrightarrow\left(\begin{array}{ccc:c} 1 & 1 & 1 & 1 \\ 0 & 0 & 0 & 0 \\ 0 & 0 & 0 & 0 \end{array}\right)$，此时 $r(A)=r(\overline{\mathbf{A}})=1<3=n$，

原线性方程组有无穷多组解，解的一般表达式为 $\begin{cases} x_1=1-x_2-x_3, \\ x_2,x_3\in \mathbf{R}(\text{自由未知量}); \end{cases}$

当 $\lambda\neq 1$ 时，有
$$\overline{\mathbf{A}}\xrightarrow[\frac{1}{1-\lambda}\cdot r_3]{\frac{1}{\lambda-1}\cdot r_2}\left(\begin{array}{ccc:c} 1 & 1 & \lambda & \lambda \\ 0 & 1 & -1 & \lambda \\ 0 & 1 & 1+\lambda & 1+\lambda \end{array}\right)\xrightarrow{r_3-r_2}\left(\begin{array}{cccc} 1 & 1 & \lambda & \lambda \\ 0 & 1 & -1 & \lambda \\ 0 & 0 & 2+\lambda & 1 \end{array}\right),$$

当 $\lambda \neq 1$ 且 $\lambda \neq -2$ 时，有 $r(\boldsymbol{A})=r(\bar{\boldsymbol{A}})=3=n$，此时，原线性方程组有唯一解；

当 $\lambda \neq 1$ 但 $\lambda=-2$ 时，有 $r(\boldsymbol{A})=2 \neq r(\bar{\boldsymbol{A}})=3$，此时，原线性方程组无解.

三、齐次线性方程组

在齐次线性方程组(7-7)中，由于常数项矩阵是零矩阵，所以总有 $r(\boldsymbol{A})=r(\bar{\boldsymbol{A}})$，于是齐次线性方程组(7-7)一定有解，至少有零解，即 $x_1=x_2=\cdots=x_n=0$.对齐次线性方程组(7-7)，我们所关心的是何时仅有零解；何时有非零解.由定理 7.6，可得如下定理：

定理 7.7(齐次线性方程组解的判定)　齐次线性方程组(7-7)一定有解：

(1) 当$r(\boldsymbol{A})=n$(未知量个数)时，仅有零解；

(2) 当 $r(\boldsymbol{A})<n$(未知量个数)时，有非零解.

由此可见，当方程的个数 m 小于未知量的个数 n 时，齐次线性方程组一定有非零解.

例 4　解齐次线性方程组$\begin{cases}x_1-x_2+3x_3-x_4=0,\\2x_1-x_2+3x_3+2x_4=0,\\3x_1-x_2+5x_3+x_4=0,\\x_1+x_2-x_3+3x_4=0.\end{cases}$

解　因为 $\boldsymbol{A}=\begin{pmatrix}1&-1&3&-1\\2&-1&3&2\\3&-1&5&1\\1&1&-1&3\end{pmatrix}\xrightarrow[r_4-r_1]{\substack{r_2-2r_1\\r_3-3r_1}}\begin{pmatrix}1&-1&3&-1\\0&1&-3&4\\0&2&-4&4\\0&2&-4&4\end{pmatrix}$

$$\xrightarrow[r_3-2r_2]{\substack{r_1+r_2\\r_4-r_3}}\begin{pmatrix}1&0&0&3\\0&1&-3&4\\0&0&2&-4\\0&0&0&0\end{pmatrix}\xrightarrow[\frac{1}{2}\cdot r_3]{r_2+\frac{3}{2}r_3}\begin{pmatrix}1&0&0&3\\0&1&0&-2\\0&0&1&-2\\0&0&0&0\end{pmatrix}.$$

由于 $r(\boldsymbol{A})=3<4=n$，所以，原齐次线性方程组有非零解，一个自由未知量，取作 x_4.

得一般解为$\begin{cases}x_1=-3x_4,\\x_2=2x_4,\\x_3=2x_4,\\x_4\in\mathbf{R}(\text{为自由未知量}).\end{cases}$

习题 7.5

1.用消元法解线性方程组：

(1) $\begin{cases} x_1 - x_2 + 3x_3 - x_4 = 1, \\ 2x_1 - x_2 - x_3 + 4x_4 = 2, \\ 3x_1 - 2x_2 + 2x_3 + 3x_4 = 3, \\ x_1 - 4x_3 + 5x_4 = -1; \end{cases}$　　(2) $\begin{cases} 2x_1 + x_2 - x_3 = 1, \\ x_1 - 3x_2 + 4x_3 = 2, \\ 11x_1 - 12x_2 + 17x_3 = 3; \end{cases}$

(3) $\begin{cases} x_1 + 2x_2 - 3x_3 - x_4 = -11, \\ 2x_1 - 3x_2 + x_3 + 5x_4 = 6, \\ -3x_1 + x_2 + 2x_3 - 4x_4 = 5; \end{cases}$　　(4) $\begin{cases} x_1 + 3x_2 - 7x_3 = -8, \\ 2x_1 + 5x_2 + 4x_3 = 4, \\ -3x_1 - 7x_2 - 2x_3 = -3, \\ x_1 + 4x_2 - 12x_3 = -15. \end{cases}$

2.当 λ 取何值时，非齐次线性方程组 $\begin{cases} -2x_1 + x_2 + x_3 = -2, \\ x_1 - 2x_2 + x_3 = \lambda, \\ x_1 + x_2 - 2x_3 = \lambda^2. \end{cases}$　(1) 无解？(2) 有解？

3.当 λ 取何值时，齐次线性方程组 $\begin{cases} \lambda x_1 + x_2 + x_3 = 0, \\ x_1 + \lambda x_2 + x_3 = 0, \\ x_1 - x_2 + x_3 = 0. \end{cases}$ (1) 只有零解？(2) 有非零解？

4.确定 a,b 的值，使下列方程组有解，并求出一般解.

(1) $\begin{cases} 2x_1 - x_2 + x_3 + x_4 = 1, \\ x_1 + 2x_2 - x_3 + 4x_4 = 2, \\ x_1 + 7x_2 - 4x_3 + 11x_4 = a; \end{cases}$　　(2) $\begin{cases} x_1 + 2x_2 - 2x_3 + 2x_4 = 2, \\ x_2 - x_3 - x_4 = 1, \\ x_1 + x_2 - x_3 + 3x_4 = a, \\ x_1 - x_2 + x_3 + 5x_4 = b. \end{cases}$

5.当 λ 取何值时，齐次线性方程组 $\begin{cases} (\lambda - 2)x_1 + 3x_2 - 2x_3 = 0, \\ -x_1 + (\lambda + 2)x_2 - 2x_3 = 0, \\ 2x_1 - 6x_2 + (\lambda + 3)x_3 = 0 \end{cases}$ 有非零解？并求出一般解.

第六节　向量及其相关性

为了解决线性方程组解的结构问题，需要有向量组的线性关系作为基础.

一、向量的概念与线性运算

1.n 维向量的概念

平面上的向量可用两个数组成的有序数组 (a_1, a_2) 来表示，称之为二维向量；

空间中的向量可用三个数组成的有序数组(a_1,a_2,a_3)来表示，称之为三维向量.

一般地：

定义 7.15　由n个数$a_1,a_2,\cdots,a_n$组成的有序数组$(a_1,a_2,\cdots,a_n)$称为n维向量，通常用小写的希腊字母$\boldsymbol{\alpha},\boldsymbol{\beta},\boldsymbol{\gamma},\cdots$表示，记为$\boldsymbol{\alpha}=(a_1,a_2,\cdots,a_n)$，其中$a_i(i=1,2,\cdots,n)$称为向量$\boldsymbol{\alpha}$的第$i$个分量.

各分量写成一行的向量称为行向量，即$\boldsymbol{\alpha}=(a_1,a_2,\cdots,a_n)$；

各分量写成一列的向量称为列向量，即$\boldsymbol{\beta}=(b_1,b_2,\cdots,b_n)^{\mathrm{T}}=\begin{pmatrix}b_1\\b_2\\\vdots\\b_n\end{pmatrix}$；

各分量都是零的向量称为零向量，即$\mathbf{0}=(0,0,\cdots,0)$；

由向量$\boldsymbol{\alpha}=(a_1,a_2,\cdots,a_n)$各分量的相反数构成的向量，称为$\boldsymbol{\alpha}$的负向量$-\boldsymbol{\alpha}=(-a_1,-a_2,\cdots,-a_n)$.

向量$\boldsymbol{\alpha}=(a_1,a_2,\cdots,a_n)$与$\boldsymbol{\beta}=(b_1,b_2,\cdots,b_n)$相等的充要条件是$a_i=b_i(i=1,2,\cdots,n)$.

例如，矩阵$\boldsymbol{A}=\begin{pmatrix}1&-1&0&1\\2&0&0&2\\1&2&0&1\end{pmatrix}$中的每一行都是4维行向量，称为矩阵$\boldsymbol{A}$的行向量组；每一列都是3维列向量，称为矩阵$\boldsymbol{A}$的列向量组.

矩阵$\boldsymbol{A}$的行向量组：$\boldsymbol{\alpha}_1=(1,-1,0,1)$，$\boldsymbol{\alpha}_2=(2,0,0,2)$，$\boldsymbol{\alpha}_3=(1,2,0,1)$；

矩阵$\boldsymbol{A}$的列向量组：$\boldsymbol{\beta}_1=(1,2,1)^{\mathrm{T}}$，$\boldsymbol{\beta}_2=(-1,0,2)^{\mathrm{T}}$，$\boldsymbol{\beta}_3=(0,0,0)^{\mathrm{T}}$，$\boldsymbol{\beta}_4=(1,2,1)^{\mathrm{T}}$，且在其列向量组中$\boldsymbol{\beta}_3=\mathbf{0}$是零向量，$\boldsymbol{\beta}_1=\boldsymbol{\beta}_4$.

2.向量的运算

设k为任意实数，$\boldsymbol{\alpha}=(a_1,a_2,\cdots,a_n)$，$\boldsymbol{\beta}=(b_1,b_2,\cdots,b_n)$均是$n$维向量，则数$k$与向量$\boldsymbol{\alpha}$的数乘定义为常数$k$乘以$\boldsymbol{\alpha}$的每一个分量，记作$k\boldsymbol{\alpha}$，即

$$k\boldsymbol{\alpha}=(ka_1,ka_2,\cdots,ka_n).$$

向量$\boldsymbol{\alpha}$与$\boldsymbol{\beta}$的和定义为对应分量相加，记作$\boldsymbol{\alpha}+\boldsymbol{\beta}$，即

$$\boldsymbol{\alpha}+\boldsymbol{\beta}=(a_1+b_1,a_2+b_2,\cdots,a_n+b_n).$$

向量$\boldsymbol{\alpha}$与$\boldsymbol{\beta}$的差定义为$\boldsymbol{\alpha}-\boldsymbol{\beta}=\boldsymbol{\alpha}+(-\boldsymbol{\beta})$，即

$$\boldsymbol{\alpha}-\boldsymbol{\beta}=(a_1-b_1,a_2-b_2,\cdots,a_n-b_n).$$

向量的加法和数乘运算统称为向量的线性运算.

n维向量的线性运算满足以下运算律：

(1)$\boldsymbol{\alpha}+\boldsymbol{\beta}=\boldsymbol{\beta}+\boldsymbol{\alpha}$；

(2)$(\boldsymbol{\alpha}+\boldsymbol{\beta})+\boldsymbol{\gamma}=\boldsymbol{\alpha}+(\boldsymbol{\beta}+\boldsymbol{\gamma})$，$(kl)\boldsymbol{\alpha}=k(l\boldsymbol{\alpha})$；

(3)$k(\boldsymbol{\alpha}+\boldsymbol{\beta})=k\boldsymbol{\alpha}+k\boldsymbol{\beta}$，$(k+l)\boldsymbol{\alpha}=k\boldsymbol{\alpha}+l\boldsymbol{\alpha}$；

(4)$\boldsymbol{\alpha}+\mathbf{0}=\boldsymbol{\alpha}$，$\boldsymbol{\alpha}+(-\boldsymbol{\alpha})=\mathbf{0}$，$1\cdot\boldsymbol{\alpha}=\boldsymbol{\alpha}$.

例 1　设向量 $\boldsymbol{\alpha}_1=(2,5,1,3)$，$\boldsymbol{\alpha}_2=(10,1,5,10)$，$\boldsymbol{\alpha}_3=(4,1,-1,1)$，求满足向量等式 $(3\boldsymbol{\alpha}_1-\boldsymbol{\alpha})+2(\boldsymbol{\alpha}_2+\boldsymbol{\alpha})=5(\boldsymbol{\alpha}_3+\boldsymbol{\alpha})$ 的向量 $\boldsymbol{\alpha}$.

解　由 $(3\boldsymbol{\alpha}_1-\boldsymbol{\alpha})+2(\boldsymbol{\alpha}_2+\boldsymbol{\alpha})=5(\boldsymbol{\alpha}_3+\boldsymbol{\alpha})$ 得

$$\boldsymbol{\alpha}=\frac{1}{6}(3\boldsymbol{\alpha}_1+2\boldsymbol{\alpha}_2-5\boldsymbol{\alpha}_3)=\frac{1}{6}[(6,15,3,9)+(20,2,10,20)-(20,5,-5,5)]$$

$$=\frac{1}{6}(6,12,18,24)=(1,2,3,4).$$

例 2　将线性方程组写成向量形式.

(1)$\begin{cases}x_1-x_2-2x_3=2,\\2x_1+3x_2-4x_3=-6,\\-x_1-2x_2+x_3=3;\end{cases}$ (2)$\begin{cases}x_1-x_2-x_3=0,\\3x_1+2x_2+7x_3=0,\\2x_1+x_2+4x_3=0;\end{cases}$ (3)$\begin{cases}x_1-x_2-x_3=0,\\3x_1+2x_2+7x_3=0,\\2x_1+x_2+3x_3=0.\end{cases}$

解　(1) 若设 $\boldsymbol{\alpha}_1=\begin{pmatrix}1\\2\\-1\end{pmatrix}$，$\boldsymbol{\alpha}_2=\begin{pmatrix}-1\\3\\-2\end{pmatrix}$，$\boldsymbol{\alpha}_3=\begin{pmatrix}-2\\-4\\1\end{pmatrix}$，$\boldsymbol{\beta}=\begin{pmatrix}2\\-6\\3\end{pmatrix}$，

则有 $x_1\boldsymbol{\alpha}_1+x_2\boldsymbol{\alpha}_2+x_3\boldsymbol{\alpha}_3=\boldsymbol{\beta}$；解得 $x_1=2$，$x_2=-2$，$x_3=1$，

所以 $2\boldsymbol{\alpha}_1-2\boldsymbol{\alpha}_2+\boldsymbol{\alpha}_3=\boldsymbol{\beta}$.

(2)$\boldsymbol{\alpha}_1=\begin{pmatrix}1\\3\\2\end{pmatrix}$，$\boldsymbol{\alpha}_2=\begin{pmatrix}-1\\2\\1\end{pmatrix}$，$\boldsymbol{\alpha}_3=\begin{pmatrix}-1\\7\\4\end{pmatrix}$，$\mathbf{0}=\begin{pmatrix}0\\0\\0\end{pmatrix}$，

则有 $x_1\boldsymbol{\alpha}_1+x_2\boldsymbol{\alpha}_2+x_3\boldsymbol{\alpha}_3=\mathbf{0}$，解得有非零解：$\begin{cases}x_1=-x_3,\\x_2=-2x_3,\\x_3\text{ 为自由未知量},\end{cases}$

所以 $-\boldsymbol{\alpha}_1-2\boldsymbol{\alpha}_2+\boldsymbol{\alpha}_3=\mathbf{0}$.

(3)$\boldsymbol{\alpha}_1=\begin{pmatrix}1\\3\\2\end{pmatrix}$，$\boldsymbol{\alpha}_2=\begin{pmatrix}-1\\2\\1\end{pmatrix}$，$\boldsymbol{\alpha}_3=\begin{pmatrix}-1\\7\\3\end{pmatrix}$，$\mathbf{0}=\begin{pmatrix}0\\0\\0\end{pmatrix}$，

则有 $x_1\boldsymbol{\alpha}_1+x_2\boldsymbol{\alpha}_2+x_3\boldsymbol{\alpha}_3=\mathbf{0}$，解得仅有零解：$x_1=x_2=x_3=0$，

所以 $0\cdot\boldsymbol{\alpha}_1+0\cdot\boldsymbol{\alpha}_2+0\cdot\boldsymbol{\alpha}_3=\mathbf{0}$.

二、向量组的线性相关性

1.线性组合

在例 2(1) 中，向量 $\boldsymbol{\beta}$ 与向量组 $\boldsymbol{\alpha}_1,\boldsymbol{\alpha}_2,\boldsymbol{\alpha}_3$ 之间存在关系：$\boldsymbol{\beta}=2\boldsymbol{\alpha}_1-2\boldsymbol{\alpha}_2+\boldsymbol{\alpha}_3$.

我们称向量 $\boldsymbol{\beta}$ 可由向量组 $\boldsymbol{\alpha}_1,\boldsymbol{\alpha}_2,\boldsymbol{\alpha}_3$ 来线性表示，或称 $\boldsymbol{\beta}$ 是向量组 $\boldsymbol{\alpha}_1,\boldsymbol{\alpha}_2,\boldsymbol{\alpha}_3$ 的线性

组合.

定义 7.16　设 $\boldsymbol{\alpha}_1,\boldsymbol{\alpha}_2,\cdots,\boldsymbol{\alpha}_n,\boldsymbol{\beta}$ 均为 m 维向量，若存在 n 个任意实数 $k_1,k_2,\cdots,k_n$ 使

$$\boldsymbol{\beta}=k_1\boldsymbol{\alpha}_1+k_2\boldsymbol{\alpha}_2+\cdots+k_n\boldsymbol{\alpha}_n \tag{7-8}$$

恒成立，则称 $\boldsymbol{\beta}$ 是向量组 $\boldsymbol{\alpha}_1,\boldsymbol{\alpha}_2,\cdots,\boldsymbol{\alpha}_n$ 的一个线性组合，或称 $\boldsymbol{\beta}$ 可由向量组 $\boldsymbol{\alpha}_1,\boldsymbol{\alpha}_2,\cdots,\boldsymbol{\alpha}_n$ 线性表示，其中 $k_1,k_2,\cdots,k_n$ 称为组合系数.

注意　(1) 设 $\boldsymbol{\alpha}_1=\begin{pmatrix}a_{11}\\a_{21}\\\vdots\\a_{m1}\end{pmatrix},\boldsymbol{\alpha}_2=\begin{pmatrix}a_{12}\\a_{22}\\\vdots\\a_{m2}\end{pmatrix},\cdots,\boldsymbol{\alpha}_n=\begin{pmatrix}a_{1n}\\a_{2n}\\\vdots\\a_{mn}\end{pmatrix},\boldsymbol{\beta}=\begin{pmatrix}b_1\\b_2\\\vdots\\b_m\end{pmatrix}$，则向量等式(7-8)对应着非齐次线性方程组(7-6)：

$$\begin{cases}a_{11}x_1+a_{12}x_2+\cdots+a_{1n}x_n=b_1,\\a_{21}x_1+a_{22}x_2+\cdots+a_{2n}x_n=b_2,\\\qquad\vdots\\a_{m1}x_1+a_{m2}x_2+\cdots+a_{mn}x_n=b_m,\end{cases}$$

反之亦然.且非齐次线性方程组(7-6)的增广矩阵为

$$\begin{matrix}\quad\ \boldsymbol{\alpha}_1 & \boldsymbol{\alpha}_2 & \cdots & \boldsymbol{\alpha}_n & \boldsymbol{\beta}\end{matrix}$$
$$\overline{\boldsymbol{A}}=\left(\begin{array}{cccc:c}a_{11}&a_{12}&\cdots&a_{1n}&b_1\\a_{21}&a_{22}&\cdots&a_{2n}&b_2\\\vdots&\vdots&&\vdots&\vdots\\a_{m1}&a_{m2}&\cdots&a_{mn}&b_m\end{array}\right).$$

(2) 向量 $\boldsymbol{\beta}$ 是向量组 $\boldsymbol{\alpha}_1,\boldsymbol{\alpha}_2,\cdots,\boldsymbol{\alpha}_n$ 的线性组合的充要条件是向量等式(7-8)所对应的线性方程组(7-6)有解，且方程组(7-6)的一组解，就是一组组合系数.

例 3　判断 $\boldsymbol{\beta}=\begin{pmatrix}0\\4\\2\end{pmatrix}$ 是否是 $\boldsymbol{\alpha}_1=\begin{pmatrix}1\\2\\3\end{pmatrix},\boldsymbol{\alpha}_2=\begin{pmatrix}2\\3\\1\end{pmatrix},\boldsymbol{\alpha}_2=\begin{pmatrix}3\\1\\2\end{pmatrix}$ 的线性组合.

解　若 $\boldsymbol{\beta}$ 是 $\boldsymbol{\alpha}_1,\boldsymbol{\alpha}_2,\boldsymbol{\alpha}_3$ 的线性组合，则有 $\boldsymbol{\beta}=k_1\boldsymbol{\alpha}_1+k_2\boldsymbol{\alpha}_2+k_3\boldsymbol{\alpha}_3$，对其对应的线性方程组的增广矩阵施以初等行变换，有

$$\begin{matrix}\boldsymbol{\alpha}_1 & \boldsymbol{\alpha}_2 & \boldsymbol{\alpha}_3 & \boldsymbol{\beta}\end{matrix}$$
$$\overline{\boldsymbol{A}}=\left(\begin{array}{ccc:c}1&2&3&0\\2&3&1&4\\3&1&2&2\end{array}\right)\to\left(\begin{array}{ccc:c}1&2&3&0\\0&-1&-5&4\\0&-5&-7&2\end{array}\right)\to\left(\begin{array}{ccc:c}1&0&-7&8\\0&-1&-5&4\\0&0&18&-18\end{array}\right)\to\left(\begin{array}{ccc:c}1&0&0&1\\0&1&0&1\\0&0&1&-1\end{array}\right),$$

所以，$\boldsymbol{\beta}$ 是 $\boldsymbol{\alpha}_1,\boldsymbol{\alpha}_2,\boldsymbol{\alpha}_3$ 的线性组合，且 $\boldsymbol{\beta}=\boldsymbol{\alpha}_1+\boldsymbol{\alpha}_2-\boldsymbol{\alpha}_3$.

由此可得，判断 $\boldsymbol{\beta}$ 是否为向量组 $\boldsymbol{\alpha}_1,\boldsymbol{\alpha}_2,\cdots,\boldsymbol{\alpha}_n$ 的线性组合的方法.

(1) 以 $\boldsymbol{\alpha}_1,\boldsymbol{\alpha}_2,\cdots,\boldsymbol{\alpha}_n$ 为列构成矩阵 $\boldsymbol{A}$，$\boldsymbol{\alpha}_1,\boldsymbol{\alpha}_2,\cdots,\boldsymbol{\alpha}_n,\boldsymbol{\beta}$ 为列构成矩阵 $\overline{\boldsymbol{A}}$，分别求 $r(\boldsymbol{A})$

和 $r(\bar{\mathbf{A}})$；

(2) 若 $r(\mathbf{A})=r(\bar{\mathbf{A}})$，则 $\boldsymbol{\beta}$ 是向量组 $\boldsymbol{\alpha}_1,\boldsymbol{\alpha}_2,\cdots,\boldsymbol{\alpha}_n$ 的线性组合；若 $r(\mathbf{A})\neq r(\bar{\mathbf{A}})$，则 $\boldsymbol{\beta}$ 不是向量组 $\boldsymbol{\alpha}_1,\boldsymbol{\alpha}_2,\cdots,\boldsymbol{\alpha}_n$ 的线性组合.

例 4 任何一个 n 维向量 $\boldsymbol{\alpha}=(a_1,a_2,\cdots,a_n)^{\mathrm{T}}$ 都是 n 维向量组 $\boldsymbol{e}_1=(1,0,\cdots,0)^{\mathrm{T}},\boldsymbol{e}_2=(0,1,\cdots,0)^{\mathrm{T}},\cdots,\boldsymbol{e}_n=(0,0,\cdots,1)^{\mathrm{T}}$ 的线性组合.

解 以 $\boldsymbol{e}_1,\boldsymbol{e}_2,\cdots,\boldsymbol{e}_n,\boldsymbol{\alpha}$ 为列作矩阵，$\bar{\mathbf{A}}=\left(\begin{array}{cccc:c}1&0&\cdots&0&a_1\\0&1&\cdots&0&a_2\\\vdots&\vdots&&\vdots&\vdots\\0&0&\cdots&1&a_n\end{array}\right)$，显然有 $r(A)=r(\bar{\mathbf{A}})=n$（未知量个数）.

所以，$\boldsymbol{\alpha}$ 是向量组 $\boldsymbol{e}_1,\boldsymbol{e}_2,\cdots,\boldsymbol{e}_n$ 的线性组合，且 $\boldsymbol{\alpha}=a_1\boldsymbol{e}_1+a_2\boldsymbol{e}_2+\cdots+a_n\boldsymbol{e}_n$.

向量组 $\boldsymbol{e}_1,\boldsymbol{e}_2,\cdots,\boldsymbol{e}_n$ 称为基本单位向量组.

2.线性相关与线性无关

例 2(2) 中，向量组 $\boldsymbol{\alpha}_1,\boldsymbol{\alpha}_2,\boldsymbol{\alpha}_3$ 之间存在关系：$-\boldsymbol{\alpha}_1-2\boldsymbol{\alpha}_2+\boldsymbol{\alpha}_3=\mathbf{0}$.

例 2(3) 中，向量组 $\boldsymbol{\alpha}_1,\boldsymbol{\alpha}_2,\boldsymbol{\alpha}_3$ 之间仅存在关系：$0\cdot\boldsymbol{\alpha}_1+0\cdot\boldsymbol{\alpha}_2+0\cdot\boldsymbol{\alpha}_3=\mathbf{0}$.

我们把例 2(2) 中的向量组 $\boldsymbol{\alpha}_1,\boldsymbol{\alpha}_2,\boldsymbol{\alpha}_3$ 称为线性相关；例 2(3) 中的向量组 $\boldsymbol{\alpha}_1,\boldsymbol{\alpha}_2,\boldsymbol{\alpha}_3$ 称为线性无关.

一般地：

定义 7.17 设 $\boldsymbol{\alpha}_1,\boldsymbol{\alpha}_2,\cdots,\boldsymbol{\alpha}_n$ 均为 m 维向量，若存在 n 个不全为零的实数 $k_1,k_2,\cdots,k_n$ 使

$$k_1\boldsymbol{\alpha}_1+k_2\boldsymbol{\alpha}_2+\cdots+k_n\boldsymbol{\alpha}_n=\mathbf{0} \tag{7-9}$$

恒成立，则称向量组 $\boldsymbol{\alpha}_1,\boldsymbol{\alpha}_2,\cdots,\boldsymbol{\alpha}_n$ 是线性相关的；

若当且仅当 $k_1=k_2=\cdots=k_n=0$ 时，等式(7-9)成立，则称向量组 $\boldsymbol{\alpha}_1,\boldsymbol{\alpha}_2,\cdots,\boldsymbol{\alpha}_n$ 是线性无关的.

注意 (1) 若设 $\boldsymbol{\alpha}_1=\begin{pmatrix}a_{11}\\a_{21}\\\vdots\\a_{m1}\end{pmatrix},\boldsymbol{\alpha}_2=\begin{pmatrix}a_{12}\\a_{22}\\\vdots\\a_{m2}\end{pmatrix},\cdots,\boldsymbol{\alpha}_n=\begin{pmatrix}a_{1n}\\a_{2n}\\\vdots\\a_{mn}\end{pmatrix},\mathbf{0}=\begin{pmatrix}0\\0\\\vdots\\0\end{pmatrix}$，则向量等式(7-9)对应着齐次线性方程组(7-7)：

$$\begin{cases}a_{11}x_1+a_{12}x_2+\cdots+a_{1n}x_n=0,\\a_{21}x_1+a_{22}x_2+\cdots+a_{2n}x_n=0,\\\qquad\qquad\vdots\\a_{m1}x_1+a_{m2}x_2+\cdots+a_{mn}x_n=0.\end{cases}$$

反之亦然.且齐次线性方程组(7-7)的增广矩阵为

$$\bar{\boldsymbol{A}}=\begin{array}{c} \begin{matrix}\boldsymbol{\alpha}_1 & \boldsymbol{\alpha}_2 & \cdots & \boldsymbol{\alpha}_n & \boldsymbol{0}\end{matrix} \\ \left(\begin{array}{cccc:c} a_{11} & a_{12} & \cdots & a_{1n} & 0 \\ a_{21} & a_{22} & \cdots & a_{2n} & 0 \\ \vdots & \vdots & & \vdots & \vdots \\ a_{m1} & a_{m2} & \cdots & a_{mn} & 0 \end{array}\right)\end{array}.$$

(2) 向量组 $\boldsymbol{\alpha}_1,\boldsymbol{\alpha}_2,\cdots,\boldsymbol{\alpha}_n$ 线性相关的充要条件是向量等式(7-9)所对应的线性方程组(7-7)有非零解；向量组 $\boldsymbol{\alpha}_1,\boldsymbol{\alpha}_2,\cdots,\boldsymbol{\alpha}_n$ 线性无关的充要条件是向量等式(7-9)所对应的线性方程组(7-7)有且仅有零解.

例 5　确定 n 维基本单位向量组的相关性.

解　设有向量等式 $k_1\boldsymbol{e}_1+k_2\boldsymbol{e}_2+\cdots+k_n\boldsymbol{e}_n=\boldsymbol{0}$ 成立，该向量等式所对应的齐次线性方程组的系数矩阵为

$$\boldsymbol{A}=\begin{array}{c} \begin{matrix}\boldsymbol{e}_1 & \boldsymbol{e}_2 & \cdots & \boldsymbol{e}_n\end{matrix} \\ \begin{pmatrix} 1 & 0 & \cdots & 0 \\ 0 & 1 & \cdots & 0 \\ \vdots & \vdots & & \vdots \\ 0 & 0 & \cdots & 1 \end{pmatrix}\end{array},$$

因为 $r(\boldsymbol{A})=n$(未知量个数)，所以齐次线性方程组仅有零解.于是，基本单位向量组 $\boldsymbol{e}_1,\boldsymbol{e}_2,\cdots,\boldsymbol{e}_n$ 线性无关.

由此可得，判断 n 个 m 维向量组 $\boldsymbol{\alpha}_1,\boldsymbol{\alpha}_2,\cdots,\boldsymbol{\alpha}_n$ 相关性的方法：

(1) 以 $\boldsymbol{\alpha}_1,\boldsymbol{\alpha}_2,\cdots,\boldsymbol{\alpha}_n$ 为列作矩阵 $\boldsymbol{A}_{m\times n}$，求 $r(\boldsymbol{A})$；

(2) 若 $r(\boldsymbol{A})=n$(向量个数)，则 $\boldsymbol{\alpha}_1,\boldsymbol{\alpha}_2,\cdots,\boldsymbol{\alpha}_n$ 线性无关；若 $r(\boldsymbol{A})<n$(向量个数)，则 $\boldsymbol{\alpha}_1,\boldsymbol{\alpha}_2,\cdots,\boldsymbol{\alpha}_n$ 线性相关.

由于 $r(\boldsymbol{A}_{m\times n})\leqslant\min\{m,n\}$，所以对 n 个 m 维向量组 $\boldsymbol{\alpha}_1,\boldsymbol{\alpha}_2,\cdots,\boldsymbol{\alpha}_n$，当 $n>m$ 时则向量组 $\boldsymbol{\alpha}_1,\boldsymbol{\alpha}_2,\cdots,\boldsymbol{\alpha}_n$ 线性相关.

例 6　判断下列向量组的相关性：

(1) $\boldsymbol{\alpha}_1=(1,1,2,3)$，$\boldsymbol{\alpha}_2=(1,3,3,5)$，$\boldsymbol{\alpha}_3=(4,-2,5,6)$，$\boldsymbol{\alpha}_4=(-3,-1,-5,-7)$；

(2) $\boldsymbol{\alpha}_1=(1,-2,0,3)$，$\boldsymbol{\alpha}_2=(2,5,-1,0)$，$\boldsymbol{\alpha}_3=(3,4,1,2)$.

解　(1) 以 $\boldsymbol{\alpha}_1,\boldsymbol{\alpha}_2,\boldsymbol{\alpha}_3,\boldsymbol{\alpha}_4$ 为列作矩阵 $\boldsymbol{A}$，

$$\boldsymbol{A}=\begin{pmatrix} 1 & 1 & 4 & -3 \\ 1 & 3 & -2 & -1 \\ 2 & 3 & 5 & -5 \\ 3 & 5 & 6 & -7 \end{pmatrix}\rightarrow\begin{pmatrix} 1 & 1 & 4 & -3 \\ 0 & 2 & -6 & 2 \\ 0 & 1 & -3 & 1 \\ 0 & 2 & -6 & 2 \end{pmatrix}\rightarrow\begin{pmatrix} 1 & 1 & 4 & -3 \\ 0 & 1 & -3 & 1 \\ 0 & 0 & 0 & 0 \\ 0 & 0 & 0 & 0 \end{pmatrix},$$

因为 $r(\boldsymbol{A})=2<n=4$(向量个数)，所以向量组 $\boldsymbol{\alpha}_1,\boldsymbol{\alpha}_2,\boldsymbol{\alpha}_3,\boldsymbol{\alpha}_4$ 线性相关.

(2) 以 $\boldsymbol{\alpha}_1,\boldsymbol{\alpha}_2,\boldsymbol{\alpha}_3$ 为列作矩阵 $\boldsymbol{A}$，

$$A=\begin{pmatrix}1&2&3\\-2&5&4\\0&-1&1\\3&0&2\end{pmatrix}\to\begin{pmatrix}1&2&3\\0&9&10\\0&-1&1\\0&-6&-7\end{pmatrix}\to\begin{pmatrix}1&2&3\\0&-1&1\\0&0&19\\0&0&0\end{pmatrix}\to\begin{pmatrix}1&2&3\\0&1&-1\\0&0&1\\0&0&0\end{pmatrix},$$

因为 $r(\boldsymbol{A})=3=n$（向量个数），所以向量组 $\boldsymbol{\alpha}_1,\boldsymbol{\alpha}_2,\boldsymbol{\alpha}_3$ 线性无关.

三、向量组的极大线性无关组和秩

1.极大线性无关组与秩的概念

设向量组 $\boldsymbol{\alpha}_1=(1,0),\boldsymbol{\alpha}_2=(0,1),\boldsymbol{\alpha}_3=(1,-1),\boldsymbol{\alpha}_4=(2,-1)$，因为该向量组中含有 4 个 2 维向量，所以，向量组 $\boldsymbol{\alpha}_1,\boldsymbol{\alpha}_2,\boldsymbol{\alpha}_3,\boldsymbol{\alpha}_4$ 线性相关.其中任意 3 个向量构成的向量组也是线性相关的，但任意 2 个向量构成的向量组却是线性无关的.如 $\boldsymbol{\alpha}_1,\boldsymbol{\alpha}_2;\boldsymbol{\alpha}_1,\boldsymbol{\alpha}_3;\boldsymbol{\alpha}_2,\boldsymbol{\alpha}_3;\boldsymbol{\alpha}_2,\boldsymbol{\alpha}_4;\boldsymbol{\alpha}_3,\boldsymbol{\alpha}_4$.

这些无关的向量组的共性是：本身线性无关；再加一个就相关.我们把这样线性无关的向量组叫作原向量组的极大线性无关组.

定义 7.18 设有 n 个 m 维向量组 $\boldsymbol{\alpha}_1,\boldsymbol{\alpha}_2,\cdots,\boldsymbol{\alpha}_n$，若存在 r 个向量 $\boldsymbol{\alpha}_1,\boldsymbol{\alpha}_2,\cdots,\boldsymbol{\alpha}_r(r\leqslant n)$，满足：

(1) $\boldsymbol{\alpha}_1,\boldsymbol{\alpha}_2,\cdots,\boldsymbol{\alpha}_r$ 线性无关；

(2) 任意 $r+1$ 个向量 $\boldsymbol{\alpha}_1,\boldsymbol{\alpha}_2,\cdots,\boldsymbol{\alpha}_r,\boldsymbol{\alpha}'$ 构成的向量组线性相关.

则称向量组 $\boldsymbol{\alpha}_1,\boldsymbol{\alpha}_2,\cdots,\boldsymbol{\alpha}_r$ 是该向量组的一个极大线性无关组.

如上例中的 $\boldsymbol{\alpha}_1,\boldsymbol{\alpha}_2;\boldsymbol{\alpha}_1,\boldsymbol{\alpha}_3;\boldsymbol{\alpha}_2,\boldsymbol{\alpha}_3;\boldsymbol{\alpha}_2,\boldsymbol{\alpha}_4;\boldsymbol{\alpha}_3,\boldsymbol{\alpha}_4$ 等，都是向量组 $\boldsymbol{\alpha}_1,\boldsymbol{\alpha}_2,\boldsymbol{\alpha}_3,\boldsymbol{\alpha}_4$ 的极大线性无关组.极大线性无关组不是唯一的，但极大线性无关组中所含向量的个数却是相同的，我们把极大无关组中所含向量的个数叫作该向量组的秩.

定义 7.19 向量组 $\boldsymbol{\alpha}_1,\boldsymbol{\alpha}_2,\cdots,\boldsymbol{\alpha}_n$ 的极大线性无关组中所含向量的个数，称为向量组的秩，记作 $r(\boldsymbol{\alpha}_1,\boldsymbol{\alpha}_2,\cdots,\boldsymbol{\alpha}_n)$.

如上例中的向量组的秩是 2，即 $r(\boldsymbol{\alpha}_1,\boldsymbol{\alpha}_2,\boldsymbol{\alpha}_3,\boldsymbol{\alpha}_4)=2$.

由定义可得：

(1) 全由零向量构成的向量组的秩为零；

(2) 由 n 个向量 $\boldsymbol{\alpha}_1,\boldsymbol{\alpha}_2,\cdots,\boldsymbol{\alpha}_n$ 构成的向量组线性无关的充要条件是 $r(\boldsymbol{\alpha}_1,\boldsymbol{\alpha}_2,\cdots,\boldsymbol{\alpha}_n)=n$；

(3) 由 n 个向量 $\boldsymbol{\alpha}_1,\boldsymbol{\alpha}_2,\cdots,\boldsymbol{\alpha}_n$ 构成的向量组线性相关的充要条件是 $r(\boldsymbol{\alpha}_1,\boldsymbol{\alpha}_2,\cdots,\boldsymbol{\alpha}_n)<n$.

2.极大线性无关组与秩的求法

设有 n 个 m 维向量组 $\boldsymbol{\alpha}_1,\boldsymbol{\alpha}_2,\cdots,\boldsymbol{\alpha}_n$，若以 $\boldsymbol{\alpha}_1,\boldsymbol{\alpha}_2,\cdots,\boldsymbol{\alpha}_n$ 为列组成矩阵 $\boldsymbol{A}$.可以证明，矩阵 $\boldsymbol{A}$ 的秩就是其列向量组 $\boldsymbol{\alpha}_1,\boldsymbol{\alpha}_2,\cdots,\boldsymbol{\alpha}_n$ 的秩，即 $r(\boldsymbol{\alpha}_1,\boldsymbol{\alpha}_2,\cdots,\boldsymbol{\alpha}_n)=r(\boldsymbol{A})$.

若 $r(\boldsymbol{\alpha}_1,\boldsymbol{\alpha}_2,\cdots,\boldsymbol{\alpha}_n)=r(\boldsymbol{A})=r\leqslant n$，则向量组 $\boldsymbol{\alpha}_1,\boldsymbol{\alpha}_2,\cdots,\boldsymbol{\alpha}_n$ 的极大线性无关组中所含向量的个数为 r 个.通过初等行变换，可将 $\boldsymbol{A}$ 化为阶梯形矩阵 $\boldsymbol{B}$，则 $\boldsymbol{B}$ 中首非零元所在列对应

的 $\boldsymbol{A}$ 中的列向量组就是该向量组的一个极大线性无关组.

例 7 求向量组 $\boldsymbol{\alpha}_1=(2,4,2)$,$\boldsymbol{\alpha}_2=(1,1,0)$,$\boldsymbol{\alpha}_3=(2,3,1)$,$\boldsymbol{\alpha}_4=(3,5,2)$ 的秩及其一个极大线性无关组.

解 以 $\boldsymbol{\alpha}_1,\boldsymbol{\alpha}_2,\boldsymbol{\alpha}_3,\boldsymbol{\alpha}_4$ 为列作矩阵 $\boldsymbol{A}$,

$$\begin{matrix} & \boldsymbol{\alpha}_1\ \boldsymbol{\alpha}_2\ \boldsymbol{\alpha}_3\ \boldsymbol{\alpha}_4 \end{matrix}$$

$$\boldsymbol{A}=\begin{pmatrix}2&1&2&3\\4&1&3&5\\2&0&1&2\end{pmatrix}\to\begin{pmatrix}2&1&2&3\\0&-1&-1&-1\\0&-1&-1&-1\end{pmatrix}\to\begin{pmatrix}2&1&2&3\\0&1&1&1\\0&0&0&0\end{pmatrix},$$

因为 $r(\boldsymbol{A})=2$,所以 $r(\boldsymbol{\alpha}_1,\boldsymbol{\alpha}_2,\boldsymbol{\alpha}_3,\boldsymbol{\alpha}_4)=2$.从而极大无关组中含有 2 个向量,由于阶梯形矩阵的第 1,2 行(2 个非零行)的首非零元所在列的位置分别对应于矩阵 $\boldsymbol{A}$ 中第 1,2 列,从而向量组 $\boldsymbol{\alpha}_1,\boldsymbol{\alpha}_2,\boldsymbol{\alpha}_3,\boldsymbol{\alpha}_4$ 的一个极大无关组是 $\boldsymbol{\alpha}_1,\boldsymbol{\alpha}_2$.

我们还可用向量组的极大线性无关组来表示该向量组中的其余向量.具体方法如下:

(1) 以向量 $\boldsymbol{\alpha}_1,\boldsymbol{\alpha}_2,\cdots,\boldsymbol{\alpha}_n$ 为列作矩阵 $\boldsymbol{A}$;

(2) 利用矩阵的初等行变换将 $\boldsymbol{A}$ 化为行简化的阶梯形矩阵 $\boldsymbol{B}$;

(3) 在行简化的阶梯形矩阵 $\boldsymbol{B}$ 中,列单位向量所对应的矩阵 $\boldsymbol{A}$ 中的向量是该向量组的一个极大线性无关组;

(4) 其余向量均可由极大线性无关组线性表示,其组合系数就是该向量对应于行简化阶梯形矩阵中列向量的分量.

例 8 求向量组 $\boldsymbol{\alpha}_1=(1,-1,0,0)$,$\boldsymbol{\alpha}_2=(-1,2,1,-1)$,$\boldsymbol{\alpha}_3=(0,1,1,-1)$,$\boldsymbol{\alpha}_4=(-1,3,2,1)$,$\boldsymbol{\alpha}_5=(-2,6,4,1)$ 的秩和一个极大线性无关组,判断其相关性,并用极大线性无关组表示其余向量.

解 以向量 $\boldsymbol{\alpha}_1,\boldsymbol{\alpha}_2,\boldsymbol{\alpha}_3,\boldsymbol{\alpha}_4,\boldsymbol{\alpha}_5$ 为列作矩阵 $\boldsymbol{A}$,将其化为行简化的阶梯形矩阵.

$$\begin{matrix} & \boldsymbol{\alpha}_1\quad \boldsymbol{\alpha}_2\quad \boldsymbol{\alpha}_3\quad \boldsymbol{\alpha}_4\quad \boldsymbol{\alpha}_5 \end{matrix}$$

$$\boldsymbol{A}=\begin{pmatrix}1&-1&0&-1&-2\\-1&2&1&3&6\\0&1&1&2&4\\0&-1&-1&1&1\end{pmatrix}\to\begin{pmatrix}1&-1&0&-1&-2\\0&1&1&2&4\\0&1&1&2&4\\0&-1&-1&1&1\end{pmatrix}$$

$$\to\begin{pmatrix}1&0&1&1&2\\0&1&1&2&4\\0&0&0&3&5\\0&0&0&0&0\end{pmatrix}\to\begin{pmatrix}1&0&1&0&\frac{1}{3}\\0&1&1&0&\frac{2}{3}\\0&0&0&1&\frac{5}{3}\\0&0&0&0&0\end{pmatrix}=\boldsymbol{B}.$$

所以 $r(\boldsymbol{\alpha}_1,\boldsymbol{\alpha}_2,\boldsymbol{\alpha}_3,\boldsymbol{\alpha}_4,\boldsymbol{\alpha}_5)=3<5=n$(向量个数),从而向量组 $\boldsymbol{\alpha}_1,\boldsymbol{\alpha}_2,\boldsymbol{\alpha}_3,\boldsymbol{\alpha}_4,\boldsymbol{\alpha}_5$ 线性

相关，其一个极大线性无关组是 $\boldsymbol{\alpha}_1,\boldsymbol{\alpha}_2,\boldsymbol{\alpha}_4$，且 $\begin{cases}\boldsymbol{\alpha}_3=\boldsymbol{\alpha}_1+\boldsymbol{\alpha}_2+0\cdot\boldsymbol{\alpha}_4,\\ \boldsymbol{\alpha}_5=\dfrac{1}{3}\boldsymbol{\alpha}_1+\dfrac{2}{3}\boldsymbol{\alpha}_2+\dfrac{5}{3}\boldsymbol{\alpha}_4.\end{cases}$

习题 7.6

1.已知向量 $\boldsymbol{\alpha}_1=(1,2,3)$，$\boldsymbol{\alpha}_2=(3,2,1)$，$\boldsymbol{\alpha}_3=(-2,0,2)$，$\boldsymbol{\alpha}_4=(1,2,4)$，求：

(1)$3\boldsymbol{\alpha}_1-\boldsymbol{\alpha}_2+2\boldsymbol{\alpha}_3$；(2)$5\boldsymbol{\alpha}_1+2\boldsymbol{\alpha}_2-\boldsymbol{\alpha}_3-\boldsymbol{\alpha}_4$.

2.已知向量 $\boldsymbol{\alpha}_1=(3,5,7,9)$，$\boldsymbol{\alpha}_2=(-1,5,2,0)$，若 $3\boldsymbol{\alpha}_1-2\boldsymbol{\beta}=5\boldsymbol{\alpha}_2$，求 $\boldsymbol{\beta}$.

3.设 $3\boldsymbol{\alpha}+4\boldsymbol{\beta}=(-1,5,2,0)$，$2\boldsymbol{\alpha}+3\boldsymbol{\beta}=(-1,2,3,1)$，求 $\boldsymbol{\alpha}$，$\boldsymbol{\beta}$.

4.判断向量 $\boldsymbol{\beta}$ 是否是向量组 $\boldsymbol{\alpha}$ 的线性组合.若是，求出组合系数.

(1)$\boldsymbol{\beta}=(3,5,-6)$，$\boldsymbol{\alpha}_1=(1,0,1)$，$\boldsymbol{\alpha}_2=(1,1,1)$，$\boldsymbol{\alpha}_3=(0,-1,-1)$；

(2)$\boldsymbol{\beta}=(1,2,1,1)$，$\boldsymbol{\alpha}_1=(1,1,1,1)$，$\boldsymbol{\alpha}_2=(1,1,-1,-1)$，$\boldsymbol{\alpha}_3=(1,-1,1,1)$，$\boldsymbol{\alpha}_4=(1,-1,-1,-1)$；

(3)$\boldsymbol{\beta}=(0,0,0,1)$，$\boldsymbol{\alpha}_1=(1,1,0,1)$，$\boldsymbol{\alpha}_2=(2,1,3,1)$，$\boldsymbol{\alpha}_3=(1,1,0,0)$，$\boldsymbol{\alpha}_4=(0,1,-1,1)$；

(4)$\boldsymbol{\beta}=(0,4,2,5)$，$\boldsymbol{\alpha}_1=(1,2,3,1)$，$\boldsymbol{\alpha}_2=(2,3,1,2)$，$\boldsymbol{\alpha}_3=(3,1,2,-2)$；

(5)$\boldsymbol{\beta}=(2,3,-4,1)$，$\boldsymbol{\alpha}_1=(1,2,3,-4)$，$\boldsymbol{\alpha}_2=(2,-1,2,5)$，$\boldsymbol{\alpha}_3=(2,-1,5,-4)$.

5.求下列向量组的秩，并判断其线性相关性.

(1)$\boldsymbol{\alpha}_1=(2,1,1,2)$，$\boldsymbol{\alpha}_2=(1,1,5,3)$，$\boldsymbol{\alpha}_3=(1,3,1,3)$；

(2)$\boldsymbol{\alpha}_1=(1,4,1,0)$，$\boldsymbol{\alpha}_2=(2,-1,1,3)$，$\boldsymbol{\alpha}_3=(0,0,0,0)$，$\boldsymbol{\alpha}_4=(1,0,3,-1)$；

(3)$\boldsymbol{\alpha}_1=(1,-3,2,-1)$，$\boldsymbol{\alpha}_2=(-2,1,5,3)$，$\boldsymbol{\alpha}_3=(4,-3,7,1)$，$\boldsymbol{\alpha}_4=(-1,-11,8,-3)$；

(4)$\boldsymbol{\alpha}_1=(1,-1,2,3,4)$，$\boldsymbol{\alpha}_2=(3,-7,8,9,13)$，$\boldsymbol{\alpha}_3=(1,3,0,3,3)$，$\boldsymbol{\alpha}_4=(1,-9,6,3,6)$.

6.求下列向量组的一个极大无关组，并把其余向量用该极大线性无关组表示.

(1)$\boldsymbol{\alpha}_1=(1,2,1)$，$\boldsymbol{\alpha}_2=(2,1,3)$，$\boldsymbol{\alpha}_3=(3,0,4)$，$\boldsymbol{\alpha}_4=(5,1,6)$；

(2)$\boldsymbol{\alpha}_1=(1,-1,2,4)$，$\boldsymbol{\alpha}_2=(0,3,1,2)$，$\boldsymbol{\alpha}_3=(3,0,7,14)$，$\boldsymbol{\alpha}_4=(2,1,5,6)$，$\boldsymbol{\alpha}_5=(1,-1,2,0)$.

第七节　线性方程组解的结构

当线性方程组有无穷多个解时，我们来讨论这无穷多个解之间的线性关系，看能否用有限个解把这无穷多个解线性表示出来，这就是线性方程组解的结构要解决的问题.

一、齐次线性方程组解的结构

齐次线性方程组

$$\begin{cases}a_{11}x_1+a_{12}x_2+\cdots+a_{1n}x_n=0,\\a_{21}x_1+a_{22}x_2+\cdots+a_{2n}x_n=0,\\\qquad\qquad\vdots\\a_{m1}x_1+a_{m2}x_2+\cdots+a_{mn}x_n=0\end{cases}$$

的矩阵形式为 $\boldsymbol{AX}=\boldsymbol{0}$.

其中 $\boldsymbol{A}=(a_{ij})_{m\times n}$，$\boldsymbol{X}=(x_1,x_2,\cdots,x_n)^{\mathrm{T}}$.

1.齐次线性方程组解的性质

性质 7.7　若 $\boldsymbol{X}_1,\boldsymbol{X}_2$ 是齐次线性方程组 $\boldsymbol{AX}=\boldsymbol{0}$ 的解，则 $\boldsymbol{X}_1+\boldsymbol{X}_2$ 也是 $\boldsymbol{AX}=\boldsymbol{0}$ 的解.

事实上，因为 $\boldsymbol{X}_1,\boldsymbol{X}_2$ 是 $\boldsymbol{AX}=\boldsymbol{0}$ 的解，即有 $\boldsymbol{AX}_1=\boldsymbol{0}$ 和 $\boldsymbol{AX}_2=\boldsymbol{0}$ 成立，所以 $\boldsymbol{A}(\boldsymbol{X}_1+\boldsymbol{X}_2)=\boldsymbol{AX}_1+\boldsymbol{AX}_2=\boldsymbol{0}$，即 $\boldsymbol{X}_1+\boldsymbol{X}_2$ 是 $\boldsymbol{AX}=\boldsymbol{0}$ 的解.

性质 7.8　若 $\boldsymbol{X}_0$ 是 $\boldsymbol{AX}=\boldsymbol{0}$ 的解，k 为任意常数，则 $k\boldsymbol{X}_0$ 也是 $\boldsymbol{AX}=\boldsymbol{0}$ 的解.

事实上，因为 $\boldsymbol{X}_0$ 是 $\boldsymbol{AX}=\boldsymbol{0}$ 的解，即有 $\boldsymbol{AX}_0=\boldsymbol{0}$ 成立，所以 $\boldsymbol{A}(k\boldsymbol{X}_0)=k(\boldsymbol{AX}_0)=\boldsymbol{0}$，即 $k\boldsymbol{X}_0$ 是 $\boldsymbol{AX}=\boldsymbol{0}$ 的解.

性质 7.8 说明：若齐次线性方程组 $\boldsymbol{AX}=\boldsymbol{0}$ 有非零解 $\boldsymbol{X}_0$，就一定有无穷多个解，可表示为 $k\boldsymbol{X}_0$.

由性质 7.7、性质 7.8 可推导出，若 $\boldsymbol{X}_1,\boldsymbol{X}_2,\cdots,\boldsymbol{X}_s$ 是齐次线性方程组 $\boldsymbol{AX}=\boldsymbol{0}$ 的 s 个解，则其线性组合还是 $\boldsymbol{AX}=\boldsymbol{0}$ 的解，即 $k_1\boldsymbol{X}_1+k_2\boldsymbol{X}_2+\cdots+k_s\boldsymbol{X}_s$ 仍是 $\boldsymbol{AX}=\boldsymbol{0}$ 的解，其中 $k_1,k_2,\cdots,k_s$ 为 s 个任意常数.

齐次线性方程组 $\boldsymbol{AX}=\boldsymbol{0}$ 的解，看作是一个向量，称为解向量.当齐次线性方程组 $\boldsymbol{AX}=\boldsymbol{0}$ 有无穷多个解时，这无穷多个解就构成了一个解向量组.求出解向量组的一个极大线性无关组，则其余解向量就都可用这个解向量组的极大线性无关组来线性表示.我们把齐次线性方程组 $\boldsymbol{AX}=\boldsymbol{0}$ 解向量组的极大线性无关组，称为齐次线性方程组 $\boldsymbol{AX}=\boldsymbol{0}$ 的基础解系.

2.齐次线性方程组解的结构

定义 7.20　设 $\boldsymbol{X}_1,\boldsymbol{X}_2,\cdots,\boldsymbol{X}_s$ 是齐次线性方程组 $\boldsymbol{AX}=\boldsymbol{0}$ 的一组解向量，且满足：

(1) $\boldsymbol{X}_1,\boldsymbol{X}_2,\cdots,\boldsymbol{X}_s$ 线性无关；

(2) 齐次线性方程组 $\boldsymbol{AX}=\boldsymbol{0}$ 的任一解向量都可以由 $\boldsymbol{X}_1,\boldsymbol{X}_2,\cdots,\boldsymbol{X}_s$ 线性表出，则称 $\boldsymbol{X}_1,\boldsymbol{X}_2,\cdots,\boldsymbol{X}_s$ 为齐次线性方程组 $\boldsymbol{AX}=\boldsymbol{0}$ 一个的基础解系.

定理 7.8　若齐次线性方程组 $\boldsymbol{AX}=\boldsymbol{0}$ 的未知量个数为 n，系数矩阵 $\boldsymbol{A}$ 的秩 $r(\boldsymbol{A})=r<n$，则它一定有基础解系，且基础解系包括 $n-r$ 个解向量(恰好是自由未知量的个数).

如何求齐次线性方程组 $\boldsymbol{AX}=\boldsymbol{0}$ 的一个基础解系呢？

例 1　求齐次线性方程组 $\begin{cases}x_1+x_2+x_3+4x_4-3x_5=0,\\x_1-x_2+3x_3-2x_4-x_5=0,\\2x_1-3x_2+7x_3-7x_4-x_5=0,\\3x_1+x_2+5x_3+6x_4-7x_5=0\end{cases}$ 的一个基础解系.

解 先求出一般解，对系数矩阵做初等行变换，化成行简化的阶梯形矩阵，

$$A=\begin{pmatrix}1&1&1&4&-3\\1&-1&3&-2&-1\\2&-3&7&-7&-1\\3&1&5&6&-7\end{pmatrix}\to\begin{pmatrix}1&1&1&4&-3\\0&-2&2&-6&2\\0&-5&5&-15&5\\0&-2&2&-6&2\end{pmatrix}\to\begin{pmatrix}1&0&2&1&-2\\0&1&-1&3&-1\\0&0&0&0&0\\0&0&0&0&0\end{pmatrix}.$$

因为 $r(A)=2<5$，所以有无穷多组解；一般解的表达式为

$$\begin{cases}x_1=-2x_3-x_4+2x_5,\\x_2=x_3-3x_4+x_5,\\x_3,x_4,x_5\ \text{是自由未知量}.\end{cases}$$

然后在一般解中，选出 $5-2=3$ 个线性无关的解向量.

为此对自由未知量分别赋值，使得 3 个向量组成的向量组线性无关，最简单的是 3 维基本单位向量组，即

分别取 $\begin{pmatrix}x_3\\x_4\\x_5\end{pmatrix}=\begin{pmatrix}1\\0\\0\end{pmatrix},\begin{pmatrix}0\\1\\0\end{pmatrix},\begin{pmatrix}0\\0\\1\end{pmatrix}$，由此得到齐次线性方程组 $AX=0$ 的三个解向量为

$$X_1=\begin{pmatrix}-2\\1\\1\\0\\0\end{pmatrix},X_2=\begin{pmatrix}-1\\-3\\0\\1\\0\end{pmatrix},X_3=\begin{pmatrix}2\\1\\0\\0\\1\end{pmatrix}$$

也线性无关.可以验证，齐次线性方程组 $AX=0$ 的任意解向量都可由线性无关的解向量组 X_1,X_2,X_3 线性表示，所以向量组 X_1,X_2,X_3 即为所求的齐次线性方程组 $AX=0$ 的基础解系.

一般地，齐次线性方程组 $AX=0$ 基础解系的求法：

(1) 求出 $AX=0$ 一般解，由 $n-r$ 个自由未知量 $x_{r+1},x_{r+2},\cdots,x_n$ 表示.

(2) 对自由未知量 $x_{r+1},x_{r+2},\cdots,x_n$ 分别赋值：$\begin{pmatrix}x_{r+1}\\x_{r+2}\\\vdots\\x_n\end{pmatrix}=\begin{pmatrix}1\\0\\\vdots\\0\end{pmatrix},\begin{pmatrix}0\\1\\\vdots\\0\end{pmatrix},\begin{pmatrix}0\\0\\\vdots\\1\end{pmatrix}$，得到的 $n-r$ 个解向量 $X_1,X_2,\cdots,X_{n-r}$ 就是所求的齐次线性方程组 $AX=0$ 的基础解系.

由基础解系的概念可知，例 1 中的齐次线性方程组的任意解 X，可以用基础解系中的三个解向量来线性表示，即

$$X=k_1X_1+k_2X_2+k_3X_3,$$

其中 k_1,k_2,k_3 为任意实数.

注意 (1) 用基础解系表示的解,称为齐次线性方程组 $\boldsymbol{AX}=\boldsymbol{0}$ 的通解.

(2) 对自由未知量的赋值方式不是唯一的.如上例,还可分别取 $\begin{pmatrix}x_3\\x_4\\x_5\end{pmatrix}=\begin{pmatrix}2\\0\\0\end{pmatrix},\begin{pmatrix}0\\2\\0\end{pmatrix},\begin{pmatrix}0\\0\\2\end{pmatrix}$,得到的解向量组:$\boldsymbol{X}_1=\begin{pmatrix}-4\\2\\2\\0\\0\end{pmatrix},\boldsymbol{X}_2=\begin{pmatrix}-2\\-6\\0\\2\\0\end{pmatrix},\boldsymbol{X}_3=\begin{pmatrix}4\\2\\0\\0\\2\end{pmatrix}$ 也线性无关,仍是 $\boldsymbol{AX}=\boldsymbol{0}$ 的一个基础解系.因此,基础解系不唯一,但所含解向量的个数是相同的,都为 $n-r$ 个.

一般地,齐次线性方程组 $\boldsymbol{AX}=\boldsymbol{0}$ 通解的求法:

(1) 对方程组的系数矩阵 $\boldsymbol{A}$ 施以初等行变换,化为行简化阶梯矩阵;

(2) 求出基础解系:$\boldsymbol{X}_1,\boldsymbol{X}_2,\cdots,\boldsymbol{X}_{n-r}$;

(3) 齐次线性方程组 $\boldsymbol{AX}=\boldsymbol{0}$ 的通解为 $\boldsymbol{X}=k_1\boldsymbol{X}_1+k_2\boldsymbol{X}_2+\cdots+k_{n-r}\boldsymbol{X}_{n-r}$,其中 $k_1,k_2,\cdots,k_{n-r}$ 为任意实数.

例 2 求下列齐次线性方程组的通解:

(1) $\begin{cases}x_1+x_2-x_3=0,\\2x_1-x_2+4x_3=0,\\x_1+4x_2-7x_3=0;\end{cases}$ (2) $\begin{cases}x_1+x_2+x_3+x_4+x_5=0,\\3x_1+2x_2+x_3-3x_5=0,\\x_2+2x_3+3x_4+6x_5=0,\\5x_1+4x_2+3x_3+2x_4+6x_5=0.\end{cases}$

解 (1) 对系数矩阵做初等行变换,化为行简化的阶梯形矩阵求一般解,

$$\boldsymbol{A}=\begin{pmatrix}1&1&-1\\2&-1&4\\1&4&-7\end{pmatrix}\to\begin{pmatrix}1&1&-1\\0&-3&6\\0&3&-6\end{pmatrix}\to\begin{pmatrix}1&0&1\\0&1&-2\\0&0&0\end{pmatrix}.$$

因为 $r(\boldsymbol{A})=2<3$,所以有无穷多组解.一般解的表达式为

$$\begin{cases}x_1=-x_3,\\x_2=2x_3,\\x_3\text{ 是自由未知量.}\end{cases}$$

对自由未知量赋值,$x_3=1$,得到齐次线性方程组 $\boldsymbol{AX}=\boldsymbol{0}$ 的 1 个解向量为

$\boldsymbol{X}_1=\begin{pmatrix}-1\\2\\1\end{pmatrix}$,即为所求的基础解系.

所以齐次线性方程组 $\boldsymbol{AX}=\boldsymbol{0}$ 的通解为

$$\boldsymbol{X}=k_1\boldsymbol{X}_1,\text{其中 }k_1\text{ 为任意实数.}$$

（2）对系数矩阵做初等行变换，化为行简化的阶梯形矩阵求一般解，

$$\boldsymbol{A}=\begin{pmatrix}1&1&1&1&1\\3&2&1&0&-3\\0&1&2&3&6\\5&4&3&2&6\end{pmatrix}\to\begin{pmatrix}1&1&1&1&1\\0&-1&-2&-3&-6\\0&1&2&3&6\\0&-1&-2&-3&1\end{pmatrix}\to\begin{pmatrix}1&0&-1&-2&-5\\0&1&2&3&6\\0&0&0&0&0\\0&0&0&0&7\end{pmatrix}$$

$$\to\begin{pmatrix}1&0&-1&-2&0\\0&1&2&3&0\\0&0&0&0&1\\0&0&0&0&0\end{pmatrix},$$

因为 $r(\boldsymbol{A})=3<5$，所以有无穷多组解.一般解的表达式为

$$\begin{cases}x_1=x_3+2x_4,\\x_2=-2x_3-3x_4,\\x_5=0,\\x_3,x_4\text{ 是自由未知量}.\end{cases}$$

对自由未知量赋值，分别取 $\begin{pmatrix}x_3\\x_4\end{pmatrix}=\begin{pmatrix}1\\0\end{pmatrix},\begin{pmatrix}0\\1\end{pmatrix}$，得齐次线性方程组 $\boldsymbol{AX}=\boldsymbol{0}$ 的2个解向量为

$$\boldsymbol{X}_1=\begin{pmatrix}1\\-2\\1\\0\\0\end{pmatrix},\boldsymbol{X}_2=\begin{pmatrix}2\\-3\\0\\1\\0\end{pmatrix},$$

即为所求的基础解系.

齐次线性方程组 $\boldsymbol{AX}=\boldsymbol{0}$ 的通解为

$$\boldsymbol{X}=k_1\boldsymbol{X}_1+k_2\boldsymbol{X}_2\text{，其中 }k_1,k_2\text{ 为任意实数}.$$

二、非齐次线性方程组解的结构

非齐次线性方程组

$$\begin{cases}a_{11}x_1+a_{12}x_2+\cdots+a_{1n}x_n=b_1,\\a_{21}x_1+a_{22}x_2+\cdots+a_{2n}x_n=b_2,\\\quad\vdots\\a_{m1}x_1+a_{m2}x_2+\cdots+a_{mn}x_n=b_m\end{cases}$$

的矩阵形式为 $\boldsymbol{AX}=\boldsymbol{B}$.

其中 $\boldsymbol{A}=(a_{ij})_{m\times n}$，$\boldsymbol{X}=(x_1,x_2,\cdots,x_n)^{\mathrm{T}}$，$\boldsymbol{B}=(b_1,b_2,\cdots,b_m)^{\mathrm{T}}$.

将它的常数项全换成零，得到的齐次线性方程组 $\boldsymbol{AX}=\boldsymbol{0}$，称为非齐次线性方程组 $\boldsymbol{AX}=$

$\boldsymbol{B}$ 的导出组.

非齐次线性方程组 $\boldsymbol{AX}=\boldsymbol{B}$ 和其导出组 $\boldsymbol{AX}=\boldsymbol{0}$(齐次线性方程组)的解之间有如下关系：

(1) 非齐次线性方程组 $\boldsymbol{AX}=\boldsymbol{B}$ 的任意两个解 $\boldsymbol{X}_1,\boldsymbol{X}_2$ 的差 $\boldsymbol{X}_1-\boldsymbol{X}_2$ 是其导出组 $\boldsymbol{AX}=\boldsymbol{0}$ 的一个解.

(2) 非齐次线性方程组 $\boldsymbol{AX}=\boldsymbol{B}$ 的一个解 $\boldsymbol{X}_0$ 与其导出组 $\boldsymbol{AX}=\boldsymbol{0}$ 的一个解 $\boldsymbol{X}^*$ 的和 $\boldsymbol{X}_0+\boldsymbol{X}^*$ 仍然是 $\boldsymbol{AX}=\boldsymbol{B}$ 的解.

请读者自行证明.

由这两条性质,可以得到：

定理 7.9　设 $\boldsymbol{X}_0$ 是非齐次线性方程组 $\boldsymbol{AX}=\boldsymbol{B}$ 的某个解(称为特解),$\bar{\boldsymbol{X}}$ 是其导出组 $\boldsymbol{AX}=\boldsymbol{0}$ 的通解,则方程组 $\boldsymbol{AX}=\boldsymbol{B}$ 的通解为

$$\boldsymbol{X}=\boldsymbol{X}_0+\bar{\boldsymbol{X}}.$$

例 3　求线性方程组 $\begin{cases}x_1-x_2+x_3-x_4=1,\\x_1-x_2-x_3+x_4=0,\\2x_1-2x_2-4x_3+4x_4=-1\end{cases}$ 的通解.

解　对增广矩阵 $\bar{\boldsymbol{A}}$ 做初等行变换,化为行简化的阶梯形矩阵求一般解.

$$\bar{\boldsymbol{A}}=\left(\begin{array}{cccc:c}1&-1&1&-1&1\\1&-1&-1&1&0\\2&-2&-4&4&-1\end{array}\right)\to\left(\begin{array}{cccc:c}1&-1&1&-1&1\\0&0&-2&2&-1\\0&0&-6&6&-3\end{array}\right)\to\left(\begin{array}{cccc:c}1&-1&0&0&1/2\\0&0&1&-1&-1/2\\0&0&0&0&0\end{array}\right).$$

因为 $r(\boldsymbol{A})=r(\bar{\boldsymbol{A}})=2<4$(未知量个数),所以有无穷多组解；

$\boldsymbol{AX}=\boldsymbol{B}$ 的一般解为 $\begin{cases}x_1=\dfrac{1}{2}+x_2,\\x_3=-\dfrac{1}{2}+x_4,\\x_2,x_4\ \text{自由未知量}.\end{cases}$ 对应导出组的一般解为 $\begin{cases}x_1=x_2,\\x_3=x_4,\\x_2,x_4\ \text{自由未知量}.\end{cases}$

在一般解中,求出 $\boldsymbol{AX}=\boldsymbol{B}$ 的一个特解和导出组 $\boldsymbol{AX}=\boldsymbol{0}$ 的一个基础解系.为此对自由未知量赋值,令 $\begin{pmatrix}x_2\\x_4\end{pmatrix}=\begin{pmatrix}0\\0\end{pmatrix}$ 得 $\boldsymbol{AX}=\boldsymbol{B}$ 的一个特解 $\boldsymbol{X}_0=\begin{pmatrix}\dfrac{1}{2}\\0\\-\dfrac{1}{2}\\0\end{pmatrix}$,

由 $\begin{pmatrix}x_2\\x_4\end{pmatrix}=\begin{pmatrix}1\\0\end{pmatrix},\begin{pmatrix}0\\1\end{pmatrix}$ 得导出组的一个基础解系 $\boldsymbol{X}_1=\begin{pmatrix}1\\1\\0\\0\end{pmatrix},\boldsymbol{X}_2=\begin{pmatrix}0\\0\\1\\1\end{pmatrix}$,

所以非齐次线性方程组 $\boldsymbol{AX}=\boldsymbol{B}$ 的通解为

$$\boldsymbol{X}=\boldsymbol{X}_0+k_1\boldsymbol{X}_1+k_2\boldsymbol{X}_2,\text{其中 } k_1,k_2 \text{ 取任意实数}.$$

一般地,求非齐次线性方程组 $\boldsymbol{AX}=\boldsymbol{B}$ 的通解的方法:

(1) 求出 $\boldsymbol{AX}=\boldsymbol{B}$ 一般解,由 $n-r$ 个自由未知量 $x_{r+1},x_{r+2},\cdots,x_n$ 表示;

(2) 对自由未知量 $x_{r+1},x_{r+2},\cdots,x_n$ 赋值,令 $\begin{pmatrix}x_{r+1}\\x_{r+2}\\\vdots\\x_n\end{pmatrix}=\begin{pmatrix}0\\0\\\vdots\\0\end{pmatrix}$,得 $\boldsymbol{AX}=\boldsymbol{B}$ 的一个特解 $\boldsymbol{X}_0$.

令 $\begin{pmatrix}x_{r+1}\\x_{r+2}\\\vdots\\x_n\end{pmatrix}=\begin{pmatrix}1\\0\\\vdots\\0\end{pmatrix},\begin{pmatrix}0\\1\\\vdots\\0\end{pmatrix},\begin{pmatrix}0\\0\\\vdots\\1\end{pmatrix}$ 得 $\boldsymbol{AX}=\boldsymbol{B}$ 导出组 $\boldsymbol{AX}=\boldsymbol{0}$ 的一个基础解系 $\boldsymbol{X}_1,\boldsymbol{X}_2,\cdots,\boldsymbol{X}_{n-r}$.

所以非齐次线性方程组 $\boldsymbol{AX}=\boldsymbol{B}$ 的通解为 $\boldsymbol{X}=\boldsymbol{X}_0+k_1\boldsymbol{X}_1+k_2\boldsymbol{X}_2+\cdots+k_{n-r}\boldsymbol{X}_{n-r}$,其中 $k_1,k_2,\cdots,k_{n-r}$ 为任意实数.

例 4 求下列线性方程组的解:

$$\begin{cases}x_1-x_2-5x_3+4x_4=2,\\2x_1-x_2+3x_3-x_4=1,\\3x_1-2x_2-2x_3+3x_4=3,\\7x_1-5x_2-9x_3+10x_4=8.\end{cases}$$

解 对增广矩阵 $\overline{\boldsymbol{A}}$ 做初等行变换,化为行简化的阶梯形矩阵求一般解.

$$\overline{\boldsymbol{A}}=\left(\begin{array}{cccc:c}1&-1&-5&4&2\\2&-1&3&-1&1\\3&-2&-2&3&3\\7&-5&-9&10&8\end{array}\right)\to\left(\begin{array}{cccc:c}1&-1&-5&4&2\\0&1&13&-9&-3\\0&1&13&-9&-3\\0&2&26&-18&-6\end{array}\right)\to\left(\begin{array}{cccc:c}1&0&8&-5&-1\\0&1&13&-9&-3\\0&0&0&0&0\\0&0&0&0&0\end{array}\right).$$

因为 $r(\boldsymbol{A})=r(\overline{\boldsymbol{A}})=2<4$(未知量个数),所以有无穷多组解.

$\boldsymbol{AX}=\boldsymbol{B}$ 的一般解为 $\begin{cases}x_1=-1-8x_3+5x_4,\\x_2=-3-13x_3+9x_4,\\x_3,x_4 \text{ 自由未知量}.\end{cases}$

对应导出组的一般解为 $\begin{cases}x_1=-8x_3+5x_4,\\x_2=-13x_3+9x_4,\\x_3,x_4 \text{ 自由未知量}.\end{cases}$

对自由未知量赋值,

令 $\begin{pmatrix} x_3 \\ x_4 \end{pmatrix} = \begin{pmatrix} 0 \\ 0 \end{pmatrix}$，得 $\boldsymbol{AX}=\boldsymbol{B}$ 的一个特解 $\boldsymbol{X}_0 = \begin{pmatrix} -1 \\ -3 \\ 0 \\ 0 \end{pmatrix}$，

由 $\begin{pmatrix} x_3 \\ x_4 \end{pmatrix} = \begin{pmatrix} 1 \\ 0 \end{pmatrix}, \begin{pmatrix} 0 \\ 1 \end{pmatrix}$ 得导出组的一个基础解系 $\boldsymbol{X}_1 = \begin{pmatrix} -8 \\ -13 \\ 1 \\ 0 \end{pmatrix}, \boldsymbol{X}_2 = \begin{pmatrix} 5 \\ 9 \\ 0 \\ 1 \end{pmatrix}$.

所以非齐次线性方程组 $\boldsymbol{AX}=\boldsymbol{B}$ 的通解为

$$\boldsymbol{X} = \boldsymbol{X}_0 + k_1\boldsymbol{X}_1 + k_2\boldsymbol{X}_2\text{，其中 } k_1, k_2 \text{ 取任意实数.}$$

习题 7.7

1.求下列齐次线性方程组的一个基础解系：

(1) $\begin{cases} 2x_1 - 4x_2 + 5x_3 + 3x_4 = 0, \\ 3x_1 - 6x_2 + 4x_3 + 2x_4 = 0, \\ 4x_1 - 8x_2 + 17x_3 + 11x_4 = 0; \end{cases}$

(2) $\begin{cases} 2x_1 - 5x_2 + x_3 - 3x_4 = 0, \\ -3x_1 + 6x_2 - 2x_3 + x_4 = 0, \\ x_1 + 2x_2 - x_3 + 3x_4 = 0, \\ -2x_1 + 15x_2 - 6x_3 + 13x_4 = 0; \end{cases}$

(3) $\begin{cases} x_1 - 3x_2 + x_3 - 2x_4 = 0, \\ -5x_1 + x_2 - 2x_3 + 3x_4 = 0, \\ -x_1 - 11x_2 + 2x_3 - 5x_4 = 0, \\ 3x_1 + 5x_2 + 2x_4 = 0. \end{cases}$

2.求下列齐次线性方程组的通解：

(1) $\begin{cases} x_1 + x_2 + 2x_3 - x_4 = 0, \\ 2x_1 + x_2 + x_3 - x_4 = 0, \\ 2x_1 + 2x_2 + x_3 + 2x_4 = 0; \end{cases}$

(2) $\begin{cases} x_1 + 2x_2 + 3x_3 + 3x_4 + 7x_5 = 0, \\ 3x_1 + 2x_2 + x_3 + x_4 - 3x_5 = 0, \\ x_2 + 2x_3 + 2x_4 + 6x_5 = 0, \\ 5x_1 + 4x_2 + 3x_3 + 3x_4 - x_5 = 0; \end{cases}$

(3) $\begin{cases} x_1 + x_2 + x_3 + 4x_4 - 3x_5 = 0, \\ 2x_1 + x_2 + 3x_3 + 5x_4 - 5x_5 = 0, \\ x_1 - x_2 + 3x_3 - 2x_4 - x_5 = 0, \\ 3x_1 + x_2 + 5x_3 + 6x_4 - 7x_5 = 0. \end{cases}$

3.求下列线性方程组的通解：

(1) $\begin{cases} x_1+x_2-3x_3-x_4=1, \\ 3x_1-x_2-3x_3+4x_4=4, \\ x_1+5x_2-9x_3-8x_4=0; \end{cases}$

(2) $\begin{cases} x_1-2x_2+3x_3-4x_4=4, \\ x_2-x_3+x_4=-3, \\ x_1+3x_2-3x_4=1, \\ -7x_2+3x_3+x_4=-3; \end{cases}$

(3) $\begin{cases} 2x_1-3x_2+x_3-5x_4=1, \\ -5x_1-10x_2-2x_3+x_4=-2, \\ x_1+4x_2+3x_3+2x_4=1, \\ 2x_1-4x_2+9x_3-3x_4=-16; \end{cases}$

(4) $\begin{cases} x_1+3x_2+5x_3-4x_4=1, \\ x_1+3x_2+2x_3-2x_4+x_5=-1, \\ x_1-2x_2+x_3-x_4-x_5=3, \\ x_1-4x_2+x_3+x_4-x_5=3, \\ x_1+2x_2+x_3-x_4+x_5=-1. \end{cases}$

数学思想与文化

一、线性代数的发展

线性代数是数学的重要分支，主要研究变量间的线性关系问题.17 世纪，费马和笛卡尔的工作标志着现代意义的线性代数的开始.线性代数作为一个独立的分支在 20 世纪才形成，然而它的历史却非常久远.最古老的线性问题是线性方程组的解法，在中国古代的数学著作《九章算术 · 方程》章中，已经作了比较完整的叙述，其中所述方法实质上相当于现代的对方程组的增广矩阵的行施行初等变换，消去未知量的方法.在线性代数中最重要的内容就是行列式和矩阵.行列式的概念最早是由 17 世纪日本数学家关孝和提出来的，他在 1683 年写了一部叫做《解伏题之法》的著作，意思是“解行列式问题的方法”，书里对行列式的概念和它的展开已经有了清楚的叙述. 欧洲第一个提出行列式概念的是德国的数学家、微积分学奠基人之一的莱布尼兹.1772 年，范德蒙把行列式脱离开线性方程组作为一个独立的理论研究，给出行列式的定义与确立符号的法则，被认为是行列式理论的奠基人.1812 年，柯西首先采取“行列式”这一名称.他还于 1815 年把行列式的元素记为 a_{ij}，带双重足码.他的著作给出行列式第一个系统的也几乎是近代的处理，其中一个主要结果是行列式的乘法规则.1841 年，英国数学家凯莱引入了行列式的两条竖线.同年，德国数学家雅可比发表的《论行列式的形成与性质》一文，总结了行列式的发展，他还发表了关于行列式的研究文章，给出了函数行列式求导公式及乘积定理.至 19 世纪末，有关行列式的研究成果仍在不断公开发表，但行列式的基本理念已经形成.

二、中国数学家吴文俊

吴文俊（1919－2017），出生于上海，籍贯浙江省嘉兴市.他是长子，下有两妹一弟.他 4 岁时被送到弄堂里的文蔚小学读书，课程简单，因此有许多空余时间.1932 年，上海“一·二八”事变爆发后，吴文俊被送回浙江嘉兴老家，躲避战乱.半年之后，他返回上海继续读书.1933 年秋，吴文俊就读于正始中学，这才是他正规读书生涯的开始.1936 年，吴文俊被保送至交通大学数学系.1940－1945 年，先后在育英中学、培真中学、南洋模范女中、之江大学教书.1946 年 8 月，陈省身吸收吴文俊到数学所任助理研究员.

1947 年，吴文俊证明拓扑学 Whitney 乘积公式和对偶定理，1948 年在《数学年刊》上发表；同年 10 月，由于成绩斐然，他经推荐去欧洲，到巴黎留学，在斯特拉斯堡大学跟随埃瑞斯曼学习.1949 年，去苏黎世访问，获得法国斯特拉斯堡大学博士学位；同年秋天，应 H.嘉当邀请入巴黎法国国家科学研究中心工作.

吴文俊将示性类概念从繁化简，从难变易，形成了系统的理论.他分析了 Stiefel 示性类、Whitney 示性类、Pontrjagin 示性类和陈类之间的关系，指出陈类可以导出其他示性类，反之则不成立.他在示性类研究中还引入了新的方法和手段.在微分情形下，吴文俊引出了一类示性类，被称为吴示性类.吴文俊给出了 Stiefel 示性类和 Whitney 示性类可由吴示性类明确表示的公式，被称为是吴(第一) 公式；他证明了示性类之间的关系式，被称为吴(第二) 公式.这些公式给出了各种示性类之间的关系与计算方法，从而导致一系列重要应用，使示性类理论成为拓扑学中完美的一章.

在机器证明方面，他提出的用计算机证明几何定理的方法(国际上称为吴方法)，遵循中国传统数学中几何代数化的思想，与通常基于逻辑的方法根本不同，首次实现了高效的几何定理自动证明，显现了无比的优越性.他的工作被称为自动推理领域的先驱性工作，他于 1997 年获得“Herbrand 自动推理杰出成就奖”.在非线性方程组求解的方向上，他建立的吴消元法是求解代数方程组最完整的方法之一，是数学机械化研究的核心.20 世纪 80 年代末，他将这一方法推广到偏微分代数方程组.他还给出了多元多项式组的零点结构定理，这是构造性代数几何的重要标志.

1957 年，吴文俊当选为中国科学院学部委员(院士)；1991 年，当选第三世界科学院院士；2001 年 2 月，获首届国家最高科学技术奖.2010 年 5 月 4 日，国际小行星中心先后发布公报通知国际社会，将国际永久编号第 7683 号小行星永久命名为“吴文俊星”.2011 年，中国科学技术大学以中国科学技术大学数学所为基础组建了中国科学院吴文俊数学重点实验室.

吴文俊站在数学科学的前沿，潜心研究，勇于探索，取得了一系列原创性成就，特别是在拓扑学、数学机械化领域作出了杰出贡献，为国家、为民族争了光，为我国科技界争得了荣誉，也为青年学者树立了榜样.

知识要点

一、行列式的概念与运算

1.定义

由 $n\times n$ 个元素 $a_{ij}(i,j=1,2,\cdots,n)$ 组成的记号：

$$\begin{vmatrix} a_{11} & a_{12} & \cdots & a_{1n} \\ a_{21} & a_{22} & \cdots & a_{2n} \\ \cdots & \cdots & \cdots & \cdots \\ a_{n1} & a_{n2} & \cdots & a_{nn} \end{vmatrix}$$

称为 n 阶行列式，其中横排称为行，竖排称为列，它表示所有取自不同行、不同列的 n 个元素乘积的代数和.

2.几种特殊的行列式

行列式按结构,可分为对角行列式、上(下) 三角行列式.

3.行列式的性质

(1) 行列式与它的转置行列式相等.

(2) 互换行列式两行(列),行列式变号.

(3) 用数 k 乘以行列式 D 中某一行(列) 的所有元素,等于以数 k 乘以此行列式.

(4) 若行列式的某一行(列) 的元素都是两数之和，则这个行列式等于两个行列式的和.

(5) 把行列式 D 的某一行(列) 的所有元素都乘以同一个数 k 以后加到另一行(列) 的对应元素上去,所得的行列式的值不变.

(6) n 阶行列式的值等于任一行(列) 的各元素与其对应的代数余子式乘积的代数和,即

$$D_n=a_{i1}A_{i1}+a_{i2}A_{i2}+\cdots+a_{in}A_{in}\quad(i=1,2,\cdots,n)\qquad\text{(按行展开)}$$

或

$$D_n=a_{1j}A_{1j}+a_{2j}A_{2j}+\cdots+a_{nj}A_{nj}\quad(j=1,2,\cdots,n)\qquad\text{(按列展开)}$$

4.行列式的计算

行列式的计算方法主要包括:化三角法、降阶法以及递推法等.

二、矩阵的概念与运算

1.定义

矩阵是由 $m\times n$ 个数 $a_{ij}(i=1,2,\cdots,m;j=1,2,\cdots,n)$ 排成的矩形数表,当 $m=n$ 时,称为 n 阶方阵;当 $m=1$ 或 $n=1$ 时,分别称为行矩阵或列矩阵.

2.类型

矩阵按其结构和性质,可分为零矩阵、单位矩阵、对角矩阵、三角矩阵、对称矩阵、阶梯形矩阵、转置矩阵、可逆矩阵等.

注意　只有方阵才有可逆矩阵的概念,只有非奇异矩阵才存在逆矩阵.

3.运算

矩阵的运算主要包括:矩阵加法、数乘矩阵、矩阵乘法、矩阵转置和矩阵的初等行变换.

注意　(1) 矩阵乘法的条件是:左矩阵 $\boldsymbol{A}$ 的列数 = 右矩阵 $\boldsymbol{B}$ 的行数.

(2) 一般情况下矩阵乘法不满足交换律和消去律.即 $\boldsymbol{AB}\neq\boldsymbol{BA}$;当 $\boldsymbol{AB}=\boldsymbol{AC}$ 时,即使有 $\boldsymbol{A}\neq\boldsymbol{O}$,也不能得出 $\boldsymbol{B}=\boldsymbol{C}$ 的结论.只有当 $\boldsymbol{A}$ 是可逆矩阵时,由 $\boldsymbol{AB}=\boldsymbol{AC}\Rightarrow\boldsymbol{B}=\boldsymbol{C}$.

(3) 两个非零矩阵的乘积可能是零矩阵.

(4) 矩阵经过初等行变换后,对应元素一般不相等,因此矩阵之间不能用等号连接,而是用"$\rightarrow$"连接,表示两个矩阵之间存在某种关系.

4.用初等行变换求逆矩阵的方法

初等行变换法:$(\boldsymbol{A}\ \vdots\ \boldsymbol{E})\xrightarrow{\text{初等行变换}}(\boldsymbol{E}\ \vdots\ \boldsymbol{A}^{-1})$.

5.求矩阵秩的方法

用初等行变换将矩阵 $\boldsymbol{A}$ 化为阶梯形矩阵,则 $r(\boldsymbol{A})$ 等于阶梯形矩阵中非零行的行数.

三、n 维向量及其相关性

1.线性组合、线性相关与线性无关

$\boldsymbol{\beta}$ 是 $\boldsymbol{\alpha}_1,\boldsymbol{\alpha}_2,\cdots,\boldsymbol{\alpha}_n$ 的一个线性组合 $\xLongleftrightarrow{\text{存在}k_1,k_2,\cdots,k_n\in\mathbf{R}}$ 使 $\boldsymbol{\beta}=k_1\boldsymbol{\alpha}_1+k_2\boldsymbol{\alpha}_2+\cdots+k_n\boldsymbol{\alpha}_n$;

$\boldsymbol{\alpha}_1,\boldsymbol{\alpha}_2,\cdots,\boldsymbol{\alpha}_n$ 线性相关 $\xLongleftrightarrow{\text{存在}k_1,k_2,\cdots,k_n\in\mathbf{R}\text{(不全为零)}}$ 使 $k_1\boldsymbol{\alpha}_1+k_2\boldsymbol{\alpha}_2+\cdots+k_n\boldsymbol{\alpha}_n=\boldsymbol{0}$;

$\boldsymbol{\alpha}_1,\boldsymbol{\alpha}_2,\cdots,\boldsymbol{\alpha}_n$ 线性无关 $\xLongleftrightarrow{\text{当且仅当}k_1=k_2=\cdots=k_n=0}$ 使 $k_1\boldsymbol{\alpha}_1+k_2\boldsymbol{\alpha}_2+\cdots+k_n\boldsymbol{\alpha}_n=\boldsymbol{0}$.

2.判断向量组 $\alpha_1,\alpha_2,\cdots,\alpha_n$ 线性相关性的常用方法

先求向量组的秩 $r(\boldsymbol{\alpha}_1,\boldsymbol{\alpha}_2,\cdots,\boldsymbol{\alpha}_n)=r$,若 $\begin{cases}r=n,\text{则该向量组线性无关},\\ r<n,\text{则该向量组线性相关}.\end{cases}$

3.向量组 $\boldsymbol{\alpha}_1,\boldsymbol{\alpha}_2,\cdots,\boldsymbol{\alpha}_n$ 的极大线性无关组和向量组的秩 $r(\boldsymbol{\alpha}_1,\boldsymbol{\alpha}_2,\cdots,\boldsymbol{\alpha}_n)$ 的求法

(1) 以向量 $\boldsymbol{\alpha}_1,\boldsymbol{\alpha}_2,\cdots,\boldsymbol{\alpha}_n$ 为列作矩阵 $\boldsymbol{A}$;

(2) 利用矩阵的初等行变换将 $\boldsymbol{A}$ 化为行简化的阶梯形矩阵 $\boldsymbol{B}$;

(3) 在行简化的阶梯形矩阵 $\boldsymbol{B}$ 中,首非零列单位向量所对应的矩阵 $\boldsymbol{A}$ 中的向量是该向量组的一个极大线性无关组;

(4) 其余向量均可由极大线性无关组线性表示,其组合系数就是该向量对应于行简化阶梯形矩阵中列向量的分量.

注意　向量组的秩不能大于向量的个数 n，也不能大于向量的维数 m，即

$$r(\alpha_1,\alpha_2,\cdots,\alpha_m)\leqslant \min\{m,n\}.$$

四、线性方程组解的判定与解法

1.求解线性方程组的消元法

首先写出增广矩阵 $\bar{\boldsymbol{A}}$（或系数矩阵 $\boldsymbol{A}$），并用初等行变换将其化成阶梯形矩阵；然后判断方程组是否有解；若有解，写出阶梯形矩阵对应的方程组，并用回代的方法求解；或者继续用初等行变换将阶梯形矩阵化成行简化阶梯形矩阵，写出方程组的一般解.

2.线性方程组的解的判定方法

$$\boldsymbol{AX}=\boldsymbol{B}\begin{cases} r(\boldsymbol{A})\neq r(\bar{\boldsymbol{A}}),\text{无解}; \\ r(\boldsymbol{A})=r(\bar{\boldsymbol{A}})=r,\text{有解}\begin{cases} r=n\Rightarrow \text{唯一解}; \\ r<n\Rightarrow \text{无穷解}. \end{cases} \end{cases}$$

3.齐次线性方程组的解的判定方法

$$\boldsymbol{AX}=\boldsymbol{0}\begin{cases} r(\boldsymbol{A})=n,\text{只有零解}; \\ r(\boldsymbol{A})<n,\text{有非零解}. \end{cases}$$

4.求齐次线性方程组 $\boldsymbol{AX}=\boldsymbol{0}$ 的基础解系的一般步骤

（1）对方程组的系数矩阵 $\boldsymbol{A}$ 施以初等行变换，化为行简化阶梯形矩阵；

（2）求出基础解系：$\boldsymbol{X}_1,\boldsymbol{X}_2,\cdots,\boldsymbol{X}_{n-r}$；

（3）写出齐次线性方程组的全部解：$\boldsymbol{X}=k_1X_1+k_2\boldsymbol{X}_2+\cdots+k_{n-r}\boldsymbol{X}_{n-r}$.

5.求非齐次线性方程组 $\boldsymbol{AX}=\boldsymbol{B}$ 解的一般步骤

（1）对方程组的增广矩阵施以初等行变换，将增广矩阵化为行简化阶梯形矩阵；

（2）求出非齐次方程组的一个特解 $\boldsymbol{X}_0$；

（3）求出导出组的基础解系：$\boldsymbol{X}_1,\boldsymbol{X}_2,\cdots,\boldsymbol{X}_{n-r}$；

（4）写出非齐次线性方程组的全部解：$\boldsymbol{X}=\boldsymbol{X}_0+k_1\boldsymbol{X}_1+k_2\boldsymbol{X}_2+\cdots+k_{n-r}\boldsymbol{X}_{n-r}$.

复习题七

一、填空题

1.已知 $\boldsymbol{A}=\begin{pmatrix} 2 & 1 & 1 \\ 3 & 1 & 2 \\ -1 & 0 & 2 \end{pmatrix}$，$\boldsymbol{B}=\begin{pmatrix} 1 & 2 & 3 \\ 4 & -1 & 2 \\ -2 & 1 & 2 \end{pmatrix}$，且 $3\boldsymbol{A}+2\boldsymbol{X}=\boldsymbol{B}$，则 $\boldsymbol{X}=$________.

2.设 $\boldsymbol{A}=\begin{pmatrix} -1 & 4 \\ 3 & 0 \\ -2 & 1 \end{pmatrix}$，$\boldsymbol{B}=\begin{pmatrix} -1 & 2 & 0 \\ 3 & -1 & 4 \end{pmatrix}$，则 $(\boldsymbol{A}+\boldsymbol{B}^{\mathrm{T}})^{\mathrm{T}}=$________.

3.设 $\boldsymbol{A}=\begin{pmatrix}2 & 5\\1 & 3\end{pmatrix}$, $\boldsymbol{B}=\begin{pmatrix}3 & -5\\-1 & 2\end{pmatrix}$，则 $\boldsymbol{AB}-\boldsymbol{BA}=$________.

4.设 $\boldsymbol{A}=\begin{pmatrix}1 & -4 & -3\\1 & -5 & -3\\-1 & 6 & 4\end{pmatrix}$，则 $r(\boldsymbol{A})=$________.

5.设 $\boldsymbol{A}=\begin{pmatrix}1 & 0 & 0\\0 & 4 & 0\\0 & 0 & 5\end{pmatrix}$，则 $\boldsymbol{A}^{-1}=$________.

6.若向量组 $\boldsymbol{\alpha}_1,\boldsymbol{\alpha}_2,\cdots,\boldsymbol{\alpha}_n$ 的秩是 r，则 r ________ n.

7.$n+1$ 个 n 维向量所构成的向量组必线性________.

8.设线性方程组 $\begin{cases}x_1+2x_2+x_3=1,\\2x_1+3x_2+(\lambda+2)x_3=3,\\x_1+\lambda x_2-2x_3=0\end{cases}$ 无解，则 $\lambda=$________.

9.设线性方程组 $\begin{cases}\lambda x_1+x_2+x_3=1,\\x_1+\lambda x_2+x_3=1,\\x_1+x_2+\lambda x_3=-2\end{cases}$ 有无穷多个解，则 $\lambda=$________.

10.设 $\boldsymbol{A}=\begin{pmatrix}1 & 2 & 3\\2 & \lambda & 1\\-1 & 3 & 2\\-2 & 1 & -1\end{pmatrix}$，且 $\boldsymbol{AX}=\boldsymbol{0}$ 有非零解，则 $\lambda=$________.

二、选择题

1.设矩阵 $\boldsymbol{A}_{m\times n}$ 和矩阵 $\boldsymbol{B}_{n\times m}$，且 $m\neq n$，则下列(　　)的运算结果为 n 阶方阵.

A.$\boldsymbol{BA}$　　B.$\boldsymbol{AB}$　　C.$(\boldsymbol{AB})^{\mathrm{T}}$　　D.$\boldsymbol{B}^{\mathrm{T}}\boldsymbol{A}^{\mathrm{T}}$

2.乘积矩阵 $\begin{pmatrix}1 & -1\\2 & 4\end{pmatrix}\begin{pmatrix}-1 & 0 & 2\\5 & 2 & 1\end{pmatrix}$ 中元素 $c_{23}=$(　　).

A.1　　B.7　　C.10　　D.8

3.设矩阵 $\boldsymbol{A},\boldsymbol{B},\boldsymbol{C}$ 均为 n 阶矩阵，且 $\boldsymbol{A}$ 可逆，则下列结论正确的是(　　).

A.若 $\boldsymbol{AB}=\boldsymbol{CB}$，则 $\boldsymbol{A}=\boldsymbol{C}$　　B.若 $\boldsymbol{AB}=\boldsymbol{E}$，则 $\boldsymbol{B}=\boldsymbol{E}$

C.若 $\boldsymbol{AB}=\boldsymbol{AC}$，则 $\boldsymbol{B}=\boldsymbol{C}$　　D.若 $\boldsymbol{BC}=\boldsymbol{O}$，则 $\boldsymbol{B}=\boldsymbol{O}$

4.下列矩阵中是阶梯形矩阵的为(　　).

A.$\begin{pmatrix}3 & 0 & -1 & 2\\0 & 0 & 0 & 0\\0 & 0 & 1 & 0\\0 & 0 & 0 & 1\end{pmatrix}$　　B.$\begin{pmatrix}3 & 0 & -1 & 2\\0 & -1 & 1 & 2\\0 & 0 & 1 & 1\\0 & 0 & 0 & 1\end{pmatrix}$

C. $\begin{pmatrix} 3 & 0 & -1 & 2 \\ 0 & 1 & -2 & 0 \\ 0 & 0 & 1 & 0 \\ 0 & 0 & 1 & 0 \end{pmatrix}$　　D. $\begin{pmatrix} 3 & 0 & -1 & 2 \\ 0 & 0 & 2 & 0 \\ 0 & 0 & 1 & 0 \\ 0 & 0 & 0 & 0 \end{pmatrix}$

5.向量组的秩是（　　）.

A.向量组中向量的个数

B.向量组的极大线性无关组中所含向量的个数

C.向量组中向量的维数

D.向量组中极大线性无关组的个数

6.设矩阵 $\boldsymbol{A}_{m\times n}(m \neq n)$，则下列结论中不正确的是（　　）.

A.$\boldsymbol{A}^{\mathrm{T}}\boldsymbol{A}$ 是对称矩阵　　B.$\boldsymbol{A}\boldsymbol{A}^{\mathrm{T}}$ 是对称矩阵

C.$\boldsymbol{E}+\boldsymbol{A}^{\mathrm{T}}\boldsymbol{A}$ 是对称矩阵　　D.$\boldsymbol{A}^{\mathrm{T}}\boldsymbol{A}+\boldsymbol{A}\boldsymbol{A}^{\mathrm{T}}$ 是对称矩阵

7.在 4 维向量中，（　　）能由向量组 $\boldsymbol{e}_1=(1,0,0,0)$，$\boldsymbol{e}_2=(0,1,0,0)$，$\boldsymbol{e}_3=(0,0,1,0)$，$\boldsymbol{e}_4=(0,0,0,1)$ 线性表示.

A.只有非零向量　　B.只有零向量

C.任意向量　　D.只有向量(1,1,1,1)

8.4 元线性方程组 $\boldsymbol{AX}=\boldsymbol{0}$ 有无穷多个解，且秩 $r(\boldsymbol{A})=1$，则其基础解系由（　　）个解向量组成.

A.0　　B.1　　C.2　　D.3

9.设矩阵 $r(\boldsymbol{A}_{m\times n})=r$，则齐次线性方程组 $\boldsymbol{AX}=\boldsymbol{0}$ 有非零解的充要条件是（　　）.

A.$r<m$　　B.$r=m$　　C.$r<n$　　D.$r=n$

10.设 $\boldsymbol{A}$ 为 $m\times n$ 矩阵，线性方程组 $\boldsymbol{AX}=\boldsymbol{B}$ 对应的齐次线性方程组为 $\boldsymbol{AX}=\boldsymbol{0}$，则下述结论中正确的是（　　）.

A.若 $\boldsymbol{AX}=\boldsymbol{0}$ 仅有零解，则 $\boldsymbol{AX}=\boldsymbol{B}$ 有唯一解

B.若 $\boldsymbol{AX}=\boldsymbol{0}$ 有非零解，则 $\boldsymbol{AX}=\boldsymbol{B}$ 有无穷多个解

C.若 $\boldsymbol{AX}=\boldsymbol{B}$ 有无穷多个解，则 $\boldsymbol{AX}=\boldsymbol{0}$ 有非零解

D.若 $\boldsymbol{AX}=\boldsymbol{B}$ 有无穷多个解，则 $\boldsymbol{AX}=\boldsymbol{0}$ 仅有零解

三、计算题

1.已知 $\boldsymbol{A}=\begin{pmatrix} 3 & 0 & 0 \\ 0 & 1 & -1 \\ 0 & 1 & 4 \end{pmatrix}$，$\boldsymbol{B}=\begin{pmatrix} 3 & 6 \\ 1 & 1 \\ 2 & 3 \end{pmatrix}$，$\boldsymbol{X}$ 满足 $\boldsymbol{AX}=2\boldsymbol{X}+\boldsymbol{B}$，求 $\boldsymbol{X}$.

2.设 $\boldsymbol{A}=(1,2,3)$，$\boldsymbol{B}=\left(1,\frac{1}{2},\frac{1}{3}\right)$，求：(1)$\boldsymbol{A}^{\mathrm{T}}\boldsymbol{B}$；(2)$\boldsymbol{B}\boldsymbol{A}^{\mathrm{T}}$.

3.设 $\boldsymbol{A}=\begin{pmatrix}-1 & 3 & -1\\ 0 & 2 & 1\\ 0 & 0 & 3\end{pmatrix}$，$\boldsymbol{B}=\begin{pmatrix}1 & 1 & 1\\ 0 & 1 & 2\\ 0 & 0 & 2\end{pmatrix}$，求：(1)$\boldsymbol{B}^{-1}$；(2)$\boldsymbol{B}^{-1}\boldsymbol{AB}$.

4.设向量组 $\boldsymbol{\alpha}_1=(1,2,3,4)$，$\boldsymbol{\alpha}_2=(2,3,4,5)$，$\boldsymbol{\alpha}_3=(3,4,5,6)$，$\boldsymbol{\alpha}_4=(4,5,6,7)$.

(1) 求向量组 $\boldsymbol{\alpha}_1,\boldsymbol{\alpha}_2,\boldsymbol{\alpha}_3,\boldsymbol{\alpha}_4$ 的秩；

(2) 确定向量组 $\boldsymbol{\alpha}_1,\boldsymbol{\alpha}_2,\boldsymbol{\alpha}_3,\boldsymbol{\alpha}_4$ 的相关性；

(3) 求向量组 $\boldsymbol{\alpha}_1,\boldsymbol{\alpha}_2,\boldsymbol{\alpha}_3,\boldsymbol{\alpha}_4$ 的一个极大线性无关组并将其余向量用该极大线性无关组线性表示.

5.求下列线性方程组的通解：

(1) $\begin{cases}x_1+x_2+x_3+4x_4=0,\\ x_1+3x_2-x_3-2x_4=0,\\ 2x_1+3x_2+x_3+5x_4=0,\\ 3x_1+5x_2+x_3+6x_4=0;\end{cases}$

(2) $\begin{cases}x_1+x_2+3x_3-x_4=-2,\\ 2x_1+x_2+4x_3-3x_4=-1,\\ 3x_1+4x_2+11x_3-2x_5=-9.\end{cases}$

6.λ 为何值时，非齐次线性方程组 $\begin{cases}x_1+x_3=\lambda,\\ 4x_1+x_2+2x_3=\lambda+2,\\ 6x_1+x_2+4x_3=2\lambda+3,\end{cases}$ (1) 有唯一解？(2) 无解？(3) 有无穷多解？并求出通解.

附录一 常用数学公式

一、初等数学公式

(一)初等代数

1.因式分解

(1) $a^2 - b^2 = (a + b)(a - b)$

(2) $a^3 \pm b^3 = (a \pm b)(a^2 \mp ab + b^2)$

(3) $a^n - b^n = (a - b)(a^{n-1} + a^{n-2}b + a^{n-3}b^2 + \cdots + ab^{n-2} + b^{n-1})$

2.对数的性质和有关常数

(1) $a^{\log_a b} = b, \log_a a^x = x$

(2) $\log_a 1 = 0, \log_a a = 1$

(3) $\log_a b = \dfrac{\log_c b}{\log_c a}, \ln b = \dfrac{\lg b}{\lg e}$

(4) $\lg b \approx 0.434\ 29 \ln b, \ln b \approx 2.302\ 58 \lg b$

3.排列、组合与二项式公式

(1) 排列 $P_n^m = n(n-1)(n-2)\cdots(n-m+1) = \dfrac{n!}{(n-m)!}$,式中 P_n^m 为从 n 个元素中取 m 个的排列

(2) 全排列 $P_n^n = n \cdot (n-1) \cdot (n-2) \cdot \cdots \cdot 2 \cdot 1 = n!$

(3) 组合

①$C_n^m = \dfrac{P_n^m}{P_m^m} = \dfrac{n(n-1)(n-2)\cdots(n-m+1)}{m!} = \dfrac{n!}{m!\ (n-m)!} = C_n^{n-m}$

②$C_{n+1}^m = C_n^m + C_n^{m-1}$

(4) 二项式公式

①$(a \pm b)^2 = a^2 \pm 2ab + b^2$

②$(a \pm b)^3 = a^3 \pm 3a^2b + 3ab^2 \pm b^3$

③$(a+b)^n = \sum_{k=0}^{n} C_n^k a^{n-k}b^k = a^n + \cdots + \frac{n(n-1)\cdots(n-k+1)}{k!}a^{n-k}b^k + \cdots + b^n$

4.数列

(1) 等差数列 $a_1, a_1+d, a_1+2d, \cdots$(公差为 d)

① 通项 $a_n = a_1 + (n-1)d$

② 前 n 项和 $S_n = \frac{n(a_1+a_n)}{2} = na_1 + \frac{n(n-1)}{2}d$

(2) 等比数列 $a_1, a_1q, a_1q^2, \cdots$(公比为 q)

① 通项 $a_n = a_1q^{n-1}$

② 前 n 项和 $S_n = \frac{a_1 - a_nq}{1-q} = \frac{a_1(1-q^n)}{1-q} (q \neq 1)$

③ 无穷递缩等比数列的和 $S_n = \frac{a_1}{1-q} (|q| < 1)$

(3) 某些数列的前 n 项和

①$1+2+3+\cdots+n = \frac{n(n+1)}{2}$

②$1^2+2^2+3^2+\cdots+n^2 = \frac{1}{6}n(n+1)(2n+1)$

(二) 初等几何

1.圆(R 是半径,α 是以弧度为单位的圆心角)

(1) 周长 $S = 2\pi R$

(2) 面积 $A = \pi R^2$

(3) 弧长 $l = \alpha R$

(4) 扇形面积 $A = \frac{1}{2}lR = \frac{1}{2}\alpha R^2$

2.正圆锥(R, r 为底面半径,h 为高,l 为斜高)

(1) 体积 $V = \frac{1}{3}\pi r^2 h$

(2) 侧面积 $S = \pi r\sqrt{r^2+h^2}$

(3) 锥台面积 $V = \frac{\pi h}{3}(R^2 + Rr + r^2)$

(4) 锥台侧面积 $S = \pi l(R+r)$

3.球(R 是半径)

(1) 体积 $V = \frac{4}{3}\pi R^3$

(2) 表面积 $S = 4\pi R^2$

(三) 三角函数

1.三角函数间的基本关系

(1) 倒数关系 $\sin\theta\csc\theta = 1, \cos\theta\sec\theta = 1, \tan\theta\cot\theta = 1$

(2) 平方关系　$\sin^2\theta+\cos^2\theta=1, 1+\tan^2\theta=\sec^2\theta, 1+\cot^2\theta=\csc^2\theta$

(3) 分式关系　$\tan\theta=\dfrac{\sin\theta}{\cos\theta}, \cot\theta=\dfrac{\cos\theta}{\sin\theta}$

2.诱导公式

	$\theta=\frac{\pi}{2}\pm\varphi$	$\theta=\pi\pm\varphi$	$\theta=\frac{3\pi}{2}\pm\varphi$	$\theta=2\pi\pm\varphi$
$\sin\theta$	$\cos\varphi$	$\mp\sin\varphi$	$-\cos\varphi$	$\pm\sin\varphi$
$\cos\theta$	$\mp\sin\varphi$	$-\cos\varphi$	$\pm\sin\varphi$	$\cos\varphi$
$\tan\theta$	$\mp\cot\varphi$	$\pm\tan\varphi$	$\mp\cot\varphi$	$\pm\tan\varphi$
$\cot\theta$	$\mp\tan\varphi$	$\pm\cot\varphi$	$\mp\tan\varphi$	$\pm\cot\varphi$

3.和差公式

(1) $\sin(\alpha\pm\beta)=\sin\alpha\cos\beta\pm\cos\alpha\sin\beta$

(2) $\cos(\alpha\pm\beta)=\cos\alpha\cos\beta\mp\sin\alpha\sin\beta$

(3) $\tan(\alpha\pm\beta)=\dfrac{\tan\alpha\pm\tan\beta}{1\mp\tan\alpha\tan\beta}$

(4) $\sin\alpha+\sin\beta=2\sin\dfrac{\alpha+\beta}{2}\cos\dfrac{\alpha-\beta}{2}$

(5) $\sin\alpha-\sin\beta=2\cos\dfrac{\alpha+\beta}{2}\sin\dfrac{\alpha-\beta}{2}$

(6) $\cos\alpha+\cos\beta=2\cos\dfrac{\alpha+\beta}{2}\cos\dfrac{\alpha-\beta}{2}$

(7) $\cos\alpha-\cos\beta=-2\sin\dfrac{\alpha+\beta}{2}\sin\dfrac{\alpha-\beta}{2}$

(8) $\cos\alpha\cos\beta=\dfrac{1}{2}[\cos(\alpha+\beta)+\cos(\alpha-\beta)]$

(9) $\sin\alpha\sin\beta=-\dfrac{1}{2}[\cos(\alpha+\beta)-\cos(\alpha-\beta)]$

(10) $\sin\alpha\cos\beta=\dfrac{1}{2}[\sin(\alpha+\beta)+\sin(\alpha-\beta)]$

4.倍角和半角公式

(1) $\sin2\alpha=2\sin\alpha\cos\alpha$

(2) $\cos2\alpha=\cos^2\alpha-\sin^2\alpha=2\cos^2\alpha-1=1-2\sin^2\alpha$,

$\cos^2\alpha=\dfrac{1}{2}(1+\cos2\alpha), \sin^2\alpha=\dfrac{1}{2}(1-\cos2\alpha)$

(3) $\tan2\alpha=\dfrac{2\tan\alpha}{1-\tan^2\alpha}$

(4) $\sin\frac{\alpha}{2}=\pm\sqrt{\frac{1-\cos\alpha}{2}}$

(5) $\cos\frac{\alpha}{2}=\pm\sqrt{\frac{1+\cos\alpha}{2}}$

(6) $\tan\frac{\alpha}{2}=\pm\sqrt{\frac{1-\cos\alpha}{1+\cos\alpha}}=\frac{1-\cos\alpha}{\sin\alpha}=\frac{\sin\alpha}{1+\cos\alpha}$

5.三角形的边角关系

(1) 正弦定理 $\frac{a}{\sin A}=\frac{b}{\sin B}=\frac{c}{\sin C}=2R$

(2) 余弦定理 $a^2=b^2+c^2-2bc\cos A$，$b^2=a^2+c^2-2ac\cos B$，

$c^2=a^2+b^2-2ab\cos C$

(3) 正切定理 $\frac{a+b}{a-b}=\frac{\tan\frac{1}{2}(A+B)}{\tan\frac{1}{2}(A-B)}$

6.反三角函数的性质和基本关系

(1) $\arcsin(-x)=-\arcsin x\ (|x|\leqslant 1)$，$\arccos(-x)=\pi-\arccos x\ (|x|\leqslant 1)$，

$\arctan(-x)=-\arctan x\ (x\in\mathbf{R})$，$\operatorname{arccot}(-x)=\pi-\operatorname{arccot}x\ (x\in\mathbf{R})$

(2) $\sin(\arcsin x)=x\ (|x|\leqslant 1)$，$\cos(\arccos x)=x\ (|x|\leqslant 1)$，

$\tan(\arctan x)=x\ (x\in\mathbf{R})$，$\cot(\operatorname{arccot}x)=x\ (x\in\mathbf{R})$

(3) $\arcsin x+\arccos x=\frac{\pi}{2}\ (|x|\leqslant 1)$，$\arctan x+\operatorname{arccot}x=\frac{\pi}{2}\ (x\in\mathbf{R})$

(四) 平面解析几何

1.已知平面两点坐标为(x_1,y_1)，(x_2,y_2)，距离公式 $d=\sqrt{(x_2-x_1)^2+(y_2-y_1)^2}$，连线斜率 $k=\frac{y_2-y_1}{x_2-x_1}\ (x_1\neq x_2)$，定比为 $\lambda\ (\lambda\neq-1)$ 的分点坐标中 $x=\frac{x_1+\lambda x_2}{1+\lambda}$，$y=\frac{y_1+\lambda y_2}{1+\lambda}$

2.同一点的极坐标(ρ,φ)和直角坐标(x,y)之间的关系

$$\begin{cases}x=\rho\cos\varphi,\\ y=\rho\sin\varphi\end{cases}\quad 或\quad \begin{cases}\rho=\sqrt{x^2+y^2},\\ \tan\varphi=\frac{y}{x}\ (x\neq 0)\end{cases}$$

3.直线

(1) 一般式 $Ax+By+C=0$（A 与 B 不同时为零）

(2) 斜截式 $y=kx+b$

(3) 点斜式 $y-y_1=k(x-x_1)$

（4）两点式 $\dfrac{y-y_1}{x-x_1}=\dfrac{y_2-y_1}{x_2-x_1}$

（5）截距式 $\dfrac{x}{a}+\dfrac{y}{b}=1$

4.圆[圆心为(a,b)，半径为 R] 的一般方程$(x-a)^2+(y-b)^2=R^2$

5.椭圆的标准方程$\dfrac{x^2}{a^2}+\dfrac{y^2}{b^2}=1(a>0,b>0)$，当$a>b$时，焦点在 x 轴上；当$a<b$时，焦点在 y 轴上

6.双曲线的标准方程$\dfrac{x^2}{a^2}-\dfrac{y^2}{b^2}=1$，焦点在 x 轴上；$\dfrac{y^2}{a^2}-\dfrac{x^2}{b^2}=1$，焦点在 y 轴上

7.抛物线的标准方程 $y^2=2px$，焦点在 x 轴上；$x^2=2py$，焦点在 y 轴上

（五）常用常数表

$\pi=3.141\ 592\ 65$

$\mathrm{e}=2.718\ 281\ 83$

$M=\lg\mathrm{e}=0.434\ 294\ 48$

$\dfrac{1}{M}=\ln 10=2.302\ 585\ 09$

$\sqrt{2}=1.414\ 213\ 56$

$\sqrt{3}=1.732\ 050\ 81$

$\ln\pi=1.144\ 729\ 89$

$\lg\pi=0.497\ 149\ 87$

$1^\circ=\dfrac{\pi}{180}=0.017\ 453\ 293$ 弧度

$1'=0.000\ 290\ 888$ 弧度

$1''=0.000\ 004\ 848\ 1$ 弧度

1 弧度 $=\dfrac{180^\circ}{\pi}=57^\circ17'44.806''=57.295\ 779\ 5^\circ$

二、积分表(节选)

（一）含有 $ax+b$ 的积分

1.$\displaystyle\int\frac{x}{ax+b}\mathrm{d}x=\frac{1}{a^2}(ax+b-b\ln|ax+b|)+C$

2.$\displaystyle\int\frac{x^2}{ax+b}\mathrm{d}x=\frac{1}{a^3}\left[\frac{1}{2}(ax+b)^2-2b(ax+b)+b^2\ln|ax+b|\right]+C$

3.$\displaystyle\int\frac{1}{x(ax+b)}\mathrm{d}x=-\frac{1}{b}\ln\left|\frac{ax+b}{x}\right|+C$

4.$\displaystyle\int\frac{x}{(ax+b)^2}\mathrm{d}x=\frac{1}{a^2}\left(\ln|ax+b|+\frac{b}{ax+b}\right)+C$

5.$\displaystyle\int\frac{1}{x(ax+b)^2}\mathrm{d}x=\frac{1}{b(ax+b)}-\frac{1}{b^2}\ln\left|\frac{ax+b}{x}\right|+C$

(二) 含有$\sqrt{ax+b}$的积分

6. $\int \sqrt{ax+b}\,dx = \frac{2}{3a}\sqrt{(ax+b)^3}+C$

7. $\int x\sqrt{ax+b}\,dx = \frac{2}{15a^2}(3ax-2b)\sqrt{(ax+b)^3}+C$

8. $\int x^2\sqrt{ax+b}\,dx = \frac{2}{105a^3}(15a^2x^2-12abx+8b^2)\sqrt{(ax+b)^3}+C$

9. $\int \frac{x}{\sqrt{ax+b}}dx = \frac{2}{3a^2}(ax-2b)\sqrt{ax+b}+C$

10. $\int \frac{1}{x\sqrt{ax+b}}dx = \begin{cases} \frac{1}{\sqrt{b}}\ln\left|\frac{\sqrt{ax+b}-\sqrt{b}}{\sqrt{ax+b}+\sqrt{b}}\right|+C, b>0 \\ \frac{2}{\sqrt{-b}}\arctan\sqrt{\frac{ax+b}{-b}}+C,\ b<0 \end{cases}$

11. $\int \frac{\sqrt{ax+b}}{x}dx = 2\sqrt{ax+b}+b\int \frac{1}{x\sqrt{ax+b}}dx$

(三) 含有$x^2 \pm a^2$的积分

12. $\int \frac{1}{x^2+a^2}dx = \frac{1}{a}\arctan\frac{x}{a}+C$

13. $\int \frac{1}{(x^2+a^2)^n}dx = \frac{x}{2(n-1)a^2(x^2+a^2)^{n-1}}+\frac{2n-3}{2(n-1)a^2}\int \frac{1}{(x^2+a^2)^{n-1}}dx$

14. $\int \frac{1}{x^2-a^2}dx = \frac{1}{2a}\ln\left|\frac{x-a}{x+a}\right|+C$

(四) 含有$ax^2+b(a>0)$的积分

15. $\int \frac{1}{ax^2+b}dx = \begin{cases} \frac{1}{\sqrt{ab}}\arctan\sqrt{\frac{a}{b}}x+C, & b>0 \\ \frac{1}{2\sqrt{-ab}}\ln\left|\frac{\sqrt{a}x-\sqrt{-b}}{\sqrt{a}x+\sqrt{-b}}\right|+C, & b<0 \end{cases}$

16. $\int \frac{x}{ax^2+b}dx = \frac{1}{2a}\ln|ax^2+b|+C$

17. $\int \frac{1}{x(ax^2+b)}dx = \frac{1}{2b}\ln\frac{x^2}{|ax^2+b|}+C$

18. $\int \frac{1}{x^2(ax^2+b)}dx = -\frac{1}{bx}-\frac{a}{b}\int \frac{dx}{ax^2+b}$

19. $\int \frac{1}{(ax^2+b)^2}dx = \frac{x}{2b(ax^2+b)}+\frac{1}{2b}\int \frac{dx}{ax^2+b}$

（五）含有 $ax^2+bx+c(a>0)$ 的积分

20. $\displaystyle\int\frac{1}{ax^2+bx+c}dx=\begin{cases}\dfrac{2}{\sqrt{4ac-b^2}}\arctan\dfrac{2ax+b}{\sqrt{4ac-b^2}}+C, & b^2<4ac\\ \dfrac{1}{\sqrt{b^2-4ac}}\ln\left|\dfrac{2ax+b-\sqrt{b^2-4ac}}{2ax+b+\sqrt{b^2-4ac}}\right|+C, & b^2>4ac\end{cases}$

21. $\displaystyle\int\frac{x}{ax^2+bx+c}dx=\frac{1}{2a}\ln|ax^2+bx+c|-\frac{b}{2a}\int\frac{1}{ax^2+bx+c}dx$

（六）含有 $\sqrt{x^2+a^2}(a>0)$ 的积分

22. $\displaystyle\int\frac{1}{\sqrt{x^2+a^2}}dx=\operatorname{arsh}\frac{x}{a}+C_1=\ln(x+\sqrt{x^2+a^2})+C$

23. $\displaystyle\int\frac{1}{\sqrt{(x^2+a^2)^3}}dx=\frac{x}{a^2\sqrt{x^2+a^2}}+C$

24. $\displaystyle\int\frac{x}{\sqrt{x^2+a^2}}dx=\sqrt{x^2+a^2}+C$

25. $\displaystyle\int\frac{x}{\sqrt{(x^2+a^2)^3}}dx=-\frac{1}{\sqrt{x^2+a^2}}+C$

26. $\displaystyle\int\frac{x^2}{\sqrt{x^2+a^2}}dx=\frac{x\sqrt{x^2+a^2}}{2}-\frac{a^2}{2}\ln(x+\sqrt{x^2+a^2})+C$

27. $\displaystyle\int\frac{1}{x\sqrt{x^2+a^2}}dx=\frac{1}{a}\ln\frac{\sqrt{x^2+a^2}-a}{|x|}+C$

28. $\displaystyle\int\frac{1}{x^2\sqrt{x^2+a^2}}dx=-\frac{\sqrt{x^2+a^2}}{a^2x}+C$

29. $\displaystyle\int\sqrt{x^2+a^2}\,dx=\frac{x\sqrt{x^2+a^2}}{2}+\frac{a^2}{2}\ln(x+\sqrt{x^2+a^2})+C$

30. $\displaystyle\int\sqrt{(x^2+a^2)^3}\,dx=\frac{x(2x^2+5a^2)\sqrt{x^2+a^2}}{8}+\frac{3a^4}{8}\ln(x+\sqrt{x^2+a^2})+C$

31. $\displaystyle\int x\sqrt{x^2+a^2}\,dx=\frac{1}{3}\sqrt{(x^2+a^2)^3}+C$

32. $\displaystyle\int\frac{\sqrt{x^2+a^2}}{x}dx=\sqrt{x^2+a^2}+a\ln\frac{\sqrt{x^2+a^2}-a}{|x|}+C$

（七）含有 $\sqrt{x^2-a^2}(a>0)$ 的积分

33. $\displaystyle\int\frac{1}{\sqrt{x^2-a^2}}dx=\frac{x}{|x|}\operatorname{arch}\frac{|x|}{a}+C_1=\ln(x+\sqrt{x^2-a^2})+C$

34. $\displaystyle\int\frac{1}{\sqrt{(x^2-a^2)^3}}dx=-\frac{x}{a^2\sqrt{x^2-a^2}}+C$

35. $\int \frac{x}{\sqrt{x^2-a^2}}dx=\sqrt{x^2-a^2}+C$

36. $\int \frac{x}{\sqrt{(x^2-a^2)^3}}dx=-\frac{1}{\sqrt{x^2-a^2}}+C$

37. $\int \frac{1}{x\sqrt{x^2-a^2}}dx=\frac{1}{a}\arccos\frac{a}{|x|}+C$

38. $\int \frac{1}{x^2\sqrt{x^2-a^2}}dx=\frac{\sqrt{x^2-a^2}}{a^2x}+C$

39. $\int \sqrt{x^2-a^2}\,dx=\frac{x\sqrt{x^2-a^2}}{2}-\frac{a^2}{2}\ln\left|x+\sqrt{x^2-a^2}\right|+C$

40. $\int \sqrt{(x^2-a^2)^3}\,dx=\frac{x(2x^2-5a^2)\sqrt{x^2-a^2}}{8}+\frac{3a^4}{8}\ln\left|x+\sqrt{x^2-a^2}\right|+C$

41. $\int x\sqrt{x^2-a^2}\,dx=\frac{1}{3}\sqrt{(x^2-a^2)^3}+C$

42. $\int \frac{\sqrt{x^2-a^2}}{x}dx=\sqrt{x^2-a^2}-a\arccos\frac{a}{|x|}+C$

(八) 含有$\sqrt{a^2-x^2}\,(a>0)$的积分

43. $\int \frac{1}{\sqrt{a^2-x^2}}dx=\arcsin\frac{x}{a}+C$

44. $\int \frac{1}{\sqrt{(a^2-x^2)^3}}dx=\frac{x}{a^2\sqrt{a^2-x^2}}+C$

45. $\int \frac{x}{\sqrt{a^2-x^2}}dx=-\sqrt{a^2-x^2}+C$

46. $\int \frac{x}{\sqrt{(a^2-x^2)^3}}dx=\frac{1}{\sqrt{a^2-x^2}}+C$

47. $\int \frac{1}{x\sqrt{a^2-x^2}}dx=\frac{1}{a}\ln\frac{a-\sqrt{a^2-x^2}}{|x|}+C$

48. $\int \sqrt{a^2-x^2}\,dx=\frac{x\sqrt{a^2-x^2}}{2}+\frac{a^2}{2}\arcsin\frac{x}{a}+C$

49. $\int \sqrt{(a^2-x^2)^3}\,dx=\frac{x(5a^2-2x^2)\sqrt{a^2-x^2}}{8}+\frac{3a^4}{8}\arcsin\frac{x}{a}+C$

50. $\int x\sqrt{a^2-x^2}\,dx=-\frac{1}{3}\sqrt{(a^2-x^2)^3}+C$

51. $\int \frac{\sqrt{a^2-x^2}}{x}dx=\sqrt{a^2-x^2}+a\ln\frac{a-\sqrt{a^2-x^2}}{|x|}+C$

（九）含有$\sqrt{\pm ax^2+bx+c}\ (a>0)$的积分

52. $\int \frac{1}{\sqrt{ax^2+bx+c}}\mathrm{d}x=\frac{1}{\sqrt{a}}\ln\left|2ax+b+2\sqrt{a}\sqrt{ax^2+bx+c}\right|+C$

53. $\int \sqrt{ax^2+bx+c}\,\mathrm{d}x=$

$\frac{2ax+b}{4a}\sqrt{ax^2+bx+c}+\frac{4ac-b^2}{8\sqrt{a^3}}\ln\left|2ax+b+2\sqrt{a}\sqrt{ax^2+bx+c}\right|+C$

54. $\int \frac{x}{\sqrt{ax^2+bx+c}}\mathrm{d}x=\frac{1}{a}\sqrt{ax^2+bx+c}-\frac{b}{2\sqrt{a^3}}\ln\left|2ax+b+2\sqrt{a}\sqrt{ax^2+bx+c}\right|+C$

（十）含有$\sqrt{\pm\frac{x-a}{x-b}}$或$\sqrt{(x-a)(b-x)}$的积分

55. $\int \sqrt{\frac{x-a}{x-b}}\mathrm{d}x=(x-b)\sqrt{\frac{x-a}{x-b}}+(b-a)\ln\left(\sqrt{|x-a|}+\sqrt{|x-b|}\right)+C$

56. $\int \sqrt{\frac{x-a}{b-x}}\mathrm{d}x=(x-b)\sqrt{\frac{x-a}{b-x}}+(b-a)\arcsin\sqrt{\frac{x-a}{b-a}}+C$

57. $\int \frac{\mathrm{d}x}{\sqrt{(x-a)(b-x)}}=2\arcsin\sqrt{\frac{x-a}{b-a}}+C\ (a<b)$

58. $\int \sqrt{(x-a)(b-x)}\,\mathrm{d}x=\frac{2x-a-b}{4}\sqrt{(x-a)(b-x)}+\frac{(b-a)^2}{4}\arcsin\sqrt{\frac{x-a}{b-a}}+$
$C\ (a<b)$

（十一）含有三角函数的积分

59. $\int \sin x\,\mathrm{d}x=-\cos x+C$

60. $\int \cos x\,\mathrm{d}x=\sin x+C$

61. $\int \tan x\,\mathrm{d}x=-\ln|\cos x|+C$

62. $\int \cot x\,\mathrm{d}x=\ln|\sin x|+C$

63. $\int \sec x\,\mathrm{d}x=\ln\left|\tan\left(\frac{\pi}{4}+\frac{x}{2}\right)\right|+C=\ln|\sec x+\tan x|+C$

64. $\int \csc x\,\mathrm{d}x=\ln\left|\tan\frac{x}{2}\right|+C=\ln|\csc x-\cot x|+C$

65. $\int \sec^2 x\,\mathrm{d}x=\tan x+C$

66. $\int \csc^2 x\,\mathrm{d}x=-\cot x+C$

67. $\int \sec x \tan x \, dx = \sec x + C$

68. $\int \csc x \cot x \, dx = -\csc x + C$

69. $\int \sin^2 x \, dx = \frac{x}{2} - \frac{1}{4}\sin 2x + C$

70. $\int \cos^2 x \, dx = \frac{x}{2} + \frac{1}{4}\sin 2x + C$

71. $\int \sin^n x \, dx = -\frac{1}{n} \sin^{n-1} x \cos x + \frac{n-1}{n}\int \sin^{n-2} x \, dx$

72. $\int \cos^n x \, dx = \frac{1}{n} \cos^{n-1} x \sin x + \frac{n-1}{n}\int \cos^{n-2} x \, dx$

73. $\int \frac{1}{\sin^n x} dx = -\frac{1}{n-1} \cdot \frac{\cos x}{\sin^{n-1} x} + \frac{n-2}{n-1}\int \frac{1}{\sin^{n-2} x} dx$

74. $\int \frac{1}{\cos^n x} dx = \frac{1}{n-1} \cdot \frac{\sin x}{\cos^{n-1} x} + \frac{n-2}{n-1}\int \frac{1}{\cos^{n-2} x} dx$

75. $\int \cos^m x \ \sin^n x \, dx = \frac{1}{m+n} \cos^{m-1} x \ \sin^{n+1} x + \frac{m-1}{m+n}\int \cos^{m-2} x \ \sin^n x \, dx$

$= -\frac{1}{m+n} \cos^{m+1} x \ \sin^{n-1} x + \frac{n-1}{m+n}\int \cos^m x \ \sin^{n-2} x \, dx$

76. $$\int \frac{1}{a + b\sin x} dx = \begin{cases} \frac{2}{\sqrt{a^2 - b^2}} \arctan \frac{a \tan \frac{x}{2} + b}{\sqrt{a^2 - b^2}} + C, & a^2 > b^2, \\ \frac{1}{\sqrt{b^2 - a^2}} \ln \left| \frac{a \tan \frac{x}{2} + b - \sqrt{b^2 - a^2}}{a \tan \frac{x}{2} + b + \sqrt{b^2 - a^2}} \right| + C, & a^2 < b^2 \end{cases}$$

77. $$\int \frac{1}{a + b\cos x} dx = \begin{cases} \frac{2}{a+b} \sqrt{\frac{a+b}{a-b}} \arctan\left(\sqrt{\frac{a-b}{a+b}} \tan \frac{x}{2} \right) + C, & a^2 > b^2, \\ \frac{1}{a+b} \sqrt{\frac{a+b}{b-a}} \ln \left| \frac{\tan \frac{x}{2} + \sqrt{\frac{a+b}{b-a}}}{\tan \frac{x}{2} - \sqrt{\frac{a+b}{b-a}}} \right| + C, & a^2 < b^2 \end{cases}$$

78. $\int x \sin ax \, dx = \frac{1}{a^2} \sin ax - \frac{1}{a} x \cos ax + C$

79. $\int x^2 \sin ax \, dx = -\frac{1}{a} x^2 \cos ax + \frac{2}{a^2} x \sin ax + \frac{2}{a^3} \cos ax + C$

80. $\int x \cos ax \, dx = \frac{1}{a^2} \cos ax + \frac{1}{a} x \sin ax + C$

81. $\int x^2\cos ax\,dx = \frac{1}{a}x^2\sin ax + \frac{2}{a^2}x\cos ax - \frac{2}{a^3}\sin ax + C$

（十二）含有反三角函数的积分（其中 $a>0$）

82. $\int \arcsin\frac{x}{a}dx = x\arcsin\frac{x}{a} + \sqrt{a^2-x^2} + C$

83. $\int x\arcsin\frac{x}{a}dx = \left(\frac{x^2}{2}-\frac{a^2}{4}\right)\arcsin\frac{x}{a} + \frac{x}{4}\sqrt{a^2-x^2} + C$

84. $\int \arccos\frac{x}{a}dx = x\arccos\frac{x}{a} - \sqrt{a^2-x^2} + C$

85. $\int x\arccos\frac{x}{a}dx = \left(\frac{x^2}{2}-\frac{a^2}{4}\right)\arccos\frac{x}{a} - \frac{x}{4}\sqrt{a^2-x^2} + C$

86. $\int \arctan\frac{x}{a}dx = x\arctan\frac{x}{a} - \frac{a}{2}\ln(a^2+x^2) + C$

87. $\int x\arctan\frac{x}{a}dx = \frac{1}{2}(a^2+x^2)\arctan\frac{x}{a} - \frac{a}{2}x + C$

（十三）含有指数函数的积分

88. $\int a^x dx = \frac{1}{\ln a}a^x + C$

89. $\int xe^{ax}dx = \frac{1}{a^2}(ax-1)e^{ax} + C$

90. $\int x^n e^{ax}dx = \frac{1}{a}x^n e^{ax} - \frac{n}{a}\int x^{n-1}e^{ax}dx$

91. $\int xa^x dx = \frac{x}{\ln a}a^x - \frac{1}{(\ln a)^2}a^x + C$

92. $\int x^n a^x dx = \frac{1}{\ln a}x^n a^x - \frac{n}{\ln a}\int x^{n-1}a^x dx$

93. $\int e^{ax}\sin^n bx\,dx = \frac{1}{a^2+b^2n^2}e^{ax}\sin^{n-1}bx\,(a\sin bx - nb\cos bx) + \frac{n(n-1)b^2}{a^2+b^2n^2}\int e^{ax}\sin^{n-2}bx\,dx$

94. $\int e^{ax}\cos^n bx\,dx = \frac{1}{a^2+b^2n^2}e^{ax}\cos^{n-1}bx\,(a\cos bx + nb\sin bx) + \frac{n(n-1)b^2}{a^2+b^2n^2}\int e^{ax}\cos^{n-2}bx\,dx$

（十四）含有对数函数的积分

95. $\int \ln x\,dx = x\ln x - x + C$

96. $\int \frac{dx}{x\ln x} = \ln|\ln x| + C$

97. $\int x^n\ln x\,dx = \frac{1}{n+1}x^{n+1}\left(\ln x - \frac{1}{n+1}\right) + C$

98. $\int (\ln x)^n \mathrm{d}x = x(\ln x)^n - n\int (\ln x)^{n-1}\mathrm{d}x$

99. $\int x^m (\ln x)^n \mathrm{d}x = \dfrac{1}{m+1}x^{m+1}(\ln x)^n - \dfrac{n}{m+1}\int x^m (\ln x)^{n-1}\mathrm{d}x$

(十五) 定积分

100. $\int_{-\pi}^{\pi} \cos nx\,\mathrm{d}x = \int_{-\pi}^{\pi} \sin nx\,\mathrm{d}x = 0$

101. $\int_{-\pi}^{\pi} \cos mx \sin nx\,\mathrm{d}x = 0$

102. $\int_{-\pi}^{\pi} \cos mx \cos nx\,\mathrm{d}x = \begin{cases} 0, m \neq n, \\ \pi, m = n \end{cases}$

103. $\int_{-\pi}^{\pi} \sin mx \sin nx\,\mathrm{d}x = \begin{cases} 0, m \neq n, \\ \pi, m = n \end{cases}$

104. $\int_{0}^{\pi} \sin mx \sin nx\,\mathrm{d}x = \int_{0}^{\pi} \cos mx \cos nx\,\mathrm{d}x = \begin{cases} 0, & m \neq n, \\ \dfrac{\pi}{2}, & m = n \end{cases}$

105. $I_n = \int_0^{\frac{\pi}{2}} \sin^n x\,\mathrm{d}x = \int_0^{\frac{\pi}{2}} \cos^n x\,\mathrm{d}x$，$I_n = \dfrac{n-1}{n}I_{n-2}$，设 Z_1 表示全体奇数集合，Z_2 表示全体偶数集合，则

$$\begin{cases} I_n = \dfrac{(n-1)\cdot(n-3)\cdot\cdots\cdot 4\cdot 2}{n\cdot(n-2)\cdot\cdots\cdot 3\cdot 1}(n>1, n\in Z_1), I_1 = 1, \\ I_n = \dfrac{(n-1)\cdot(n-3)\cdot\cdots\cdot 3\cdot 1}{n\cdot(n-2)\cdot\cdots\cdot 4\cdot 2}\cdot\dfrac{\pi}{2}(n\in Z_2),\quad I_0 = \dfrac{\pi}{2} \end{cases}$$

附录二 博弈论简介

博弈论指一种处理竞争与合作问题的数学决策方法.

博弈论,亦名“对策论”“赛局理论”,属应用数学的一个分支,目前广泛应用于经济学、管理学、生物学、国际关系、计算机科学、政治学、军事战略和其他很多学科.博弈论主要研究公式化了的激励结构间的相互作用,是研究具有斗争或竞争性质现象的数学理论和方法,也是与运筹学密切相关的一门重要学科.

一、博弈论的产生与发展

博弈论主张二人在平等的对局中各自利用对方的策略变换自己的对抗策略,达到取胜的目的.博弈论思想古已有之,我国古代的《孙子兵法》不仅是一部军事著作,而且算是最早的一部博弈论著作.博弈论最初主要研究象棋、桥牌、赌博中的胜负问题.人们对博弈局势的把握只停留在经验上,没有向理论化发展.

博弈论考虑游戏中的个体的预测行为和实际行为,并研究它们的优化策略.

近代对于博弈论的研究,开始于策墨洛、波雷尔及冯·诺伊曼.

1928 年,冯·诺依曼证明了博弈论的基本原理,从而宣告了博弈论的正式诞生.1944 年,冯·诺依曼和摩根斯坦共著的划时代巨著《博弈论与经济行为》将二人博弈结构推广到 n 人博弈结构,并将博弈论系统应用于经济领域,从而奠定了这一学科的基础和理论体系.

1950—1951 年,约翰·福布斯·纳什利用不动点定理证明了均衡点的存在,为博弈论的一般化奠定了坚实的基础.纳什的开创性论文《n 人博弈的均衡点》(1950)、《非合作博弈》(1951)等,给出了“纳什均衡”的概念和均衡存在定理.此外,塞尔顿、哈桑尼的研究也对博弈论发展起到了推动作用.如今博弈论已发展成一门较完善的学科.

21 世纪,应站在博弈论的前沿.尽管博弈经济学家很少,但其获诺贝尔奖的比例最高.最能震动人类情感的是博弈,对未来最有影响力的还是博弈.

博弈论、决策论和运筹学等一起构成现代企业经济、军事战略等系统管理学的理论基础.

有很多学者和书籍定义过博弈论，这里采用的是比较通行的一种说法：

研究决策主体的行为发生直接相互作用时候的决策以及这种决策的均衡问题.

二、博弈论基本知识

(一)博弈要素

决策人：在博弈中率先作出决策的一方，这一方往往依据自身的感受、经验和表面状态优先采取一种有方向性的行动.

对抗者：在博弈二人对局中行动滞后的那个人，与决策人要作出基本反面的决定，并且他的动作是滞后的、默认的、被动的，但最终占优.他的策略可能依赖于决策人劣势的策略选择，占有空间特性，因此对抗是唯一占优的方式，实为领导人的阶段性终结行为.

局中人：在一场竞赛或博弈中，每一个有决策权的参与者称为一个局中人.只有两个局中人的博弈现象称为“两人博弈”，而多于两个局中人的博弈现象称为“多人博弈”.

策略：一局博弈中，每个局中人都要选择实际可行的完整的行动方案，方案不是某阶段的行动方案，而是指导整个行动的一个方案，局中人可行的自始至终为全局筹划的一个行动方案，称为该局中人的一个策略.如果在一局博弈中，局中人都总共有有限个策略，则称为“有限博弈”，否则称为“无限博弈”.

得失：一局博弈结局时的结果称为得失.每个局中人在一局博弈结束时的得失，不仅与该局中人自身所选择的策略有关，而且与各局中人所取定的一组策略有关.所以，一局博弈结束时每个局中人的“得失”是全体局中人所取定的一组策略的函数，通常称为支付函数.

次序：各博弈方的决策有先后之分，且一个博弈方要做不止一次的决策选择，就出现了次序问题；其他要素相同次序不同，博弈就不同.

均衡：即平衡，即博弈双方处于抗衡的局面.如同在经济学中，均衡即相关量处于稳定值.在供求关系中，某一商品市场如果在某一价格下，想以此价格买此商品的人均能买到，而想卖的人均能卖出，此时我们就说，该商品的供求达到了均衡.

(二)纳什均衡

假设有若干个局中人参与博弈，给定其他人策略的条件下，每个局中人选择自己的最优策略(个人最优策略可能依赖于也可能不依赖于他人的战略)，从而使自己利益最大化.所有局中人策略构成一个策略组合.纳什均衡指的是这样一种战略组合，这种策略组合由所有参与人最优策略组成.即在给定别人策略的情况下，没有人有足够理由打破这种均衡.

(三)夏普利值

考虑这样一个合作博弈：a，b，c 投票决定如何分配 100 万，他们分别拥有 50%，40%，10%的权力.规则规定，当超过 50%的票认可了某种方案时才能通过.那么如何分配才是合理的呢？按票力分配，a分配50万、b分配40万、c分配10万，c向a提出：a分配70万、b分配0万、c分配30万；b向a提出：a分配80万、b分配20万、c分配0……

权力指数：每个决策者在决策时的权力体现在他在形成的获胜联盟中的“关键加入者”的个数上，这个“关键加入者”的个数就被称为权力指数.

夏普利值：在各种可能的联盟次序下，参与者对联盟的边际贡献之和除以各种可能的联盟组合.

可能次序：abc，acb，bac，bca，cab，cba .

关键加入者：b，c，a，a，a，a.

由此计算出a，b，c的夏普利值分别为4/6，1/6，1/6.

所以a，b，c应分别获得100万的2/3，1/6，1/6.

（四）“智猪博弈”

“智猪博弈”讲的是：猪圈里有两头猪，一头大猪，一头小猪.猪圈的一边有个踏板，每踩一下踏板，在远离踏板的猪圈的另一边的投食口就会落下少量的食物.如果有一只猪去踩踏板，另一只猪就有机会抢先吃到另一边落下的食物.当小猪踩动踏板时，大猪会在小猪跑到食槽之前刚好吃光所有的食物；若是大猪踩动了踏板，则还有机会在小猪吃完落下的食物之前跑到食槽，争吃到另一半残羹.

那么，两只猪各会采取什么策略？答案是：小猪将选择“搭便车”策略，也就是舒舒服服地等在食槽边；而大猪则为一点残羹不知疲倦地奔忙于踏板和食槽之间.

原因何在？因为，小猪踩踏板将一无所获，不踩踏板反而能吃上食物.对小猪而言，无论大猪是否踩动踏板，小猪不踩踏板总是好的选择.反观大猪，已明知小猪是不会去踩动踏板的，自己亲自去踩踏板总比不踩强吧，所以只好亲力亲为了.

“小猪躺着大猪跑”的现象是由于故事中的游戏规则所导致的.规则的核心指标是：每次落下的食物数量和踏板与投食口之间的距离.

如果改变一下核心指标，猪圈里还会出现同样的“小猪躺着大猪跑”的现象吗？试试看.

改变方案一：减量方案.投食仅原来的一半分量.结果是小猪和大猪都不去踩踏板了.小猪去踩，大猪将会把食物吃完；大猪去踩，小猪也会把食物吃完.谁去踩踏板，就意味着为对方贡献食物，所以谁也不会有踩踏板的动力了.

如果目的是想让猪们去多踩踏板，这个游戏规则的设计显然是失败的.

改变方案二：增量方案.投食为原来的一倍分量.结果是小猪、大猪都会去踩踏板.谁想吃，谁就会去踩踏板.反正对方不会一次把食物吃完.小猪和大猪相当于生活在物质相对丰富的环境下，所以竞争意识都不会很强.

对于游戏规则的设计者来说，这个规则的成本相当高（每次提供双份的食物）；而且因为竞争不激烈，想让猪们去多踩踏板的效果并不好.

改变方案三：减量加移位方案.投食仅原来的一半分量，但同时将投食口移到踏板附近.

结果呢，小猪和大猪都在拼命地抢着踩踏板.等待者不得食，而多劳者多得.每次的收获刚好消费完.

对于游戏设计者，这是一个最好的方案.成本不高，但收获最大.

原版的"智猪博弈"故事给了竞争中的弱者(小猪)以等待为最佳策略的启发.但是对于社会而言，因为小猪未能参与竞争，小猪"搭便车"时的社会资源配置的并不是最佳状态.为使资源最有效配置，规则的设计者是不愿看见有人"搭便车"的，政府如此，公司的老板也是如此.而能否完全杜绝"搭便车"现象，就要看游戏规则的核心指标设置是否合适了.

比如，公司的激励制度设计，奖励力度太大，又是持股，又是期权，公司职员个个都成了百万富翁，成本高不说，员工的积极性并不一定很高.这相当于"智猪博弈"增量方案所描述的情形.但是如果奖励力度不大，而且见者有份(不劳动的"小猪"也有)，一度十分努力的大猪也不会有动力了——就像"智猪博弈"减量方案所描述的情形.最好的激励机制设计就像方案三——减量加移位的办法，奖励并非人人有份，而是直接针对个人(如业务按比例提成)，既节约了成本(对公司而言)，又消除了"搭便车"现象，能实现有效的激励.

许多人并未读过"智猪博弈"的故事，但是却在无意识地使用"智猪博弈"的策略.股市上等待庄家抬轿的散户；等待产业市场中出现具有较强赢利能力新产品、继而大举仿制牟取暴利的游资；公司里不创造效益但分享成果的人；等等.因此，对于制定各种经济管理的游戏规则的人，必须深谙"智猪博弈"所体现的道理.

(五)博弈的分类

博弈根据不同的基准也有不同的分类.一般认为，博弈主要可以分为合作博弈和非合作博弈. 合作博弈和非合作博弈的区别在于相互发生作用的当事人之间有没有一个具有约束力的协议，如果有，就是合作博弈；如果没有，就是非合作博弈.

从行为的时间序列性，博弈进一步分为静态博弈、动态博弈两类：静态博弈是指在博弈中，参与人同时选择或虽非同时选择但后行动者并不知道先行动者采取了什么具体行动；动态博弈是指在博弈中，参与人的行动有先后顺序，且后行动者能够观察到先行动者所选择的行动.通俗地理解：棋牌类游戏等的决策或行动有先后次序，属于动态博弈.

按照参与人对其他参与人的了解程度分为完全信息博弈和不完全信息博弈.完全信息博弈是指在博弈过程中，每一位参与人对其他参与人的特征、策略空间及收益函数有准确的信息. 不完全信息博弈是指如果参与人对其他参与人的特征、策略空间及收益函数信息了解得不够准确或者不是对所有参与人的特征、策略空间及收益函数都有准确的信息，在这种情况下进行的博弈就是不完全信息博弈.

目前经济学家们所谈的博弈论一般是指非合作博弈，由于合作博弈论比非合作博弈论复杂，在理论上远远不如非合作博弈论成熟.

三、博弈论在经济与管理等领域应用举例

（一）贸易战博弈

任何一个国家在国际贸易中都面临着保持贸易自由与实行贸易保护主义的两难选择．贸易自由与壁垒问题，也是一个“纳什均衡”，这个均衡是贸易双方采取不合作博弈的策略，结果使双方因贸易战而受到损害．如 X 国试图对 Y 国进行进口贸易限制，比如提高关税，则 Y 国必然会进行反击，也提高关税，结果谁也没有捞到好处；反之，如 X 和 Y 能达成合作性均衡，即从互惠互利的原则出发，双方都减少关税限制，结果大家都从贸易自由中获得了最大利益，而且全球贸易的总收益也增加了．

（二）价格战博弈

现在我们经常会遇到各种各样的家电价格大战，彩电大战、冰箱大战、空调大战、微波炉大战……这些大战的受益者首先是消费者．每当看到一种家电产品的价格大战，百姓都会“没事儿偷着乐”．在这里，我们可以解释厂家价格大战的结局也是一个“纳什均衡”，而且价格战的结果是大家都没钱赚．因为博弈双方的利润正好是零．竞争的结果是稳定的，即是一个“纳什均衡”．这个结果可能对消费者是有利的，但对厂商而言是灾难性的．从这个案例中我们可以引申出两个问题，一是竞争削价的结果或“纳什均衡”可能导致一个有效率的零利润结局；二是如果不采取价格战，其结果会如何呢？每一个企业，都会考虑采取正常价格策略，还是采取高价格策略形成垄断价格，并尽力获取垄断利润．如果垄断可以形成，则博弈双方的共同利润最大．这种情况就是垄断经营所做的，通常会抬高价格．另一个极端的情况是厂商用正常的价格，双方都可以获得利润．从这一点，我们又引出一条基本准则：“把你自己的战略建立在假定对手会按其最佳利益行动的基础上”．事实上，完全竞争的均衡就是纳什均衡或非合作博弈均衡．在这种状态下，每一个厂商或消费者都是按照所有的别人已定的价格来进行决策．在这种均衡中，每个企业都要使利润最大化，消费者要使效用最大化，结果导致了零利润，也就是说价格等于边际成本．在完全竞争的情况下，非合作行为导致了社会所期望的经济效率状态．如果厂商采取合作行动并决定转向垄断价格，那么社会的经济效率就会遭到破坏．

（三）博弈论在构建和谐企业中的应用

博弈论的研究成果，提高了人们对竞争和冲突这一社会现象的认识，对于我们在现实生活中如何运用合作的理念，创建和谐企业具有重要的启示和作用．企业作为社会的组成单元，在构建和谐社会的过程中承担着义不容辞的责任．对企业来说，“和谐”的基本特征应当表现为依法治企、科学发展、协调有序、安全环保、公平诚信、服务社会，并建立一个长效的协调机制，其核心在于通过促进企业内外环境的和谐，达到企业的经济效益与社会效益相统一，最终实现企业健康、协调、可持续发展．博弈论在构建和谐企业中的应用主要有：一是处

理好个人、集体和国家的利益关系. 在市场经济中,个人、企业和政府都会追求自己的利益,在各自的运转环境中,实际上都处于博弈状态,各自都处在现实生活环境中的博弈一方,冲突和矛盾是难免的.随着国有企业改革的不断深化,在股份制改造和现代企业制度建设过程中,轮岗、下岗、合并、重组等问题所引发的分工、收入、保障的差距越来越成为矛盾的焦点.掩盖这种利益的差别、否认博弈的现实并不能解决问题.所以需要客观地看待这些差别.二是处理好博弈与规则透明、诚实守信的关系.规则透明和诚实守信是博弈各方达成协议的基础,规则透明是相互诚实守信的条件.管理者要想取得人们的信任,政策必须公开、公正.对于企业,企业管理者要取得职工的信任和拥护,企业要在市场上立得住、站得稳,必须讲诚信、讲公平、讲公正.如果所要的结果不是通过透明、可信的规则取得的,必然不会与职工群众达成共识,企业氛围也不会是和谐和稳定的.三是处理好博弈过程中利益各方的关系. 和谐企业建立的基础是企业各方面的共赢,博弈各方达成的协议虽然未必是利益均等,但应该是各方面都能接受的.建立和谐企业,需要从根本上、制度上解决问题,而制度的建立、措施的完善应建立在科学的基础上,建立在各方都能接受并且共赢的基础上,而不是企业方想怎样做就怎样做.如果不能保证各方共赢,必然得不到其他方面的支持,那它必然是不稳定的、不和谐的,甚至会导致更多、更严重的问题.四是处理好经济利益之外的博弈关系.和谐不完全建立在经济利益上,除此之外仍然有很多人文因素影响着社会的和谐.因此,企业管理者的充分沟通、理解职工的非经济期望和需求、给予人文关怀,对于促进和谐社会的形成有着不可替代的作用.

(四)污染博弈

假如市场经济中存在着污染,但政府并没有采取管制的措施,企业为了追求利润的最大化,宁愿以牺牲环境为代价,也绝不会主动增加环保设备投资.所有企业都会从利己的目的出发,采取不顾环境的策略,从而进入“纳什均衡”状态.如果一个企业从利他的目的出发,投资治理污染,而其他企业仍然不顾环境污染,那么这个企业的生产成本就会增加,价格就要提高,它的产品就没有竞争力,甚至企业还要破产.20 世纪 90 年代中期,中国乡镇企业的盲目发展造成严重污染的情况就是如此.只有在政府加强污染管制前提下,企业才会采取低污染的策略组合.企业在这种情况下,获得与高污染同样的利润,但环境将更好.

博弈论在经济学中占据越来越重要的地位(近几年诺贝尔经济学奖就频频授予了博弈论研究者),但其应用范围远不止于此.实际上,博弈论早已渗透到我们学习、工作和生活的方方面面:学习中要与同学竞争,升学考试或求职时要与其他考生较量,运动场上需与对手比拼;职场中既要与上司周旋,也要和下属互动,还要同其他部门协作;拓展业务时更要与客户谈判、和同行角逐.即便在日常生活中,博弈也无处不在.可以说,博弈论不仅代表了一种创新的分析工具,更蕴含着全新的思维方式.

参考文献

[1] 王新华. 应用数学基础[M]. 北京：清华大学出版社，2010.

[2] 曾平英. 经济数学[M]. 长沙：中南大学出版社，2011.

[3] 董承章，王守祯. 投入产出学[M]. 北京：中国统计出版社，2012.

[4] 张国勇. 高职应用数学.下册[M]. 北京：高等教育出版社，2012.

[5] 黄开兴，曹陶桃，王志华. 高职数学[M]. 西安：西北工业大学出版社，2019.

[6] 骈俊生，冯晨，王罡. 高等数学.下册[M]. 北京：高等教育出版社，2022.

[7] 黄磊. 线性代数[M]. 北京：高等教育出版社，2019.

[8] 淩巍炜，潘克家，谢良金. 高等数学（基础模块）[M]. 长春：东北师范大学出版社，2024.